# Diretrizes para o gerenciamento de lagos

*Milan Straškraba*
*José Galizia Tundisi*

# Gerenciamento da qualidade da água de represas

volume 9
3ª edição

# Diretrizes para o gerenciamento de lagos

*Milan Straškraba*
*José Galizia Tundisi*

# Gerenciamento da qualidade da água de represas

volume 9
3ª edição

tradução | Dino Vannucci

© Copyright 2013 Oficina de Textos

Grafia atualizada conforme o Acordo Ortográfico da Língua Portuguesa de 1990, em vigor no Brasil desde 2009.

Conselho editorial   Cylon Gonçalves da Silva; Doris C. C. K. Kowaltowski; José Galizia Tundisi; Luis Enrique Sánchez; Paulo Helene; Rozely Ferreira dos Santos; Teresa Gallotti Florenzano

Capa e projeto gráfico  Cubo Mídia
Diagramação Cubo Mídia
Revisão técnica  José Galizia Tundisi

Dados Internacionais de Catalogação na Publicação (CIP)
(Câmara Brasileira do Livro, SP, Brasil)

Straskraba, Milan
Gerenciamento da qualidade da água de represas / Milan Straskraba, José Galizia Tundisi. -- São Paulo : Oficina de Textos, 2013. -- (Coleção diretrizes para o gerenciamento de lagos ; v. 9)

Bibliografia.
ISBN 978-85-7975-082-3

1. Água - Purificação 2. Água - Estações de tratamento - Equipamento e acessórios 3. Águas (Represas) - Purificação 4. Água - Controle de qualidade I. Tundisi, José Galizia. II. Título. III. Série.

13-06765   CDD-628.1

Índices para catálogo sistemático:
1. Água de represas : Controle de qualidade : Tecnologia : Engenharia sanitária 628.1

Todos os direitos reservados à **Oficina de Textos**
Rua Cubatão, 959
CEP 04013-043 – São Paulo – Brasil
Fone (11) 3085 7933   Fax (11) 3083 0849
www.ofitexto.com.br
atend@ofitexto.com.br

# Agradecimentos

A publicação da tradução e adaptação do volume *Diretrizes para o Gerenciamento de Lagos, Volume 9 – Gerenciamento da Qualidade da Água de Represas*, só foi possível com a autorização do ILEC, pelo apoio do CNPq à publicação e pela dedicação e profissionalismo do editor Paulo Martins, da RiMa. Os trabalhos da Represa do Lobo, acrescentados ao texto em português, foram realizados com o apoio de inúmeras organizações e agências de financiamento à pesquisa, notadamente o CNPq (Proc. 222.0137/75 e 2222.1495/78), a FAPESP (Proc. Biol. 255/72; 1298/74; 1290-7/78; 0612/91) e a Organização dos Estados Americanos.

Os trabalhos de reservatórios do Estado de São Paulo, traduzidos do texto original, contaram com o apoio do ILEC (International Lake Environment Committee), da FAPESP (Projeto Temático 91/0612-5 e Projeto 98/13 194-6–), Projeto da UNEP (United Nations Environmental Programe – Programa das Nações Unidas para o Meio Ambiente) e da UNCRD (United Nations Regional Center for Regional Development – Centro das Nações Unidas para o Desenvolvimento Regional).

José Galizia Tundisi<br>
Presidente do Instituto Internacional de Ecologia

As opiniões expressas nesse volume são do(s) autor(es) e não necessariamente traduzem as opiniões da Fundação do Comitê Internacional do Meio Ambiente Lacustre ou do Instituto Internacional de Ecologia.

As designações empregadas e a apresentação do material nesta publicação não implicam a expressão de qualquer opinião por parte da Fundação do Comitê Internacional do Meio Ambiente Lacustre ou do Instituto Internacional de Ecologia, com respeito ao status legal de qualquer país, território, cidade ou área ou suas autoridades, ou com respeito à delineação de suas fronteiras ou divisas.

# Milan Straškrabra
# 1931-2000

- Milan Straškraba doutorou-se em Hidrobiologia na Universidade de Praga em 1961. Entre 1960 e 1983 foi cientista do Laboratório de Hidrobiologia da então Academia de Ciências da Tcheco-Eslováquia.

- Entre 1987 e 1997 foi diretor do Laboratório de Biomatemática em Ceske Budejovice, Universidade da Boêmia do Sul, República Tcheca.

- Entre 1990 e 1992 foi vice-presidente da Academia de Ciências da República Tcheca.

- 180 trabalhos publicados em inglês, 7 livros como editor, 12 capítulos de livros, 180 trabalhos em tcheco.

- Diretor do Comitê Ambiental da Academia de Ciências da República Tcheca e diretor do Comitê Nacional Tcheco para a cooperação com o Instituto Internacional para Sistemas de Aplicação e Análise das Nações Unidas. Presidente da Sociedade Tcheca de Limnologia (1994-1997).

Principais áreas de interesse profissional: ecologia do plâncton lacustre, estudos da produtividade de lagos, estudos de eutrofização, modelagem ecológica em hidrobiologia, teoria cibernética de ecossistemas, ecotecnologias, gerenciamento da qualidade da água de represas, gerenciamento integrado de represas.

# Lições de Vida

A tradução deste volume já se encontrava pronta e o livro estava no prelo quando fomos surpreendidos com a morte de Milan Straškraba, em Denver, nos Estados Unidos. Milan deveria chegar ao Brasil em 6 de agosto de 2000, para juntos lançarmos o volume traduzido de nossa obra e iniciarmos dois trabalho e mais dois livros. A morte prematura de Milan, aos 69 anos, deixa uma lacuna difícil de ser preenchida em Limnologia, Ecologia, Gerenciamento de Ecossistemas, Ecologia Teórica e Modelagem Ecológica. Cientista eclético e com grande capacidade de trabalho, Milan produziu livros, monografias e trabalhos originais que tiveram grande influência na Limnologia nos últimos 30 anos. Seus trabalhos sobre modelagem ecológica dirigida ao Gerenciamento de Represas foram contribuições fundamentais para este campo, abrindo perspectivas práticas de grande alcance, utilizadas em muitos países. Em sua associação com Bernard Patten e Sven Jørgensen, Milan produziu uma série de trabalhos sob o título geral de *Ecosystems Emerging*, que introduziu inúmeros avanços na teoria ecológica e tratou do problema da análise de sistemas de forma avançada e única, enfocando aspectos termodinâmicos, cibernéticos e de fluxos de energia.

Milan Straškraba passou a vir freqüentemente ao Brasil após iniciarmos nossa associação, em 1984, na qual ambos projetávamos ampliar o conhecimento teórico e prático sobre represas artificiais utilizando as experiências que acumulamos na República Tcheca e no Brasil.

Milan pedalava uma bicicleta pelas ruas de São Carlos e aparecia para trabalharmos e trocarmos idéias. Sua casa na Represa do Lobo era constantemente visitada por estudantes e professores em busca de idéias, informações e novas abordagens. Milan, incansável, atendia a todos com um bom humor permanente, e deixou influências duradouras em pesquisadores e estudantes.

Além de sua capacidade científica e sua enorme disposição para o trabalho, Milan era um ser humano excepcional. Afável, culto, educado, Milan deixou todos nós, seus amigos e admiradores, órfãos de sua amizade, de seu amor pelo Brasil e, acima de tudo, de sua personalidade rica, simples, humilde e com uma grandeza ímpar.

Milan Straškraba deixa-nos uma lição de vida de compromisso com a Ciência, com a Limnologia e, sobretudo, compromisso com uma humanidade mais sábia, mais gentil e mais solidária.

José Galizia Tundisi
São Carlos, agosto de 2000

# Prefácio à série

Quando o ILEC (International Lake Environment Committee – Comitê Internacional do Meio Ambiente Lacustre) lançou esta série uma lacuna importante foi preenchida.

Está série do ILEC tem a finalidade objetiva e prática de oferecer a gerentes ambientais, pesquisadores, estudantes de pós-graduação e administradores de recursos hídricos um instrumental conceitual e sintético, com exemplos de aplicação que podem ser rapidamente utilizados para solucionar problemas complexos e urgentes de gerenciamento de recurso hídricos, lagos, represas, rios e áreas alagadas. Os assuntos selecionados fazem parte atualmente de nove publicações:

*Volume 1*   Princípios para o gerenciamento de lagos. Editores: S. E. Jørgensen e R. A. Wollenweider.
*Volume 2*   Aspectos sócio-econômicos para o gerenciamento de lagos. Editores: M. Hashimoto e B. F. D. Barret.
*Volume 3*   Gerenciamento de litorais lacustres. Editores: S. E. Jørgensen e H. Löfler.
*Volume 4*   Gerenciamento de substâncias tóxicas em lagos e represas. Editor: Saburo Matsui. Editores assistentes: B. F. D. Barret e Joe Banergee.
*Volume 5*   Gerenciamento de acidificação de lagos. Editor: S. E. Jørgensen.
*Volume 6*   Gerenciamento de lagos salinos de águas continentais. Autor: W. D. Willians.
*Volume 7*   Biomanipulação no gerenciamento de lagos e represas. Editores: R. de Bernardo e G. Giussiani.
*Volume 8*   Lagos em crise. Editores: S. E. Jørgensen e Saburo Matsui. Editor assistente: Joe Banergee.
*Volume 9*   Gerenciamento da qualidade da água de represas. Autores: M. Straškraba e J. G. Tundisi.

A tradução e adaptação desta série encontram-se agora a cargo do Instituto Internacional de Ecologia, por acordo especial com o ILEC. Está série deverá colocar à disposição da comunidade científica e tecnológica instrumentos adequados de gestão representados pelas idéias, experiências, exemplos e conceitos descritos nesta série.

A continuidade desta série em português é parte da atuação conjunta do IIE e do ILEC para desenvolver programas nas áreas de conservação ambiental, gerenciamento de recursos hídricos, seminários e conferências. Outras publicações conjuntas deverão ser desenvolvidas nos próximos anos.

Prof. Dr. José Galizia Tundisi
Editor da série em português

# Prefácio à 2ª edição

Esta segunda Edição do Diretrizes para o Gerenciamento de Lagos, Vol. 9 mantém essencialmente as linhas da primeira edição.

Foram acrescentados mais dois trabalhos científicos abrangendo eutrofização e emissão de gases de efeito estufa e acrescentou-se também uma bibliografia recente sobre a temática ecossistemas aquáticos e águas interiores.

**A publicação da 2a. edição só foi possível com o apoio da FINEP - Convênio 01.06.1134-00 - Chamada Pública MCT/FINEP/CT-HIDRO.**

Prof. Dr. José Galizia Tundisi
Editor da série em português

São Carlos, 30 de julho de 2008

# Prefácio à 1ª edição

Reservatórios artificiais ocupam hoje cerca de 7.500 km$^3$ de águas represadas em todo o planeta. O gerenciamento destes ecossistemas artificiais, da qualidade de sua água e das bacias hidrográficas na qual se inserem essas represas é de fundamental importância para o desenvolvimento sustentado. Conservação da qualidade e quantidade da água de represas é um problema complexo que demanda um conhecimento científico integrado e interdisciplinar. A montagem de sistemas de suporte à decisão depende, também, de uma integração entre problemas teóricos e práticos, com a perspectiva de integrar limnólogos e gerentes de qualidade de água de forma a encontrar alternativas e soluções otimizadas. Este volume procura mostrar as soluções integradas para o gerenciamento, a interação entre pesquisa e tomadas de decisão, e detalhar os principais mecanismos de funcionamento desses sistemas artificiais.

Espera-se que este volume seja muito útil a limnólogos, gerentes de recursos hídricos especializados em represas de abastecimento de água e hidroelétricas, estudantes de graduação e pós-graduação e a todos aqueles interessados na qualidade da água de represas artificiais. Os trabalhos científicos referentes a pesquisas em represas do Estado de São Paulo e do Brasil, citados e discutidos no texto, foram realizados com o apoio da FAPESP (Proc. Biol. 255/72; 1.298/74; 1.290-7/78; 0612/91 e 13.194/98), do ILEC e CNPq (Proc. 222.0137/75 e 2222.1495/78).

Milan Straškraba e
José Galizia Tundisi

České Budějovice e São Carlos, julho de 2000

# Sumário

**Apresentação** ................................................................................................ XVII

**Capítulo 1 – Introdução**............................................................................................. 1
1.1  Importância dos Reservatórios e Problemas de Seu Gerenciamento ............. 1
1.2  Reservatórios no Mundo e Sua Distribuição.................................................. 5
1.3  Objetivos e para Quem Se Dirige o Livro...................................................... 7
1.4  Orientações para Leitura ................................................................................ 9

**Capítulo 2 – Aspectos e Abordagens para o Gerenciamento
da Qualidade da Água** .................................................................... 13
2.1  O Que o Gerente Deve Levar em Consideração .......................................... 13
2.2  Abordagens para o Gerenciamento da Qualidade da Água.......................... 16
2.3  Gerenciamento Sustentado da Qualidade da Água ...................................... 17
2.4  Reservatórios no Contexto do Desenvolvimento Econômico Regional ..... 20
2.5  Gerenciamento Integrado da Bacia Hidrográfica......................................... 23
2.6  Estudo de Impacto Ambiental ...................................................................... 26
2.7  Atividades Humanas de Maior Impacto sobre as
     Bacias Hidrográficas de Água Doce ............................................................ 28

**Capítulo 3 – Aspectos Técnicos da Construção
de Reservatórios** ............................................................................. 31
3.1  Tipos de Utilização dos Reservatórios ......................................................... 31
3.2  Variáveis de Importância na Hidrologia dos Reservatórios......................... 33
3.3  Sistemas de Reservatórios ............................................................................ 37

**Capítulo 4 – Reservatórios como Ecossistemas**..................................................... 41
4.1  As Bacias Hidrográficas e as Vazões Afluentes ao Reservatório ................ 44
4.2  O Subsistema Físico...................................................................................... 45
4.3  Diferenças Espaciais nos Reservatórios....................................................... 52
4.4  O Subsistema Químico ................................................................................. 54
4.5  O Subsistema Biológico – A Rede Alimentar do Reservatório................... 59
4.6  Bactérias e Vírus dos Reservatórios............................................................. 62
4.7  Alterações da Qualidade da Água Durante o
     Envelhecimento do Reservatório ................................................................. 63
4.8  Tipos Limnológicos de Reservatórios.......................................................... 64

**Capítulo 5 – Peixes de Reservatórios e sua Relação com a
Qualidade da Água**........................................................................ 75
5.1  Populações de Peixes em Reservatórios ...................................................... 75

5.2  Biomassa e Produção Pesqueira ..................................................... 78
5.3  Gerenciamento da Pesca e Aqüicultura .......................................... 79
5.4  Relação entre Peixes e Qualidade da Água ..................................... 81
5.5  Introdução de Novas Espécies ........................................................ 82

**Capítulo 6 – Poluição de Reservatórios e Deterioração da Qualidade da Água ............................................................ 85**
6.1  Origens e Complexidade da Poluição ............................................. 85
6.2  Classificação dos Problemas de Qualidade da Água ...................... 86

**Capítulo 7 – Teoria do Gerenciamento Ecotecnológico ...................... 97**
7.1  A Teoria de Ecossistema Aplicada a Reservatórios ........................ 97
7.2  Princípios de Gerenciamento Ecotecnológico ............................... 102

**Capítulo 8 – Qualidade da Água dos Reservatórios e Sua Determinação ........... 107**
8.1  Emprego de Limnologia e Ecotecnologia no Gerenciamento da Qualidade da Água ......................................................................... 107
8.2  Indicadores de Qualidade da Água e Suas Inter-relações ............. 109
8.3  Relação entre Qualidade e Quantidade de Água ........................... 114

**Capítulo 9 – Amostragens, Monitoramento e Avaliação da Qualidade da Água ........ 117**
9.1  Determinação da Qualidade da Água como Sistema .................... 117
9.2  Amostragens Preliminares à Construção do Reservatório ............ 119
9.3  Otimização da Distribuição e Espaçamento Temporal das Amostragens ........... 120
9.4  Amostragem Manual ..................................................................... 122
9.5  Monitoramento Automático .......................................................... 125
9.6  Sensoreamento Remoto ................................................................. 126
9.7  Armazenamento e Manuseio dos Dados ....................................... 127
9.8  Determinação da Qualidade da Água ............................................ 128
9.9  Conclusões Referentes ao Gerenciamento .................................... 138

**Capítulo 10 – Abordagens e Métodos de Gerenciamento de Bacias Hidrográficas ....... 141**
10.1  Produção Ambientalmente Correta: Produção "Limpa" ............. 142
10.2  Gerenciamento da Poluição Orgânica ......................................... 143
10.3  Fontes de Nutrientes e Gerenciamento da Eutrofização ............. 143
10.4  Tóxicos, Metais Pesados, Pesticidas e Substâncias ou Elementos Similares ..... 144
10.5  Métodos de Gerenciamento da Acidificação ............................... 145
10.6  Gerenciamento do Assoreamento ................................................ 145
10.7  Salinização e Seu Gerenciamento ................................................ 146
10.8  Sistemas de Proteção das Vazões Afluentes ................................ 146
10.9  Desvio de Efluentes ..................................................................... 147
10.10  Gerenciamento de Várzeas ........................................................ 147
10.11  Gerenciamento da Mata Ciliar para Proteção da Qualidade da Água ........ 149
10.12  Resumo das Técnicas de Gerenciamento de Bacias Hidrográficas .............. 150

**Capítulo 11 – Gerenciamento Ecotecnológico Local** ...................................................... 153
   11.1  Mistura e Oxigenação ......................................................................... 154
   11.2  Métodos para Tratar Sedimentos ........................................................ 159
   11.3  Biomanipulação .................................................................................. 162
   11.4  Controle Hidráulico ............................................................................ 165
   11.5  Outros métodos .................................................................................. 168
   11.6  Comparação das Diferentes Abordagens Ecotecnológicas ................. 170

**Capítulo 12 – Gerenciamento das Vazões Liberadas** ..................................................... 173
   12.1  Alterações Ambientais no Rio a Jusante do Reservatório .................. 173
   12.2  Gerenciamento das Vazões Liberadas ............................................... 178

**Capítulo 13 – Gerenciamento da Qualidade da Água de Reservatórios Específicos** ..... 183
   13.1  Reservatórios para o Fornecimento de Água Potável ........................ 183
   13.2  Reservatórios para Geração de Energia Hidroelétrica ....................... 184
   13.3  Reservatórios Urbanos ....................................................................... 185
   13.4  Reservatórios para Turismo e Recreação .......................................... 186
   13.5  Sistemas de Reservatórios ................................................................. 188

**Capítulo 14 – Modelagem Matemática do Gerenciamento da Qualidade da Água** ...... 195
   14.1  Objetivo Deste Capítulo .................................................................... 195
   14.2  Problemas para Cuja Solução É Útil o Emprego de Modelos Matemáticos ........ 196
   14.3  Elaboração de Modelos ..................................................................... 196
   14.4  Modelos com Cálculos Simples ........................................................ 198
   14.5  Modelos Dinâmicos Complexos ....................................................... 202
   14.6  Modelos Regionais e para a Bacia Hidrográfica Modelos Que
          Utilizam o Sistema de Informação Geográfica (SIG) ....................... 205
   14.7  Modelos para Gerenciamento (Prescritivos) ..................................... 205
   14.8  Modelos Especializados e de Apoio a Decisões ............................... 207
   14.9  Escolha do Melhor Modelo ............................................................... 209

**Capítulo 15 – Estudo de Caso** ......................................................................................... 211
   15.1  Reservatório de Slapy – Reservatório Temperado em Cascata ......... 211
   15.2  Barra Bonita – Reservatório Subtropical/ Tropical em Cascata ........ 214
   15.3  Reservatório de Římov – Reservatório Temperado para
          Abastecimento de Água Potável ....................................................... 217
   15.4  Reservatório do Lobo (Broa) – Reservatório Tropical para o Abastecimento de
          Água, Recreação e Produção de Energia Elétrica ............................. 219

**Capítulo 16 – Conclusões** ............................................................................................... 223
   16.1  Diretrizes para Construção de Reservatórios .................................... 223
   16.2  Necessidades Futuras e Desenvolvimento do Gerenciamento da
          Qualidade da Água dos Reservatórios .............................................. 224
   16.3  Efeitos das Mudanças Globais sobre a Qualidade da Água dos Reservatórios ... 226

16.4 Futuros Desenvolvimentos no Gerenciamento de Reservatórios ........................ 229

**Capítulo 17 – Estado Trófico dos Reservatórios em Cascata do médio e Baixo Tietê (SP) e Manejo para o Controle da Eutrofização ............................................ 231**
17.1 Materiais e Métodos .................................................................................. 232
17.2 Resultados ................................................................................................. 233
17.3 Discussão ................................................................................................... 239

**Capítulo 18 – Emissões de Gases de Efeito Estufa em Reservatórios de Hidrelétricas 249**
18.1 Processos de Geração de Gases de Efeito Estufa em Reservatórios ................... 249
18.2 Métodos de Amostragem de Gases ................................................................. 251
18.3 Impactos causados durante a fase de enchimento em reservatórios .................. 257
18.4 Impacto da eutrofização na emissão de gases de efeito estufa em reservatórios 258
18.5 Considerações sobre a influência da bacia hidrográfica no aporte de material nos reservatórios ................................................................................. 263
18.6 Tempo de residência dos reservatórios .......................................................... 264
18.7 Comparação entre fluxos difusivos de $CH_4$ e $CO_2$ em ambientes temperados e tropicais .................................................................................................... 265
18.8 Incertezas nas medidas de gases de efeito estufa em reservatórios .................. 266
18.9 Considerações finais e conclusões ................................................................. 268

**Glossário e Símbolos** ........................................................................................ 273

**Referências 277**

**Índice Analítico** ................................................................................................ 293

# Apresentação

Este livro foi elaborado para as pessoas interessadas nos aspectos referentes à qualidade da água de reservatórios. Nele mostra-se que reservatórios não são lagos, porém ambos apresentam muitos pontos em comum; reservatórios são considerados uma transição entre rios e lagos. Assim sendo, os rios e suas bacias hidrográficas desempenham um papel importante na qualidade da água dos reservatórios. Os autores buscaram, na medida do possível, equilibrar a atenção em relação a seus diferentes aspectos. Um elemento importante deste livro, que o diferencia de outros similares, é que nele se contemplam regiões tropicais e temperadas.

O gerenciamento da qualidade da água dos reservatórios é feita por uma equipe, representando diversas disciplinas e situada em diferentes níveis de decisão. Ela inclui engenheiros, limnologistas (biólogos, químicos, bacteriologistas), além de gerentes locais. Como ninguém tem o mesmo interesse em todos os tópicos apresentados neste livro, a Figura 1.4 é um guia que visa auxiliar o leitor a fazer o melhor uso possível das informações aqui contidas.

O **Capítulo 1** apresenta uma introdução ao livro: define reservatórios, sua importância, seus problemas de gerenciamento e sua distribuição no mundo.

O **Capítulo 2** fornece um panorama dos aspectos e abordagens referentes ao gerenciamento da qualidade da água. Ele enumera tópicos importantes para os gerentes e separa as possíveis estratégias em três categorias principais, em função de seus objetivos e horizontes temporais, a saber: as corretivas, preventivas e aquelas visando a um gerenciamento sustentado. As medidas preventivas deveriam ser favorecidas. A responsabilidade dos gerentes hídricos deve-se expandir para além do reservatório em si, e os profissionais da área devem empenhar-se mais na propagação dos aspectos referentes à qualidade da água para cada vez mais setores da economia. Deve-se entender claramente que a falta de visão é a causa principal da perda de recursos valiosos; por exemplo, como lançar efluentes em rios e depois buscar removê-los, gastando-se, então, grandes somas. O desenvolvimento sustentável dos recursos hídricos necessita de horizontes a longo prazo, como explicado no livro.

O **Capítulo 3** estuda as relações entre a escolha do local para a barragem, sua construção e caraterísticas específicas de qualidade da água. São caraterísticas especialmente importantes: a profundidade dos mecanismos de descarga e o tempo de retenção. Os potenciais diferentes usos dos reservatórios determinam o projeto desses componentes, os quais, por sua vez, afetam a qualidade da água e impõem requisitos específicos. Problemas típicos associados ao seu tipo de uso podem ser encontrados em alguns tipos de reservatórios.

O **Capítulo 4** apresenta o ecossistema do reservatório, composto por quatro subsistemas principais: as bacias hidrográficas, o reservatório em si, as vazões afluentes e as atividades socioeconômicas e de gerenciamento. Esses subsistemas encontram-se mutuamente associados. Mostra-se o papel dominante das bacias hidrográficas na qualidade da água do reservatório. Demonstra-se que as alterações da qualidade da água no reservatório é determinada não somente pela sua física (hidrologia, hidrodinâmica) e química, mas também pela grande dependência das inter-relações entre esses componentes e a biota. É importante compreender a estreita relação entre física, química e biologia, já que ela representa a chave da qualidade hídrica, além de ser uma ferramenta essencial para as técnicas de gerenciamento. Devido à retroalimentação entre esses componentes, a representação ecológica clássica da relação entre física → química → plantas → animais (também chamado de efeitos de "baixo para cima") deve ser substituída pelo conceito de controles de "cima para baixo", que são eficientes agindo em sentido inverso: humanos → peixes → zooplâncton → fitoplâncton → química → física. Discute-se o fósforo como força dominante nos reservatórios, já que pode limitar a produção biológica ou, quando em excesso, induz à eutrofização e subseqüente deterioração da qualidade da água. O tempo teórico de retenção é um parâmetro facilmente estimado, ao qual muitas das características do reservatório estão relacionadas, demonstrando-se que sua clara compreensão dá ao gerente a possibilidade de fazer previsões importantes.

O **Capítulo 5** focaliza peixes, pesca e suas inter-relações com a qualidade da água. É demonstrada a forte influência das populações de peixes sobre a qualidade da água. O fracasso de várias tentativas de introdução de novas espécies aponta que o sucesso da transferência de peixes depende do conhecimento de seus efeitos sobre as populações de espécies locais. É preferível o cultivo de espécies locais selecionadas.

O **Capítulo 6** é uma revisão das diversas formas e sintomas de deterioração da qualidade da água.

O **Capítulo 7** busca apresentar os princípios da ecotecnologia como sendo uma estratégia de gerenciamento com bases teóricas seguras, capaz de acarretar o menor dano possível ao meio ambiente, inclusive aos ecossistemas de reservatórios. Assuntos como sustentabilidade e métodos de avaliação devem ser considerados dentro desse contexto. O capítulo é um guia para possibilitar o emprego de ecotecnologia e conhecimento limnológico nas atividades diária de controle da qualidade da água.

Os dois capítulos seguintes, **Capítulos 8** e **9**, fornecem um esboço das características individuais de qualidade da água e dos métodos de medição das mesmas. O capítulo que trata de amostragens para determinação da qualidade da água (Capítulo 9) fornece meios para evoluir da "síndrome de muitos dados, porém pouca informação" para a plena utilização dos resultados das amostragens e do monitoramento. Fornece, também, os métodos para avaliação dos dados para variáveis selecionadas e para comparações entre reservatórios e modelos simples.

Em contraste aos capítulos anteriores, que apresentam somente os princípios, os capítulos sobre as bacias hidrográficas **(Capítulo 10)** e sobre as técnicas ecotecnológicas de gerenciamento "in loco" da qualidade da água **(Capítulo 11)** fornecem detalhes específicos que integram os procedimentos-chave selecionados. Discutem as vantagens e desvantagens de cada abordagem, em especial seus efeitos a longo prazo.

Tópicos específicos relacionados ao gerenciamento da qualidade da água das vazões liberadas e sistemas de reservatórios são os assuntos dos **Capítulos 12** e **13**, respectivamente. Introduzem modelagens matemáticas como sendo uma ferramenta capaz de auxiliar gerentes a resolverem tarefas difíceis **(Capítulo 14)**. São apresentadas as técnicas de modelagem e é dada ênfase à necessidade de fazer com que esses modelos passem a ser utilizados pelos gerentes.

Alguns estudos de casos que demonstram como o conhecimento de limnologistas, engenheiros e gerentes podem ser utilizados em conjunto para gerar novas soluções são o assunto do **Capítulo 15**. Espera-se que o glossário existente no final do livro facilite e oriente a leitura.

Milan Straškraba e José Galizia Tundisi<br>
Ceské Budejovice e São Carlos, fevereiro, 1997

# Capítulo 1

# Introdução

Reservatórios – lagos feitos pelo homem – merecem esta designação porque são lagos artificiais criados pelo homem para atender a finalidades específicas. Sua criação torna os reservatórios diferentes dos lagos de muitas maneiras, logo, diversos aspectos relativos a seu gerenciamento são diferentes. Eles são lagos porque podem ser descritos como um volume de água, com composição específica, contendo várias formas de vida. Entretanto, lagos naturais preenchem depressões naturais, enquanto reservatórios normalmente enchem vales de rios barrados. Semelhante aos lagos, os reservatórios são variáveis; não apresentam uniformidade de localização, tamanho ou forma. A natureza foi tão criativa quando da formação dos lagos quanto os homens quando da construção dos reservatórios.

## 1.1 Importância dos Reservatórios e Problemas de Seu Gerenciamento

Uma razão para as diferenças entre os reservatórios são os muitos objetivos para os quais eles têm sido construídos. Como esperado, e posteriormente será demonstrado, há correspondência entre as características do reservatório e seus usos. Há "lagos" tão pequenos que têm extensão de poucos metros, e também há "reservatórios" na cobertura de casas do mesmo tamanho. Entretanto, o discutido aqui não inclui esses pequenos corpos hídricos; serão considerados reservatórios aqueles com uma altura de barramento de pelo menos 15 m (e com qualquer volume), ou com uma altura mínima de 10 m, porém com um volume de pelo menos $1 \times 10^6$ m$^3$. Muitos aspectos dos reservatórios diferem dos lagos somente quantitativamente, outros qualitativamente. Diferenças quantitativas cobrem características que ambos possuem, porém com "médias" diferentes nesses dois tipos de corpos hídricos. Quando dizemos "em média" significa que algumas dessas características quantitativas se sobrepõem nos dois casos até determinado ponto, já que a variabilidade dos lagos naturais e artificiais é bastante grande. Por exemplo, podemos determinar o tempo teórico de retenção para ambos os corpos hídricos, ou seja, o tempo necessário ao "enchimento" do lago ou do reservatório com as vazões a eles afluentes. Esse valor é muito menor para os reservatórios que para os lagos. Por outro lado, há lagos alimentados por rios de grande porte e apresentando fluxo longitudinal, ou seja, eles apresentam tempos de retenção relativamente breves. Também há reservatórios relativamente grandes ao longo de rios pequenos, levando anos para serem enchidos. Diferenças qualitativas entre reservatórios e lagos podem ser distinguidas por outros aspectos. Diferenças qualitativas referem-se às características dos reservatórios que os lagos não possuem, e vice-versa. Um exemplo de diferença qualitativa é a localização das profundidades máximas: a profundidade máxima em lagos geralmente tem localização central, enquanto nos reservatórios ela se situa próxima do seu fim. As mais importantes diferenças qualitativa e quantitativa entre ambos encontram-se resumidas na Tabela 1.1. Alguns lagos naturais foram transformados em reservatórios com aumento de seu volume por meio de barragens; estes chamam-se **lagos barrados** e não são tratados neste livro. Lagos barrados apresentam características intermediárias entre lagos e reservatórios, em função da proporção entre a profundidade do lago original e aquela maior verificada após o barramento. Nos casos em que a profundidade predominante deve-se à elevação adicional, o lago adquire características de reservatório.

**Tabela 1.1** Comparação entre reservatórios e lagos. De Straškraba *et al.* (1993).

| Característica | Lago | Reservatório |
|---|---|---|
| Origem | Natural | Antrópica |
| Idade | Velho (>= pleistoceno) | Novo (< 50 anos) |
| Envelhecimento | Lento | Rápido |
| Local de formação | Depressões | Vales de rios |
| Posição em relação aos mananciais formadores | Central | Marginal |
| Formato | Regular | Dendrítico |
| Razão de desenvolvimento | Lenta | Rápida |
| Profundidade máxima | Perto do centro | Perto do barramento |
| Sedimentos de fundo | Autóctones | Importados |
| Gradiente longitudinal | Formação eólica | |
| Baixos gradientes | Formando corrente hídrica | |
| Gradiente + pronunciados | | |
| Profundidade da descarga | Superficial | Profunda |

Como exemplo, apresenta-se na Tabela 1.2 a comparação entre a geometria de 309 lagos naturais e 107 reservatórios localizados nos Estados Unidos.

**Tabela 1.2** Caraterísticas geométricas de alguns parâmetros de lagos naturais e reservatórios nos Estados Unidos (baseado em Ryding & Rast, 1989).

| Característica | Lago | Reservatório |
|---|---|---|
| Área de drenagem | Menor | Maior |
| Tempo de retenção (R) | Mais longo | Mais curto |
| Bacia hidrográfica | Menor | Maior |
| Morfometria | Formato de u | Formato de v |
| Flutuação do nível | Menor | Maior |
| Hidrodinâmica | Mais regular | Altamente variável |
| Pulsação | Natural | Operado pelo homem |
| Sistemas para aproveitamento hídrico | Raros | Comuns |

Sob o ponto de vista da qualidade da água, muitas dessas características são importantes e o gerenciamento da qualidade da água deve considerar esses elementos. Muitas das técnicas de gerenciamento desenvolvidas para os lagos também podem ser empregadas em reservatórios, porém muitas outras são específicas dos últimos. A totalidade do grupo de métodos projetados para bacias hidrográficas é adequada ao gerenciamento de ambos os tipos. Para reservatórios, a importância das técnicas de gerenciamento das bacias hidrográficas é maior do que para lagos, devido à maior relação entre a área drenagem e a área do lago, fator que indica que as bacias hidrográficas influem mais fortemente sobre os reservatórios que sobre os lagos.

Reservatórios são normalmente considerados como uma transição entre rios e lagos. As características do ecossistema que indicam que os reservatórios se encontram em uma posição intermediária entre rios e lagos naturais podem ser deduzidas das seguintes diferenças entre rios e lagos: rios são alongados, enquanto os lagos são circulares ou ovais, o fluxo nos rios é rápido e direcionado e em lagos é lento e não direcionado, a taxa de renovação dos rios é rápida e nos lagos é lenta, a influência das bacias hidrográficas são muito grande em rios e menor em lagos, a estrutura espacial dos rios caracteriza-se por gradientes longitudinais, enquanto em lagos prevalecem os gradientes verticais (Thornton *et al.*, 1990).

Com base na localização dos reservatórios, ao longo ou ao lado de rios, definem-se dois tipos básicos de reservatórios: (i) aqueles formados pelo barramento de um rio, normalmente chamados simplesmente de **reservatórios** (também chamados de reservatórios de vale ou reservatórios no rio); e (ii) aqueles localizados ao lado ou paralelos aos rios, chamados de **"polders"**. Enquanto os primeiros são muito comuns, os do segundo tipo têm, em geral, origens antigas (por exemplo, Sri Lanka), muito embora alguns tenham sido construídos recentemente (por exemplo, sistema de abastecimento de água de Londres). Esses dois tipos de reservatórios apresentam características diferentes que afetam o gerenciamento da qualidade de sua água (Tabela 1.3).

Enfatiza-se neste livro os reservatórios em rios, que são muito mais comuns.

Já se encerrou o período de construção intensiva de reservatórios, muito embora ainda estejam em andamento alguns projetos, em especial em países em desenvolvimento. Muitos projetos de grande porte foram financiados pelo Banco Mundial e por outras organizações. Ao lado dos resultados positivos obtidos pela construção dessas obras, criando meios ambientes planejados, observaram-se várias conseqüências negativas. Chegou o momento de avaliar os prós e contras desse tipo de construção e de desenvolver padrões para avaliação da mesma (Seção 2.3).

**Tabela 1.3** Diferenças entre reservatórios e "polders" (Straškraba *et al.*, 1993).

| Característica | Lago | Reservatório |
| --- | --- | --- |
| Localização | No rio | Ao lado de rios |
| Barramento | Barrando um vale | Diques laterais |
| Profundidade | Profundo a raso | Raso |
| Forma | Dendrítico | Mais regular |
| Entrada hídrica | Rio | Canal |
| Descarga | Rio | Canal |
| Pulsação | Natural | Operado pelo homem |

Neste manual não serão tratados problemas quantitativos de água, já que ele se refere aos seus aspectos qualitativos. De saída, é evidente que o primeiro objetivo do gerente hídrico é a disponibilidade de água. Caso ocorra uma seca ou a água se torne escassa, todos os outros objetivos são secundários. O gerenciamento da qualidade da água encontra-se restrito a essas condições. Níveis baixos e secas não representam situações raras para engenheiros, uma vez que no planejamento do reservatório foram incluídas considerações sobre a variabilidade existente nas vazões naturais. São consideradas vazões correspondentes a "n" dias ou "n" anos. Isto faz com que sejam consideradas situações "não comuns" de baixas vazões, resultando em reservatórios meio vazios, bem como em situações de enchentes com reservatórios necessitando verter. Entretanto, considerações sobre quantidade de água não são incluídas nos processos de planejamento e isto resulta em conflitos entre o gerenciamento hídrico quantitativo e o qualitativo. Ao gerenciamento da qualidade da água somam-se restrições adicionais devido às necessidades dos consumidores de jusante. É comum preestabelecer padrões para vazões mínimas, porém restrições sobre a qualidade dessa água também devem ser considerados, fato que pode restringir as opções de gerenciamento.

*Qualidade hídrica (ou qualidade da água) pode ser definida como um conjunto das características físicas, químicas e biológicas (incluindo bacteriológicas) de uma determinada amostra de água. As características consideradas importantes dependem do tipo de uso que será feito daquela água: água potável tem de obedecer a muitas restrições; características diferentes são decisivas para peixes e assim por diante.* Isto será discutido em detalhes no Capítulo 6.

A ciência que estuda as variáveis físicas, químicas e biológicas, e suas inter-relações no interior de um corpo hídrico, bem como as inter-relações desse corpo com sua vizinhança, chama-se limnologia. Há um forte relacionamento entre limnologia e gerenciamento da qualidade da água. A limnologia fornece aos engenheiros não somente os valores das variáveis relevantes de qualidade da água como também proporciona uma visão mais detalhada de suas inter-relações e sua importância. Ela também permite uma perspectiva mais ampla para ser empregada no desenvolvimento de métodos mais novos e adequados de gerenciamento. São esses os denominados **métodos ecotecnológicos** – isto é, abordagens de baixo custo, enfatizando as aptidões da natureza e com menor dependência de tecnologias dispendiosas, como será visto no Capítulo 7. Apesar disso, os objetivos dessas duas novas disciplinas, o gerenciamento da qualidade da água e a limnologia, não são idênticos. O gerenciamento da qualidade da água tem o foco na avaliação e aplicação de variáveis capazes de afetar o uso da água, enquanto a limnologia consiste em um amplo estudo envolvendo todos os aspectos das águas naturais superficiais, de vários tipos. A mal delineada fronteira e as inter-relações entre as duas disciplinas abrem novas perspectivas para ambas. Para um engenheiro de qualidade da água, conhecimentos de limnologia auxiliam na compreensão das causas e relações dos problemas de qualidade da água, permitindo a seleção de métodos adequados para seu gerenciamento. Eles também permitem o emprego, com mais segurança, de novos métodos de gerenciamento e o desenvolvimento de outros. Para os limnologistas, o estudo dos problemas de qualidade da água alimenta uma discussão mais ampla abrangendo o meio ambiente humano, satisfazendo, assim, o desejo de aplicar soluções práticas. O Capítulo 4 dedica-se às características limnológicas dos reservatórios, as quais são particularmente importantes ao estudo da qualidade da água.

Os problemas de qualidade da água são tratados em detalhes no Capítulo 6, e seu gerenciamento é discutido nos Capítulos 10 e 11.

Durante a história recente da humanidade surgiram novos problemas de forma crescente em escala e complexidade. Na prática, mesmo após os problemas terem sido solucionados, leva-se cada vez mais tempo para recuperar a qualidade das águas. A tragédia é que, embora muitos problemas tenham sido reduzidos em nível local, nenhum deles o foi em escala global. A questão permanece: qual o próximo tipo de problema envolvendo qualidade da água que surgirá? A teoria atual permite soluções para algumas das dificuldades. Soluções práticas, no entanto, são freqüentemente seguidas por altos custos. Outros problemas ainda não foram equacionados, ainda que sob uma ótica teórica, e todos eles necessitam de estudos futuros para aumentar a eficiência das soluções. O perigo reside no fato de que novos problemas emergem com freqüência cada vez maior. Há dois tipos de grandes dificuldades a esse respeito: a desproporção entre a rapidez de criação e a solução dos problemas e o fato de que o custo causado pela poluição aumenta mais rapidamente que a disponibilidade de recursos humanos, financeiros e materiais. Um novo problema global começa a emergir: a não sustentabilidade da atual tendência generalizada de crescimento. Não se pode continuar com as atitudes atuais em relação ao meio ambiente, a não ser que se esteja preparado para aceitar um nível de vida abaixo dos padrões para as futuras gerações. O conhecimento desse fato aponta no sentido de que se deve alterar nosso comportamento e criar novas abordagens em relação ao gerenciamento dos recursos naturais, incluindo-se os habitats aquáticos. A Seção 2.3 trata desse assunto com mais detalhes.

## 1.2 Reservatórios no Mundo e Sua Distribuição

A água doce parece ser abundante no mundo, porém o incremento de demanda devido ao aumento populacional e à distribuição irregular entre habitação humana e recursos hídricos cria pressões para o armazenamento de água em muitas partes do planeta.

Foram construídos reservatórios em todos os continentes, à exceção da Antártida. Isso ocorreu de forma intensiva em regiões onde as reservas hídricas naturais eram inadequadas, porém também em regiões extremamente abundantes em água. Cerca de 10% do território da Finlândia é coberto por água e, ainda assim, muitos reservatórios, alguns de grande porte (por exemplo Porttiphata, com $1.353 \times 10^6 \, m^3$), foram construídos. O Canadá é bem conhecido por sua abundância de lagos, porém foi construído na década de 60, na região subártica (aproximadamente 55° a 58° N), o Southern Indian Reservoir Complex, cobrindo uma área de 2.391 $km^2$ e com volume superior a 23 $km^3$, somando-se ao grande número de outros reservatórios existentes nesse país. Apresenta-se na Figura 1.1 a distribuição e o volume dos reservatórios anteriores a 1986. Quando comparado ao volume de lagos, excluindo-se os Grandes Lagos e o lago de Baikal, verifica-se que o volume total dos reservatórios representa 53% daquele volume.

A irregularidade na distribuição dos recursos hídricos está relacionada, globalmente, às condições da superfície terrestre. A Figura 1.2 representa o balanço hídrico do planeta, evidenciando mínimas (balanço hídrico negativo, ou seja, a evaporação excede à precipitação) nas proximidades das latitudes 15° a 25°, em ambos os hemisférios. As áreas semi-áridas do globo são particularmente representativas de falta de água e, portanto, a construção de reservatórios ali é muito mais intensa. Como exemplo cita-se a Espanha, que possui aproximadamente 1.000 reservatórios com um volume superior a 40 $km^3$, dentro de um território de 500.000 $km^2$. Todos seus rios foram barrados, muitos deles com reservatórios em cascata, ao longo de grandes distâncias. Na Austrália, a água potável é aduzida a distâncias que excedem milhares de quilômetros e, além disso, foram construídos nas montanhas mais altas da parte norte do país complicados sistemas para o abastecimento de água de um grande território no sul do país.

A Tabela 1.4 lista os 20 maiores reservatórios do mundo. Eles foram construídos, ou estavam em obra, antes de 1982. Sua localização, bem como daqueles mencionados no texto é mostrada na Figura 1.3.

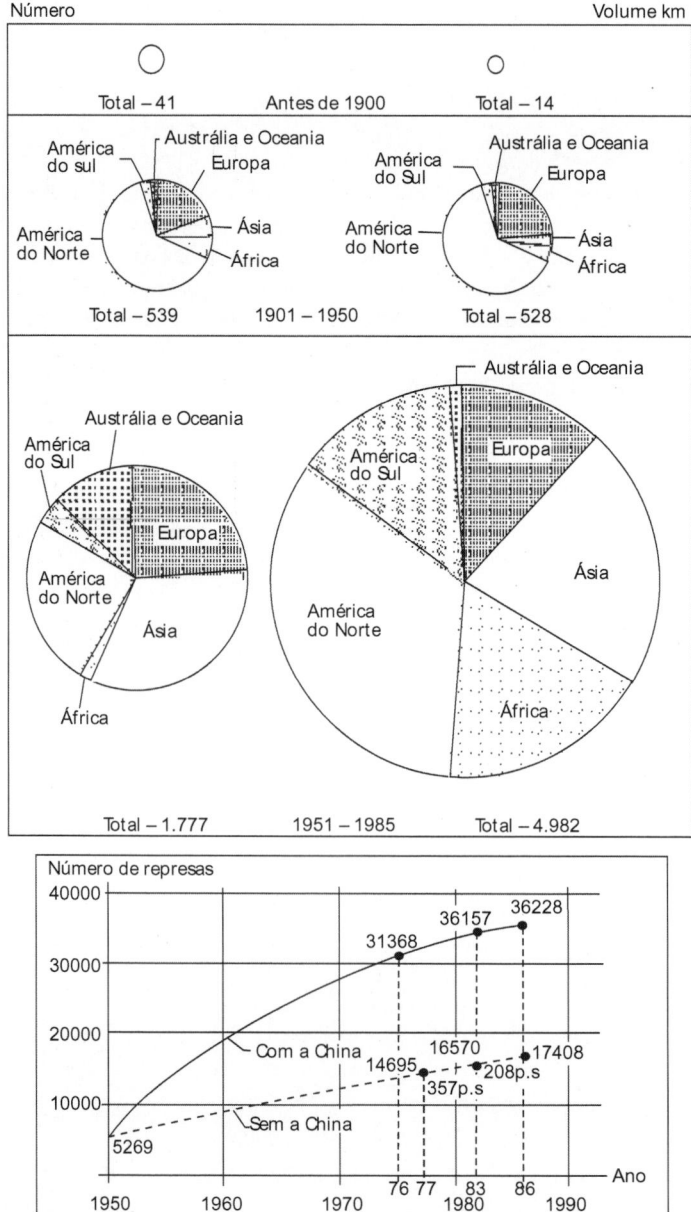

**Figura 1.1**    Número e volume dos grandes reservatórios anteriores a 1985 (de Lvovich *et al.*, 1990).

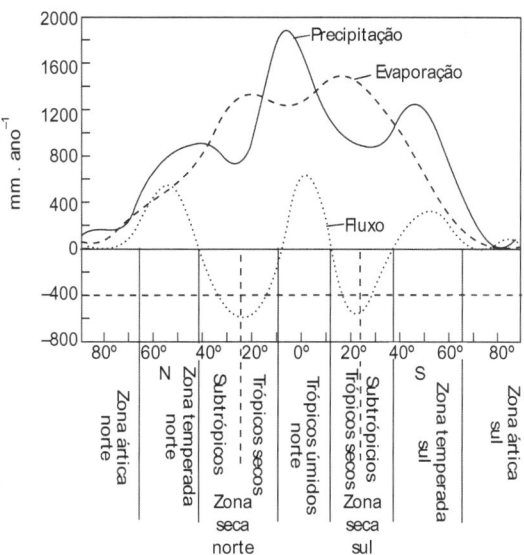

**Figura 1.2** Balanço hídrico do globo e suas principais regiões hidrológicas.

## 1.3 Objetivos e para Quem Se Dirige o Livro

O objetivo deste livro é apresentar um resumo dos problemas envolvendo a qualidade da água dos reservatórios, os processos condicionadores dos mesmos e suas soluções potenciais, dando-se especial ênfase aos reservatórios em rios barrados. Ele foi concebido para ser utilizado por três tipos de profissionais: gerentes responsáveis pelo abastecimento hídrico, engenheiros que lidam com problemas de qualidade da água e limnologistas de reservatórios, que estudam tópicos tanto teóricos como práticos. Buscou-se cobrir problemas específicos de climas temperados e tropicais e, também, aqueles comuns a ambos os climas, isso tanto em países desenvolvidos como em desenvolvimento. As condições tropicais são sensivelmente diferentes, em muitos aspectos, daquelas temperadas, estas muito mais estudadas. Os métodos empregados em países em desenvolvimento têm sido freqüentemente muito dispendiosos tanto em termos financeiros como pelas suas conseqüências ambientais. Materiais e tecnologia, sua fabricação e emprego de forma potencialmente capaz de gerar deterioração ambiental, integram esses métodos. Este livro enfatizará abordagens baratas, empregando baixa tecnologia, não agressoras ao meio ambiente, chamadas de ecotecnologia. Não foi incluída a descrição dos métodos de determinação da qualidade da água. Esses métodos são similares àqueles empregados para outras formas de águas superficiais, existindo um grande número de publicações sobre essa matéria (WHO, 1984, WHO, 1988, APHA, 1989, Wetzel & Likens, 1991, Chapman, 1992), facilmente acessíveis a todos aqueles que buscam mais informações sobre determinação da qualidade da água.

**Tabela 1.4**  Os 20 reservatórios com maior volume do mundo (ICOLD, 1984).

| Reservatório | País | Volume ($10^6$ m$^3$) |
|---|---|---|
| 1- Bratsk* | Rússia | 169270 |
| 2- High Asswan | Egito | 168900 |
| 3- Kariba | Zimbabwe/ Zâmbia | 160368 |
| 4- Akosombo | Ghana | 147960 |
| 5- Daniel Johnson | Canadá | 141831 |
| 6- Guri | Venezuela | 135000 |
| 7- Krasnoyarsk | Rússia | 73300 |
| 8- W. A. C. Bennett | Canadá | 70309 |
| 9- Zeya | Rússia | 68400 |
| 10- Cabora Bassa | Moçambique | 63000 |
| 11- La Grande 2 | Canadá | 61715 |
| 12- La Grande 3 | Canadá | 60020 |
| 13- Ust- Ilim | Rússia | 59300 |
| 14- Kuibyshev | Rússia | 58000 |
| 15- Caniapiscau Bar Ka3 | Canadá | 53790 |
| 16- Upper Wainganga | Índia | 50700 |
| 17- Bukhtarma | Casaquistão | 49800 |
| 18- Ataturk | Turquia | 48000 |
| 19- Irkutsk | Rússia | 46000 |
| 20- Tucuruí | Brasil | 43000 |

* O maior "reservatório" do mundo é o de Owen Falls em Uganda, com uma capacidade de 204800 x 106 m3 de água, entretanto, a maior parte desse volume é de um lago natural; logo, esse reservatório fica melhor classificado como sendo um "lago barrado".

O que se pretende expor aos:

**Gerentes:** a importância de uma abordagem global para o sistema, o respeito pelos problemas referentes à qualidade da água e as inter-relações entre os aspectos quantitativos e qualitativos das águas. Também são oferecidos métodos para orientar sistemas de monitoramento da qualidade da água e ilustrar seu emprego quando do gerenciamento.

**Engenheiros de qualidade da água:** a necessidade de teorias mais avançadas e a inclusão de considerações biológicas nas decisões de gerenciamento.

**Limnologistas:** a necessidade de abordagens envolvendo a totalidade do sistema e a necessidade de incluir nas mesmas as bacias hidrográficas, as relações entre as características limnológicas e as quantidades de água e considerações sobre as atividades humanas, incluindo-se aspectos socioeconômicos e econômicos.

Ao mesmo tempo, é intenção fomentar com urgência:

***Gerentes:*** necessidade de compreensão dos atuais problemas globais, passando então a adotar abordagens compatíveis com um desenvolvimento sustentável por meio de mudanças de atitude em relação ao meio ambiente e respeito pelas gerações futuras.

***Engenheiros de qualidade da água:*** a necessidade de mudar de atitudes e empregar tecnologias baratas, não tradicionais, capazes de utilizar capacidades da natureza e compatíveis com um desenvolvimento sustentado.

***Limnologistas:*** ultrapassar os limites da limnologia tradicional e desenvolver abordagens sistêmicas quantitativas, além de buscar a aplicação prática das suas conclusões, visando solucionar problemas de qualidade da água.

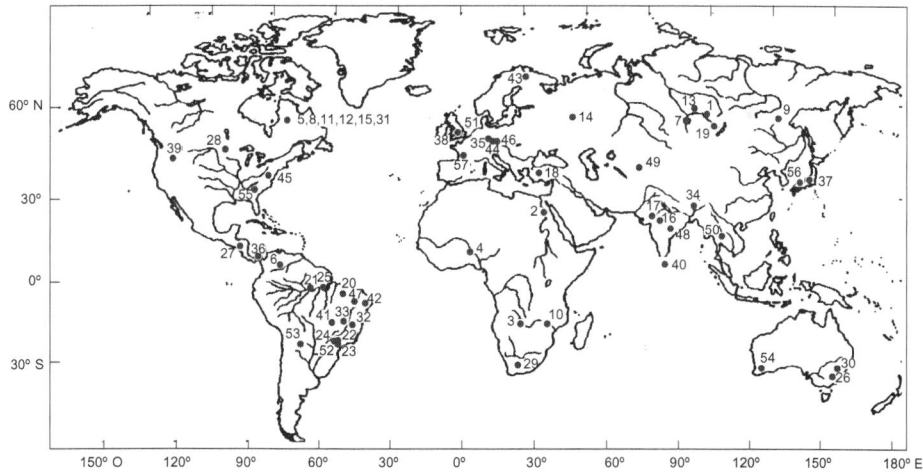

**Figura 1.3** Localização dos 57 maiores reservatórios do mundo e das outras represas relevantes. Os números de 1 a 20 correspondem aos reservatórios listados na Tabela 1.4. Números 21 – Balbina, 22 – Barra Bonita, 23 – Billings, 24 – Broa, 25 – Curua Una, 26 – Eildon Dam, 27 – El Cajon, 28 – Fairmont, 29 – Hartbespoort Dam, 30 – Hume, 31 – Indian Reservoir Complex, 32 – Itaipu, 33 – Itumbiara, 34 – Kaptui, 35 – Klícava, 36 – Lago Gatun, 37 – Lago Yunoko, 38 – reservatórios para o abastecimento de água potável de Londres, 39 – Lago Moses, 40 – Parakruma Samudra, 41 – Paranoá, 42 – Paulo Afonso, 43 – Portipahta, 44 – Rímov, 45 – Round, 46 – Slapy, 47 – Sobradinho, 48 – Srinaquarind Dam, 49 – Ukhtarma, 50 – Ulboratan, 51 – Wahnbach, 52 – Xavantes, 53 – Yaciretá, 54 – Canning, 55 – De Gray, 56 – Asahi, 57 – Kleine Kinzig.

## 1.4 Orientações para Leitura

A utilização deste livro pode depender do interesse específico do leitor ou sua classificação eventual em uma das categorias anteriormente citadas, bem como sua familiaridade com alguns dos tópicos apresentados. A Figura 1.4 ilustra como melhor utilizar o mesmo.

O Capítulo 2 dirige-se aos gerente locais e apresenta as idéias básicas que devem ser consideradas quando do gerenciamento de um território no qual reservatórios são utilizados para diversas finalidades. No Capítulo 3 delineiam-se os parâmetros técnicos dos reservatórios para os diferentes tipos de uso.

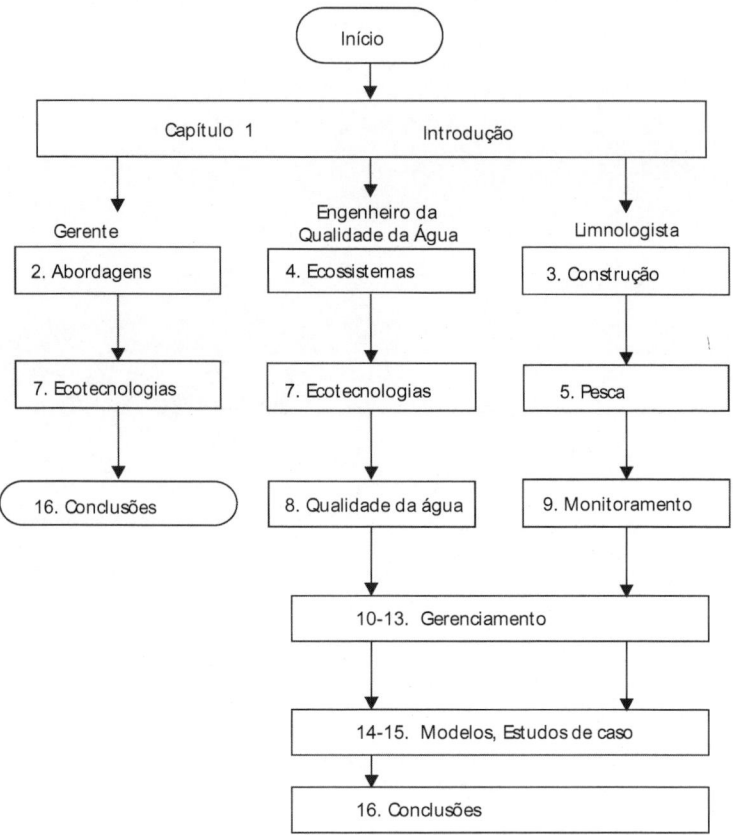

**Figura 1.4** Guia para ler este livro.

No Capítulo 4 é estudada a limnologia dos reservatórios, como fator relevante dos problemas envolvendo qualidade da água. Reafirma-se que o único gerenciamento funcional de reservatórios é aquele que inclui os sistemas de bacias hidrográficas – reservatório – vazões liberadas. No Capítulo 5, apresentam-se características de aspectos ícteos que sugerem sua relação com a qualidade da água. Os principais problemas de qualidade da água mais freqüentemente encontrados nos reservatórios são discutidos no Capítulo 6.

As soluções para problemas de gerenciamento encontram-se primeiramente discutidos no Capítulo 7, o qual cobre amplos assuntos ecotecnológicos baseados na teoria dos ecossistemas. O Capítulo 8 trata da caracterização da qualidade da água dos reservatórios e o Capítulo 9 cobre sua amostragem, monitoramento e avaliação.

Os métodos ecotecnológicos de gerenciamento da qualidade da água podem ser divididos em dois grupos: gerenciamento das bacias hidrográficas (Capítulo 10) e métodos de gerenciamento "in loco" (Capítulo 11). O gerenciamento de tipos específicos de reservatórios é o assunto do Capítulo 12, que sumariza os problemas e soluções mais comuns para tipos de reservatórios, como para o abastecimento de água, recreação e geração de energia elétrica. Os problemas em vazões liberadas pelos reservatórios encontram-se no Capítulo 13.

No Capítulo 14 coloca-se o emprego de modelos matemáticos como uma ferramenta inevitável para gerenciar sistemas complexos até o ponto em que se consiga uma maior compreensão do mesmo e também para ser empregado por gerentes de todos os níveis hierárquicos. Os estudos de casos foram restritos a apenas uns poucos e bem estudados reservatórios. Buscou-se incluir reservatórios similares de regiões tropicais e temperadas.

Aos leitores interessados em informações adicionais, as Referênciuas incluem uma lista de obras recomendadas. As referências citadas no texto são listadas separadamente. Para os amigos da leitura, este volume inclui um glossário dos termos mais comuns e abreviações.

# Capítulo 2

# Aspectos e Abordagens para o Gerenciamento da Qualidade da Água

Este capítulo destina-se aos gerentes regionais e aos dirigentes encarregados das decisões referentes a problemas de abastecimento de água para o consumo humano, recreação, pesca ou outros envolvendo o uso múltiplo de reservatórios. Os autores gostariam de discutir os conceitos básicos de gerenciamento da qualidade da água de reservatórios enfatizando a importância desses princípios. Também discutir as diferenças entre as soluções corretivas de curto prazo, as quais diminuem imediatamente as dificuldades e aquelas de longo prazo, que buscam eliminar a ocorrência de futuros problemas. O desenvolvimento sustentado e abordagens inovadoras podem permitir que se obtenham sucessos a longo prazo.

## 2.1 O Que o Gerente Deve Levar em Consideração

O gerenciamento dos recursos hídricos é um componente indispensável de um gerenciamento regional inteligente; um elemento que integra o gerenciamento dos recursos hídricos é aquele que visa a qualidade da água dos reservatórios. E isso não constitui uma tarefa simples, já que os problemas que comumente ocorrem contemplam sistemas biológicos complexos. Os problemas de qualidade da água são influenciados pela interação extensiva que acontece entre os componentes de dentro e de fora do sistema hídrico (Figura 2.1). Isto lembra a necessidade de considerar muitos componentes simultaneamente. A seguir especificam-se as categorias que devem ser consideradas, ou seja, tópicos gerais, atividades existentes dentro das bacias hidrográficas, aspectos técnicos do reservatório e os aspectos qualitativos das águas.

Problemas complexos necessitam de métodos correspondentes no seu manejo. A análise de sistemas e modelagens matemáticas são abordagens capazes de oferecer ajuda nessas condições. Para reservatórios, essas técnicas encontram-se discutidas no Capítulo 4.1, e outros detalhes podem ser vistos no Capítulo 14.

Os itens mais importantes de um gerenciamento podem ser resumidos, como a seguir:

- Freqüentemente o problema a ser solucionado relaciona-se com outros, e negligenciar essas inter-relações significaria criar novos e inesperados problemas.
- As soluções devem estar desenvolvidas preliminarmente à manifestação do problema. Planejar o futuro é um passo importante na direção do sucesso.
- Decisões políticas induzindo soluções de curto prazo são menos eficientes e menos apreciadas pelo povo que aquelas de longo prazo.
- Nossa responsabilidade perante nossos filhos e netos impõem uma especial atenção no referente a um desenvolvimento sustentável.
- Sempre podem surgir novos problemas, graças ao crescimento das atividades econômicas. Assim sendo, previsões adequadas podem mitigar ou eliminar os mesmos.
- É fundamental tecer considerações sobre aspectos biogeofísicos, econômicos e sociais.

- Os custos de gerenciamento da totalidade do reservatório e das áreas de bacias hidrográficas devem ser considerados preliminarmente a escolha da melhor solução.
- É interessante estabelecer parcerias com a indústria, comércio, universidades e organizações locais, no sentido de criar uma compreensão pública da situação.
- Estudos de Impacto Ambiental são ferramentas úteis para a tomada de decisões no referente a novos projetos ou alterações de características nos projetos já existentes.
- O monitoramento é uma ferramenta importante para tomadas de decisão. Entretanto, ele deve ser cuidadosamente projetado para atender necessidades específicas, devendo também incluir métodos para avaliação dos dados coletados.
- Engenheiros especializados em qualidade da água devem ser consultados quando ocorrerem problemas imediatos ou para outros de longo prazo; problemas envolvendo desenvolvimento sustentado serão beneficiados quando tratados pelas perspectivas dos limnologistas.
- A disponibilidade de água e sua qualidade podem limitar o desenvolvimento econômico. Assim sendo, dentro do território, deve-se prevenir perdas hídricas e providenciar mecanismos e procedimentos para economia de água nos sistemas de distribuição.
- Quantidade e qualidade da água estão relacionadas. A redução no volume hídrico acarreta a deterioração de sua qualidade, assim sendo, espera-se maiores dificuldades em épocas secas.

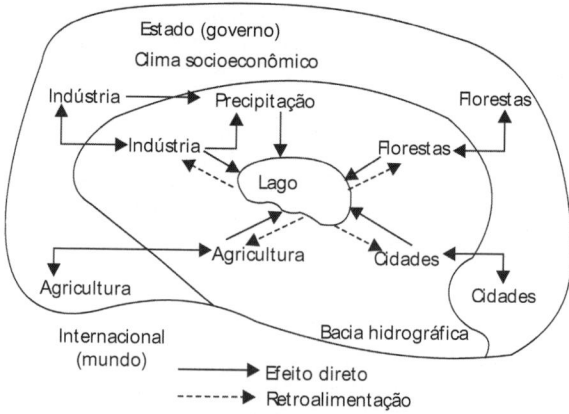

**Figura 2.1** Relação entre o sistema hídrico e sua vizinhança.

- Os problemas de qualidade da água são determinados em grande parte pelas atividades existentes nas bacias hidrográficas. Focos de poluição claramente detectáveis (pontuais) devem ser monitorados, porém certas vezes eles podem ser ultrapassados em importância pela poluição difusa, não pontual, tais como a agricultura, erosão etc.
- A maioria dos reservatórios é ou torna-se de uso múltiplo, o que cria bases para conflitos entre grupos diferentes de usuários. A resolução desses conflitos pode ser

obtida mediante a participação de todas as partes envolvidas no gerenciamento do reservatório.

- Os reservatórios apresentam um processo de rápido envelhecimento, que se inicia logo após seu enchimento. Nos primeiros anos a qualidade da água é muito pior do que no período seguinte com o reservatório estabilizado. Previsões efetuadas para a situação estabilizada não refletem os anos iniciais, que têm qualidade da água deteriorada.

Do exposto anteriormente, surge um número de questões mais específicas, simples e complexas que o gerente deve fazer:

1) Qual é o tamanho e a área das bacias hidrográficas, e qual a relação entre ambas?
2) Qual a rede hidrológica existente nas bacias hidrográficas?
3) Quais os principais focos de poluição existentes nas bacias hidrográficas?
4) Com se organiza o mosaico existente nas bacias hidrográficas? Várzeas, florestas de diversos tipos, vegetação, agricultura, indústria e assentamentos humanos. Qual a relação de áreas entre esses diversos componentes?
5) Quais os tipos e declividades dos solos componentes das bacias hidrográficas, incluindo-se considerações sobre erosão e seus efeitos na composição das águas?
6) Quais os tipos predominantes de uso do solo?
7) Quais as conseqüências desses tipos de uso? Considerar a erosão, transporte de material em suspensão, transporte de poluentes e contaminação das águas subterrâneas.
8) Quais as possíveis conseqüências do desflorestamento para os rios e para o reservatório?
9) Quais as entradas de nutrientes (N, P) no reservatório?
10) Qual o tempo de retenção do reservatório?
11) Qual a composição dos sedimentos do reservatório e as concentrações de N e P nos mesmos?
12) Há contaminantes nos sedimentos? Em caso afirmativo, quais suas concentrações?
13) Qual a taxa de aplicação de herbicidas e pesticidas nas áreas de bacias hidrográficas?
14) Qual o tipo de uso que o público faz do reservatório e das bacias hidrográficas? Incluir considerações sobre pesca, recreação, irrigação, transporte, geração de energia elétrica, abastecimento de água potável, agricultura existente nas bacias hidrográficas e tipos de cultura.
15) Quais os valores econômicos das bacias hidrográficas relacionados à produção, recreação ou qualquer outro tipo?
16) Como ocorreu o desenvolvimento histórico? Considerar o número atual de habitantes nas bacias e suas projeções para o futuro.
17) Quais os dados disponíveis? Considerar mapas, dados sobre qualidade da água, dados climatológicos, sensoreamento remoto, problemas de saúde pública relacionadas ao abastecimento de água, dados demográficos.
18) Qual o estado da cobertura vegetal? Incluir considerações sobre a vegetação natural e os cultivos existentes nas bacias hidrográficas.
19) Qual o estado das várzeas e florestas das bacias hidrográficas? Elas necessitam de recuperação ou proteção?

20) Qual a taxa de sedimentação do reservatório?
21) Que legislação regula as bacias hidrográficas, os usos de água e as políticas de gerenciamento?
22) Quais os principais fatores impactantes existentes? Considerar indústrias (tipo, produção, resíduos), mineração (tipo, produção, conservação), agricultura e outras.
23) Analisar a posição e a distância dos focos de poluição em relação aos rios, várzeas e reservatório.

## 2.2 Abordagens para o Gerenciamento da Qualidade da Água

De acordo com o horizonte temporal, podemos distinguir três tipos de gerenciamento (Figura 2.2): (i) horizonte de curto prazo, com ações corretivas que visam **melhorar** condições existentes, impedindo que elas piorem **(gerenciamento corretivo)**; (ii) horizonte de médio prazo, com o gerenciamento dirigido para a **prevenção** do aparecimento de problemas **(gerenciamento preventivo)**; (iii) o maior horizonte possível, incluindo-se a disponibilidade para as gerações futuras – **gerenciamento auto-sustentado**. Na atualidade deve-se enfatizar horizontes de médio prazo e tecer esforços para a adoção de horizontes de longo prazo. O desenvolvimento auto-sustentado é um tópico recente que será tratado separadamente na Seção 2.3.

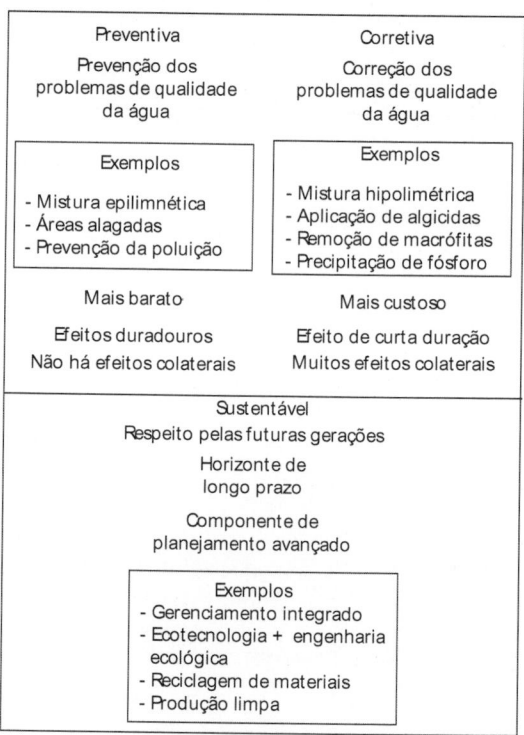

**Figura 2.2** Principais abordagens para o gerenciamento da qualidade da água.

As medidas de **gerenciamento corretivo** (curativo, remediar) são freqüentemente favorecidas porque nem os gerentes, nem o público anteviram os problemas como sérios até a hora em que os mesmos se tornaram catastróficos. Exemplos típicos de medidas corretivas empregadas para o tratamento da qualidade da água incluem a pulverização com algicidas nas ocasiões em que grandes explosões de algas criam conflitos com o tratamento da água e com a recreação, mistura do reservatório após mortandade de peixes, remoção de macrófitas e pulverização de DDT para o controle de mosquitos.

Essas formas de correção são em geral muito dispendiosas e seus efeitos duram muito pouco. Elas são muito menos eficazes que as medidas preventivas e, calculando-se o custo a longo prazo, muito mais caras. É muito mais barato alterar o projeto de um reservatório do que outro já construído. Por exemplo, no reservatório de Yaciretá (Argentina) foram feitas alterações nos vertedouros durante o período de sua construção, permitindo que se reduzissem os custos das ações que deveriam ser adotadas após a conclusão da barragem.

Some-se a isso o fato de que muitas medidas corretivas apresentam efeitos colaterais indesejáveis. Quando alguns algicidas e/ou pesticidas são empregados, eles acumulam nos sedimentos e tecidos de organismos vivos, criando, assim, problemas de saúde. Um exemplo clássico é o emprego de DDT, que tanto se acumula em organismos no local de sua aplicação como é transportado para localidades remotas. Altas concentrações desse produto foram encontradas em pássaros do Ártico, demonstrando a capacidade que esse composto tem de se espalhar pelo mundo. Um algicida clássico, o sulfato de cobre, era comumente utilizado para erradicar algas cianofíceas, perigosas para animais domésticos e seres humanos. Recentemente, problemas de saúde apareceram em diversas localidades onde a água potável era tratada com sulfato de cobre. A origem desse problema foi identificada como sendo o cobre, que acumulado em grandes quantidades nos sedimentos era posteriormente liberado para a água.

A desestratificação dos reservatórios é um método empregado para melhorar a qualidade da água nos casos em que a água tratada apresenta cheiro ou gosto indesejados, ou quando morrem peixes devido à ausência da quantidade necessária de oxigênio. Compressores têm sido utilizados para promover essa desestratificação e seu barulho tem aborrecido as pessoas que buscam o lazer. Também, em muitos casos, ocorre uma supersaturação por nitrogênio, causando uma mortandade de peixes.

O gerenciamento **preventivo** difere daquele corretivo pelo fato de que seu enfoque reside em criar situações que não permitam o aparecimento de problemas de qualidade da água. O gerenciamento preventivo não se limita à fase de planejamento, porém também é útil para a análise de problemas novos que começam a despontar. Para um funcionamento auto-sustentável de um reservatório, esse tipo de gerenciamento representa a única opção. É nesse sentido que a limnologia fornece o conhecimento necessário para obter um gerenciamento eficiente. Devem-se empregar métodos ecotecnológicos que, além de baratos, causem os menores impactos possíveis ao meio ambiente global.

## 2.3 Gerenciamento Sustentado da Qualidade da Água

O **desenvolvimento sustentado** é comumente definido como sendo o *"desenvolvimento que atende às necessidades do presente, sem, no entanto, comprometer a capacidade das gerações futuras de vir a atender as suas necessidades".*

Esta definição é produto das atividades da "Brundtland Commission on the Environment". O meio ambiente foi o foco da Conferência Mundial realizada no Rio de Janeiro em 1992. A declaração do Rio sobre Meio Ambiente e Desenvolvimento estabelece os seguintes objetivos: a preocupação dos humanos pelo desenvolvimento sustentado; o direito das pessoas à saúde e vida produtiva em harmonia com a natureza; a necessidade da comunhão entre desenvolvimento e as necessidades ambientais presentes e futuras. Para atingir esses objetivos, a proteção do meio ambiente deve constituir-se em parte integrante do processo de desenvolvimento.

O principal documento da Conferência, *AGENDA 21* (abreviação de Agenda para o Século 21, Anônimo, 1993), enfatiza a necessidade de se resolverem problemas acumulados no meio ambiente global. Eles devem ser resolvidos antes que fiquem insuperáveis. Temos responsabilidade perante as próximas gerações: entregar recursos e condições que permitam sua vida saudável e seu desenvolvimento.

Os itens apresentados no documento em relação às águas doces são apresentados na Tabela 2.1.

O desenvolvimento sustentado significa o uso adequado dos recursos de forma a garantir sua disponibilidade para as gerações futuras. As medidas destinadas a essa finalidade encontram-se diretamente relacionadas à solução de problemas complexos, envolvendo biogeofísica e socioeconomia, empregando-se medidas preventivas de longo prazo.

**Tabela 2.1** Trechos do Capítulo 18 da *AGENDA 21*: proteção da qualidade da água e dos recursos de água doce.

A. Desenvolvimento integrado dos recursos hídricos, e seu gerenciamento.
B. Avaliação das reservas hídricas.
C. Proteção dos recursos hídricos, da qualidade da água e dos ecossistemas aquáticos (principais tipos de poluição, biodiversidade dos organismos aquáticos, papel das organizações internacionais, monitoramento da qualidade hídrica).
D. Abastecimento de água potável e seu tratamento.
E. Água e desenvolvimento sustentado das cidades.
F. Água para produção sustentada de comida e para desenvolvimento de áreas rurais.
G. Efeitos das alterações climáticas sobre os recursos hídricos.

Nesse contexto, considerações sobre problemas envolvendo a qualidade da água de reservatórios representam uma parte integral. Isto inclui dentre as preocupações para a construção de um reservatório o cuidadoso exame das demandas futuras, uma vez que a construção dessas estruturas tem efeitos positivos e negativos (Tabela 2.3). Além de novos aproveitamentos, devem-se buscar meios de conservar, evitar incrementos no uso, prevenir perdas e tornar mais eficientes os recursos hídricos existentes, visando à redução do seu desperdício. Quando assuntos conservacionistas são ignorados, como geralmente ocorre, novos reservatórios são construídos, devendo-se fazer nesses casos uma cuidadosa avaliação dos locais em relação à qualidade da água e danos ao meio ambiente. Ações preventivas devem ser empreendidas, uma vez que são muito mais baratas e duradouras do que outras necessárias para fazer frente a estragos que poderiam ter sido evitados. Deve-se direcionar extensivas alterações na estrutura da produção agrícola e das fazendas. Deve ser interrompida a perda de milhões de toneladas de solo, nutrientes e outros materiais potencialmente valiosos para reservatórios, lagos ou mares, pois essas perdas são irrecuperáveis e produzem grandes danos à qualidade da água e ao meio ambiente em geral. O hábito da humanidade de resolver somente os problemas imediatos de qualquer maneira e sem estudar os perigos potenciais desses métodos deve ser substituído por uma cuidadosa investigação dos diversos aspectos envolvendo o meio ambiente.

Os gerentes de qualidade da água são responsáveis, ou no mínimo cúmplices, pelos cuidados visando uma qualidade da água sustentada de reservatórios. São necessárias alterações das atitudes, tanto de gerentes como do público, para obter a sustentabilidade para as gerações futuras. As seguintes atividades devem ser consideradas pelos gerentes como aplicáveis à interação reservatório/ bacias hidrográficas:

- Introduzir tecnologias simples, métodos não agressores ao meio ambiente, tais como ecotecnologia e engenharia ecológica.
- Empregar abordagens de gerenciamento integrado. Integrar gerentes com engenheiros, cientistas e a comunidade local.
- Envidar maiores esforços no sentido de evitar a poluição e a deterioração das águas do que para purificação ou outros métodos corretivos. Focar em **"tecnologias limpas"** e prevenção de poluição em vez de na dispendiosa extração de matéria diluída, através de purificação. Trocar os métodos de "ao final da tubulação" por "no início da tubulação".
- Implementar programas para reciclagem de materiais, visando a redução da poluição das águas.
- Apoiar redução no uso e medidas conservacionistas de água.
- Avaliar diversas possibilidades de gerenciamento, inclusive abordagens inovadoras, no sentido de determinar a escolha com maiores perspectivas. Os objetivos devem contemplar horizontes de longo prazo e recursos hídricos qualitativamente sustentáveis.
- Dar maior atenção aos métodos de mitigação da poluição difusa.
- Aumentar o emprego de modelos matemáticos para avaliação de problemas e soluções específicas.
- Introduzir métodos para o monitoramento intensivo das "alterações globais", sob a ótica hidrológica, química e biológica. Sistemas confiáveis e baratos de monitoramento devem ser fabricados e instalados.
- Apoiar o gerenciamento descentralizado atuando em conjunto com ações centralizadas de gerenciamento.
- Avaliar os processos ecológicos de componentes como várzeas e florestas sob a ótica econômica.
- Preservar a biodiversidade terrestre e aquática das bacias hidrográficas mediante a proteção e recuperação de florestas e da heterogeneidade da paisagem, mantendo o mosaico dos habitats, incluindo-se refúgios e corredores para a migração animal. Proteger as águas de montante e jusante.
- Treinar os gerentes e técnicos em métodos e abordagens inovadoras de gerenciamento.
- Fomentar a educação ambiental na região.

- Demonstrar aos gerentes industriais e membros da comunidade quais as conseqüências que suas decisões e/ou atividades têm sobre a disponibilidade quantitativa e qualitativa de água.

Estas atividades visam garantir:

1) um desenvolvimento controlado capaz de garantir a manutenção, a longo prazo, dos recursos hídricos e minimizar os efeitos adversos sobre esse ou outros recursos;
2) que não se esgotem opções para um desenvolvimento futuro;
3) que a eficiência no uso da água ou de outros recursos seja o elemento-chave da estratégia de seleção.

Um dos produtos da *AGENDA 21* é o lançamento da "Sociedade Hídrica Global" (Global Water Partnership) na conferência de 1995, em Estocolmo. Essa sociedade inclui organizações não-governamentais, representantes de governos, bancos multinacionais, agências das Nações Unidas e organizações profissionais.

**Tabela 2.2**   Alguns objetivos da *Sociedade Hídrica Global*.

- Encorajar organizações de apoio externas, governos ou acionistas para adotarem políticas e programas consistentes e mutuamente complementares.
- Criar mecanismos para o intercâmbio de informações e experiências.
- Desenvolver soluções efetivas e inovadoras, incluindo-se o desenvolvimento de capacidade, no sentido de se resolver problemas comuns à implementação de programas integrados de gerenciamento e divulgar políticas práticas baseadas nessas soluções.
- Apoiar programas integrados de gerenciamento hídrico local, sub regional, regional, bacias de rios ou a nível nacional, mediante colaboração, a pedido, dos governos ou seus possíveis sócios.
- Ajudar e coordenar necessidades em relação à recursos existentes.

## 2.4 Reservatórios no Contexto do Desenvolvimento Econômico Regional

A construção de reservatórios interfere na vida social e econômica da região, como pode ser visto pelos seguintes aspectos:

1) Necessidade de relocação de pessoas e interferência no sistema produtivo, que normalmente dependem do rio a ser barrado. Por exemplo, no lago Volta, fazendeiros foram treinados para se tornarem pescadores e, por outro lado, no lago Yaciretá (Argentina), pescadores foram treinados para se transformarem em fazendeiros. A relocação das populações também altera a estrutura social da região. A Tabela 2.3 resume alguns impactos que a construção do Lago Yaciretá acarretou.
2) Ocasionalmente, ocorre inundação de partes de cidades, o que paralisa o comércio e a indústria. A relocação de pessoas e atividades existentes nessas áreas pode acarretar

diversos conflitos entre os proponentes do reservatório e os sistemas sociais e políticos ali existentes. Abaixo do reservatório pode vir a ocorrer grande mortandade de peixes.

**Tabela 2.3** Problemas originados pela construção do Lago de Yaciretá (Argentina-Paraguai).

- 50.000 pessoas tiveram de ser relocadas.*
- Cerca de 30% das duas maiores cidades ribeirinhas foi submersa.
- Os sistemas de abastecimento de água das cidades foi interrompido e problemas de eutrofização ameaçaram a qualidade das águas do reservatório para o consumo humano.
- Populações de áreas rurais tiveram de ser relocadas e tiveram seus sistemas de abastecimento de água interrompidos.
- Pescadores foram obrigados a transferir-se para áreas distantes do lago, e assim, foram forçados a mudar de profissão.
- A super saturação de oxigênio devido a água vertida acarretou grande mortandade de peixes a jusante da barragem (Fig. 2.1).
- Dentro do reservatório criaram-se, em algumas baias isoladas, áreas com baixa circulação; nessas áreas condições anóxicas levaram à mortandade de peixes.
- Aumentou a reprodução de algumas espécies de peixes, porém muitas outras apresentaram queda.
- A necessidade de proteger contra a erosão terrenos íngremes ao longo do reservatório aumentou os custos de construção.
- A necessidade de regular a vazão de jusante reduziu a capacidade de laminação de cheias do reservatório.

*O mesmo número de pessoas foi relocado no lago Kariba e no lago Kanji; no Alto Volta foram 70.000. O maior número de habitantes relocados foi no lago Nasser, com 120.000 pessoas.

Em muitos países, em especial na América do Sul, os reservatórios são construídos com a finalidade de favorecer o desenvolvimento econômico da região. Este fato, por vezes, induz a um melhor aproveitamento das áreas próximas ao mesmo. Por exemplo, no reservatório de Tucuruí ocorreu uma imigração em larga escala de pescadores após o início do crescimento trófico com o preenchimento do reservatório. Em alguns casos, sistemas de irrigação foram desenvolvidos, estimulando a agricultura local. A construção de reservatórios em larga escala no Brasil evitou a implementação do uso de outros tipos de geração de energia, como a nuclear.

Um desenvolvimento econômico interessante aconteceu nos reservatórios do Estado de São Paulo. No rio Tietê foi criada uma hidrovia pela construção de seis reservatórios. Com isso, facilitou-se o transporte de produtos agrícolas e acrescentou-se um importante valor econômico à região. Adicionalmente, essa facilidade estimulou o turismo e a recreação. No lago Kariba, a introdução de sardinha de água doce (*Limnothrix tanganicae*) e a criação de espécies de crocodilo estimularam a pesca e o comércio (C. Magadza, comunicação pessoal).

Essas e outras experiências levam à necessidade de decisões bem balanceadas dos prós e contras da construção desses sistemas. A Tabela 2.4 resume diferentes aspectos a serem considerados.

**Tabela 2.4** Possíveis efeitos ambientais devido à construção de reservatórios. Nem todos os eventos podem ocorrer em casos específicos.

**Efeitos Positivos**
- Produção de energia – hidroeletrecidade.
- Criação de purificadores de água com baixa energia.
- Populações de áreas rurais tiveram de ser relocadas e tiveram seus sistemas de abastecimento de água interrompidos.
- Fonte de água potável e para sistemas de abastecimento.
- Representativa diversidade biológica.
- Maior prosperidade para parte das populações locais.
- Criação de possibilidades de recreação.
- Proteção contra cheias das áreas a jusante.
- Aumento das possibilidades de pesca.
- Armazenamento de água para períodos de seca.
- Navegação.
- Aumento do potencial para irrigação.

**Efeitos Negativos**
- Deslocar populações.
- Emigração humana excessiva.
- Deterioração das condições da população original.
- Problemas de saúde pela propagação de doenças hidricamente transmissíveis.
- Perda de espécies nativas de peixes de rios.
- Perda de terras férteis e de madeira.
- Perda de várzeas e ecotones terra/ água – estruturas naturais úteis. Perda de terrenos alagáveis e alterações em habitats de animais.
- Perda de biodiversidade (espécies únicas); deslocamento de animais selvagens.
- Perda de terras agrícolas cultivadas por gerações, tais como arrozais.
- Excessiva imigração humana para a região do reservatório, com os conseqüentes problemas sociais, econômicos e de saúde.
- Necessidade de compensação pela perda de terras agrícolas, locais de pesca e habitações, bem como peixes, atividades de recreio e de subsistência.
- Degradação da qualidade hídrica local.
- Redução das vazões a jusante do reservatório e aumento nas suas variações.
- Redução da temperatura e do material em suspensão nas vazões liberadas para jusante.
- Redução do oxigênio no fundo e nas vazões liberadas (zero em alguns casos).
- Aumento do $H_2S$ e do $CO_2$ no fundo e nas vazões liberadas.
- Barreira à migração de peixes.
- Perda de valiosos recursos históricos e culturais. Por exemplo, a perda em Oregon de inúmeros cemitérios indígenas e outros locais sagrados, acarretando a perda da identidade cultural de algumas tribos.
- Perda de valores estéticos.

## 2.5 Gerenciamento Integrado da Bacia Hidrográfica

Além da bacia hidrográfica situada a montante do reservatório, um gerenciamento integrado contempla também o reservatório em si e o rio a jusante do mesmo. Entretanto, não são somente as unidades físicas que devem ser integradas, mas também outros referentes aos aspectos quantitativos e qualitativos da água, problemas ambientais e considerações econômicas. Para atender às necessidades futuras, o gerenciamento integrado das bacias hidrográficas objetiva decisões de longo prazo, melhores que os remédios de curto prazo, visando a necessidades imediatas.

Na Figura 2.3 apresenta-se o esquema de um gerenciamento integrado que cientificamente estabelece políticas e práticas mais efetivas e capazes de antecipar e resolver problemas ambientais presentes e futuros.

A figura ilustra quais as parcerias que são necessárias entre a esfera de gerenciamento e a comunidade científica; a comunidade local também encontra-se envolvida e isso geralmente é feito por meio de grupos ambientais ou comercial-industriais organizados, ou ainda por comitês locais organizados e compostos por representantes de todas as categorias anteriores.

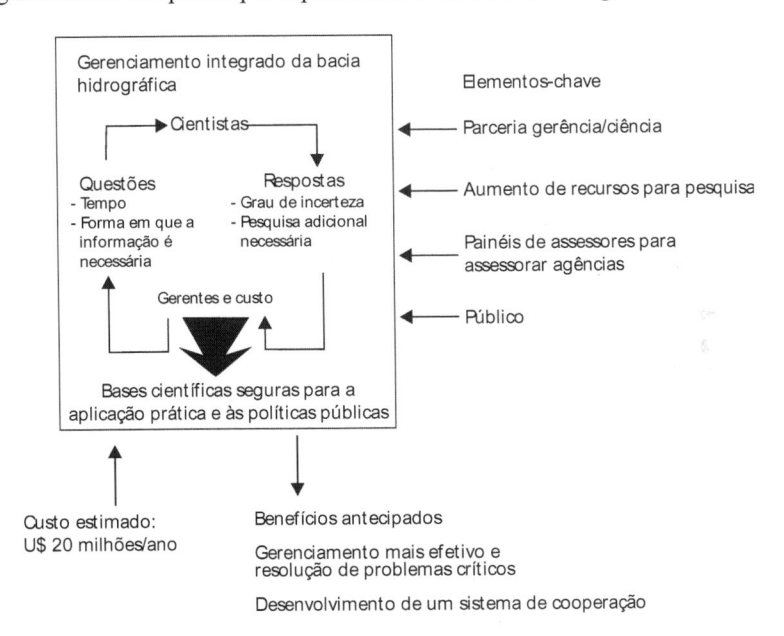

**Figura 2.3** Exemplo de um gerenciamento integrado de bacias hidrográficas.

Para um adequado gerenciamento do reservatório e sua bacia hidrográfica, é interessante desenvolver, em parceria, um sistema integrado de gerenciamento da informação. Devido ao fato de as autoridades locais, população, indústrias e comércio serem usuários e poluidores do reservatório e de sua bacia hidrográfica (água, recreação, pesca, embarcações, navegação), sua participação ajuda na resolução de controvérsias e na integração do sistema. A universidade mais próxima ou um adequado instituto de pesquisas também deve ser envolvido no processo, já que pode fornecer conselhos sobre novos métodos de gerenciamento. Caso exista uma agência fomentando o desenvolvimento regional, o gerenciamento do reservatório ou pesquisas nas áreas da bacia hidrográfica, aconselha-se incluir representantes da mesma no conselho de gerenciamento, já que demonstra melhor boa vontade em apoiar projetos bem organizados, e a existência de um conselho de gerenciamento evidencia esse aspecto. Um elemento importante para a integração pode ser um sistema de informações; este pode incluir dados referentes às atividades econômicas existentes na região com relevância em relação às necessidades hídricas e à poluição, novos usuários em potencial e às expectativas de incremento na demanda de água e na escalada da poluição, bem como dados a respeito do tipo de uso da água, poluição hídrica, custos relacionados etc. (Strebel *et al.*, 1994, Tundisi & Straškraba, 1995).

A Figura 2.4 ilustra a possibilidade de criação de um conselho de gerenciamento local capaz de reunir parceiros interessados em uma franca, aberta e direta interação. A vantagem da parceria é que seus membros podem obter informações diretas capazes de fornecer a compreensão dos problemas, suas complexidades e possíveis soluções. A parceria permite que os partícipes reconheçam que a solução dos atuais problemas não é de interesse somente do gerente do reservatório, porém eles também ganharão à medida que os mesmos forem resolvidos. Nesse sentido, conflitos de interesses são apresentados de forma mais calma e suas resoluções são mais facilmente obtidas. Um exemplo desse tipo de organização local é o "Ecosystem Charter for the Great Lakes – St. Lawrence Basin". Esta carta resume em 17 tópicos o direito da população local de viver em um ecossistema que garanta sua saúde e bem-estar, bem como para diversas comunidades de organismos benéficos, e especifica os meios de se atingirem esses objetivos:

**Figura 2.4** Componentes de um conselho local de informação e gerenciamento (modificado de Strebel *et al.*, 1994).

O aumento dos custos de matérias-prima, energia, água, taxas ambientais e a pressão cada vez maior por parte de grupos ambientalistas sobre empreendimentos industriais obrigam estes últimos a reconsiderarem seus métodos de produção, buscando atingir uma melhor competitividade por meio de posturas amigáveis em relação à proteção do meio ambiente. Um procedimento cientificamente ancorado, de amplo espectro e favorecido pelos grandes grupos, é o da **avaliação do ciclo de vida** dos produtos. Essa avaliação consiste em: mineração das matérias-prima, processamento básico de produtos químicos ou metais, transporte, produção ou materiais necessários para a confecção final do produto, produção final do produto, embalagem e distribuição, além de considerações sobre o destino do produto e conseqüências ambientais pelo seu uso, e finalmente a disposição de seus restos ou de partes não utilizadas (por exemplo, embalagens, partes sem utilidade, produtos danificados ou quebrados). Cada passo é avaliado no referente à economia do produto, incluindo suas necessidade de materiais, energia, água e custos ambientais. A Figura 2.5 ilustra este procedimento de avaliação. Muitas fábricas que implementaram esse tipo de avaliação concluíram que poderiam obter uma economia considerável, aumentando assim sua competitividade. Isto foi acompanhado por uma considerável economia em água e energia, além de redução na poluição. Assim sendo, espera-se que esse procedimento se torne cada vez mais utilizado, o que beneficiará também a qualidade da água. Os gerentes de qualidade da água devem reforçar a propriedade desse procedimento, pressionando sua avaliação. Os conselhos locais podem ser de grande ajuda nesse sentido.

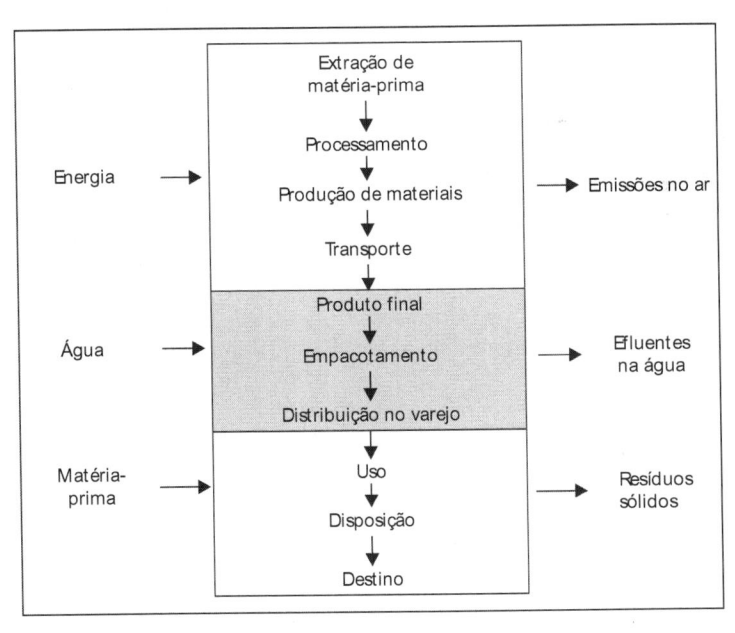

**Figura 2.5**   Avaliação do ciclo de vida de um produto.

Em um gerenciamento integrado devem ser tecidas considerações sobre as vantagens econômicas resultantes de um uso múltiplo do reservatório. Após um período definido, variando entre 10 e 20 anos, na região próxima ao reservatório a economia terá se diversificado pelo uso benéfico que o complexo terá propiciado, quer a montante, quer a jusante do mesmo (turismo e recreação, irrigação, aqüicultura etc.).

Conseqüentemente, uma economia que poderia ter estado exclusivamente dependente da geração de energia elétrica pode começar a florescer pelo bom uso da potencialidade do sistema formado pelo reservatório. Uma consideração igualmente importante ao gerenciamento integrado refere-se ao uso posterior da infra-estrutura da barragem. Essas obras (prédios com suas facilidades, como telefone, água, esgoto etc.) são desativadas após a conclusão da barragem e início das operações comerciais, podendo, então, ser utilizadas para cursos de treinamento ou como local de pesquisas.

## 2.6 Estudo de Impacto Ambiental

O método mais fácil de avaliar os efeitos de uma potencial nova atividade econômica, ao mesmo tempo envolvendo a população local na decisão, é a elaboração de um Estudo de Impacto Ambiental – EIA. Pode-se distinguir duas situações elementares em que um EIA deve ser feito: (i) antes das decisões que devem ser tomadas quando da construção de um reservatório; (ii) quando for necessário efetuar alterações no seu uso (ele se tornará multi-propósito) ou quando novas construções, ou desenvolvimentos econômicos, devam ser contemplados pelo gerenciamento das bacias hidrográficas.

Qualquer EIA de reservatório baseia-se na confiabilidade dos dados existentes, logo, a qualidade dos dados afeta a precisão do relatório. Um monitoramento permanente do reservatório, mediante um adequado e contínuo programa de amostragens, fornece um bom banco de dados. Esses programas exercem a função de sensores do reservatório e das bacias hidrográficas. A formação de uma equipe multidisciplinar com experiência em EIAs e com um conhecimento extensivo do local representa uma situação ideal, porém, não facilmente realizável. Antes da construção do reservatório, deve-se fazer uma análise de como estudar o uso dos recursos naturais, a socioeconomia local e a ecologia regional. Para ser eficaz, um EIA deve ter início muitos anos antes da construção da barragem, devendo incluir considerações de causa–efeito, em vez de apresentar somente aspectos estruturais. A interrupção dos processos integrados ao longo da interface água–terra necessita de avaliações quantiqualitativas. EIAs inadequados resultam em informações pobres dos impactos econômicos e dão estimativas erradas para compensações das perdas.

A elaboração do EIA obedece a procedimentos gerais (Figura 2.6), que necessitam, no entanto, ser modificados para cada caso considerado. O objetivo também pode depender do conhecimento total existente para cada projeto, em particular.

A Figura 2.7 apresenta as possíveis variáveis a serem consideradas na implementação de um EIA para uma bacia hidrográfica ou preliminarmente à construção de reservatórios.

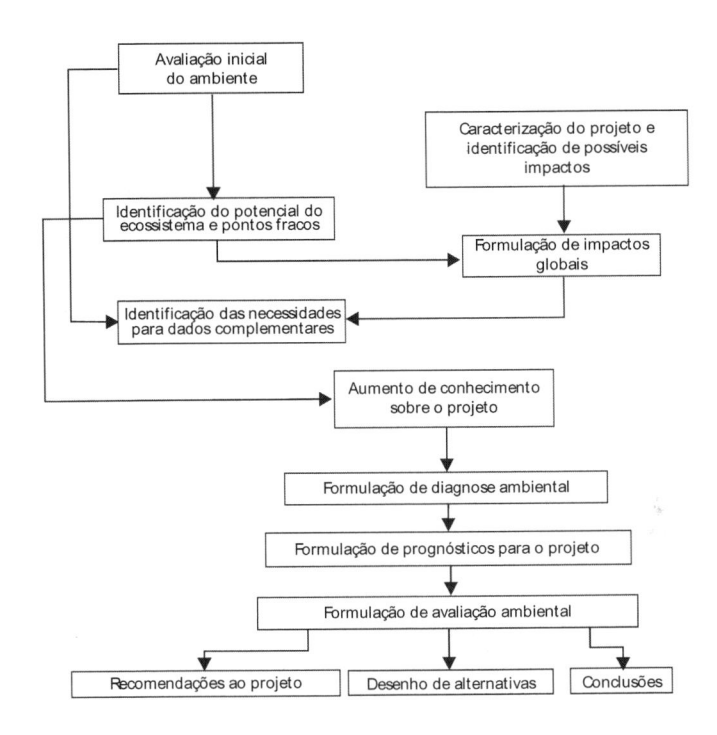

**Figura 2.6** Etapas de um Estudo de Impacto Ambiental.

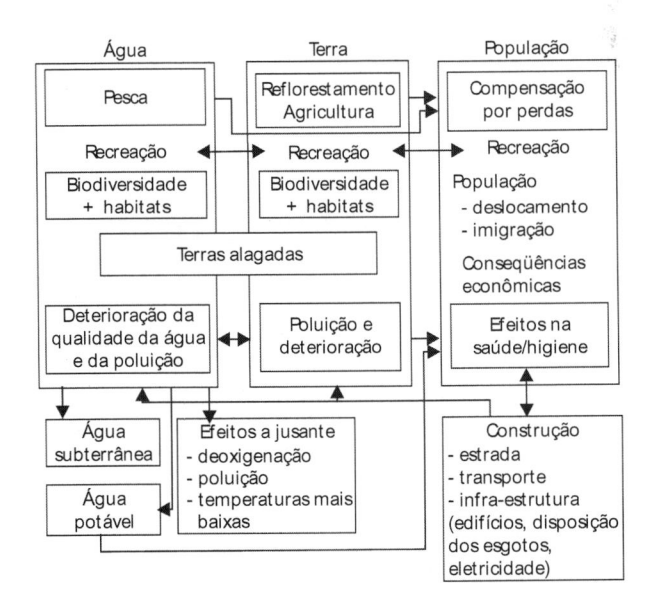

**Figura 2.7** Variáveis a serem consideradas em um Estudo de Impacto Ambiental.

## 2.7 Atividades Humanas de Maior Impacto sobre as Bacias Hidrográficas de Água Doce

A Tabela 2.5 elenca algumas atividades que exercem um impacto maior sobre os recursos de água doce e, em particular, sobre os reservatórios. Esses impactos podem ser separados nos seguintes tópicos:

**Tabela 2.5** Principais impactos das atividades antrópicas sobre o meio ambiente.

- Desflorestamento.
- Mineração.
- Construção de ferrovias e estradas de rodagem.
- Construção de reservatórios.
- Esgotos e outros dejetos.
- Desenvolvimento urbano.
- Agricultura e agroindústria;
- Irrigação.
- Salinização e inundação de campos.
- Recreação e turismo.
- Construção de hidrovias e transporte fluvial.
- Construção de canais, retificação de rios e transferências de água.
- Destruição das várzeas.
- Deslocamento populacional.
- Introdução de espécies exóticas.
- Exploração inadequada da biomassa.
- Transferências ou retiradas de água induzindo uma menor recarga das águas subterrâneas.
- Poluição atmosférica pelas indústrias ou automóveis causando chuvas ácidas.

**Desflorestamento:** a remoção das florestas ao longo dos cursos dos rios acarreta diversas alterações indesejáveis nos processo ecológicos, tais como a redução de materiais alóctonos disponíveis para os rios e a perda de sua capacidade de atuar como um "sistema filtrante" de nutrientes e materiais em suspensão. O desaparecimento das florestas naturais depriva a curso de água de animais selvagens, alimentos e abrigo. Assim sendo, perde-se sua função de zona de transição (e absorção) entre o sistema terrestre e o aquático. O aumento do material particulado nas águas é outra conseqüência negativa.

**Mineração:** a mineração de ouro pela filtragem dos sedimentos do fundo dos rios causa um grande impacto negativo. Devido ao fato de o ouro ser amalgamado com mercúrio, nas proximidades do rio, ocorre a contaminação dos organismos componentes da cadeia alimentar presente no rio. A mineração de areia e de bauxita são outras atividades que interrompem processos ecológicos. A do carvão e do ferro também causam efeitos diretos e indiretos sobre os ecossistemas de águas doce.

**Construção de ferrovias e estradas de rodagem:** estas obras causam grandes alterações em várzeas, baixadas e pequenos cursos de água. Os impactos imediatos ocorrem durante e logo após a construção. O incremento da erosão acarreta uma maior eutrofização devido às maiores taxas de nutrientes somadas à menor disponibilidade de luz para algas e para plantas maiores durante os períodos de maior turbidez.

**Construção de reservatórios:** a construção de reservatórios interrompe a inundação natural das várzeas e baixadas situadas a jusante do mesmo. Eles alteram consideravelmente a quantidade e qualidade das águas.

**Esgoto e outros dejetos:** dejetos não tratados oriundos de fontes pontuais ou difusas causam diversas alterações na cadeia alimentar dos rios, baixios e várzeas. Descargas de esgoto urbano, sem tratamento ou somente com tratamento primário ou secundário (sem remoção de nutrientes), causam sérios problemas de eutrofização. Descargas de dejetos agroindustriais, fruto de seu processamento, fertilizantes, herbicidas, pesticidas e resíduos de agricultura, deterioram a qualidade da água;

**Desenvolvimento urbano:** os esgotos das cidades causam uma poluição "per capita" maior do que aquela produzida em áreas rurais providas de latrinas ou tanques sépticos. O mesmo se aplica aos detritos sólidos.

**Agricultura e agroindústria:** uma estocagem imprópria de fertilizantes, produtos agroquímicos ou esterco são a principal causa da poluição difusa. Fertilizantes aplicados de maneira excessiva não são incorporados pelas plantas, sendo lavados pelas chuvas. A erosão aumenta por práticas agrícolas inadequadas e acarreta grande assoreamento nos reservatórios. A perda de capacidade de retenção hídrica do solo também é importante. Também pode ocorrer uma salinização de terras irrigadas.

**Irrigação:** é a principal causa de salinização extensiva, principalmente nas regiões semi- áridas. Projetos com irrigação excessiva normalmente resultam em grandes desastres, tais como o projeto soviético para algodão, que transformou o mar de Aral em uma sujeira, com barcos de pesca enferrujados abandonados em uma areia salgada. São enormes os problemas locais de saúde.

**Salinização:** há diversos motivos para salinização: emprego de sal associado a fertilizantes, uso de sal para descongelar estradas, irrigação e evaporação maior que precipitação, em certas regiões e períodos.

**Recreação e turismo:** turismo em desenvolvimento, habitações de lazer, esportes aquáticos (principalmente barcos a motor), natação, pesca esportiva e outros tipos de atividades recreacionais não são compatíveis com fontes para o abastecimento de boa água potável. Além disso, essas atividades demandam a construção de estradas, hotéis e outras facilidades.

**Hidrovias e navegação:** a construção de estruturas para navegação (comportas, passagens) pode destruir o regime natural dos rios, diminuindo ou aumentando a velocidade da água, perturbando o leito fundo e causando erosão nas margens.

**Construção de canais e retificação de rios:** as interferências tecnológicas de grande porte comumente correlatas à construção dessas obras têm conseqüências negativas sobre a hidrologia regional, sobre a disponibilidade dos recursos hídricos e sobre sua distribuição biológica. A perspectiva de que se pode obter proteção contra cheias pela construção de barragens cada vez mais altas, ironicamente, conduz a maiores danos por inundações. As águas, em vez de serem armazenadas dentro do território pelas várzeas, meandros e florestas, fluem livremente para a parte baixa dos rios. A cidade de Utrecht, Holanda, foi recentemente ameaçada de ser inundada em 5 m, representando um bom exemplo do tipo de desastre que aguarda várias outras cidades.

**Destruição das várzeas:** a perda de várzeas induz à redução da capacidade hídrica local e a perda de habitats de um grande número de plantas e animais. O nível de recarga do subsolo reduz em certas áreas e aumenta em outras; a conseqüência dessas alterações sobre os cultivos pode ser devastadora.

**Deslocamento populacional:** quando concentrações humanas são relocadas, a construção de novas casas e núcleos sem sistemas de purificação acarreta um aumento da poluição hídrica e dos problemas de saúde.

**Introdução de espécies exóticas:** a introdução de espécies, tanto aquáticas como terrestres, causam alterações na cadeia alimentar. Por exemplo, a introdução intencional ou acidental de peixes predatórios freqüentemente levam à perda de espécies locais valiosas. No nordeste do Brasil, a introdução do *Eucalyptus* acarretou alterações na composição química dos lagos (Saijo & Tundisi, 1987).

**Exploração inadequada da biomassa:** a remoção de espécies-chave de organismos aquáticos e terrestres produz alterações paisagísticas e no meio ambiente aquático.

**Transferências ou retiradas de água, induzindo a uma menor recarga das águas subterrâneas:** a retirada excessiva de água leva ao esvaziamento dos reservatórios, fato que se relaciona com a piora da qualidade da água. Transferências hídricas, especialmente para longas distâncias, podem ser perigosas devido a conseqüências inesperadas para a área e para a fauna aquática. A redução na recarga das águas subterrâneas faz com que sequem poços e vegetação e ocorram perdas agrícolas.

**Poluição atmosférica pelas indústrias ou automóveis, causando chuvas ácidas:** chuvas ácidas e a subseqüente acidificação acarretam grandes alterações na composição química e na biologia das águas. Formas tóxicas de alumínio ou metais pesados exercem efeitos adversos sobre as florestas e águas.

# Capítulo 3

# Aspectos Técnicos da Construção de Reservatórios

## 3.1 Tipos de Utilização dos Reservatórios

A maioria dos reservatórios foi construída com uma finalidade única. Antigamente construíam-se reservatórios ao lado dos rios. Após o preparo do local desejado, era escavado um canal a partir do rio para inundar a área. Sob a ótica de gerenciamento da qualidade da água, esses "polders" são sensivelmente diferentes da maioria dos reservatórios atuais, formada em rios barrados. Neste livro não serão enfatizadas características dos primeiros, mas sim dos últimos. Historicamente os reservatórios foram construídos para irrigação. Mais recentemente, os primeiros reservatórios foram construídos para prevenção de cheias e, posteriormente, para outros usos, incluindo-se o aumento das vazões para irrigação de lavouras situadas a jusante, navegação, abastecimento de água potável, pesca, abastecimento hídrico industrial e, mais recentemente, geração de energia elétrica e recreação. Os recursos pesqueiros são um bio-produto introduzido em regiões temperadas para fins de recreação e, nos trópicos, para a produção de alimentos. Com o tempo, a maioria dos reservatórios acabou servindo para funções secundárias.

O armazenamento de determinada **quantidade de água** representa normalmente o interesse primário do gerente do reservatório. Com o aumento da degradação ambiental e o uso múltiplo dos reservatórios, os assuntos relativos à qualidade da água desses sistemas tornaram-se matéria de grande preocupação. Para o abastecimento de água potável têm-se as mais exigentes restrições de qualidade da água. Além disso, alguns processos técnicos necessitam que as águas obedeçam a determinados parâmetros qualitativos. Peixes não podem se desenvolver e servir de alimento para os seres humanos em águas fortemente poluídas. As atividades de recreio, outro tipo ancestral de uso, também necessitam de águas relativamente limpas.

Os dois aspectos, quantitativo e qualitativo, estão interligados. Não podemos utilizar mais água do que o volume disponível, e níveis baixos causam a deterioração da qualidade da água. Essa relação representa um problema típico dos reservatórios, sendo fonte de inúmeros problemas para seu gerenciamento. Também são tópicos de interesse possíveis danos ao abastecimento doméstico ou industrial de água, à pesca, à recreação e aos interesses de jusante do reservatório. Ocorre uma deterioração nas vazões liberadas pelo reservatório mesmo quando as águas em si não são a causa direta: as causas podem ser baixas vazões, ricas em nutrientes. O uso múltiplo de muitos reservatórios tropicais criam condições para proliferação de doenças hidricamente transmissíveis.

Além dos principais usos para os quais os reservatórios são construídos, eles têm outras utilidades:

1) Servem como elementos purificadores de água, já que eliminam impurezas e retêm sedimentos, matéria orgânica, excesso de nutrientes e outros poluentes (Capítulo 4).
2) Freqüentemente servem como locais de lazer, com atividades lacustres, tais como natação, canoagem, motonáutica, vela, esqui aquático, pesca, remo, patinação no gelo, e atividades em terra, como pesca, passeios, observação de pássaros, bronzeamento e camping.
3) Representam um recurso biológico que pode ser local, das seguintes atividades agriculturais: berçário de peixes, aqüicultura, produção de plantas aquáticas, tais como junco ou outras espécies.
4) Algumas partes dos reservatórios servem, ou podem ser preservadas, para plantas aquáticas, pássaros ou outros animais ou, ainda, como áreas de valor estético.

Os aspectos construtivos (por exemplo, o volume do reservatório em relação às vazões afluentes ou à posição das tomadas de água e vertedouros) afetam a qualidade da água do reservatório. As características construtivas estão relacionadas à finalidade primária para a qual o reservatório foi construído. O propósito afeta o tamanho do mesmo, função do local selecionado para a construção da barragem, a altura determinada pela morfometria do vale, o volume de armazenamento e a capacidade em relação às vazões afluentes, fator que determina seu tempo de retenção (Tabela 3.1). Entretanto, esses parâmetros representam apenas valores médios e os desvios nas características de reservatórios específicos podem ser bastante significativos.

**Tabela 3.1** Características de reservatórios construídos para várias finalidades primárias.

| Uso primário | Tamanho | Profundidade | Tempo de retenção | Profundidades das saídas |
|---|---|---|---|---|
| Proteção contra cheias e controle de vazões | Pequena a média | Rasa | Depende da região | Superficial |
| Armazenamento | Pequena a média | – | Muito variável | Abaixo da superfície |
| Hidroeletrecidade | Média a grande | Profunda | Variável | Perto do fundo |
| Água potável | Pequena | Melhor profunda | Alto | Média a profunda |
| Aquicultura | Pequena | Rasa | Baixo | Superficial |
| Reservatório de água para bombeamento | Pequena a média | Profunda | Grande variabilidade | Perto do fundo |
| Irrigação | Pequena | Rasa | Longo | Superficial |
| Navegação | Grande | Profunda | Curto | Totalidade |
| Recreação | Pequena | Rasa | Longo | Superficial |

Já foram discutidas algumas das finalidades primárias para as quais os reservatórios foram construídos. Outras finalidades isoladas incluem irrigação, navegação, recreação e local para disposição de esgotos. Entretanto, recentemente, a maioria dos reservatórios é de uso múltiplo, tanto no projeto como pela sua conversão, e, posteriormente, em sua construção. Hoje em dia é comum que todos os tipos de reservatórios sejam utilizados para recreação, geração de energia elétrica etc. Isto faz com que aconteçam conflitos entre os diversos usuários, e eles devem ser solucionados pelos gerentes.

Sob a perspectiva da qualidade da água, a localização e a forma dos mecanismos de descarga (para o rio a jusante ou saídas para diversos propósitos) são os aspectos técnicos de maior importância a serem considerados em um projeto de reservatório.

## 3.2 Variáveis de Importância na Hidrologia dos Reservatórios

### 3.2.1 Influência da Construção de Reservatórios sobre o Regime Fluvial

Há um gradiente contínuo de condições físicas desde as nascentes até a foz de um rio em estado natural. As condições de construção do reservatório e da biota dependem da posição dos mesmos dentro da rede hidrográfica. De acordo com a classificação de Ward & Stanford (1983), podem ser distinguidos 12 tipos de rios. Segundo esse método, o primeiro tipo representa riachos imediatamente após a nascente, o segundo é em função da união de dois riachos do primeiro tipo, o terceiro, em função de dois rios do segundo tipo e assim por diante. Quando um reservatório é construído ao longo de um rio, as condições físicas, químicas e biológicas do mesmo sofrem interferências em maior ou menor escala. Os efeitos para as áreas situadas a jusante de um reservatório são determinadas pela posição da barragem em relação ao curso do rio, conseqüentemente, por sua classificação. A alguma distância abaixo da barragem, as condições do rio retomam suas características naturais, como se ele não tivesse sido barrado (Figura 3.1). A distância para essa recuperação é chamada de "distância de reset", ou seja, aquela em que uma série determinada de variáveis se recupera, expressando também o grau de interferência nas condições naturais do rio (Ward *et al.*, 1984).

Sob a ótica da qualidade da água do reservatório, tanto a localização da barragem em relação ao curso do rio (seu tipo) como sua altura determinam diversas características hidrológicas importantes. São as vazões, tipos de relevo do vale, temperatura das águas afluentes, insolação, turbidez e, portanto, a luminosidade das águas e a química dos nutrientes que afetam sua biota. Como exemplo, a Figura 3.1 ilustra algumas das principais diferenças entre reservatórios localizados em rios de diferentes tipos:

a) Um reservatório localizado em um rio dos primeiros tipos localiza-se em áreas montanhosas não afetadas pelo desenvolvimento e é alimentado por um pequeno riacho com as seguintes características previsíveis: baixa vazão, temperatura, matéria orgânica, sais nutrientes, plâncton escasso e peixes que se alimentam caracteristicamente por bentos. Estará localizado tipicamente em um vale profundo, com encostas íngremes. Essa posição montanhosa normalmente é caracterizada por temperatura baixa e altos valores no referente à umidade, precipitação e insolação. Tal reservatório somente pode ser fundo, estratificado, com fluxo longitudinal, e abrigar um sistema oligotrófico. Não há os gradientes horizontais, ou quando há são pequenos. Qualquer diferenciação entre tais reservatórios, que estejam na mesma região geográfica, se dará em função de suas características geológicas (rochas calcárias ou não-calcárias) ou ambientais, tais como o grau de exposição ao sol e aos ventos (que afetam a temperatura e a mistura).

b) Um reservatório construído no trecho médio de um rio é alimentado por um curso de água com as seguintes características: média vazão, declividade moderada, médias temperaturas, maiores níveis de matéria orgânica e sais nutrientes, turbidez ocasional, comunidade de fitoplâncton desenvolvida, peixes que podem sobreviver em águas paradas. A limnologia de um reservatório não poluído é em grande parte determinada pela morfologia do vale, normalmente os reservatórios rasos não são estratificados, ao contrário dos profundos. Outro importante fato determinante é o tempo teórico de retenção, determinado em função de uma vazão específica, e o volume do corpo hídrico. Esse valor pode variar muito. Em reservatórios pequenos, com tempo de retenção muito baixo, os gradientes horizontais são pequenos, a estratificação não é muito pronunciada e a biomassa planctônica não é muito desenvolvida. Reservatórios maiores, com elevado tempo de retenção, exibirão gradientes horizontais e verticais das variáveis físicas e químicas bem desenvolvidos, um razoável crescimento de plâncton e espécies de peixes normalmente encontradas em lagos.

c) Reservatórios construídos nos trechos baixos dos rios apresentam normalmente encostas suaves e caracterizam-se pela inundação de grandes áreas, grande variabilidade horizontal com bem desenvolvida comunidade de terrenos alagados, com grandes baixios e vegetação natural. Esses reservatórios são, via de regra, eutróficos e com grande carga orgânica que contribui para a formação de um fundo anóxico. Reservatórios rasos são normalmente bem misturados pelos ventos; logo, as condições de estratificação só se desenvolvem em áreas onde a profundidade excede a camada superficial afetada pela ação eólica.

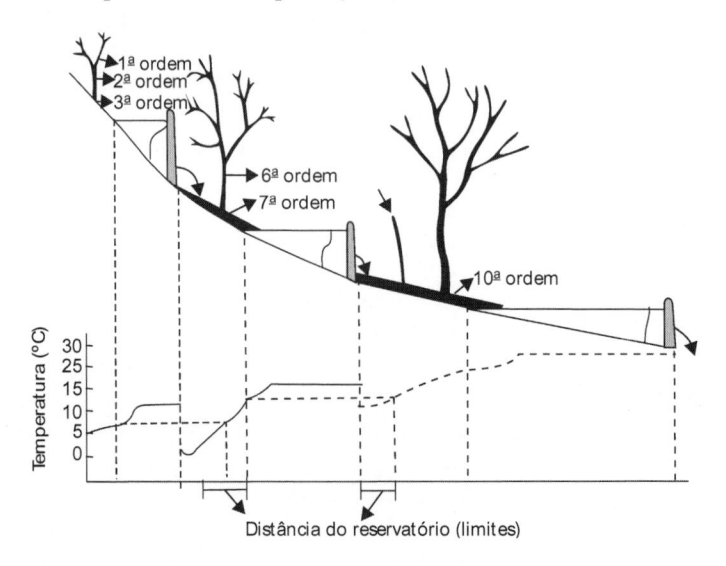

**Figura 3.1** Efeitos do tipo de rio sobre as características do reservatório e distância de reset a jusante da barragem.

## 3.2.2 Vazão e Tempo de Retenção

A razão entre o volume do reservatório, V, e as vazões afluentes ao mesmo, Q (por dia ou por ano), determina o tempo teórico de retenção do mesmo (V/Q), também conhecido como tempo de residência, tempo de retenção hidráulica, taxa de retenção ou taxa de lavagem. O tempo teórico de retenção é determinado pelas seguintes relações:

$$R = V/Q \text{ (dias)}$$

em que Q é a vazão média diária (em $m^3/s$ multiplicada pelo número de segundos do dia, 86.400) e V é o volume do reservatório em $m^3$.

Para obter maior precisão, o tempo de retenção deve ser calculado para cada ano ou para um adequado período menor de tempo. Se o nível da água e, conseqüentemente, o volume do reservatório apresentam variações substanciais, R deve ser calculado separadamente para cada subperíodo (semana, mês) e, então, calcula-se o valor médio.

O tempo teórico de retenção pode ser obtido durante o "enchimento" do reservatório; será o número de dias necessários para atingir sua capacidade plena (mediante vazões e precipitações que ocorrerem durante esse período, as quais podem ser diferentes das médias de longo período de observações). R não fornece informações sobre as atuais médias do tempo de retenção dos volumes hídricos existentes no reservatório. Podem ocorrer casos nos quais determinados volumes de água atravessam o reservatório em um tempo muito mais curto que o valor teórico calculado (esse fato é normalmente chamado de corrente de "atalho" ou submersa). As flutuações nos níveis de água não somente acarretam alterações no tempo de retenção, como também aumentam a erosão das margens, fato que pode acarretar níveis maiores de turbidez e outros efeitos negativos sobre a qualidade da água.

O tempo de retenção está associado às principais diferenças de qualidade da água entre reservatórios. Esse axioma é mais pronunciado para reservatórios profundos e estratificados do que para aqueles rasos e sem estratificação. Some-se a isso o fato de as vazões afluentes dos rios causarem maior mistura nos primeiros do que nos últimos.

Reservatórios em rios barrados normalmente apresentam zonas longitudinais originadas por um fluxo de água em sentido único.

## 3.2.3 Profundidade, Tamanho e Formato da Bacia Hidrográfica

A profundidade do reservatório têm uma grande influência sobre a qualidade da água. É de singular importância a profundidade em relação à sua área superficial e à intensidade dos ventos na região. Esses elementos são importantes porque afetam a intensidade da mistura dentro do mesmo. Podemos chamar um reservatório de **hidrologicamente raso** quando ele não é completamente misturado pela ação eólica e de **hidrologicamente profundo** quando a intensidade da mistura não é suficiente para prevenir a estratificação da massa líquida (para outros detalhes, ver Capítulo 4).

O tamanho do reservatório está, portanto, relacionado às condições de mistura. Podem-se distinguir as seguintes categorias em função do tamanho (Tabela 3.2):

**Tabela 3.2** Categorias de reservatórios, em função do tamanho.

| Categoria | Área (km²) | Volume (m³) |
|---|---|---|
| Grande | $10^4 - 10^6$ | $10^{10} - 10^{11}$ |
| Médio | $10^2 - 10^4$ | $10^8 - 10^{10}$ |
| Pequeno | $1 - 10^2$ | $10^6 - 10^8$ |
| Muito pequeno | $< 1$ | $< 10^6$ |

A morfologia da bacia é determinada pelas características naturais do vale a ser barrado. O formato normal é triangular, com a parte rasa na afluência do rio e a mais profunda próxima à barragem. A localização dos reservatórios em relação às bacias hidrográficas é excêntrica, diferindo dos lagos naturais que costumam ocupar a parte central dos mesmos.

### 3.2.4 Localização dos Mecanismos de Descarga

Reservatórios que oferecem funções primárias e secundárias, tais como armazenamento de água para diversas finalidades, podem ser classificados segundo os seguintes tipos de mecanismos de descarga: aqueles que dispõem de uma saída simples, que leva as águas a jusante do reservatório, e aqueles que têm mecanismos de descarga projetados para atender a finalidades específicas. Em ambos os casos, a localização (principalmente a cota) do reservatório, o projeto das estruturas de descarga ou retirada de água e sua operação são os fatores hidrológicos que orientam a qualidade da água. Isto acontece porque o projeto desses mecanismos afeta as condições de estratificação do reservatório. A qualidade da água varia rapidamente em reservatórios marcadamente estratificados quando grandes quantidades de água são drenadas de determinados níveis. Assim sendo, essas variações devem ser consideradas na seleção de um determinado nível de água, baseando-se em observações prévias de sua qualidade. Normalmente, as águas podem fluir de um reservatório, retiradas de uma das seguintes três profundidades: da superfície (vertendo sobre a crista do reservatório), do fundo (descargas de fundo) e através de tomadas de água para turbinas ou para o rio a jusante. A Figura 3.2 ilustra a profundidade das saídas de uma série escolhida de reservatórios. Em alguns casos, os mecanismos localizam-se em uma profundidade determinada e em barragens utilizadas com a finalidade primária de gerar energia elétrica, essas tomadas de água são via de regra bastante grandes. Em alguns casos as estruturas são suficientes para drenar todo o reservatório. Essas características são importantes, já que auxiliam na determinação da estratificação da qualidade da água do reservatório, como será visto no Capítulo 4. As diferenças entre a qualidade das águas dos lagos e reservatórios são explicadas principalmente pelo fato de que os lagos vertem superficialmente e os reservatórios, tipicamente, por camadas mais profundas ou pelo fundo.

Estruturas com múltiplas saídas são por vezes construídas em barragens para propiciar a retirada da melhor camada de água bruta a ser tratada para consumo humano. Essas modificações permitem que a água apresentando melhor qualidade seja extraída de diferentes profundidades, em diferentes épocas. Entretanto, a estratificação da qualidade da água dentro do reservatório depende, entre outras coisas, das retiradas de determinadas camadas da mesma. Retiradas extensivas de um determinado nível acarreta grandes alterações na estratificação.

Assim sendo, mesmo que uma determinada camada com boa qualidade da água seja detectada, sua posição pode se alterar durante retiradas de grandes volumes.

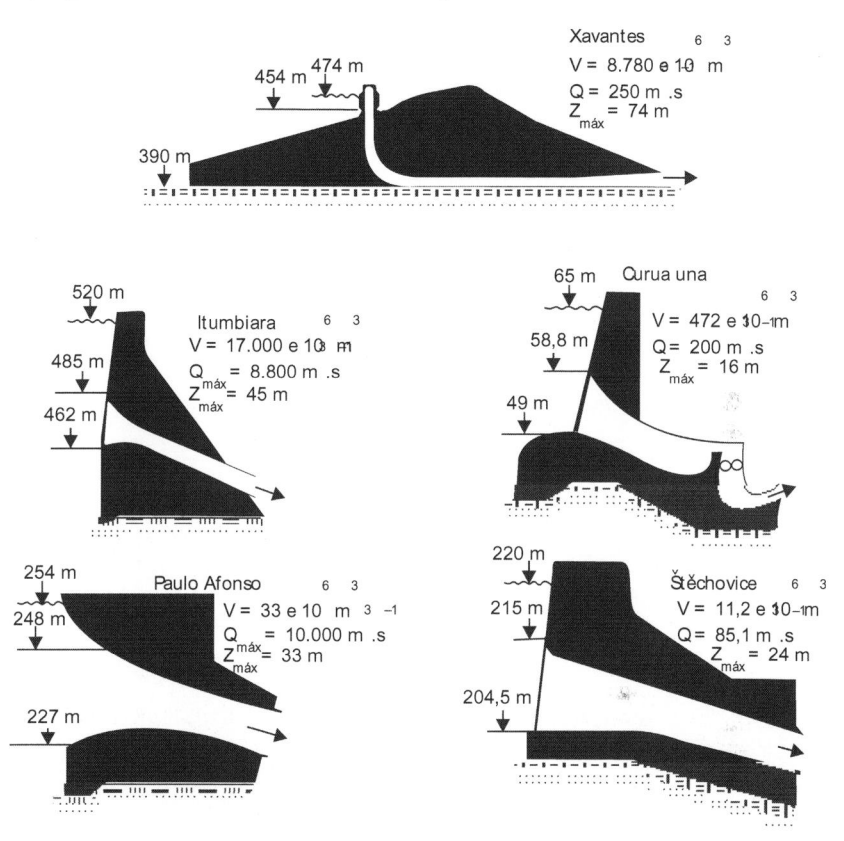

**Xavantes**
$V = 8.780 \text{ e } 10^6 \text{ m}^3$
$Q = 250 \text{ m}^3.\text{s}$
$Z_{máx} = 74 \text{ m}$

454 m, 474 m, 390 m

**Itumbiara**
$V = 17.000 \text{ e } 10^6 \text{ m}^3$
$Q_{máx} = 8.800 \text{ m}^3.\text{s}$
$Z_{máx} = 45 \text{ m}$

520 m, 485 m, 462 m

**Curua una**
$V = 472 \text{ e } 10^{-1} \text{ m}^3$
$Q = 200 \text{ m}^3.\text{s}$
$Z_{máx} = 16 \text{ m}$

65 m, 58,8 m, 49 m

**Paulo Afonso**
$V = 33 \text{ e } 10 \text{ m}^3 \text{ }^{-1}$
$Q_{máx} = 10.000 \text{ m}^3.\text{s}$
$Z_{máx} = 33 \text{ m}$

254 m, 248 m, 227 m

**Štěchovice**
$V = 11,2 \text{ e } 10^{-1} \text{m}^3$
$Q = 85,1 \text{ m}^3.\text{s}$
$Z_{máx} = 24 \text{ m}$

220 m, 215 m, 204,5 m

**Figura 3.2** Perfis de algumas barragens com destaque para as profundidades e formas de saídas de água no Brasil e na República Tcheca.

## 3.3 Sistemas de Reservatórios

O termo "sistema de reservatórios" refere-se àqueles com múltiplas barragens, conectadas hidrologicamente e cuja operação se encontra relacionada, objetivando metas comuns, tais como o abastecimento de água ou a geração de eletricidade. Na Figura 3.3 podem ser vistos quatro tipos de sistemas de reservatórios. **Reservatórios em cascata** são cadeias de reservatórios localizados no mesmo rio. **Sistemas de múltiplos reservatórios** são grupos de reservatórios localizados em diferentes trechos de um determinado rio ou de diversos sistemas de rios e cujas vazões são compartilhadas. **Reservatórios para bombeamento** caracterizam-se pela água bombeada que circula entre os reservatórios. **Transferências hídricas** são representadas por um ou mais reservatórios, de onde água é retirada e bombeada para outro sistema fluvial, objetivando aumentar as vazões desse último. A qualidade da água de sistemas de reservatórios é estudada na Seção 13.5.

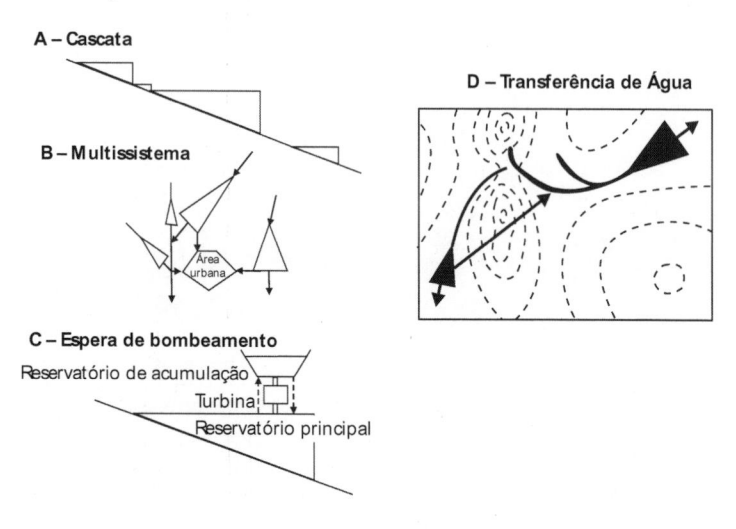

**Figura 3.3** Tipos de sistemas de reservatórios.

**Reservatórios em cascata:** sob o ponto de vista da qualidade da água, reservatórios em cascata caracterizam-se pelo fato de que os efeitos em um reservatório são transferidos para o reservatório situado a jusante. Nos reservatórios em cascata, a qualidade da água da unidade a montante é normalmente semelhante a outro reservatório isolado. A qualidade da água do segundo reservatório, ou posteriores, encontra-se, via de regra, alterada. A capacidade que um reservatório tem de influenciar outro a jusante depende de suas características, quais sejam as de um reservatório profundo e estratificado (efeitos pronunciados) ou um raso (efeitos menores). A intensidade dessa influência depende também da classificação (tipo) do rio que liga ambos os corpos hídricos, dos níveis tróficos do reservatório e da distância existente entre eles. Reservatórios localizados em rios com maior classificação têm tempo de retenção maior e acarretam efeitos maiores no rio a jusante. A distância entre os reservatórios também é relevante; a uma distância de muitas centenas de quilômetros do reservatório de montante, o rio retorna a seu estado natural e os efeitos daquele sistema não são mais atuantes. Os efeitos são, portanto, mais significativos quando os reservatórios são próximos.

**Sistemas de múltiplos reservatórios:** são esquemas complexos de armazenamento de água utilizados para o abastecimento hídrico de múltiplos propósitos, em locais e períodos nos quais há falta de água, especialmente em países que apresentam déficits hídricos. A qualidade da água desses sistemas caracteriza-se por grandes variações, função das diferenças de vazão. Especialmente nos casos em que os reservatórios participantes do sistema localizam-se em diferentes formações geológicas, logo com diferentes nutrientes, o gerenciamento simultâneo dos aspectos quantitativo e qualitativo da água de cada reservatório pode se tornar uma tarefa difícil.

**Reservatórios para bombeamento:** eles são construídos porque a necessidade de energia elétrica se distribui de forma desigual ao longo do dia e em dias diferentes ao longo da semana. Há uma oferta excessiva de energia elétrica durante alguns períodos e escassez em outros. Em um período com excesso de oferta, a água é bombeada para um reservatório situado em cota mais alta, este freqüentemente de tamanho limitado. A diferença de cotas será utilizada para intensificar a produção de energia durante os períodos com maior demanda. A qualidade da água será afetada basicamente apenas pelo bombeamento ou pela queda. Assim sendo, ela não diferirá substancialmente entre os dois corpos hídricos, embora, em alguns casos, possam ocorrer diferenças.

**Transferências hídricas:** antigamente foram extensivamente construídos grandes aquedutos. O volume total de água transferido por esses antigos sistemas para outras bacias não era no entanto muito elevado. Hoje em dia, porém, muitos sistemas têm uma enorme capacidade de transferência e isso pode afetar não somente a qualidade das águas, como todo o balanço hidrológico da região. Um exemplo desse fenômeno é o mar de Aral, que foi transformado de lago florescente em poça suja. Isto foi fruto de um mau gerenciamento, que retirou grandes volumes de água para posterior utilização em ambiciosos projetos de irrigação de grandes fazendas de algodão, durante o regime comunista. Isso causou alterações no regime hidrológico de toda a região.

As transferência hídricas podem acarretar muitas alterações. Por vezes, ela se torna o veículo de disseminação de doenças hidricamente transmissíveis. Também é responsável pela deterioração da qualidade da água e por complexos efeitos químicos. Também afeta as populações locais. Quando essas transferências estão ligadas à irrigação, podem causar a salinização de certas áreas.

Nas regiões semi-áridas do sudeste da Austrália foram construídos diversos sistemas ao longo da década de 20, visando transferir água dos abundantes rios dos Alpes australianos, que fluem ao Oceano Pacífico, para grandes territórios secos em New South Wales e sul da Austrália. A salinização verificada nas lavouras irrigadas criou muitos problemas para a agricultura e muitas áreas são hoje consideradas "mortas".

# Capítulo 4

# Reservatórios como Ecossistemas

Para a discussão de aspectos ligados à qualidade da água, o reservatório deve ser tratado como um *ecossistema* composto por subsistemas que interagem entre si. Sob a ótica qualitativa, torna-se útil distinguir os seguintes subsistemas:

- as bacias hidrográficas e as vazões afluentes;
- o reservatório em si;
- as vazões liberadas;
- a socioeconomia e o gerenciamento.

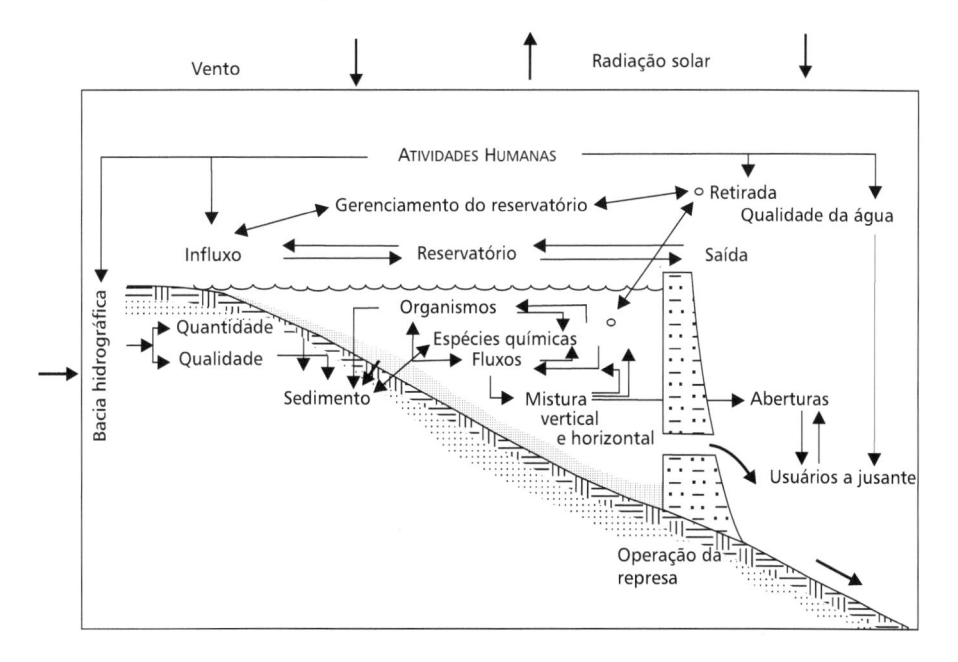

**Figura 4.1** Principais componentes do ecossistema de um reservatório: bacias hidrográficas e vazões afluentes, reservatório e vazões liberadas. As atividades antrópicas integram o ecossistema.

As **bacias hidrográficas**, incluindo elementos naturais como clima, precipitação, vegetação e atividades humanas, determinam o caráter das águas que fluem ao reservatório, sua distribuição temporal e seus efeitos sobre a qualidade da água do reservatório.

As características quantitativas e qualitativas das **vazões afluentes** são determinantes na qualidade da água do reservatório. Mediante o conhecimento dessas características, torna-se possível prever a qualidade das águas do reservatório antes mesmo de sua construção. Devido à grande importância qualitativa das vazões afluentes, o reservatório torna-se muito sensível às atividades humanas existentes em suas bacias hidrográficas.

O **reservatório em si** é um coletor e digestor das entradas e dos efeitos existentes nas bacias hidrográficas. Esses efeitos incluem os processos internos físicos, químicos, biológicos e suas conseqüências dentro do reservatório (Figura 4.2). A dinâmica da qualidade da água do reservatório pode ser subdividida pelos subsistemas físico, químico e biológico, podendo ainda ser feitas outras subdivisões mais detalhadas.

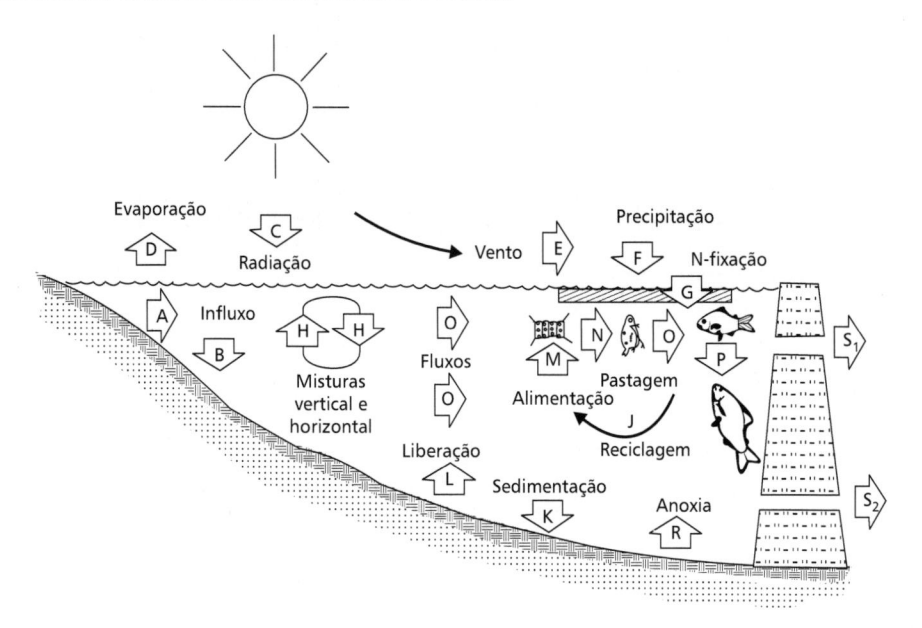

**Figura 4.2** Processos internos do reservatório. Os processos A até E, H, I e S pertencem ao subsistema físico, os processos F, G, K e L, ao subsistema químico e os restantes, ao biológico. Os três subsistemas estão interligados.

A qualidade da água das **vazões liberadas** é determinada pelas características das águas presentes na profundidade do mecanismo de descarga. Podem ocorrer alterações adicionais devido às manobras desses mecanismos, emprego de turbinas ou vertedouros e trocas gasosas motivadas pela mudança da pressão hidrostática ou pelo contato com o ar. A qualidade da água também pode mudar a jusante da barragem.

O **gerenciamento e o subsistema socioeconômico** consistem em usos do reservatório, do arcabouço legal quanto aos aspectos quantitativos e qualitativos das águas e quanto ao sistema de gerenciamento responsável pelas ações necessárias para atender à demanda.

As **interações** entre os subsistemas são muito importantes. As bacias hidrográficas determinam qualitativamente as vazões afluentes, fato que afeta as decisões referentes às atividades da área. A qualidade das águas do reservatório determina a qualidade das águas por ele liberadas, e uma má qualidade dessas últimas afeta as decisões no referente ao reservatório. Cada um desses subsistemas é parte de um meio ambiente maior, por exemplo, o reservatório é parte de sua vizinhança geográfica; as condições socioeconômicas de uma circunscrição política excedem as bacias hidrográficas e o desenvolvimento econômico, em qualquer parte do mundo, pode acarretar problemas, como a poluição atmosférica, que por sua vez pode afetar a qualidade da água de um reservatório específico.

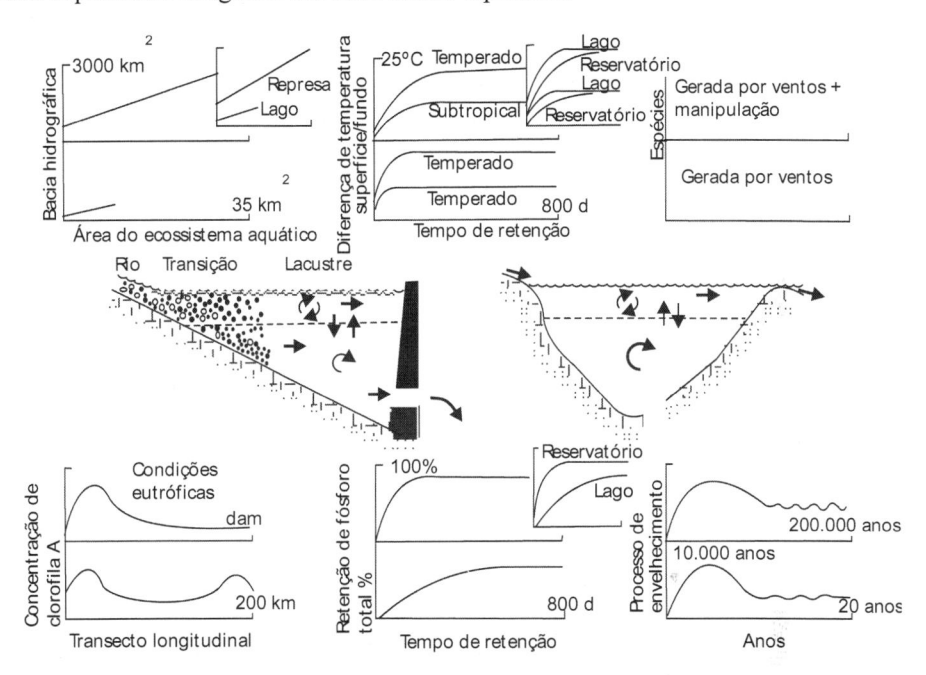

**Figura 4.3** Lagos e reservatórios: diferenças entre formato, mistura, áreas das bacias hidrográficas/ corpo hídrico, temperatura de estratificação em função do tempo de retenção, distribuição longitudinal de algumas variáveis, tais como clorofila A, retenção de fósforo total em função do tempo de retenção e tempo do processo de envelhecimento.

Antes de discutir individualmente os subsistemas de um reservatório, deve-se esclarecer as diferenças básicas entre limnologia de reservatórios e de lagos. Muitos dos leitores podem estar familiarizados com limnologia e condições de qualidade da água de lagos, que se encontram documentadas em inúmeras publicações. Os reservatórios, no entanto, são diferentes dos lagos em função de sua origem, idade, morfologia, formato, posição dentro das bacias hidrográficas, formas de utilização e, também, pelo seu comportamento limnológico. Apresentam-se na Figura 4.3 as principais diferenças desse comportamento. O centro da figura mostra as diferenças entre o formato e a subseqüente mistura entre reservatórios e lagos. Em um lago, a mistura predominante dá-se nas camadas superficiais, enquanto em reservatórios ocorre uma intensiva mistura nas camadas profundas. O fator indutor desta diferença é a posição das saídas e a intensidade das correntes longitudinais (esses fatores também determinam o tempo teórico de retenção, conforme visto na Seção 3.2). Num lago, a saída é superficial, enquanto na maioria dos reservatórios localiza-se em camadas mais profundas, conforme pode ser visto no canto superior esquerdo da figura. O motivo pelo qual os reservatórios têm um tempo de retenção menor é o fato de eles apresentarem uma maior relação entre as áreas de bacias hidrográficas e do corpo hídrico. As conseqüências podem ser vistas no meio e na parte superior direita do gráfico. As condições de temperatura no reservatório apresentam uma variação muito maior, como resultado do tempo de retenção mais curto. Os movimentos internos da massa hídrica dentro do reservatório são muito dependentes da operação do mesmo, e o vento afeta tanto lagos como reservatórios. As conseqüências químicas e biológicas, a serem elucidadas nos capítulos referentes ao subsistema, podem ser vistas na parte inferior esquerda e na parte central do gráfico. As diferenças longitudinais ao longo do caminho, entre a entrada de água no reservatório e a barragem, são uma característica única dos reservatórios e têm grande influência sobre a qualidade da água (Seção 4.3). O tempo de retenção é um fator decisivo do subsistema químico de um reservatório. É importante reconhecer o fato de que a qualidade das águas passa por um rápido processo de envelhecimento nos primeiros anos após o "enchimento", e por processos muito mais lentos de evolução após essa fase. Conseqüentemente, a qualidade da água é muito pior nos primeiros anos do que após esse período (Seção 4.7). Nos lagos ocorre um processo parecido de envelhecimento, que pode, no entanto, ter uma duração de milhares de anos.

## 4.1 As Bacias Hidrográficas e as Vazões Afluentes ao Reservatório

É necessário determinar ou estimar os volumes de água que entram em um reservatório por dois motivos: o primeiro é puramente quantitativo – deve-se determinar os níveis das águas, usos possíveis do reservatório e a capacidade de abastecimento do rio de jusante; o segundo é qualitativo – alterações nas vazões significa mudanças na qualidade da água. As vazões afetam os níveis de poluição, já que volumes maiores diluem ou "lavam" poluentes, podendo, entretanto, aumentar a erosão. Como visto na Figura 1.2, geograficamente há grandes variações no balanço hídrico dos rios. No referente à qualidade das águas, a variabilidade é mais importante do que as vazões absolutas. A diferença entre a vazões difere de região para região, sendo, porém, muito maior nas regiões áridas e semi-áridas do que naquelas que apresentam regimes hídricos mais balanceados. Grande irregularidade associa-se a maiores diferenças e susceptibilidade de enchentes.

A cobertura vegetal e o tipo de uso da terra exerce um efeito marcante sobre a carga de nutrientes aduzida ao reservatório. A carga proveniente da vegetação natural, em particular florestas, é muito menor do que aquela que vem dos campos. Superfícies impermeabilizadas pelo homem, em áreas urbanas, afetam de forma negativa a qualidade das águas e, simultaneamente, aumentam os riscos de cheias. A remoção de florestas faz aumentar de forma drástica a concentração de produtos químicos. Por outro lado, a fertilização de florestas, praticada em alguns países, produz um efeito negativo representado pelas concentrações de nutrientes nas águas, podendo causar eutrofização. Além disso, florestas de *Eucalyptus*, cultivadas em muitas partes do mundo, também produzem efeitos negativos. Podem ser efetuadas estimativas dos efeitos dos diferentes tipos de uso do solo sobre a qualidade de água dos rios, mediante a consideração das áreas e diferentes tipos de uso existentes nas bacias hidrográficas e suas cargas específicas. Entretanto, deve-se considerar grandes diferenças, por exemplo, entre os diferentes cultivos e a dependência entre vazões e sazonalidade. Com um aumento da periodicidade das vazões, associada a maiores precipitações e umidade do solo, aumenta também a erosão. A turbidez é afetada pelo tamanho e tipo dos materiais em suspensão – quanto menores e mais leves as partículas, maior a turbidez.

Os níveis de oxigênio dos rios afluentes são função da incorporação desse elemento nos trechos turbulentos, da produção por algas e macrófitas pela fotossíntese, bem como pela quantidade consumida durante a decomposição de matéria orgânica. A demanda química de oxigênio (DQO) é um indicador da decomposição lenta de matéria orgânica, sendo evidente em águas poluídas de atoleiros ou em efluentes de indústrias de papel ou outros tipos. A demanda bioquímica de oxigênio (DBO) mede o total de matéria orgânica de fácil decomposição, principalmente aquela proveniente de esgotos. Altos níveis de DQO freqüentemente acarretam uma intensificação da cor das águas, fato que acarreta um grande aumento em seus custos de tratamento.

Deve-se dar maior atenção às temperaturas afluentes. Condições aproximadas de temperatura podem ser calculadas mediante a análise da situação geográfica do rio (latitude, altitude) e a distância do ponto às nascentes (Callow & Pets, 1992). Recomenda-se o monitoramento das temperaturas das vazões afluentes ao reservatório, já que isso é muito importante para determinar seu comportamento dentro do corpo hídrico (ver próxima seção).

## 4.2 O Subsistema Físico

Em um reservatório ou em um lago pode-se distinguir as seguintes zonas: água aberta, que contém o centro do corpo hídrico e tem maior volume; a zona de litoral, localizada no raso; e a zona bêntica, localizada no fundo (Figura 4.4).

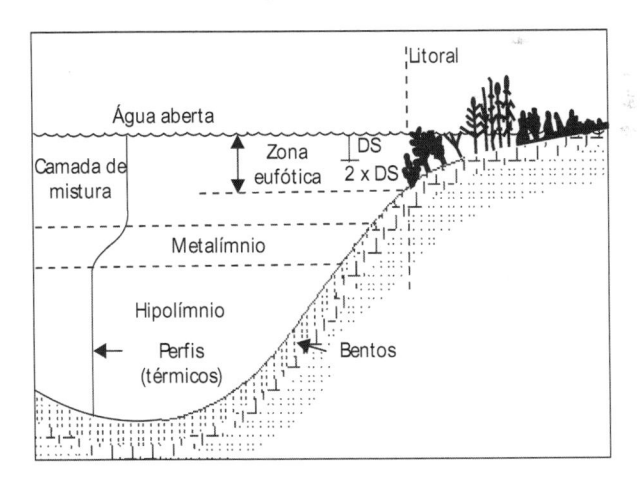

**Figura 4.4** Perfil vertical de um reservatório, com indicação das zonas de mistura e eufótica.

Na região de água aberta de um reservatório, há múltiplos movimentos e mistura de água, com podem ser vistos na Figura 4.5. Somente os processos indicados na figura devem ser considerados de relevância para a qualidade da água. Basicamente, podem ser classificados em dois grupos: aqueles relacionados ao calor e processos de troca entre os momentos superficiais e os relacionados às vazões. Nos lagos, o aquecimento pelo sol e a ação dos ventos sobre a superfície criam diferenças horizontais e verticais na massa líquida. Em reservatórios com intenso fluxo longitudinal, o fator dominante é a corrente unidirecional que vai da entrada do rio à barragem. Esse fator também é muito importante, porém não dominante em reservatórios com tempo de retenção menor de 300 dias. O conjunto dos movimentos de água geram correntes intrincadas, diferenciação longitudinal e distribuição irregular das temperaturas, que por sua vez causam estratificação por densidade. Sob o ponto de vista físico (hidrológico) pode-se definir dois tipos básicos de corpos hídricos: corpos hídricos rasos, ou seja, aqueles que não se estratificam, e corpos hídricos profundos, aqueles que apresentam estratificação. As diferenças não se limitam à profundidade, porém incluem relações entre tamanho, profundidade e corrente longitudinal. Outro fator decisivo são os ventos sobre a superfície líquida. Os corpos hídricos pequenos, com profundidade de poucos metros, podem ficar estratificados se protegidos contra a ação eólica, enquanto grandes corpos hídricos, com profundidades maiores que 20 m, podem ser totalmente misturados. Os reservatórios muito profundos também não se estratificam quando têm um tempo de retenção inferior a poucos dias.

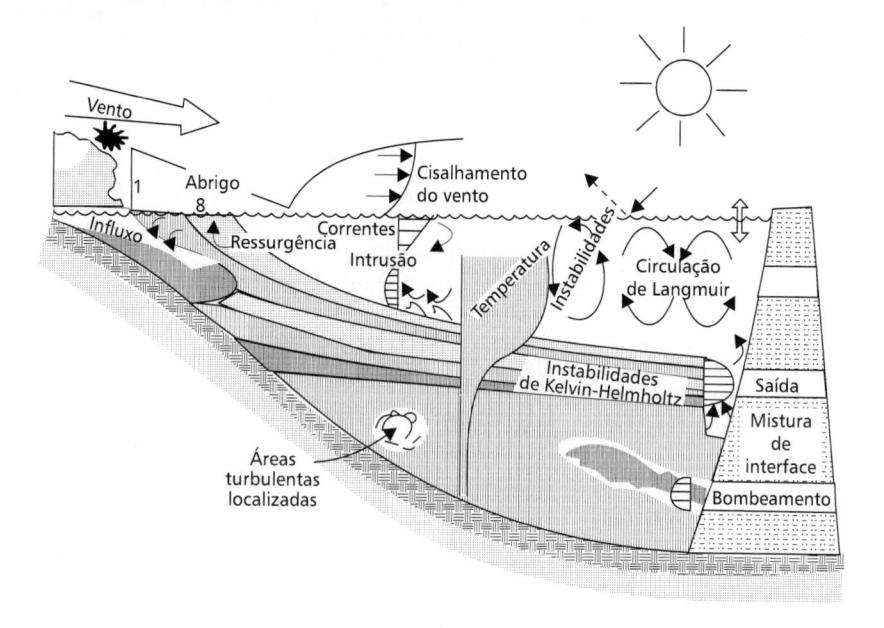

**Figura 4.5**  Representação detalhada dos diferentes processos de mistura e circulação de água dentro de um reservatório. Baseado em Ford (1987). A importância dos processos difere no referente à qualidade da água. São muito importantes a corrente originada pelas vazões afluentes (densidade) e as ascendentes, que produzem mistura das densidades de corrente adjacentes (instabilidade de Kelvin-Helmholtz). Caso a corrente seja fraca, ela pode se dispersar (misturar-se completamente nas águas próximas), graças à instabilidade citada. As correntes originadas pelo vento e a instabilidade determinam a estratificação. Turbulências microscópicas são importantes para a mistura de regiões praticamente estagnadas. Para reservatórios pequenos é importante a proteção preliminar contra a ação dos ventos na razão de 1:8 (a extensão da área protegida é de oito vezes a altura da cobertura).

A zona de água livre de um reservatório pode ser separada em três subzonas (Figura 4.4):

*a)* **Zona de mistura:** atinge a profundidade de $z_{mix}$ e indica onde está localizada a termoclina. A mistura diária promovida pelos ventos e pelas temperaturas mais frias à noite tende a homogeneizar as diferenças verticais dentro da zona de mistura. A zona de mistura é comumente denominada epilimnion. Entretanto, epilimnion na realidade é a zona superficial, iluminada, onde ocorre a produção primária. Esta camada estende-se até a profundidade $z_{eu}$, definida pela profundidade até onde penetra 1% da iluminação recebida pela superfície, valor grosseiramente aproximado a duas vezes a profundidade do disco de Secchi. A luminosidade recebida pela superfície do reservatório é parcialmente refletida (cerca de 10%) e parcialmente absorvida nos primeiros centímetros de água. A luz penetra até uma determinada profundidade de acordo com a lei de Lambert-Beer, ou seja, de forma exponencial. O expoente é igual ao coeficiente de extinção, este determinado pela quantidade de matéria orgânica, pela turbidez e pelo total de fitoplâncton. As duas profundidades, quais sejam $z_{mix}$ e $z_{eu}$ não necessariamente coincidem, muito embora a penetração de luz (= energia) determine parcialmente a temperatura da água e, portanto, a profundidade de mistura. Tanto $z_{mix} < z_{eu}$, $z_{mix} = z_{eu}$ ou $z_{mix} > z_{eu}$ afetam a produção de fitoplâncton e, conseqüentemente, a eutrofização do corpo hídrico. Esse fenômeno pode ser visto na Figura 4.6 e está ligado às técnicas de gerenciamento de "mistura epilimnética". A profundidade da zona de mistura encontra-se fortemente ligada ao tamanho do corpo hídrico. Em pequenos e bem protegidos reservatórios, as zonas de mistura atingem somente 2 m, entretanto, outras zonas de mistura podem atingir 25 m em regiões temperadas e 50 m em regiões tropicais. Outras varáveis envolvidas na determinação da profundidade de mistura são o total de partículas em suspensão e a matéria orgânica colorida. Cores intensas, turbidez, altas concentrações de fitoplâncton causam camadas eufóticas e de mistura mais rasas (Figura 4.7).

*b)* O **hipolímnio** é uma zona escura caracterizada por uma menor mistura vertical, na qual ocorre a maior parte dos processos de decomposição.

*c)* O **metalímnio** é uma zona intermediária entre as duas anteriores. É normalmente reduzida e com uma espessura máxima de poucos metros. Em uma situação ideal a **termoclina** localiza-se em seu centro.

Os limites entre as zonas são determinados pelas diferenças de densidade. A densidade, por sua vez, depende principalmente da temperatura, sendo, entretanto, também afetada pela salinidade e turbidez. A relação não é linear: a densidade aumenta entre 0° a 4°C e a partir daí declina, progressivamente, com o aumento da temperatura. A densidade ($\rho$) correspondente a uma temperatura (T) pode ser obtida pela equação:

$$\rho = 1 - 6,63 \cdot 10^{-6} \cdot (T-4)$$

Observa-se, pois, que a diferença na densidade, para uma temperatura C, é muito menor em temperaturas baixas que em temperaturas mais altas. Nos trópicos, as diferenças de densidade relacionadas à variação de um grau Celsius é igual a diferenças observadas após mudanças de temperatura de alguns graus em regiões temperadas.

Em lagos suficientemente profundos para ficarem estratificados, as três zonas são claramente identificáveis, uma vez que há gradientes de temperatura (densidade) bem pronunciados no metalímnio, como pode ser visto na Figura 4.6. Sob essas condições, é possível estimar de forma simplificada, o $z_{mix}$ é a primeira profundidade (a partir da superfície) na qual a temperatura cai em pelo menos 1°C por metro. Esse método é válido somente para lagos temperados, com longo tempo de retenção. Em regiões tropicais são muito menores as diferenças de temperatura das profundidades que definem os limites entre a zona de mistura e o hipolímnio.

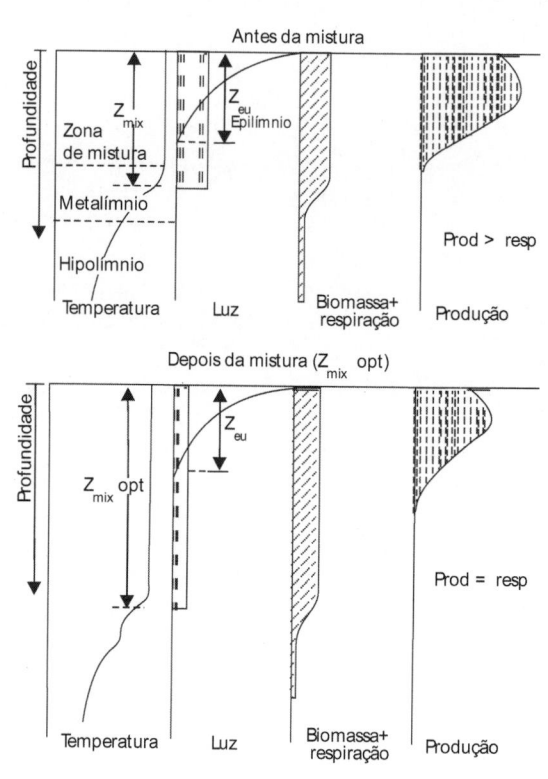

**Figura 4.6** Efeitos da mistura (natural e artificial) sobre a biomassa de fitoplâncton e produção. O fitoplâncton é misturado até a profundidade $z_{mix}$, enquanto a luz penetra somente até a profundidade $z_{eu}$. Assim sendo, se a mistura é profunda, há baixa produção de fitoplâncton e, conseqüentemente, redução na biomassa.

Em reservatórios, o perfil das temperaturas é muito mais irregular que em lagos. É difícil a determinação da $z_{mix}$, em especial em reservatórios com fluxo longitudinal. A alta variabilidade das vazões e outros movimentos das águas correlacionados às operações do reservatório produzem variações nas temperaturas e no perfil vertical. Uma forte mudança pode ser freqüentemente observada no nível das saídas de água, devido à estratificação hidráulica. A água abaixo desse nível é mais estagnada que aquela acima dessa cota.

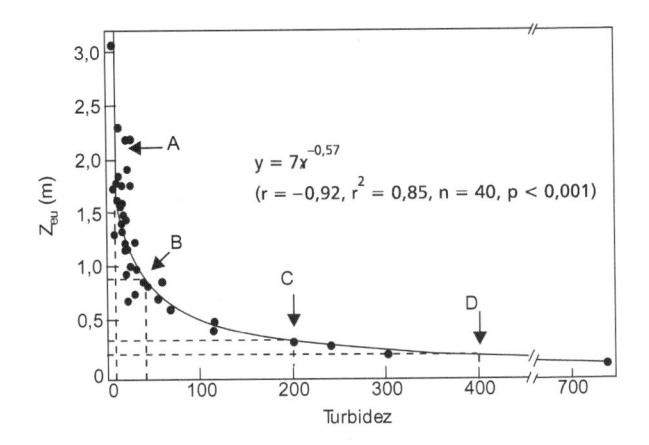

**Figura 4.7** Influência da profundidade do epilímnio ($z_{eu}$) sobre a turbidez.

A variação anual das temperaturas superficiais de um reservatório é igual à de um lago, dependendo principalmente das condições geográficas (em especial latitude e altitude) e do tamanho do corpo hídrico. A Figura 4.8 representa esquematicamente a influência da latitude sobre a temperatura superficial de lagos médios, localizados em baixas altitudes. Lagos localizados em climas oceânicos são mais quentes e seu ciclo anual de temperatura é retardado. Como regra geral, a temperatura superficial cai de 0,7°C a 0,8°C para cada 100 m de elevação. A temperatura decresce com o aumento do tamanho do corpo hídrico, porém a diferença máxima entre o menor e o maior lago, situados em uma mesma região geográfica, é de apenas poucos graus. A classificação geográfica da estratificação de lagos encontra-se descrita na Seção 4.8.

Reservatórios diferem de lagos pelo fato de que suas temperaturas superficiais (em menor escala) e seu padrão de distribuição térmica são função do tempo teórico de retenção. A Figura 4.9 apresenta temperaturas em diferentes profundidades de um reservatório temperado, com tempo de retenção de 12 dias e com escapes hídricos no fundo e na superfície. As maiores diferenças ficam evidentes nas profundidades de 20 m e 30 m. Na parte direita da Figura 4.9 pode ser vista, para reservatórios temperados, as diferenças em função da profundidade durante a época de maiores temperaturas do ano. Elas expressam as diferenças de temperatura entre a superfície e a profundidade de 30 m ($\Delta T_{0-B}$). Os valores apontam para o fato de que, em um reservatório com tempo de retenção maior que 300 dias, as condições são as mesmas de um lago com as mesmas características geográficas e igual tamanho. A temperatura no fundo desses corpos hídricos é constante ao longo do ano.

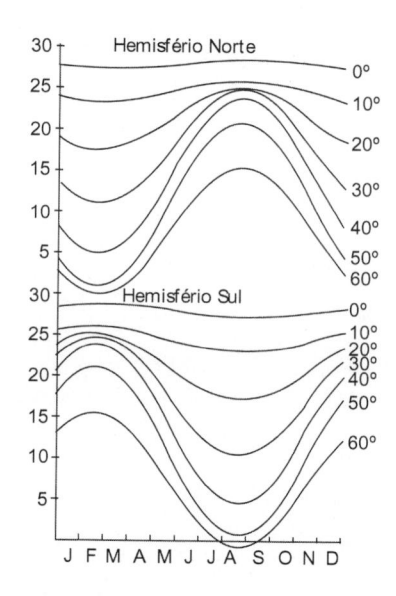

**Figura 4.8** Diferenças da temperatura superficial em função da geografia de lagos médios e reservatórios com longo tempo de retenção (Straškraba, 1980)

Em reservatórios com menor tempo de retenção, a temperatura do fundo aumenta com a queda do tempo de retenção, até o ponto em que não há mais diferença entre as temperaturas da superfície e do fundo (isto naqueles com tempo de retenção muito curto). A temperatura superficial em reservatórios com fluxo longitudinal lento é alguns graus mais baixa do que aquelas verificadas nos reservatórios com longo tempo de retenção (os últimos também apresentam temperaturas superficiais idênticas aos lagos, como pode ser visto na Figura 4.9). Nos reservatórios há uma relação harmônica entre $\Delta T_{0-B}$ e o tempo teórico de retenção. Nos subtrópicos e trópicos vale a mesma relação, porém as diferenças entre as temperaturas da superfície e do fundo são muito menores, como pode ser visto no reservatório subtropical de Canning.

Não é possível compreender a física e suas consequências sobre as condições da qualidade da água de um reservatório sem conhecer as variações horizontais do mesmo. De acordo com as diferenças de densidade entre as águas afluentes e aquelas do reservatório, as primeiras podem se espalhar por diferentes profundidades, quando de sua entrada no reservatório. Quando estas vazões afluentes mergulham para uma profundidade com densidade correspondente, elas criam uma **corrente de densidade**. Esse fluxo pode correr perto do fundo do reservatório, atuando como corrente de fundo ou, ainda, em uma profundidade média atuando como corrente intermediária (Figura 4.10). Os volumes afluentes misturam-se com as águas do reservatório tanto na superfície como quando mergulham e criam correntes em profundidades específicas ou correntes de fundo. A mistura dá-se também no hipolímnio do reservatório nos casos de correntes de fundo, ou próximas a ele.

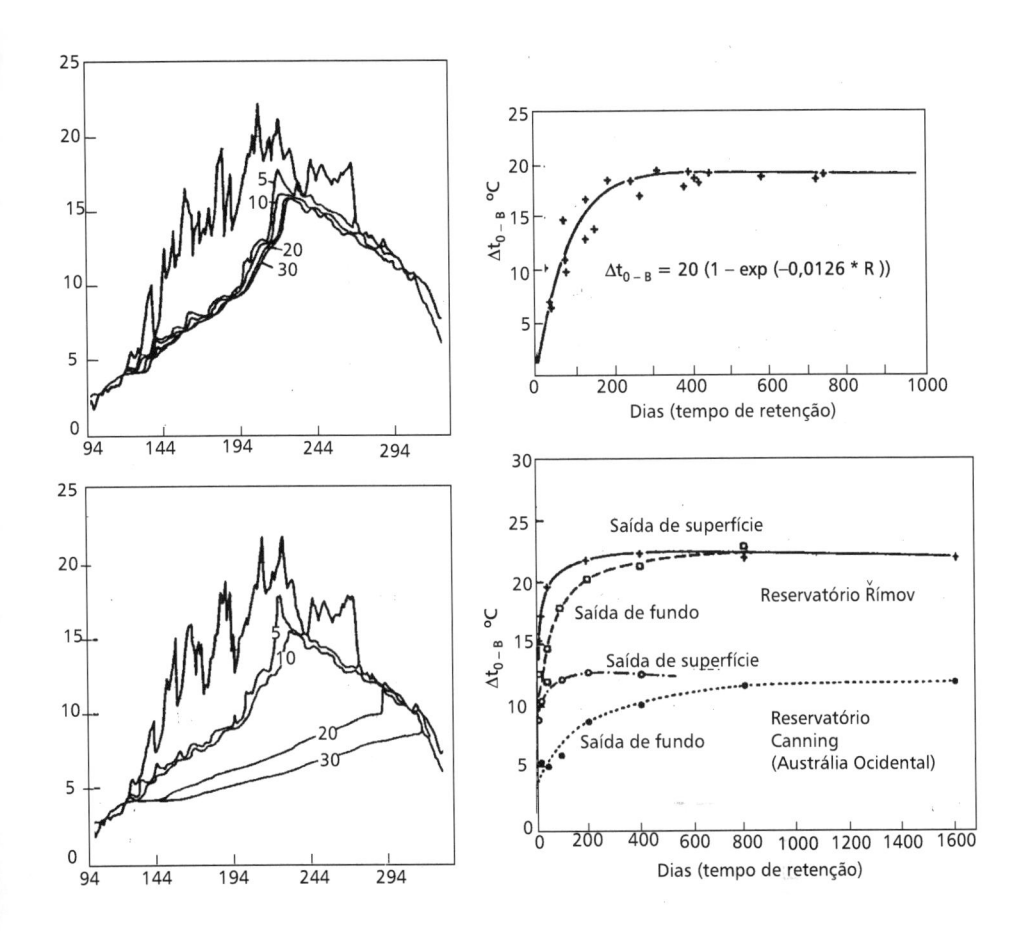

**Figura 4.9** Estratificação da temperatura em reservatórios, em função da posição dos mecanismos de descarga. Esquerda – painel superior: mudanças anuais da temperatura de um reservatório temperado, com tempo de retenção de 12 dias e com descarga pelo fundo. Painel inferior: mesmo reservatório com descarga superficial (valores calculados pelo modelo DYRESM). Direita – painel superior: dependência observada do grau de estratificação para um determinado tempo de retenção, R, em um determinado número de reservatórios europeus. Painel inferior: a mesma dependência calculada pelo modelo DYRESM para os reservatórios temperado de Rimov e subtropical de Canning, com saídas profundas (observadas) e superficiais (as últimas representando situação de lago).

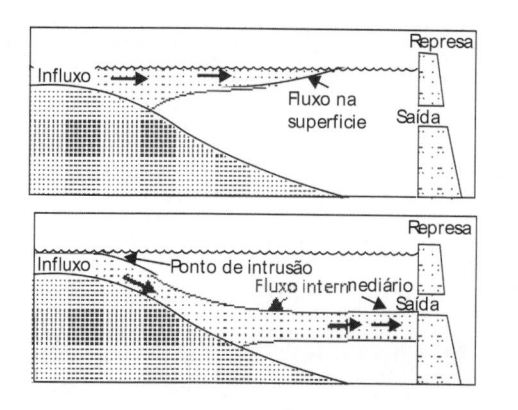

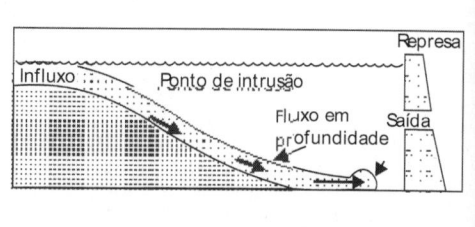

**Figura 4.10** Três tipos de corrente de densidade em um reservatório estratificado: superficial, intermediário e profundo. Indica-se o ponto de entrada das vazões.

## 4.3 Diferenças Espaciais nos Reservatórios

O grau de heterogeneidade horizontal e vertical de um reservatório é influenciado de forma decisiva pela sua morfometria, vazões e condições de estratificação. Pode-se identificar as seguintes zonas (Figura 4.11):

i) **Fluvial**.
ii) **De transição** (intermediário entre fluvial e lacustre).
iii) **Lacustre**.

As condições nas baías maiores podem lembrar aquelas existentes no corpo principal do reservatório, com zonas semelhantes. Microsistemas especializados podem vir a se desenvolver na zona de litoral; eles podem representar áreas rasas com várzeas, árvores submersas etc.

O tamanho das zonas horizontais varia de acordo com cada reservatório, dependendo de sua morfometria, tempo de retenção, estratificação térmica, estação e localização geográfica. Reservatórios temperados profundos, com tempo de retenção inferior a 10 dias, podem, durante o verão, comportar-se em sua totalidade como se fossem zona fluvial, enquanto, com um R > 200 dias, a zona fluvial é pequena e a maior parte do reservatório apresenta características lacustres (Figura 4.12). A distribuição longitudinal das variáveis depende da extensão das zonas de forma individual, como pode ser visto pelo exemplo do fósforo e da clorofila A em alguns reservatórios (Figura 4.13). Devido às entradas de fósforo, o desenvolvimento máximo de clorofila A acontece na zona de transição. As condições hidrodinâmicas causam diferenças horizontais na maioria dos reservatórios. Na camada superficial também ocorrem alterações horizontais locais de curta duração, por exemplo, espumas superficiais formadas pelo florescimento de cianobactérias podem se acumular no trecho a sotavento do reservatório.

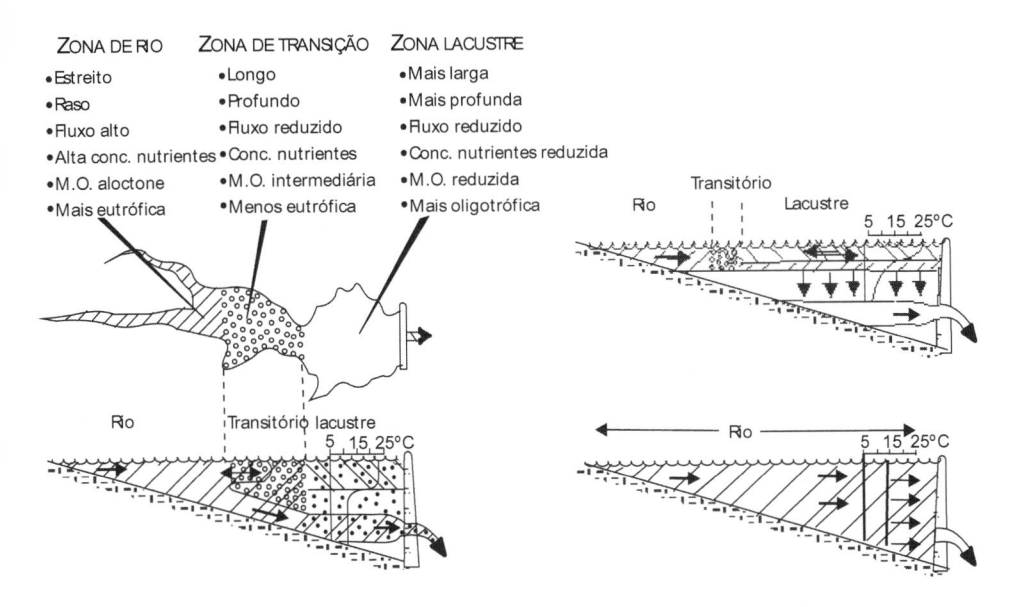

| ZONA DE RIO | ZONA DE TRANSIÇÃO | ZONA LACUSTRE |
|---|---|---|
| • Estreito | • Longo | • Mais larga |
| • Raso | • Profundo | • Mais profunda |
| • Fluxo alto | • Fluxo reduzido | • Fluxo reduzido |
| • Alta conc. nutrientes | • Conc. nutrientes | • Conc. nutrientes reduzida |
| • M.O. aloctone | • M.O. intermediária | • M.O. reduzida |
| • Mais eutrófica | • Menos eutrófica | • Mais oligotrófica |

**Figura 4.11** Zonas longitudinais de um reservatório (Kimmel & Groeger, 1984) e alterações na extensão das zonas, vazão e padrão de mistura para diferentes valores de R. Superior: $10 < R < 100$ dias; médio: $R > 100$ dias; inferior: $R < 10$ dias.

As correntes de densidade surgem quando vazões afluentes direcionam-se diretamente para as saídas, em delgadas camadas. Este fenômeno é relativamente comum quando as vazões são maiores que as médias e sua temperatura é próxima àquela das vazões liberadas. Durante esse período, o tempo necessário para a passagem dessa água pelo reservatório é muito curto, mesmo sendo longo o tempo de retenção do resto do corpo hídrico. Essas correntes de densidade são por vezes aproveitadas pelas estratégias de gerenciamento.

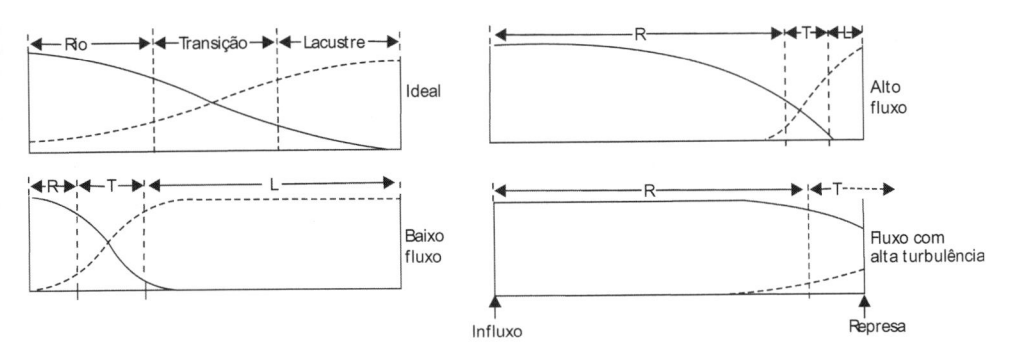

**Figura 4.12** Diferenças esquemáticas na extensão das três zonas, em função de diferentes vazões e tempos de retenção (Thornton et al., 1990).

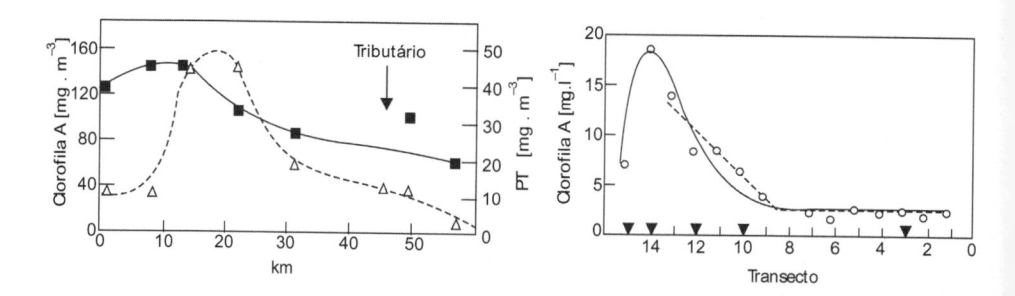

**Figura 4.13** Diferenças horizontais na distribuição de algumas variáveis dinâmicas em reservatórios. Painel esquerdo: reservatório de Asahi, de acordo com observações em junho feitas por Kawara *et al.* (1985). Quadrados e traço contínuo: fósforo total. A posição de um ponto é influenciada por um tributário. Triângulos e tracejado: clorofila A. Painel direito: linha cheia: observações no reservatório de De Gray, por Thonton *et al.* (1982). Linha tracejada: aproximação das concentrações rapidamente decrescentes na zona de transição e constantes na zona lacustre. Os triângulos invertidos no eixo indicam a localização ótima das observações.

## 4.4 O Subsistema Químico

Os compostos químicos ocorrem nas águas sob diversas formas: material inorgânico dissolvido, material orgânico dissolvido, elementos limitados a partículas abióticas e elementos limitados biologicamente. Eles podem ser representados por diferentes espécies químicas e freqüentemente são uma mistura das mencionadas. Entre as diversas espécies normalmente ocorrem trocas com taxas variáveis. A razão das trocas depende dos processos químicos de incorporação e liberação pelas partículas e consumo e eliminação pelos organismos. Assim sendo, a química aquática não é apenas o processo clássico descrito pela química, porém um processo dinâmico englobando também a biologia de organismos aquáticos. Esta é uma consideração importante das análises químicas: quantidades de elementos quimicamente determinadas serão diferentes, caso partículas abióticas de determinado tamanho e/ou organismos sejam introduzidos na amostra. Os processos que ocorrem durante o transporte das amostras podem alterar de forma radical as proporções e formas dos elementos presentes. Podem ser particularmente decisivos: a morte, a absorção e a excreção de alguns elementos.

No referente às frações, os processos de absorção-liberação desempenham um papel significativo, particularmente em águas com grande turbidez, características de regiões secas com determinados tipos de solo. Outro processo físico-químico importante é a sedimentação das partículas. Esse processo é afetado pela densidade da partícula e da água (logo, pela sua temperatura), pelo tamanho e forma dos grãos (a sedimentação governada por esse processo é descrita pela lei de Stokes), pelos processos que ocorrem na superfície das partículas, pela turbulência das águas e pela estratificação. As mesmas regras governam a sedimentação do fitoplâncton, em especial daquele morto ou agonizante. Algumas espécies de fitoplâncton evitam a sedimentação por meio de diferentes mecanismos, tais como movimentos ativos e controle de sua densidade.

A **composição mineral** das águas de um reservatório pode ser expressa pela sua condutividade, dureza, alcalinidade e salinidade, e é caracterizada pelos seus componentes minerais. A maioria dos componentes minerais são conservadores, uma vez que não participam intensivamente dos processos químicos-biológicos do reservatório. Seu comportamento é fruto, basicamente, dos movimentos da água e da sua mistura. Por esse motivo, eles podem ser utilizados, sob determinadas circunstâncias, como indicadores naturais.

Os **nutrientes** representam uma categoria especial, devido a seus efeitos sobre a produção biológica do reservatório. Eles não são conservadores, uma vez que integram os processos de transformações biológicas, tais como sua absorção pelos organismos para crescimento destes, e a liberação durante sua vida (excreção) ou em sua morte. Nutrientes são considerados elementos biogênicos, ou seja, necessários à vida. Os nutrientes a seguir estão relacionados em ordem decrescente de importância para a vida. São eles: C, N, P, S (conhecidos como macro elementos, já que são demandados em grandes quantidades), Si, Cu, Mn e outros (chamados de micro nutrientes). A Figura 4.14 ilustra o processo de transformação do fósforo: o **ciclo do fósforo** é considerado como o processo mais crítico da produção orgânica dos reservatórios. No que diz respeito à eutrofização, o fósforo é o mais importante dos três nutrientes potencialmente críticos (C, N e P), não somente porque é o fator limitante na maioria dos reservatórios, como pelo fato de que a carga de fósforo é facilmente consumida pelos corpos hídricos. A parte mais crítica do ciclo do fósforo é sua absorção pelo fitoplâncton, e de forma menos relevante, pelas bactérias pelágicas. O fósforo solúvel reativo ($PO_4 - P$) é absorvido até o ponto em que sua concentração nas camadas superficiais fica inferior a poucos microgramas por litro, valor que praticamente se iguala àquele naturalmente liberado pelos organismos. A biodisponibilidade de fósforo orgânico varia consideravelmente e depende das espécies de fósforo orgânico. O fósforo absorvido pelo fitoplâncton acumula-se em grandes quantidades nos sedimentos, especialmente em lagos com condições eutróficas. Em alguns casos, o nível de P nos milímetros superficiais dos sedimentos pode ser superior a toda coluna de água. A Figura 4.14 ilustra que as maiores trocas no ciclo do fósforo ocorrem tanto quando o hipolímnio do reservatório fica anóxico quanto no momento em que o oxigênio atinge os sedimentos. Sob condições anóxicas, o fósforo acumulado nos sedimentos é rapidamente liberado para as águas próximas, entretanto, quando a superfície dos sedimentos é oxidada, essa troca é reduzida. No último caso, uma camada de ferro trivalente na superfície dos sedimentos impede a liberação excessiva. O ferro e o manganês são liberados simultaneamente em conjunto com o fósforo, causando um aumento nos custos de tratamento das águas. Sob condições de boa oxigenação, os sedimentos efetuam trocas com as águas por meio de difusão, que é governada pela concentração dos gradientes entre os dois sistemas. Essa troca e o grande volume de fósforo acumulado nos sedimentos explicam por que ocorrem liberações desse elemento mesmo depois de terem cessado suas entradas no reservatório. A carga interna do reservatório é, então, devida ao fósforo que migra dos sedimentos para as camadas adjacentes de água.

Os reservatórios atuam como armadilhas para o fósforo. Esse elemento, quer como partícula abiótica, quer absorvido pelo fitoplâncton, eventualmente acumula-se nos sedimentos. Assim sendo, as quantidades de fósforo que saem do reservatório são muito menores que aquelas que nele entram. A diferença entre esses valores é o coeficiente de retenção, dado em forma percentual do volume que entra no reservatório. A relação entre esse valor e o tempo de retenção do reservatório é apresentado na Figura 4.15.

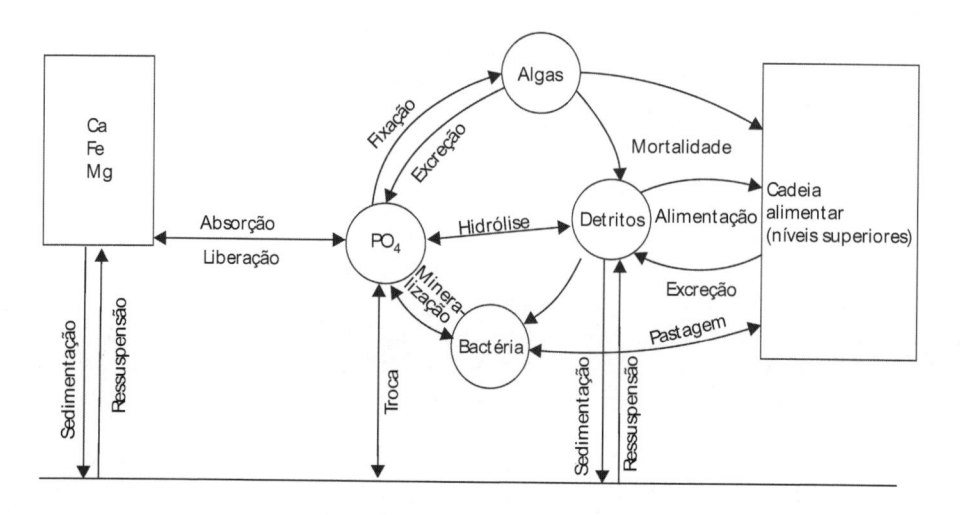

**Figura 4.14** Processos de transformação do fósforo em um reservatório.

A Figura 4.16 ilustra o **ciclo do nitrogênio**. Esse ciclo difere daquele do fósforo pelo fato que diferentes grupos de bactérias participam de forma intensiva do processo. Como as bactérias não necessitam de luz, os processos são intensivos no hipolimnion. Além disso, algumas espécies de cianobactérias pelágicas são capazes de fixar nitrogênio atmosférico em épocas de insuficiência desse elemento. O processo de fixação de nitrogênio requer alta energia e, portanto, não ocorre em águas com abundância desse elemento. A presença de heterocistes nas cianobactérias permite que esses organismos fixem nitrogênio. Como mostrado na parte esquerda superior da Figura 4.16, o ciclo do nitrogênio é diferente no hipolímnio de águas oligotróficas e eutróficas. Essa diferença deve-se às ricas concentrações de oxigênio das águas oligotróficas e pobres, nas eutróficas. A nitrificação ($NH_4 - NO_3 - NO_2$) prevalece no hipolímnio rico em oxigênio dos reservatórios oligotróficos, enquanto a amonificação ($NO_2 - NO_3 - NH_4$) prevalece com escassez de oxigênio, ou anoxia, do hipolímnio das águas eutróficas.

A **matéria orgânica** que entra nos reservatórios originária das áreas de bacias hidrográficas é chamada de **refratária** quando se decompõe lentamente (por exemplo, substâncias húmicas como as águas escuras da Amazônia ou aquelas provenientes de atividades industriais como fábricas de papel) e **degradável**, ou mais precisamente de **fácil decomposição**, representada normalmente pelos esgotos. A caracterização básica da primeira é a Demanda Química de Oxigênio (DQO) e da segunda a Demanda Bioquímica de Oxigênio (DBO). Outra medida das substâncias húmicas – diferente de ácidos fúlvicos – é a cor das águas, fornecida pela escala Pt. Esse fato está relacionado ao coeficiente de extinção das águas, conforme visto na Seção 4.2. A matéria orgânica dentro do corpo hídrico é também produzida pelo fitoplâncton e macrófitas. Essa fonte de material orgânico pode ser a dominante em águas fluviais eutróficas com grande poder de depuração clássica (= pequena carga orgânica), porém, com muitos nutrientes. Esta é a situação em que há tratamento terciário insuficiente e grandes focos pontuais de nutrientes. Compostos orgânicos específicos entram nas águas, em particular, pesticidas e herbicidas utilizados em áreas agrícolas, além de outros poluentes e elementos tóxicos provenientes das indústrias (Matsui, 1991, ILEC Guidelines of Lake Management, Vol. 4).

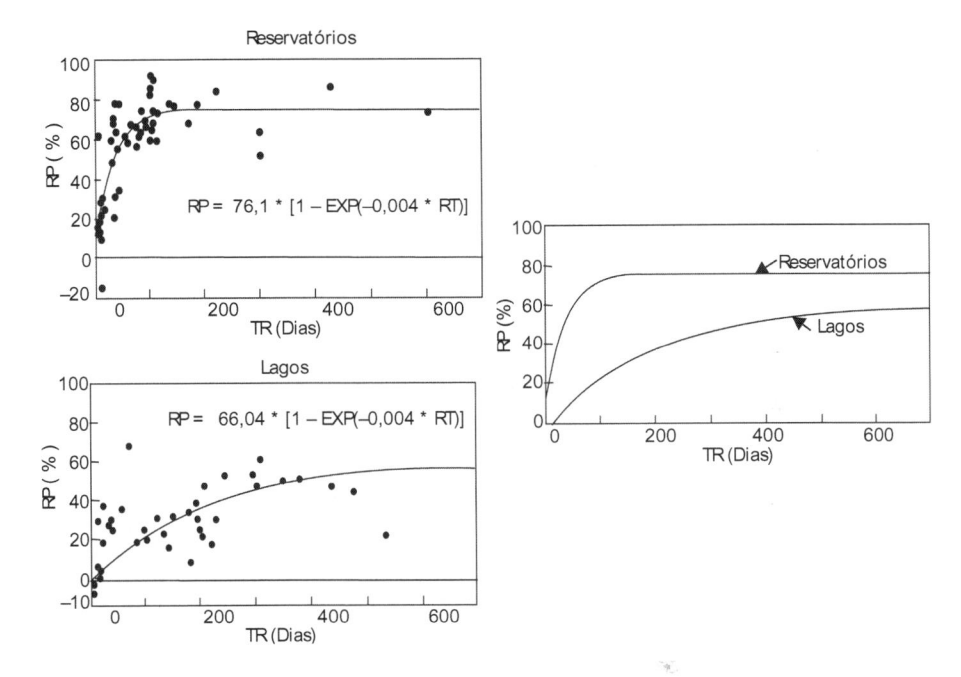

**Figura 4.15** Retenção do fósforo em reservatórios e lagos de regiões temperadas. Os pontos são médias anuais observadas para diferentes corpos hídricos, em diferentes anos. A linha representa uma curva, calculada estatisticamente (a equação é fornecida). O painel da esquerda compara as duas curvas.

As condições de oxigenação de um reservatório dependem de uma série de processos. Os mais importantes são: (i) taxa de produção e respiração do fitoplâncton (= enriquecimento da água com oxigênio durante o dia e sua utilização durante a noite); (ii) temperatura e concentração do oxigênio nas vazões afluentes ao reservatório; (iii) taxa de troca de oxigênio entre o ar e a superfície do lago; (iv) taxa de sedimentação do fitoplâncton e sua redução nas camadas mais profundas; (v) matéria orgânica contida nos sedimentos e seu consumo de oxigênio; (vi) condições de mistura do reservatório.

A produção de fitoplâncton acontece exclusivamente no epilímnio iluminado, enquanto sua decomposição ocorre primordialmente nas camadas mais profundas. As concentrações de oxigênio, portanto, são verticalmente diferenciadas, com excedente nas camadas superficiais e déficit nas partes mais profundas. Em águas oligotróficas, o oxigênio está presente no hipolímnio, enquanto em águas eutróficas prevalecem condições anóxicas. Durante os períodos de mistura, as concentrações de oxigênio são normalmente consistentes ao longo de toda a coluna, enquanto durante períodos de estratificação seus níveis também ficam estratificados.

A estratificação do oxigênio é menos pronunciada em reservatórios com rápido fluxo longitudinal. Reservatórios rasos normalmente não apresentam estratificação em seus níveis de oxigênio, podendo, entretanto, apresentar alguma estratificação durante períodos calmos de verão, que desaparecem com ventos ou após noites frias.

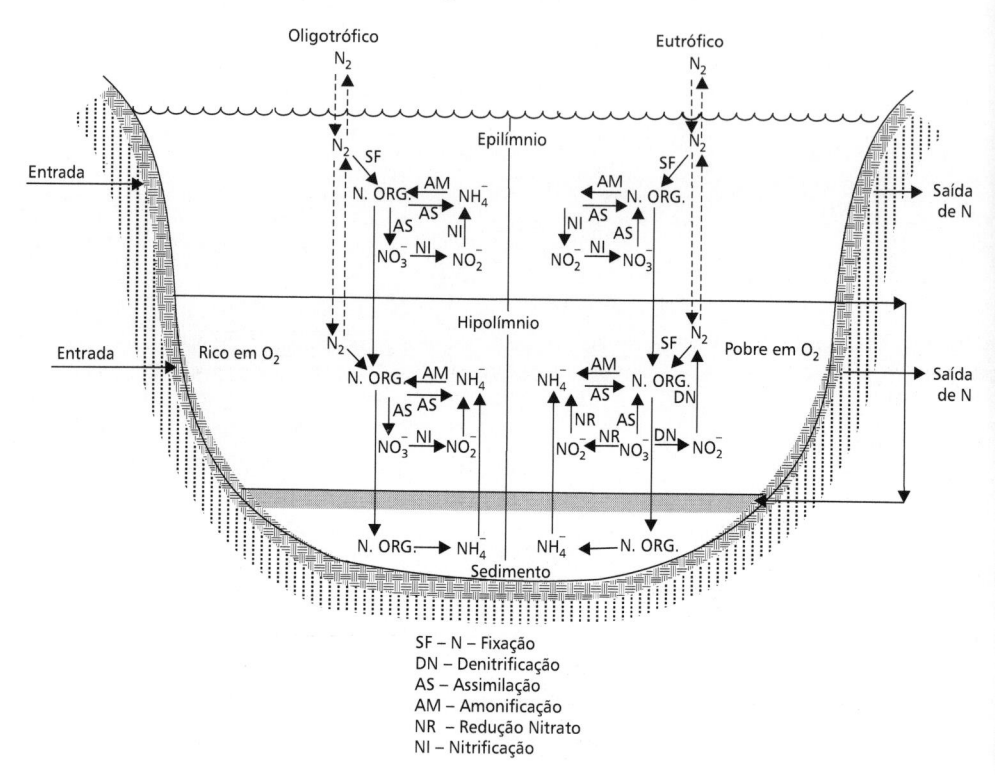

**Figura 4.16** Processos de transformação do nitrogênio em um corpo hídrico. Na parte esquerda podem ser vistas as condições de um lago oligotrófico, enquanto na direita podem ser vistas as condições de um lago eutrófico. O principal motivo das diferenças é o hipolimnion rico em oxigênio das águas oligotróficas, e pobre das eutróficas.

A queda do pH resultante de chuvas ácidas, acarreta um grande número de alterações, já que esse valor regula muitos processos químicos. As alterações mais importantes para a qualidade da água são aquelas relacionadas ao conteúdo de fósforo e nitrogênio, a decomposição de matéria orgânica e a concentração de alumínio em formas tóxicas. A maioria desses processos ocorre nas águas subterrâneas, que por sua vez afetam as vazões afluentes ao reservatório. O processo de nitrificação cessa com um pH entre 5,4 a 5,6, e a fixação de nitrogênio acaba com um pH < 5,0 e como conseqüência acumula-se o nitrogênio inorgânico. O decréscimo de P e o aumento de N, ambos em forma mineral, podem alterar a relação entre P e N e, portanto, também os fatores limitantes para o crescimento do fitoplâncton (Seção 4.5). A decomposição das substâncias orgânicas carbonáceas cessa com um pH < 5,0. As concentrações de alumínio dissolvido, tóxicas para animais e humanos, aumentam à medida que esse elemento é dissolvido a partir de formas menos solúveis.

## 4.5 O Subsistema Biológico – A Rede Alimentar do Reservatório

A **rede alimentar** do reservatório é representada por diversos grupos principais de organismos, classificados de acordo com seu modo de vida e seus hábitos alimentares. Os organismos estão mutuamente relacionados, não somente pelos seus hábitos alimentares como também pelas reações alelopáticas induzidas pelos componentes químicos por eles liberados, pelas suas reações comportamentais, pela reciclagem de nutrientes e outras relações. O conjunto dessas relações chama-se rede alimentar porque cada organismo pode alimentar-se de diversos itens, freqüentemente de origem vegetal e animal. Apesar disso, para uma representação simplificada, os limnologistas freqüentemente identificam uma **cadeia alimentar** que inclui produtores, herbívoros, predadores, segunda ordem de predadores e decompostores (Figura 4.17). É importante o conhecimento dos organismos aquáticos e da cadeia alimentar de um reservatório, pois a presença ou a ausência de certas espécies e a composição da cadeia alimentar serve como indicador do "status" a longo prazo da qualidade da água, além de assinalar a aproximação de mudanças (Seção 9.8). Pela manipulação da cadeia alimentar pode-se melhorar a qualidade da água (Seção 11.3).

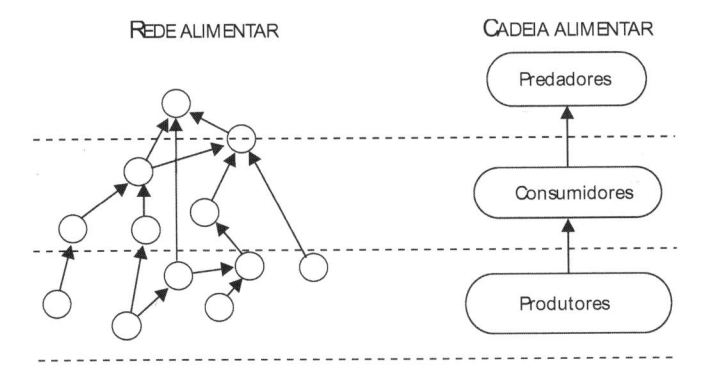

**Figura 4.17** Representação simplificada da cadeia e rede alimentar trófica. Em uma verdadeira rede trófica há muitas espécies que interagem de diversas formas. A cadeia trófica é uma representação simplificada da rede trófica e omite interações no mesmo nível ou em diferentes níveis tróficos. Em sua representação mais simples, a cadeia alimentar é representada por três níveis: produtores primários (cianobactérias, algas e plantas superiores), consumidores (organismos que se alimentam de produtores primários) e predadores (organismos que se alimentam de consumidores).

A rede alimentar da região pelágica ou de água aberta de um reservatório é habitada por plâncton. O plâncton pode ser dividido em **bacterioplâncton, fitoplâncton e zooplâncton**. As **bactérias** são discutidas na Seção 4.6. Os **bentos** são constituídos por um grupo de animais que normalmente habitam a lama do fundo, coletando partículas pelágicas produzidas ou introduzidas na região de água aberta e que, eventualmente, chegam ao fundo. Os animais do bentos providenciam comida para peixes de fundo ou carnívoros, e são importantes no processo de bio turbação, ou seja, a mistura da camada superficial de sedimentos com água do fundo. A importância do bentos é grande em reservatórios rasos, porém diminui com o aumento da profundidade. Em reservatórios profundos a zona de litoral normalmente não é bem desenvolvida devido às flutuações de nível, porém podem desenvolver bem em reservatórios muito rasos ou rasos. A região de litoral é habitada por plantas florescentes de maior porte – macrófitas. As **macrófitas** são o substrato para o perifíton, ou seja, algas e animais microscópicos que dela se alimentam.

Uma das maiores conquistas da limnologia de reservatórios é o reconhecimento do fato de que as inter-relações entre os diferentes grupos de organismos são muito intensas, e seus efeitos não se dão somente de baixo para cima, do meio ambiente físico por meio de seus nutrientes para a produção orgânica primária e, então, até os predadores; mas também de cima para baixo, dos maiores organismos para os menores, e então para a química e física do reservatório (Figura 4.18). A alteração de uma população pode alterar consideravelmente a qualidade das águas.

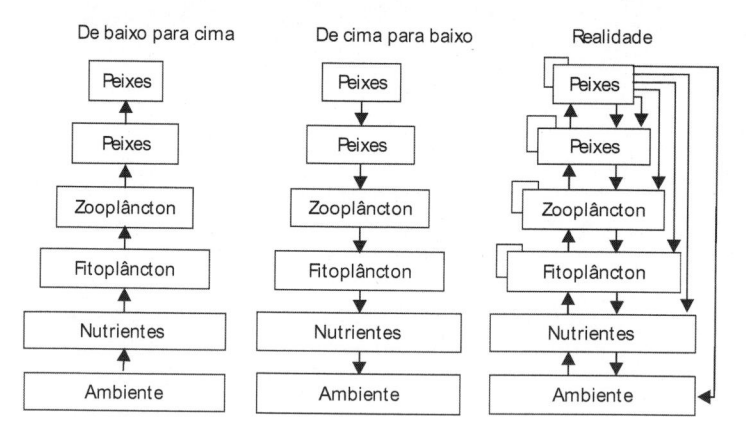

**Figura 4.18** Representação mais detalhada da cadeia alimentar e dos diferentes tipos de relacionamentos básicos: de baixo para cima, do meio ambiente para um nível trófico mais alto; de cima para baixo, na direção oposta. Na realidade, ambos os tipos ocorrem simultaneamente, trata-se de relações indiretas (por exemplo: peixe sobre o zooplâncton) e de relações internas em cada nível trófico.

O **fitoplâncton** do reservatório inclui algas e cianobactérias. Ele se mantém por meio da contínua entrada de nutrientes, via vazões afluentes, e pelos nutrientes reciclados pelo zooplâncton. Quando o tempo de retenção é longo, a taxa de crescimento do fitoplâncton aumenta com o incremento das vazões, já que esta traz mais nutrientes. Simultaneamente, aumenta a mortalidade devido à sedimentação, à fitofagia do zooplâncton e pela sua "lavagem". Isto é válido até determinadas vazões (correspondentes ao tempo de retenção do reservatório, quando inferior a alguns dias), quando o crescimento do fitoplâncton não é mais compensado pelas suas perdas devido à "lavagem". Nesse sentido, o reservatório funciona como uma cultura contínua de microorganismos. Espécies diferentes de algas têm diferentes taxas de crescimento, diferentes necessidades de nutrientes, diferentes taxas de sedimentação e também são consumidas em variados graus pelo zooplâncton, em função de seu tamanho e outros fatores. Na Figura 4.19 mostram-se os três grupos mais comuns e distintos de fitoplâncton.

Uma forma comumente utilizada para quantificar o volume de algas presentes em um reservatório é a determinação da quantidade de **clorofila A** existente numa amostra. O conteúdo de clorofila A para uma mesma quantidade de peso fresco de algas é diferente para os diferentes grupos e espécies de fitoplâncton, sendo menor quando as algas vivem em uma coluna bem iluminada (durante períodos de estratificação) e maior quando a penetração de luz é baixa (durante período de mistura). Altas concentrações de clorofila A, em especial se forem de concentrações de colônias de algas **azul-esverdeadas** (cianobactérias), são detrimentais para a qualidade das águas. Altos níveis de clorofila A estão associados ao excesso de matéria orgânica, que faz decrescer as concentrações de oxigênio nas camadas mais profundas, quando da decomposição da matéria orgânica. Isso faz com que aconteçam problemas desagradáveis de odor e gosto, mesmo após o tratamento das águas. O acúmulo superficial de espuma devido às cianofíceas cria preocupações com a estética dos reservatórios utilizados para lazer. É perigosa a contaminação tóxica por esses organismos, tanto para homens como para animais (Capítulo 6).

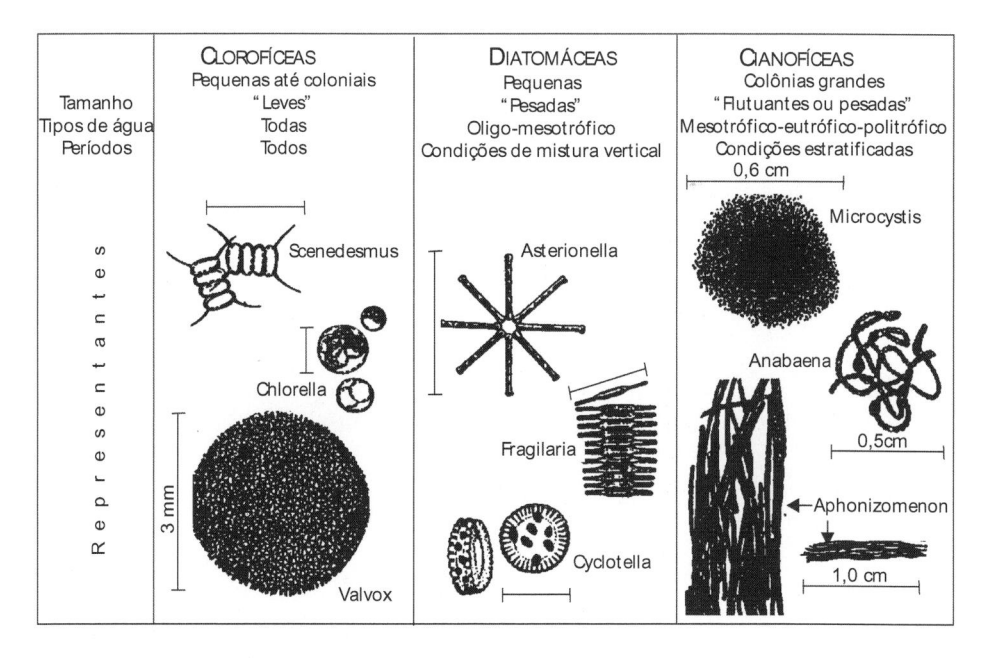

**Figura 4.19** Três dos grupos de algas mais comuns, suas características e alguns aspectos representativos.

A taxa de crescimento do fitoplâncton depende basicamente da intensidade da luz, de temperatura e da concentração e volume dos nutrientes críticos. A Figura 14.1 ilustra como as concentrações de clorofila A, indicando a biomassa de fitoplâncton, relaciona-se com a concentração de fósforo.

O **zooplâncton** é um grupo de animais microscópicos, ou muito pequenos, que nadam na zona de água aberta dos reservatórios. Esse grupo inclui animais desde o tamanho de protozoários até aqueles do tamanho de crustáceos, podendo atingir, em alguns poucos casos, alguns milímetros. Há exceções como o cladócero predador (*Leptodora*) e as larvas do mosquito fantasma (*Chaoborus*) que podem atingir 1 cm. O grupo dominante entre os protozoários são os ciliados, que utilizam seus cílios para coletar bactérias e algas. Os rotíferos têm tamanho intermediário e alimentam-se, quer por filtração (a maioria das espécies), quer por predação. A maioria dos crustáceos se alimentam pela filtragem do fitoplâncton (cladóceros) ou são omnívoros (copépodes). O zooplâncton serve para melhorar a qualidade da água, já que controla o desenvolvimento do fitoplâncton através de sua alimentação seletiva (Seção 11.3).

Os **peixes** encontrados em reservatórios incluem aqueles que se alimentam de zooplâncton, de bentos, e os que são omnívoros ou predadores. Na Seção 11.3 explica-se o papel desempenhado pelos peixes predadores no controle de toda a estrutura da região de água aberta. Os aspectos ligados à pesca são tratados no Capítulo 5.

## 4.6 Bactérias e Vírus dos Reservatórios

As bactérias decompõem a matéria orgânica dos reservatórios, e o indicador dessa atividade é a DBO. Elas também fazem parte da cadeia alimentar dos detritos, conforme pode ser visto na Figura 4.20. São consumidas por organismos superiores, inclusive os flagelados heterotróficos, ciliados e animais maiores do zooplâncton. O total das bactérias vivas relaciona-se ao total de matéria orgânica trazida pelas vazões afluentes e pelas atividades do fitoplâncton. A matéria orgânica exudada pelo fitoplâncton é a principal fonte do carbono necessário para o crescimento das bactérias, logo, verificam-se picos no total de bactérias quando o fitoplâncton começa a diminuir.

Os indicadores bacterianos de poluição fecal e as bactérias patogênicas são assuntos específicos da alçada da higiene. Esses indicadores incluem bactérias psicrofílicas, mesofílicas e coliformes. O número de **bactérias psicrofílicas** em rios montanhosos e reservatórios não poluídos varia entre 1 a $10^4$ por mililitro, enquanto em rios de baixada, em regiões de alta densidade populacional, esse número vai de 10 a $10^6$ por mililitro. São registradas altas contagens de bactérias psicrofílicas em rios poluídos e em outros menos poluídos durante cheias. Dentro do reservatório, o número de bactérias higienicamente importantes decresce lentamente devido à sedimentação e ao consumo pelo zooplâncton. A contagem de **bactérias mesofílicas** em águas superficiais são geralmente de 1 a 2 ordens menores que às psicrofíflicas. Os **coliformes** têm origem exclusivamente fecal (do homem ou de outros animais de sangue quente), entrando no reservatório por fontes exclusivamente externas.

As bactérias patogênicas aquáticas mais comuns são a *Shigella, Salmonella, Campylobacter*, as toxigênicas *Escherichia coli, Vibrio* e *Yersinia* (Maybeck *et al.*, 1989). Entre as patogênicas humanas estão a *Hepatitis A, Norwalk* e *Rotavirus*, as quais têm sido responsáveis por inúmeras epidemias. Agentes virais, hidricamente transmissíveis incluem enterovirus (*Coxsackievirus, Echovirus, Adenovirus*), *Parovirus* e *gastroenteritis* tipo A.

Continuamente, com novos e melhores métodos de pesquisa, são descobertos novos vírus de veiculação hídrica.

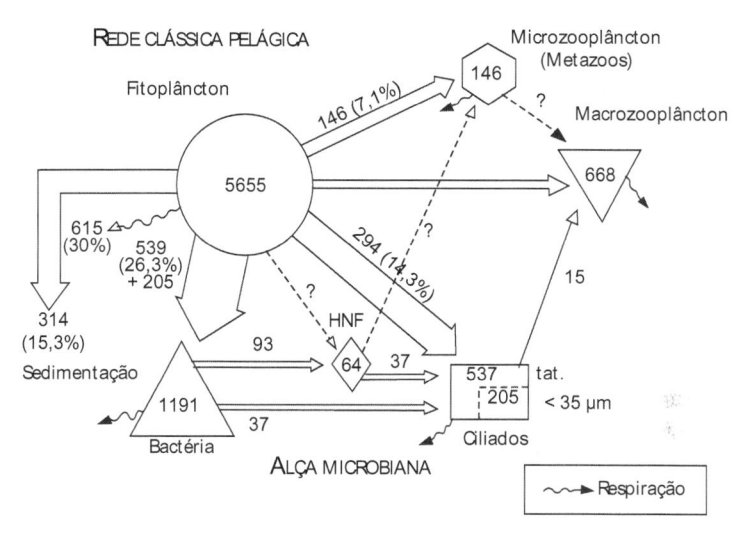

**Figura 4.20** No ciclo microbiano (= cadeia alimentar de detritos), acompanhando a clássica cadeia alimentar pelágica, é importante a participação das bactérias e alguns outros grupos. O tamanho dos compartimentos representa a biomassa, e o tamanho das flechas a intensidade das relações alimentares em casos específicos.

## 4.7 Alterações da Qualidade da Água Durante o Envelhecimento do Reservatório

O termo **"envelhecimento do reservatório"** é utilizado para descrever as rápidas alterações e a qualidade da água deteriorada que ocorrem durante os primeiros anos após o "enchimento" do reservatório. Esse período também é chamado de **explosão trófica**, uma vez que nele ocorre uma alta produção biológica. A **evolução do reservatório** contempla alterações limnológicas muito mais lentas, que podem durar décadas ou mesmo séculos.

O processo de envelhecimento do reservatório é muito importante para o gerenciamento porque a qualidade das águas é prejudicada nesses primeiros anos. Na Tabela 4.1 listam-se os problemas que freqüentemente ocorrem durante esse processo e suas causas.

A duração do período de envelhecimento difere entre reservatórios, entretanto, o intervalo médio varia entre 4 e mais de 10 anos. Os reservatórios Amazônicos levam um mínimo de 10 anos para atingir a estabilização, e isto em função da taxa de decomposição da floresta húmica submersa. O envelhecimento do reservatório depende de dois tipos de processos, que são o físico-químico e o biológico. O processo físico-químico é controlado pela latitude, volume, tempo de retenção, total de matéria orgânica acumulada durante o enchimento, atividades existentes nas bacias hidrográficas e o total de matéria em suspensão. No referente aos processos biológicos, o elemento mais importante é a taxa e o grau de desenvolvimento das populações de peixes e o controle que esses animais podem exercer sobre o sistema. O processo de envelhecimento é mais curto em reservatórios com rápida corrente longitudinal que em outros com corrente longitudinal fraca. A localização geográfica (envelhecimento mais rápido nos trópicos) e o tempo necessário ao enchimento são fatores decisivos no processo. A seqüência dos acontecimentos que normalmente ocorrem durante o envelhecimento do reservatório é mostrada na Figura 4.21.

**Tabela 4.1** Problemas de qualidade da água durante o processo de envelhecimento de um reservatório e suas causas.

| Problemas | Causas |
|---|---|
| Aumento nas concentrações de matéria orgânica | Liberação de matéria orgânica do solo; decomposição de vegetação submersa |
| Intensificação da cor | Concentração de matéria orgânica resistente; alterações na cor ocorrem muito lentamente e tonalidades mais fortes são os últimos sinais de envelhecimento |
| Baixas concentrações de oxigênio (principalmente no hipolimnion) | O oxigênio é consumido durante a decomposição da matéria orgânica dissolvida ou particulada, originária das vazões afluentes, liberada pelo solo ou pela vegetação submersa |
| Altas concentrações de nutrientes | Os nutrientes provêm do solo |
| Crescimento excessivo de vegetação (principalmente plantas aquáticas flutuantes) | Reservatórios tropicais novos são particularmente susceptíveis a esse problema |
| Aumento da produção de fitoplâncton | As algas crescem rapidamente devido ao aumento de nutrientes |
| Aumento de peixes | Algumas espécies de peixes são capazes de se reproduzirem rapidamente quando há abundância de comida. São necessários alguns anos para estabilizar as populações de peixes |

A maioria dos reservatórios estabiliza após alguns anos. Seguindo-se ao processo de envelhecimento ocorre sua **evolução limnológica,** a qual é governada em grande parte pelos impactos das atividades humanas, tais como um maior uso do solo e atividades industriais.

## 4.8 Tipos Limnológicos de Reservatórios

Classificar reservatórios é um meio prático de organizar o conhecimento disponível sobre diferentes sistemas. Entretanto, torna-se importante entender que, a bem da verdade, não há classes precisas de reservatórios, pois na realidade há uma transição contínua de um ao outro extremo dentro do critério utilizado para classificação. Entretanto, é bastante prático quebrar essa continuidade em classes individuais, pois isso permite uma avaliação mais fácil das respectivas condições.

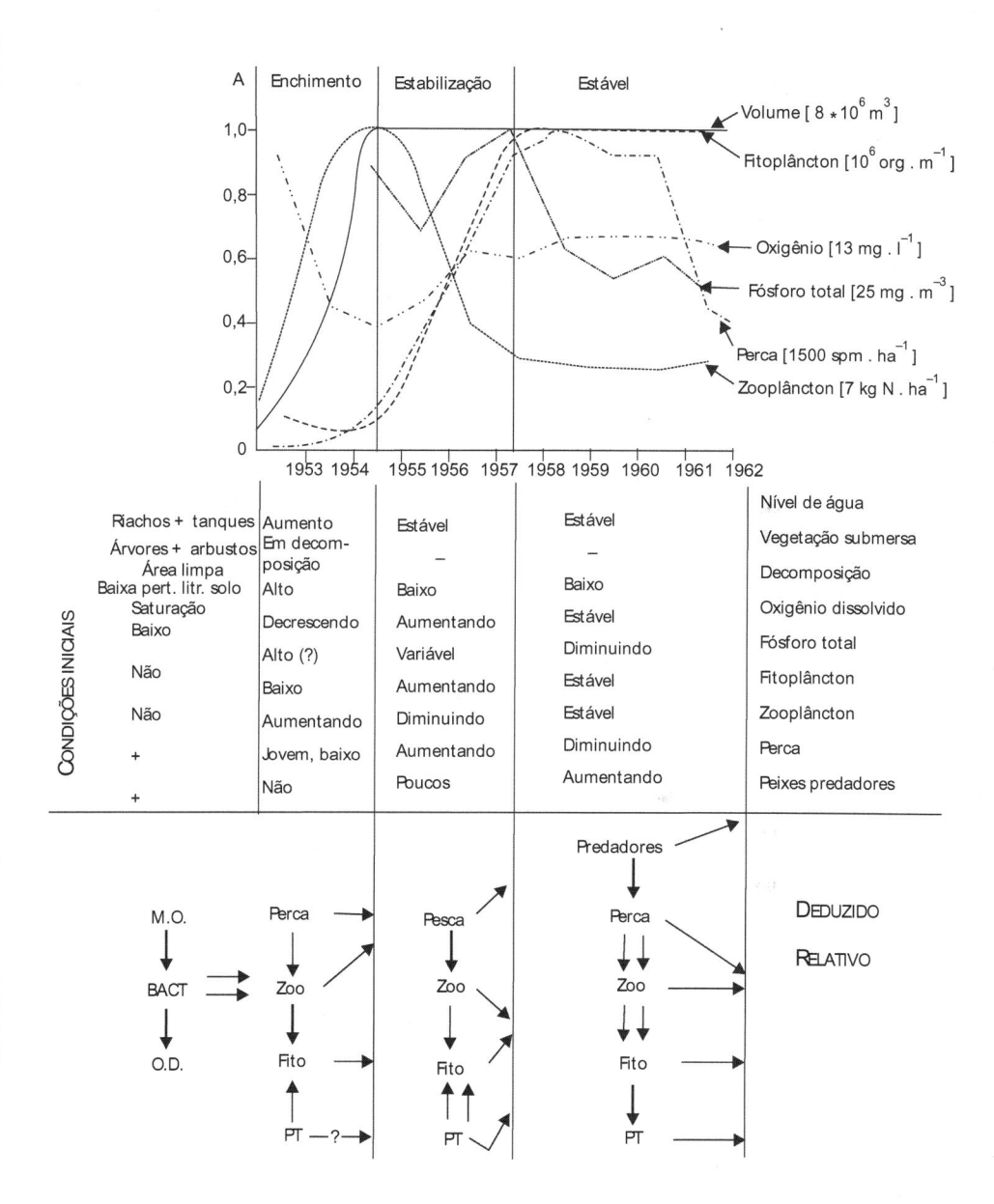

**Figura 4.21** Processo de envelhecimento após os primeiros anos do enchimento do reservatório. Na parte superior da figura podem-se observar as curvas de desenvolvimento da biomassa, abundância e concentrações de componentes individuais, conforme observado no reservatório de Klicava, República Tcheca. Durante esse período, o peixe dominante é a perca. As três fases mais importantes são a de enchimento, estabilização e fase estável. A parte central da figura mostra o estado dos diferentes componentes apresentados na parte direita. A parte inferior apresenta as inter-relações deduzidas e sua intensidade é dada pela espessura da flecha. As flechas apontando para fora indicam o aumento, decréscimo ou caráter estável das mudanças durante a fase em consideração.

Além disso, são utilizadas múltiplas variáveis, em algumas classificações, para tratar diferentes classes, o que torna sua utilização mais fácil para o gerenciamento. Devido ao processo de subdivisão de uma série continua de possíveis valores em classes, de acordo com um critério um tanto arbitrário, deve-se esperar a ocorrência de muitos transientes e modificações.

Atualmente, não há um sistema geral de classificação de reservatórios com validade geral. Todos os sistemas baseiam-se em dados e experiências locais. A primeira tentativa séria de classificação de reservatórios foi feita por Margalef (1975), tomando por base cerca de 100 reservatórios espalhados pela Espanha. Esse sistema foi baseado em dois critérios, qual seja o grau de mineralização das águas e seu estado trófico. Ficaram evidentes quatro grupos de reservatórios: a classificação baseada no grau de mineralização promoveu uma clara separação geográfica de dois grupos; outros dois grupos foram separados pelas suas características tróficas, sendo chamados de "menos ou mais eutróficos". Margalef levou em consideração dados do ponto mais profundo do reservatório e estudou se eles eram ou não indicados para caracterizar a trofia do reservatório, uma vez que em alguns sistemas foram detectadas concentrações "exageradas" de clorofila A nesse local, provavelmente pelo seu transporte de zonas de litoral ou intermediárias. Não obstante, sob a ótica da qualidade da água, é correto que se empreguem esses valores. Os padrões para o uso da água dependem de concentrações que podem ter sido geradas diretamente (por exemplo, durante seu tratamento), como indiretamente (por exemplo, através da depleção de oxigênio no hipolímnio). Outra sistema de classificação foi proposto por Zhadin (1958) para reservatórios russos. Considerando-se que esses reservatórios são normalmente muito grandes e muito rasos, essa classificação não pode ser aplicada de forma geral.

A **classificação de reservatórios** aqui proposta, baseia-se em quatro critérios principais:

1) **Vazão longitudinal.**
2) **Localização geográfica.**
3) **Trofia.**
4) **Qualidade da água.**

As variáveis utilizadas para a classificação aqui discutida diferem: uma é específica para reservatórios, outras três são originalmente de lagos. Ao aplicar esse sistema para reservatórios, devem-se considerar diferentes classes de correntes longitudinais existentes nos mesmos, e como elas afetam sua classificação. O critério mais desenvolvido é o da classificação geográfica dos tipos de mistura, seguido pela classificação trófica. O menos estudado é o critério específico da qualidade da água. Os três primeiros têm características limnológicas e baseiam-se nas diferenças naturais entre os corpos hídricos. Equalizar correntes longitudinais com variáveis "naturais" só é possível na medida em que diferenças parecidas nessas vazões também podem ser observadas em lagos naturais tipo fluviais (embora, como visto na Seção 4.2, as conseqüências dessas correntes sejam diferentes entre lagos e reservatórios). A caracterização trófica é atualmente considerada uma importante variável da qualidade da água devido às entradas de nutrientes originárias de fontes antropogênicas, porém ela foi inicialmente aplicada em águas não impactadas pelo homem. O critério para estabelecer a qualidade da água não são somente antropogênicos, porém muito mais diversificado devido à grande diversidade das influências antrópicas. Neste capítulo, discutem-se somente os três primeiros critérios de classificação; o quarto será tratado no Capítulo 9.

## 4.8.1 Classificação em Função das Correntes no Reservatório

Os reservatórios podem ser divididos de forma grosseira em três classes de acordo com seu tempo teórico de retenção, além de uma quarta classe representando um tipo especial de mistura que ocorre no limite entre a primeira e segunda classes. As três classes principais são as seguintes:

Classe A: **reservatórios com correntes longitudinais rápidas,** $R <= 15$ dias.
Classe B: **reservatórios com tempo de retenção intermediária,** $15$ dias $< R < 1$ ano.
Classe C: **reservatórios com tempo de retenção longo,** $R > 1$ ano.

Esta classificação baseia-se em dados e modelagens matemáticas de reservatórios em zona temperada (especialmente o de Slapy, na República Checa), porém foi testada para ser empregada em alguns sistemas tropicais ou subtropicais. É bem conhecido o fato de que os reservatórios sofrem grandes alterações nas vazões e nos níveis das águas, portanto é bom lembrar que os limites entre as classes são selecionados, mais ou menos, de forma arbitrária. Dependendo do padrão sazonal de operação do reservatórios, em relação às descargas dos rios, o mesmo reservatório pode pertencer a diferentes classes durante diferentes períodos do ano. A classe A caracteriza-se por uma mistura completa, as condições da classe B correspondem a um lago geográfica e morfologicamente caracterizado como de mistura, porém diferenciado em muitas categorias de acordo com os efeitos de sua corrente longitudinal. Assim sendo, pode-se falar em diferentes situações em reservatórios de diferentes classes. Na classe B, pode-se fazer uma diferenciação posterior das condições em função da profundidade dos mecanismos de descarga ou saídas.

Nos reservatórios com saídas superficiais, as condições assemelham-se àquelas de lagos, podendo-se, entretanto, observar sensíveis diferenças quando as saídas localizam-se em camadas mais profundas (ver Figura 4.9).

Uma classe específica é representada pelos **reservatórios hidraulicamente estratificados**, conforme documentado por Tundisi (1984), no Brasil. Essa classe é composta por reservatórios que, quer por razões geográficas, quer pelo fato de serem rasos, não são estratificados, embora por vezes isso ocorra, devido a correntes de densidade intermediária ou profunda.

As maneiras pelas quais essas correntes são originadas (Seção 4.2) sugerem que diferenças de densidade devem existir no reservatório antes da formação daquelas correntes. Entretanto, essas diferenças de densidade podem ser pequenas e vigorosamente separadas pelas correntes. Nos trópicos, esse fenômeno pode causar uma grande anoxia, produção de gases e acúmulo de nitrogênio e fósforo no hipolímnio artificial. O reservatório de Barra Bonita em São Paulo e o reservatório de Furnas em Minas Gerais são exemplos dessa classe, assim como o de Stechovice na República Tcheca.

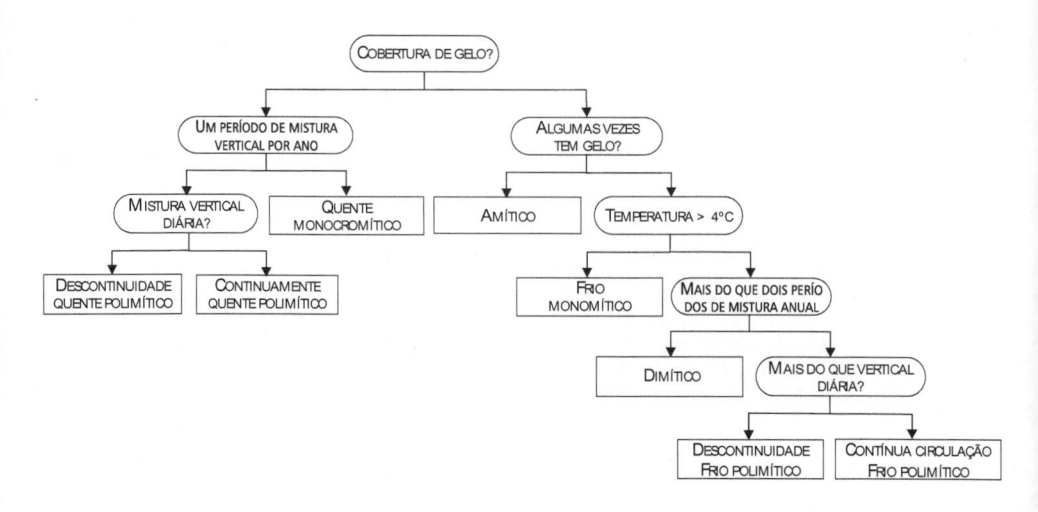

**Figura 4.22**  Dicotomia para a distinção dos tipos de mistura. (Adaptado de Steinberg *et al.*, 1995.)

## 4.8.2  Classes de Mistura dos Reservatórios

A dicotomia apresentada na Figura 4.22 fornece as características capazes de determinar as classes de mistura. A Figura 4.23 representa os padrões de estratificação dos tipos individuais de mistura. Conforme já visto, esse método é válido somente para reservatórios com grande tempo de retenção. Em reservatórios intermediários as condições são alteradas pelas correntes. Duas variáveis básicas, a latitude e altitude, separam as classes. Com o aumento na altitude, o delineamento geográfico entre as classes de mistura hídrica volta-se em direção ao equador. Em maiores altitudes ocorre uma maior radiação solar devido ao caminho mais curto que os raios de Sol devem percorrer dentro da atmosfera. No referente a baixas latitudes e elevações, nos trópicos (latitudes entre 0° e 23°), o tipo característico é o **oligomítico**, no qual raramente ocorre mistura. A mistura em águas tropicais é muito mais profunda que em águas temperadas, e as diferenças de temperatura entre as zonas de mistura e o hipolimnion são mínimas.

Ainda assim, a dependência não linear entre a densidade da água e a temperatura acarreta diferenças de densidade muito maiores por grau, em temperaturas mais elevadas, e também as diferenças de densidade entre as camadas podem ser parecidas com as dos corpos hídricos **dimíticos** das regiões temperadas. As diferenças diárias de temperatura podem exceder a oscilação anual. Em altitudes elevadas, nos trópicos, ocorrem lagos **polimíticos profundos**, com pequenas variações sazonais de temperatura e mistura acontecendo de forma irregular ao longo de todo o ano, devido a fortes ventos. Entre as latitudes de 23° a 40° ocorrem corpos hídricos **monomíticos quentes**, com uma única variação anual e circulação em temperaturas superiores a 4°C. Entre as latitudes de 40° a 68° ocorrem os reservatórios com tipo de mistura **dimítica**, caracterizados por duas mudanças, uma durante a primavera, com temperaturas de cerca de 4°C, e outra durante o outono, e dois períodos de estratificação, no verão e no inverno (esta com as temperaturas superficiais inferiores àquelas das camadas mais profundas). Mais ao norte, ocorre uma seqüência de classes que vai até os lagos mais ou menos permanentemente congelados das regiões Árticas e Antárticas. Como exemplo do desvio das fronteiras de latitudes em direção ao equador, observa-se que em uma latitude de 50° a classe dimítica pode ser substituída pela classe fria monomítica em altitudes médias de 1000 m, e por lagos amíticos a partir de 3000 m.

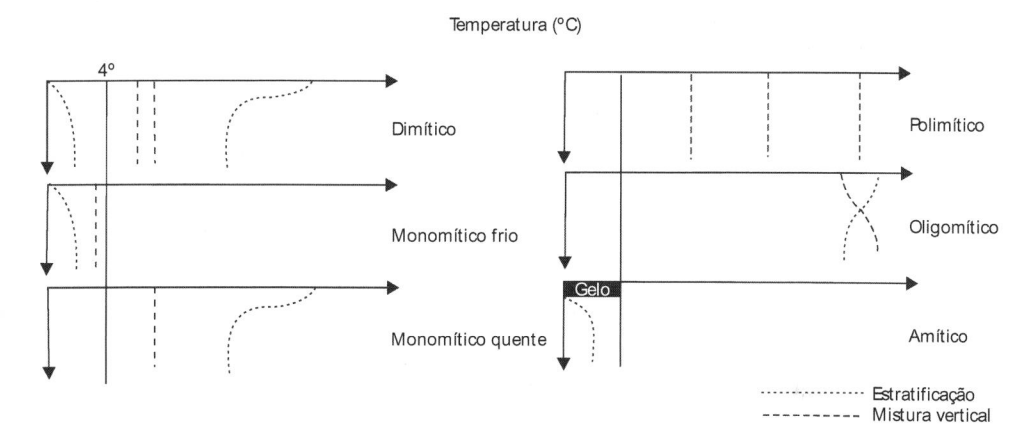

**Figura 4.23** Principais tipos de estratificação e mistura de lagos e represas. (Chapman, 1992.)

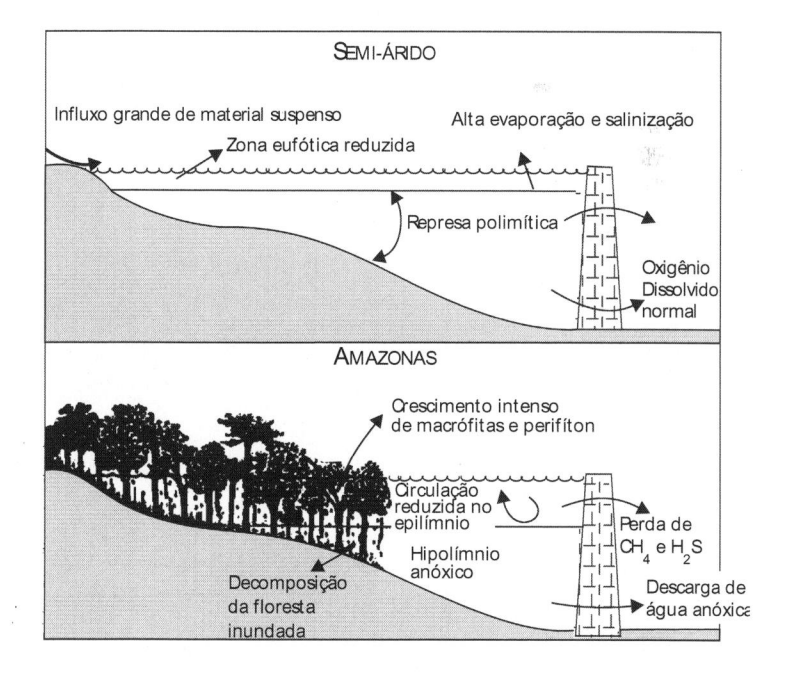

**Figura 4.24** Comparação entre reservatórios semi-áridos e tropicais no Brasil.

A presença de vegetação submersa pode causar um efeito drástico sobre todos aspectos da limnologia do reservatório. Apresenta-se um exemplo na Figura 4.24, no qual se confronta um reservatório amazônico contendo grandes áreas de matas submersas com outro reservatório localizado na região semi- árida do país. Os reservatórios sem vegetação apresentam, mesmo com altas entradas de matéria em suspensão, boas condições de oxigênio no hipolímnio. Nos grandes reservatórios amazônicos são características a anoxia hipolimnética e pouca mistura. Esses reservatórios também produzem, como resultante da decomposição das florestas submersas, grandes emissões gasosas de metano e dióxido de carbono. Resultados preliminares levantados na reservatório do complexo hidroelétrico de Curua Una apontaram 21 mg/m$^2$/dia de $CO_2$; Rosa (1997) calculou uma contribuição anual de metano e dióxido de carbono para essa área (Curua Una, área = 100 km$^2$, profundidade média = 6 m) de 5,7.10$^3$ kg/m$^2$/ano de $CH_4$ e 53,7.10$^3$ kg/m$^2$/ano de $CO_2$. Análises comparativas da emissão de metano entre diversos reservatórios Amazônicos sugere que há redução na formação desse gás com o passar do tempo, após o fechamento da barragem (Matvienko & Tundisi, 1996).

**Meromix** é uma característica que ocorre em todas as classes discutidas anteriormente. Ocorre quando uma parte das águas do reservatório, próxima do fundo, não se mistura com o resto. Em reservatórios, este fato é geralmente associado à sua construção, quando uma pequena barragem é executada durante as obras da barragem principal. A água que fica ali retida, sofre um acúmulo de elementos químicos.

Há um tipo ambíguo de mistura, a classe **polimítica rasa**. Acontece em corpos hídricos hidrodinamicamente rasos, em todo o mundo. A força dos ventos é capaz de promover uma mistura completa, e curtos períodos de aquecimento ou resfriamento da superfície podem, respectivamente, criar ou eliminar a estratificação.

### 4.8.3 Classificação Trófica

Podem-se distinguir as seguintes classes:

a) **oligotrófica;**
b) **mesotrófica;**
c) **eutrófica;**
d) **hipertrófica;**
e) **distrófica;**
f) **calcitrófica.**

As cinco primeiras classes são definidas de acordo com a tipologia trófica clássica; a última foi recentemente criada para definir lagos calcários.

Outras diferenciações podem ser feitas para reservatórios de acordo com: (i) corrente longitudinal; (ii) localização geográfica; e (iii) turbidez. Já foram discutidos os efeitos das correntes longitudinais; a turbidez é de particular importância nas regiões semi-áridas.

As classes oligotróficas, mesotróficas e eutróficas são delineadas de acordo com a disponibilidade de nutrientes críticos e pela produção primária, normalmente feita pela biomassa de algas (geralmente, medida pela concentração de clorofila A). A premissa da classificação trófica é que ela é condicionada pelas condições geográficas, já que depende das concentrações de nutrientes críticos e da produtividade. A produtividade é afetada pelas condições geográficas, pela radiação solar, tipos e profundidade de mistura, turbidez e relações tróficas dentro do sistema. A produtividade aumenta com a radiação solar, porém as algas estão expostas à luminosidade existente abaixo da superfície e não à radiação superficial. Os fatores que influenciam negativamente o regime de luminosidade subsuperficial são uma maior profundidade de mistura e o aumento da turbidez. Reservatórios rasos ou com pequena profundidade de mistura apresentam uma maior produtividade e níveis mais elevados de clorofila. Além disso, a separação das classes também depende de experiências subjetivas, em função de condições específicas de diferentes países. No presente, o nível de compreensão das classes tróficas parece ser dependente da gama de condições encontradas em uma determinada região. Em países com águas muito limpas e baixa trofia, há uma tendência para estabelecer critérios mais baixos para as diferentes classes. Um lago denominado mesotrófico em um país "rico em nutrientes" pode ser chamado de eutrófico em outro "pobre em nutrientes". Na Tabela 4.2 são fornecidos exemplos para a separação de classes, conforme enunciado por Hilbricht-Ilkowska (1989), na Polônia, e Moore & Thornton (1988). O mesmo fenômeno pode ser visto quando se comparam águas da Escandinávia com as da Europa continental, e ocorrem diferenças ainda maiores entre águas temperadas e tropicais. Entretanto, na Tabela 4.3 é dada uma classificação aproximada aceitável em função da biomassa de algas (medida pela clorofila A). Em reservatórios a classificação é dificultada pela corrente longitudinal e pela turbidez, conforme apontado por Walker (1985), Lindt et al. (1993) e Thornton & Rast (1993). Para condições tropicais, Salas & Martino (1991).

Tabela 4.2  Comparação de classes tróficas de acordo com as definições regionais da Polônia (P), por Hilbricht-Ilkowska (1989) e dos Estados Unidos (E), por Moore & Thornton (1988).

| Classes | Total de fósforo | | Clorofila A | |
|---|---|---|---|---|
| | P | U | P | U |
| Oligotrófica | - | <10 | - | <4 |
| Mesotrófica | <=50 | 10- 20 | <=10 | 4- 10 |
| Moderadamente eutrófica | <=100 | >20 | <=30 | >10 |
| Fortemente eutrófica | <=300 | - | >30 | - |
| Hipertrófica | >300 | ?? | >100 | ?? |

A diferença entre águas tropicais e temperadas é que a limitação por nitrogênio é muito mais freqüente em águas tropicais que em temperadas. O carbono é o terceiro macroelemento em importância para o crescimento de algas, podendo ser o limitante em qualquer lugar onde o nitrogênio e o fósforo forem abundantes. Isto freqüentemente acontece durante o verão, em águas eutróficas e politróficas, quando há uma fraca troca de carbono entre a atmosfera e as camadas mais profundas. Os motivos mais comuns para a limitação de nitrogênio nos trópicos são naturais e antropogênicos. Enquanto os solos mais ao norte são muito permeáveis ao nitrogênio, porém retentores de fósforo, a situação inverte-se em direção ao equador. Nos países prósperos do hemisfério norte é muito mais comum o emprego de fertilizantes com nitrogênio do que nos países tropicais.

Duas abordagens podem ser tentadas para determinar quando o carbono, nitrogênio ou fósforo tornam-se limitantes: a razão de Redfield e bioensaios. Uma estimativa preliminar simples baseia-se na razão entre C:N:P, importante na produção da biomassa de algas. A razão de Redfield ideal para o crescimento de algas é de 106:16:1, com concentrações expressas em função do respectivo peso atômico. Deve-se observar, no entanto, que essa relação é somente uma média, podendo variar bastante em espécies diferentes de algas. A relação ideal de nitrogênio e fósforo varia de 6:1 a 30:1, sempre em função do peso atômico. Os corpos hídricos com composição normal de algas oscilam entre os limites de P e N de 10:1 a 20:1. Alguns estudos sugerem que essa razão também afeta a percentagem de cianobactérias dentre a população total de fitoplâncton, entretanto, outros estudos contradizem essa hipótese, que não pode ser considerada como uma regra geral. As cianobactérias, em especial quando formam heterocistes, indicam a fixação de nitrogênio, o que não ocorre caso haja excesso de nitrogênio dissolvido na água. A forma em que o nitrogênio se apresenta é muito importante para a transformação de energia, pois o nitrato deve primeiramente ser convertido em amônia, já que esta é absorvida pelo fitoplâncton mais rapidamente que o nitrato. Os bioensaios podem ser feitos por meio de diversas técnicas: a mais simples utiliza uma cultura de algas com sedimentos de fundo. Em regiões temperadas, as algas mais comumente utilizadas são as *Selenastrum capricornutum*. As curvas de crescimento das populações de algas incubadas em garrafas, sob condições padronizadas de iluminação e temperatura, são anotadas para culturas enriquecidas com N e P. Um maior crescimento devido ao aumento de P ou de N pode ser considerado como indicação de uma respectiva limitação. Conforme mencionado anteriormente, as necessidades de uma determinada espécie de algas não é igual às de outras espécies de fitoplâncton ou de populações. Além disso, as quantidades adicionais de nutrientes são importantes. As conseqüências desses dois fatores (diferenças entre as espécies e diferenças entre as reações das culturas sob condições naturais ou com teor diferente de nutrientes) apontam no sentido de que os resultados podem não ser conclusivos.

**Tabela 4.3** Classes tróficas baseadas na clorofila A (após Straškraba *et al.*, 1993).

| (µg / l) média no verão | Crolofila A Máximo anual | Classificação trófica | Água bruta | Tratamento |
|---|---|---|---|---|
| 0,3- 5 | <10 | Oligotrófica | Excelente | Normal |
| 5- 10 | 10- 30 | Mesotrófica | Adequada | Normal |
| 10- 25 | 30- 60 | Levemente eutrófica | Relativamente inadequada | Exceções |
| >25 | >60 | Fortemente eutrófica | Imprópria | Especial |

A **classe distrófica** (água marrom), que tem sua produção afetada pela cor escura das águas, ocorre em áreas de florestas. A cor escura é resultante de matéria orgânica dissolvida, resistente à decomposição, originária de vegetação decomposta. As águas escuras do Amazonas são um exemplo dessa classe. O pH das águas distróficas é baixo e pode limitar o aparecimento de alguns organismos (Seção 6.2).

Fez-se necessária uma **classe calcitrófica** devido ao fato de que as relações tróficas das águas calcárias são diferentes daquelas de outros corpos hídricos com composição mais equilibrada de sais. Um processo importante que diferencia as águas calcárias é a co-precipitação do fósforo: o cálcio não somente precipita e forma floculantes brancos como absorve fósforo. Esse fato cria condições significativamente diferentes para a produção de algas do que aquelas verificadas em águas não-calcárias. A Tabela 4.4 lista algumas características de reservatórios calcitróficos.

**Tabela 4.4** Características de corpos hídricos calcitróficos, comparadas a outros não-calcitróficos (baseado em Kosche, 1987).

| | |
|---|---|
| Concentração de $CaCO_3$ | Máxima > 1 $mg/m^3$, presente na forma de cristais e conchas de calcita de algumas algas |
| Dióxido de carbono | Reduzido, limita a produção primária |
| Nutrientes | Reduzida |
| Periodicidade | Maiores concentrações de calcita durante o verão |
| Capacidade de auto depuração | Aumentada |
| Matéria particulada | Maiores concentrações, baixa luminosidade limita a produção primária, aumento na sedimentação, redução nas concentrações de nutrientes |
| Biomassa de fitoplâncton | Reduzida |

## 4.8.4 Classificação Combinada

Em reservatórios há relações entre os vários critérios que provam ser decisivo o método de sua classificação pela corrente longitudinal. Esse critério modifica outras classificações derivadas de lagos de tal forma que sua aplicação "lacustre" plena, somente ocorre em reservatórios com correntes longitudinais lentas. Nos outros dois tipos de reservatórios elas ficam muito alteradas. As relações entre os três critérios, corrente longitudinal, mistura e trofia, são relacionados na Tabela 4.5.

**Tabela 4.5** Relações entre os tipos básicos de reservatórios, caracterizados pela sua corrente longitudinal, mistura e trofia.

| | **Corrente longitudinal** | **Intermediário** | **Retenção longa** |
|---|---|---|---|
| Tempo de retenção | R <= 20 | 20< R <= 300 | R> 300 |
| Classe de mistura | Mistura completa | Estratificação intermediária | Estratificação bem desenvolvida |
| Classe trófica | A corrente previne o desenvolvimento completo do fitoplâncton | Efeitos adicionais da corrente e estratificação modificada | Classes tróficas clássicas |

# Capítulo 5

# Peixes de Reservatórios e sua Relação com a Qualidade da Água

Os reservatórios apresentam um grande potencial para a produção pesqueira. Em muitas regiões do planeta, tais como Rússia, USA, África e Sudeste Asiático (Fernando & Holeick, 1991), é muito intensa a produção de peixes em reservatórios.

## 5.1 Populações de Peixes em Reservatórios

Uma das conseqüências mais dramáticas da construção de uma barragem é a interrupção do fluxo de água entre o rio e o reservatório, conseqüentemente, as alterações na fauna íctea. Essas mudanças de um meio ambiente fluvial para um lacustre criam novos habitats para os quais muitos peixes de rios não estão bem adaptados. Por exemplo, em muitos reservatórios há uma área pelágica profunda, a qual não é utilizada pela maior parte dos peixes nativos. Ao examinar o desenvolvimento e a organização estrutural e funcional da fauna de peixes de um reservatório, deve-se considerar cinco grupos de processos, apresentados a seguir:

*a*) Produtividade individual do reservatório imediatamente após seu enchimento.
*b*) Eutrofização e fornecimento de nutrientes pelas bacias hidrográficas.
*c*) Desenvolvimento de complexas interações bióticas dentro do reservatório.
*d*) Regime hidrológico.
*e*) Gerenciamento do sistema.

De acordo com Kubecka (1993), os dois primeiros grupos de processos afetam diretamente a formação dos peixes e sua biomassa, enquanto que as complexas interações bióticas eventualmente afetam a composição das espécies. A construção do reservatório afeta a fauna de peixes, quer a jusante, quer a montante do mesmo, uma vez que várzeas situadas abaixo da barragem podem se ver sem água, pelo menos durante a fase inicial de operação do sistema. De acordo com Fernando & Holcick (1991), a fauna íctea de um reservatório depende primeiramente da fauna nativa da bacia hidrográfica. Essas espécies podem colonizar o novo reservatórios muito rapidamente, explorando sua potencialidade como meio lêntico. Uma vez que o sistema entra em operação, a biomassa de peixes cai rapidamente. Dois fatores parecem ser os responsáveis por esse fenômeno: o primeiro é a existência de uma grande área pelágica profunda e o segundo a redução na velocidade das correntes. Subseqüentemente ao enchimento do reservatório, ocorre, de forma lenta, uma colonização natural da zona pelágica. A família dos *Clupeidae* é um bom exemplo de peixes que colonizam reservatórios, conforme demonstrado na Tabela 5.1.

**Tabela 5.1**  Exemplos de colonização de reservatórios por peixes da família *Clupidae*.

| | Reservatório | Biomassa (kg/ha) | Autor |
|---|---|---|---|
| *Sterathrissa leonensis* | Kainji L., África | 23,6 | Lelek, 1973 |
| *Pellonula afzelinsi* | Kainji L., África | 23,6 | Lelek, 1973 |
| *Clupeichthys aesarensis* | Ulboratana, Tailândia | 5,9- 14,2 | Lelek, 1973 |
| *Etrivaza fluviatilis* | Parakruma Samudra, Sri Lanka | 60 | Newakla & Duncan, 1984 |
| *Clupeonella cultiventris* | 5 reservatórios no rio Dniepper, Rússia | - | Shimanovskaia et al., 1977 |
| *Corica subarna* | lago de Kaptui, Bangladesh | 100 | Fernando & Holcik, 1991 |
| *Gudusia chana* | lago de Kaptui, Bangladesh | 100 | Fernando & Holcik, 1991 |
| *Cosmialosa mannianna* | lago de Kaptui, Bangladesh | 100 | Fernando & Holcik, 1991 |

Um exemplo das alterações na fauna íctea após a construção de uma barragem foi observada no reservatórios de Caborra Bassa, na África. Praticamente todas as 38 espécies que ali existiam antes da obra desapareceram. Algumas espécies de Cichlidae, tais como *Tilapia rendale* e *Sarotherodon mortimeri*, sobreviveram no reservatório, porém com baixa densidade. Algumas espécies de Siluridae, Characidae e Cyprinidae tiveram um crescimento explosivo imediatamente após o fechamento da barragem (Jackson & Rodgers, 1976). No caso do lago Volta, em Gana, foi observada uma grande mortandade de peixes após o fechamento da barragem, causada por uma desoxigenação acelerada. Das muitas espécies comuns do gênero *Alestes*, desapareceram somente duas (Lelek, 1973). Por outro lado, houve um aumento considerável de *Tilapia* spp., tais como a *Sarotherodon galileus* (que se alimenta de fitoplâncton e perifiton), a *Tilapia zilii* (que se alimenta de detritos) e de *Sarotherodon niloticus* (que se alimenta de macrófitas e algas). As espécies de peixes que habitarão o reservatório após o fechamento da barragem migram tanto dos tributários como de áreas por eles influenciadas. A velocidade das correntes difere nas diversas áreas do reservatório e representa um importante fator na distribuição dos peixes. Os peixes são aparentemente capazes de localizar tributários detectando alterações na qualidade das águas. A manutenção de um fluxo hídrico no antigo leito do rio pode estimular a migração de peixes para o reservatório. A população de peixes pode sobreviver num reservatório, utilizando seus tributários, conforme demonstrado em estudos de diversos sistemas (Jackson, 1960). Espécies exclusivamente reofílicas carecem de habitats e, então, desaparecem rapidamente em um meio lêntico ou sobrevivem utilizando tributários para sua reprodução, porém, de qualquer forma, sua biomassa diminui consideravelmente no reservatório. O enchimento do reservatório promove uma reorganização do sistema, a qual pode resultar em novas várzeas, bem como em profundas áreas pelágicas. Em alguns casos foi demonstrado que, após muitos anos do enchimento do reservatório, este continha mais espécies de peixes que o rio, isso provavelmente devido à grande variedade de nichos gerados durante o processo de reorganização do sistema. Esse fenômeno também depende da evolução do reservatório e dos processos de sucessão espacial e temporal. O aparecimento da vegetação aquática imediatamente após o enchimento do sistema, pode incrementar a biomassa íctea. Essa vegetação é colonizada por uma grande variedade de espécies de invertebrados, que servem de alimento para os peixes. Uma grande disponibilidade de macrófitas e a concentração de algas perifíticas são fundamentais para o desenvolvimento de fontes de alimentação para os peixes, conforme demonstrado no lago Kariba. Assim sendo, a explosão trófica depende muito do crescimento do fitoplâncton, perfíton e da biomassa de macrófitas. Quando as áreas marginais e de litoral do reservatório são colonizadas por macrófitas, aumentam as chances de sobrevivência de alevinos e de peixes jovens. A vegetação aquática produz alimento, garante abrigo contra predadores e fornece habitats para a reprodução. A reprodução dos peixes em reservatórios está diretamente relacionada à existência de várzeas a montante do sistema.

## Zona Pelágica e Fauna de Peixes nos Reservatórios

Muitos reservatórios possuem uma grande área pelágica que pode ser colonizada por espécies que se alimentam de plâncton e seus predadores. Em alguns reservatórios, peixes planctófagos colonizam a zona pelágica imediatamente após seu enchimento e aumentam a biomassa mesmo se comparada ao meio ambiente lótico. Os predadores que habitam essa zona alimentam-se desses peixes. Por exemplo: a perca do Nilo (*Lates niloticus*) e o peixe tigre (gênero *Hydrocynus*) do lago Kariba têm grande biomassa devido à disponibilidade de comida. No caso do *Hydrocynus*, 70% de sua comida é composta por um única espécie de peixe planctófago – a sardinha de água doce *Limnotrissa miodon*. Alterações no padrão alimentar foram documentados para algumas espécies de peixes que colonizam reservatórios, tais como os *Hydrocynus* spp., que são generalistas em rios, porém, tornam-se predadores de peixes planctófagos em reservatórios. Dentre 110 espécies que uma vez habitaram o reservatório de Itaipu, somente 83 sobreviveram. Algumas espécies que desapareceram, tais como o pacu, eram importantes comercialmente. Esse peixe alimentava-se da vegetação da mata ciliar. Algumas espécies migratórias, tais como o *Lephorinus elongatus* e *L. obtusidens,* permaneceram no reservatório e utilizaram os trechos a montante do mesmo para parte de seu ciclo de vida. Uma espécie introduzida no reservatório de Itaipu e outros reservatórios (*Plagioscion squamossimus*) desenvolveu-se muito bem na maioria dos sistemas. Essa espécie é um peixe pelágico que se alimenta de pequenos peixes carnívoros ou planctófagos. Em Itaipu e em outros reservatórios desapareceram muitas espécies de peixes que se alimentavam de detritos. Uma descoberta importante do estudo sobre reservatórios sul-americanos foi que a interação entre o reservatório e as várzeas a montante do mesmo é um elemento fundamental para a sobrevivência e reprodução das espécies de peixes do sistema (Agostinho *et al.*, 1994). Isto significa que a reorganização espacial do sistema introduz novos componentes de heterogeneidade capazes de aumentar a diversidade específica de peixes e sua biomassa. Essa consideração é muito importante para o gerente que busca aumentar a diversidade e a biomassa de peixes do reservatório.

## 5.2 Biomassa e Produção Pesqueira

Conforme visto anteriormente, ocorre um aumento de biomassa imediatamente após o fechamento da barragem, muito embora se observe uma redução considerável na diversidade. No caso de reservatórios, entretanto, o ecossistema é muito dinâmico e está em contínuo processo de reconstrução. Durante os primeiros anos, quando o reservatório está sujeito a alterações morfométricas (devido ao aumento no nível da água), ocorre um processo contínuo de colonização por diversas espécies, alterações químicas nas águas e nos ciclos biogeoquímicos. Avaliar os estoques pesqueiros do reservatório é uma tarefa difícil, que requer o emprego de diversos métodos. Na Tabela 5.2 encontram-se resumidos dados selecionados de captura de peixes e produção.

**Tabela 5.2** Introduções de peixes em diversos reservatórios tropicais.

| | Captura (t/ano) | Produção (kg/ha/ano) | Autor |
|---|---|---|---|
| 7 reservatórios na bacia do rio Paraná | 4,51 | – | Petrere & Agostinho, 1993 |
| 17 reservatórios no Nordeste do Brasil | 151,8 | – | Paiva et al., 1994 |
| Reservatórios na África | 99,5 | – | Marshall, 1994 |
| Lagos na África | 58,4 | – | Bayley, 1988 |
| Sobradinho | 24000 | 57,1 | Petrere, 1986 |
| Itaipu | - | 11,6 | Petrere, 1994 |
| Guri, Argentina | 300 | 10 | Alvarez et al., 1986 |

Um método estimativo comumente utilizado para lagos e reservatórios é o do índice morfoedáfico. Esse método pode ser assim expresso (de acordo com Ryder, 1965):

$$\text{índice morfoedáfico (MEI)} = TDS/zm$$

em que:

$TDS$: concentração total de sólidos dissolvidos, em $mg/l^{-1}$;
$zm$: profundidade média do reservatório.

Henderson & Welcomme (1974) concluíram que um ajuste melhor podia ser obtido quando o índice morfoedáfico fosse expresso da seguinte forma:

$$MEI = TDS/\text{condutividade}$$

Esse autores fizeram um estudo detalhado que demonstrou que, se a produção pesqueira se encontra obviamente relacionada a variáveis limnológicas, também deve ser incluída uma variável que considera os esforços de pesca. Schlesinger & Regier (1982) propuseram que a tendência de uma maior captura de peixes em baixas latitudes pode estar associada às temperaturas mais altas desses ecossistemas: eles verificaram uma significativa correlação positiva entre o volume pescado e a temperatura, mesmo quando todas, ou praticamente todas, variáveis limnológicas permaneciam constantes.

Entretanto, Kerr & Ryder (1988) alertaram que os indicadores dos estoques pesqueiros deveriam ser diferentes para lagos e reservatório + rios. As razões para tanto são as seguintes:

1) Fatores abióticos exercem um efeito muito grande sobre a biota de rios e reservatórios. Há uma grande amplitude na variação sazonal ou anual das dimensões morfológicas e das características hidráulicas. Em consonância com esse fato, Henderson et al. (1993) verificaram relações estatísticas desses fatores muito mais fortes nos reservatórios que nos lagos.

2) Em reservatórios as espécies de peixes diferem daquelas originais dos rios formadores do mesmo. Muitas espécies não conseguem se adaptar às novas circunstâncias. O recrutamento anual feito por essas espécies pode variar bastante, resultando em produções erráticas. Freqüentemente altos níveis de produção somente são obtidos por espécies introduzidas (*Lates niloticus*).

Jenkins (1967) e Jenkins & Morais (1971) desenvolveram, para reservatórios nos EUA, várias equações de regressão que correlacionavam fatores ambientais aos estoques pesqueiros e técnicas de pesca. Determinaram que para se efetuarem previsões, o tempo de retenção era uma variável importante, bem como sólidos dissolvidos, a profundidade e a idade do reservatório. Dolman (1990) classificou os peixes existentes nos reservatórios do Texas tomando por base a densidade das espécies. Ele classificou cinco grupos que habitavam os reservatórios em diferentes áreas do estado. Com o objetivo de efetuar o censo das populações, ele utilizou envenenamento por rotenona somente em baias, portanto obtendo estimativas pobres das espécies das zonas pelágicas. A duração da estação de crescimento, altitude, turbidez, pH, alcalinidade, condutividade e a dureza de cada reservatório são variáveis limnológicas utilizadas para fazer a discriminação entre os diversos grupos.

Uma relação positiva bilogarítmica entre o grau de eutrofia, expresso em função da carga normal de fósforo, e o estoque pesqueiro dos lagos e reservatórios foi desenvolvida por Lee & Jones (1991). Os autores também descreveram alterações das espécies com o aumento da eutrofização, que leva a uma redução ou ao desaparecimento de espécies valiosas de águas frias e incremento de espécies menos apreciadas. Na barragem de Hartbeespoort, na África do Sul, ocorreu uma mortandade em massa de peixes, durante o inverno, devido a condições hipereutróficas. Uma forma de registrar a captura de peixes efetuada em alguns reservatórios da Nigéria registra o esforço por barco, na pesca artesanal. Outra forma de medição utiliza redes experimentais de pesca. O desenvolvimento de estoques sustentados de peixes nos reservatórios é parte da componente biológica, na sucessão limnológica do reservatório (Kubecka, 1993).

## 5.3 Gerenciamento da Pesca e Aqüicultura

Nos reservatórios, o gerenciamento da fauna íctea representa uma tarefa complexa, bem como a manutenção dos estoques pesqueiros de forma sustentada. Ela envolve não somente um conhecimento profundo da ecologia do sistema, inclusive limnologia biológica dos peixes, como também a forma de operação do reservatório em seus múltiplos usos. Assim sendo, o conhecimento da ecologia do sistema e o gerenciamento do estoque pesqueiro estão interligados. A introdução de espécies exóticas no reservatório pode acarretar grandes complicações para seu gerenciamento. Freqüentemente, a falta de conhecimento científico sobre a estrutura da rede alimentar, interações entre as espécies e as taxas de crescimento das populações induzem situações extremamente complexas, por vezes acarretando a predominância de espécies não-comerciais. O gerenciamento dos estoques pesqueiros deve ter início, portanto, com a classificação das espécies existentes e sua diversidade, a estrutura da rede alimentar e as relações reguladoras, tais como aquela entre predador e presa. O gerenciamento do estoque pesqueiro deve considerar estimativas de pesca, técnicas de pesca e o número de pescadores que poderão utilizar o reservatório. A utilização de ecossondas representa uma ferramenta moderna útil para o gerenciamento. É necessário o conhecimento da biologia das espécies de peixes no sentido de determinar sua época reprodutiva e as condições para que isso ocorra, além das interações das características biológicas das populações de peixes com os aspectos hidrológicos e climatológicos. Ao estimar o potencial pesqueiro deve-se considerar também a composição das espécies existentes no reservatório, pois os meios de pesca são diferentes para cada uma delas. Assim sendo, para se gerenciar bem as atividades pesqueiras, deve-se dispor do apoio de um bom banco de dados estatísticos com informações sobre a produção, métodos de pesca, captura média por pescador, números de pescadores que utilizam o sistema e informações sobre as condições do mercado de peixe. Outro elemento importante para o gerenciamento da pesca é o acompanhamento do processo de envelhecimento do reservatório e as respectivas alterações na estrutura da fauna íctea. Neste acompanhamento devem ser consideradas as alterações naturais produzidas pelo reservatório em si e outras devido a fatores externos, tais como contaminação. Fazem-se também necessárias a localização e distribuição das espécies e estoques de importância. Em alguns reservatórios pode se dividir os estoques pesqueiros e os locais para o gerenciamento da pesca em três regiões: região lacustre, incluindo a parte pelágica profunda; região de transição, em alguns casos representando uma área com um intensivo crescimento de macrófitas; e a zona lótica, a região onde aflui o rio ao reservatório. A zona lótica, fluvial, é comumente habitada por peixes migratórios, que se reproduzem em águas rasas.

Uma das obras mais importantes do gerenciamento pesqueiro é a construção de escadas para peixes. A eficiência desses sistemas é discutível, uma vez que os projetos podem variar para reservatórios diferentes. Geralmente, sua eficiência tem sido muito pequena. Torna-se necessário adaptar cada mecanismo para cada reservatório, em função das espécies de peixes consideradas.

O desenvolvimento da aquicultura em reservatórios tem boas perspectivas. Considerando-se o grande número de rios barrados em todo o mundo, o cultivo de peixes e outros vertebrados (jacarés, capivaras), crustáceos e moluscos pode aumentar consideravelmente a produção de biomassa de origem aquática. Entretanto, devem ser tomadas as seguintes precauções:

*a*) As técnicas devem ser selecionadas de forma cuidadosa.
*b*) Pode ocorrer aumento na eutrofização.
*c*) Deve-se prevenir a propagação de doenças hidricamente transmissíveis.

## 5.4 Relação entre Peixes e Qualidade da Água

### 5.4.1 Sensibilidade dos Peixes à Qualidade da Água

A fauna íctea dentro de um reservatório é alterada de acordo com as características da qualidade da água, devido aos seguintes dois fatores: a) a introdução de poluentes por tributários pode influenciar partes diferentes do reservatório; b) mudanças na operação do sistema ao longo do ano hidrológico. Por exemplo, foram observadas grandes mortandades de peixes no reservatório de Barra Bonita em 1994, graças à combinação de um maior tempo de retenção e a entrada de água com pouco oxigênio pelos seus tributários. A liberação de água com baixo teor de oxigênio, a montante, causou grande mortandade de peixes a jusante. A água foi liberada por um grande reservatório urbano poluído, a montante, e mergulhou para as camadas mais profundas do reservatório de Barra Bonita. Simultaneamente, ocorreram altas concentrações de amônia, que excederam 3 mg/l$^{-1}$. Mortandades de peixes também são observadas em regiões temperadas, quando os reservatórios congelam e, ainda, em reservatórios rasos e eutróficos, quando as concentrações de oxigênio caem abaixo de determinados limites.

Em regiões temperadas, as espécies de peixes são muito sensíveis a baixas concentrações de oxigênio, e o valor mínimo é geralmente considerado como sendo de 2 mg/l$^{-1}$. As condições do pH também podem ser limitantes: peixes de regiões temperadas raramente aparecem quando o pH é inferior a 5 e nunca quando o pH cai para menos que 4,5. Nos rios da região Amazônica e também em rios de água escura, a situação é completamente diferente, pois peixes sobrevivem em águas com pouco oxigênio durante a maior parte do ano.

Os peixes por vezes sobrevivem em águas contaminadas por determinados poluentes, entretanto, seu consumo pode ser perigoso para os seres humanos. Exemplos incluem o mal de Minamata, no Japão, causado pelo acúmulo de mercúrio nos peixes. A mesma doença apareceu em reservatórios recentemente enchidos no norte do Canadá: populações indígenas que dependem do peixe foram envenenadas pelo mercúrio liberado do solo das áreas adjacentes aos reservatórios.

### 5.4.2 Influência dos Peixes na Qualidade da Água

Os peixes desempenham um papel-chave na biocenose do reservatório, sendo pois importantes se analisados sob a ótica da qualidade da água. A presença, ou ausência, de determinadas espécies e a quantidade de peixes existentes no sistema ajudam a determinar a composição e quantidade de zooplâncton e de fitoplâncton presentes no reservatório.

A estimativa do total de peixes existente não é fácil: estatísticas de pescadores sobre a biomassa total são por vezes discutíveis, uma vez que somente os peixes maiores (tanto maiores espécies como maiores tamanhos) são capturados e anotados, além das incertezas nos seus relatórios etc. Os métodos de recenseamento, tais como pesca eletrônica, emprego de redes de vários tamanhos, envenenamento por rotenona em baías, captura, marca e recaptura, são mais úteis para estimativas, embora alguns desses métodos forneçam estimativas mais relativas que absolutas. Com o recente avanço na tecnologia das ecossondas (ecossondas de duplo facho) pode-se obter melhores estimativas da biomassa, tamanho e distribuição dos peixes.

A composição das espécies da fauna de peixes depende em grande parte das características geográficas e, de acordo com Fernando & Holcík (1991), lagos e reservatórios caracterizam-se pela ausência de verdadeiras espécies pelágicas, sendo que a maioria dos reservatórios é habitada por espécies originárias da região de litoral. Há poucas exceções, como os peixes do gênero *clupideae*, que habitam grandes reservatórios africanos. Um método útil para classificar peixes é de acordo com seus hábitos alimentares. Quanto às inter-relações tróficas, podem ser considerados os grupos apresentados na Tabela 5.3. As espécies indicadas como exemplo são representativas dos gêneros que vivem na Europa, América do Norte e Ásia do Norte.

Em qualquer situação, os grupos indicados são válidos apenas para peixes adultos, pois os mais jovens se alimentam de zooplâncton de pequenas dimensões, gradualmente buscando maiores presas em função do aumento de tamanho. Em populações dominadas por indivíduos jovens (Figura 5.2) pode ocorrer um considerável impacto sobre o zooplâncton. O balanço entre peixes que se alimentam de zooplâncton e peixes predatórios é importante para o controle do zooplâncton. Na Seção 11.3 discute-se a forma pela qual as espécies componentes do zooplâncton dependem das pressões por alimento exercida pelos peixes e também como essa relação afeta a qualidade da água do reservatório.

**Tabela 5.3** Classificação de peixes em função de seus hábitos alimentares.

|  | Alimento | Exemplos |
|---|---|---|
| Comedores de zooplâncton | Zooplâncton | *Rutilus, blicca* |
| Comedores de plantas (inclusive fitoplâncton) | Macrófitas | *Tilapia, ctenopharyngodon* |
| Comedores de bentos | Chironomidae | Carpa comum |
| Predadores | Peixes | *Esox, lucioperca* |

Pescadores esportivos podem dispor de informações bastante tendenciosas sobre a densidade das populações de peixes existentes em um reservatório. Eles normalmente estão interessados somente em peixes com "tamanho permitido" e, portanto, não consideram os peixes pequenos. Entretanto, os peixes jovens podem ser o elemento dominante da população íctea. Quando a superpopulação atinge extremos, peixes sadios podem ter seu crescimento bastante retardado, a ponto de carpas com menos de 20 cm de comprimento (bem abaixo da média de um adulto) podem se tornar sexualmente aptas para a reprodução. Pescadores esportivos podem não perceber que favorecer a colonização do reservatório com peixes jovens, pode piorar a situação. Surpreendentemente, o excesso de pesca parece ser a explicação do desaparecimento de um peixe de água fria altamente apreciado do Lago Erie (Welch, 1978, mencionado em Lee & Jones, 1991).

A presença de peixes que se alimentam de zooplâncton e de seus predadores é importante para avaliar a qualidade da água dos reservatórios e como ferramenta de biomanipulação (ver Capítulo 11). Investigações recentes efetuadas nos Grandes Lagos (Stow *et al.*, 1995) indicam que é possível reduzir o consumo de PCB, que contamina os lagos, por um adequado gerenciamento das atividades pesqueiras.

## 5.5 Introdução de Novas Espécies

Welcomme (1988) elenca 1354 introduções internacionais de 237 organismos de água doce (não apenas peixes), em 140 países. O perigo representado por essas introduções reside na incapacidade de prever as conseqüências. Também é evidente que, em escala global, as introduções geraram mais danos que benefícios. Introduzir peixes é uma operação perigosa, freqüentemente acarretando efeitos adversos sobre as espécies nativas, embora existam casos bem sucedidos. Acompanha a introdução de peixes o surgimento de novas ervas daninhas, parasitas e outros animais nocivos.

A introdução de espécies exóticas em reservatórios causa diversos efeitos diretos e indiretos. Dependendo dos nichos alimentares existentes no sistema, o impacto das espécies introduzidas pode ser menor se elas vierem a colonizar nichos com poucos competidores. Este é o caso do lago Kariba, no qual foram introduzidas espécies planctófagas que exploraram a zona pelágica com bastante sucesso. Entretanto, outras introduções alteraram completamente a estrutura de rede alimentar, causando complicações futuras, tal como foi descrito por Zaret & Payne (1973). Esses autores documentaram grandes mudanças na cadeia alimentar, no reservatório de Lago Gatun, no Panamá, após a introdução de *Cichla ocellaris* (chamado localmente de Tucunaré). Um exemplo bem-sucedido de introdução de peixes exóticos foi descrito por Fernando (1991), nos reservatórios do nordeste do Brasil. Nesse caso, a produção aumentou rapidamente, sendo que as *Tilapia* spp. representam hoje 30% do total pescado nesses reservatórios.

# Capítulo 6

# Poluição de Reservatórios e Deterioração da Qualidade da Água

## 6.1 Origens e Complexidade da Poluição

Os tipos de poluição das águas de um reservatório não são diferentes daqueles de outras águas, entretanto, as causas e conseqüências da poluição podem diferir entre reservatórios, rios e lagos. O grande desafio na busca de soluções para a degradação hídrica reside não somente no crescimento constante da poluição como também na escalada da diversidade dos novos problemas de qualidade das águas (Figura 6.1). Essa figura também aponta para outros aspectos desagradáveis da poluição hídrica: o intervalo de tempo entre o aparecimento de novos problemas diminuindo rapidamente e, mesmo antes de humanidade ter resolvido um problema, outro já apareceu. A complexidade dos novos problemas também é maior quando comparada aos antigos, que via de regra tinham caráter apenas local. Antes da industrialização em larga escala, os poluentes orgânicos dos núcleos humanos degradavam-se nos rios ainda próximos de seu ponto de lançamento.

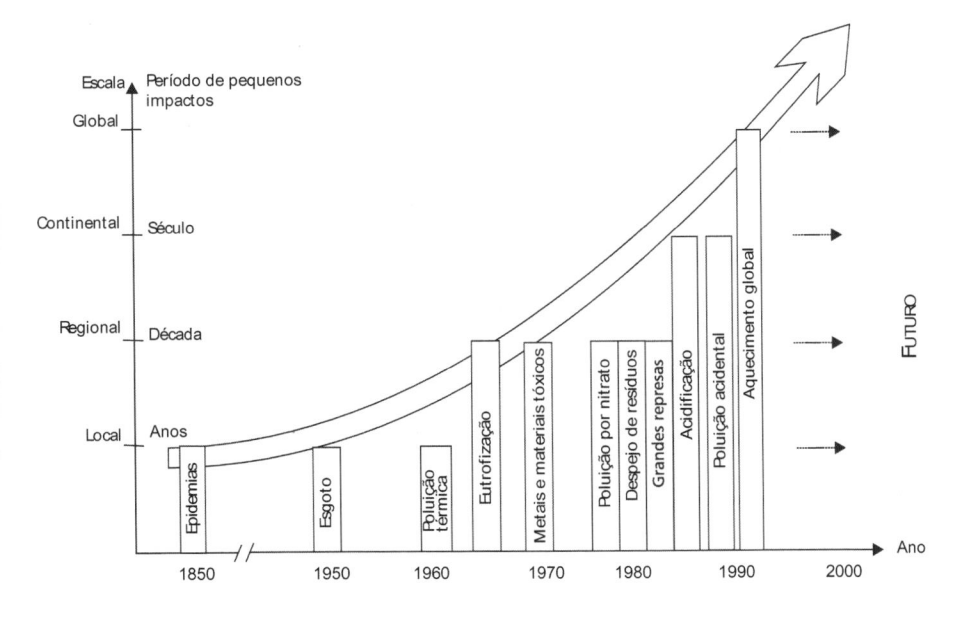

**Figura 6.1**  Tempo para o aparecimento de problemas de qualidade da água. Aumentou a freqüência de ocorrência de novos problemas e o intervalo de tempo necessário para sua solução (Somlyódy, 1994).

Atualmente nos deparamos com uma situação completamente diferente, a poluição difusa originária da agricultura ameaça países inteiros e os problemas de acidificação se verificam bem além da fronteira do país gerador. Parece que ainda não se chegou ao final da escalada: o aquecimento global e as mudanças ambientais estão começando a ameaçar todo o planeta (Capítulo 16). Isto não é somente resultado do rápido crescimento da humanidade e seu consumo exacerbado por maus hábitos. Com a canalização dos fluxos interrompe-se o ciclo natural da matéria, da natureza para os seres humanos e destes de volta para a natureza, pois hoje em dia retorna-se matéria em volumes que excedem a capacidade digestiva natural e a homeostática do meio-ambiente. Ocorrem simultaneamente muitos problemas de poluição, que interagem entre si e impõem conseqüências insuficientemente conhecidas por nós.

## 6.2 Classificação dos Problemas de Qualidade da Água

Os problemas de qualidade da água podem ser classificados de acordo com as fontes e causas de poluição, conforme pode ser visto na Tabela 6.1. A seguir explica-se e caracteriza-se cada um desses problemas nos reservatórios. As fontes geralmente são divididas em pontuais e difusas (não-pontuais). As fontes não-pontuais são muito mais difíceis de gerenciar (Figura 6.2).

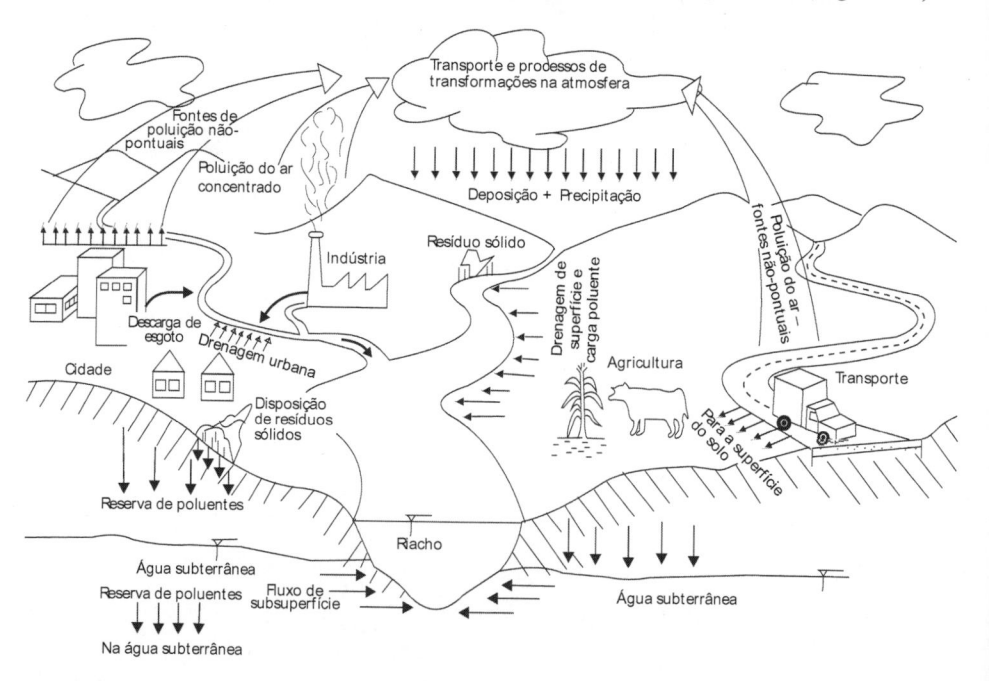

**Figura 6.2** Representação esquemática de fontes de poluição difusa (Jólankai, 1983).

**Tabela 6.1**  Problemas de qualidade da água mais comuns em reservatórios.

- Poluição orgânica clássica.
- Eutrofização: produção excessiva de matéria orgânica dentro de um reservatório, devido altas entradas de nutrientes.
- Grande contaminação por nitratos e problemas higiênicos associados.
- Acidificação: queda do ph com conseqüente liberação de metais; pode ser ocasionada por chuvas ácidas e acompanhada por transferências de massas gasosas contaminadas.
- Problemas de turbidez, derivados de excesso de material em suspensão.
- Salinização devido à aplicação excessiva de fertilizantes ou pela irrigação de solos em regiões áridas ou semi-áridas.
- Contaminação por bactérias ou vírus.
- Doenças hidricamente transmissíveis.
- Contaminação por metais pesados.
- Agrotóxicos ou outros produtos químicos: acumulam toxinas nos sedimentos e bioacumulam em seres vivos.
- Depleção dos níveis e volumes hídricos.

Os problemas apresentados na tabela não foram listados em ordem de relevância e a posição de algum item em especial não implica sua importância relativa, uma vez que as diferenças locais prevalecem em função da intensidade e do uso do solo. Um estudo do ILEC (Kira, 1993) apontou que os cinco problemas principais (Figura 6.3) que ocorrem em escala global são:

1) Rápida **sedimentação**
2) Contaminação por **produtos químicos**
3) **Eutrofização**
4) **Depleção dos níveis e volumes de água**
5) **Acidificação**

A saúde ambiental de um reservatório é afetada pelas atividades humanas existentes em suas bacias hidrográficas, incluindo: (i) lançamento de esgotos domésticos; (ii) recepção de águas de chuva de áreas agrícolas, em especial se houver criação de animais; (iii) recepção de águas de chuvas da agricultura, em terras sujeitas à erosão; (iv) águas de chuva proveniente de regiões com poluição atmosférica, tais como chuvas ácidas; (v) percolação de lixões – chorume; (vi) compostos tóxicos oriundos de pesticidas utilizados na agricultura e reflorestamento; (vii) águas de chuva contaminadas por xenobióticos, compostos orgânicos resistentes utilizados como catalisadores industriais, pequenos traços de produtos farmacêuticos provenientes de fontes desconhecidas e dejetos hospitalares (Bernhardt, 1990). Todos esses fatores induzem à degradação da qualidade da água, perda de diversidade biológica e desperdício de recursos hídricos.

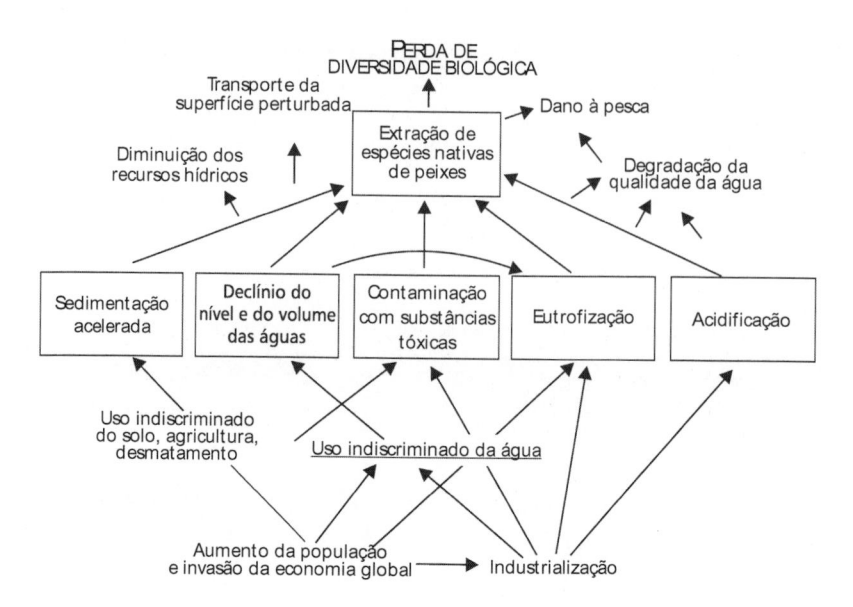

**Figura 6.3** Causas e conseqüências dos cinco principais problemas de qualidade da água de lagos e reservatórios, conforme estudo do ILEC (Kira, 1993).

Tomando por base experiências prévias sobre problemas ambientais, sabe-se que há uma forte relação entre o grau de poluição e a densidade populacional, isto tanto em países ricos como pobres e desde as regiões subárticas até as temperadas e tropicais. Os três fatores abaixo são as maiores causas e, portanto, governam essa relação:

i) Urbanização.
ii) Industrialização.
iii) Desenvolvimento da agricultura em larga escala.

A redução da capacidade de retenção de água das bacias hidrográficas é uma outra conseqüência importante do aumento populacional, fato que causa, simultaneamente, uma redução da capacidade natural de retenção dos poluentes. A canalização de rios é uma técnica que originou inúmeros problemas quantitativos e qualitativos de água. Alguns países ricos tentam, atualmente, fazer rios retornarem aos seus leitos naturais. A Figura 6.4 ilustra a escalada nos danos verificados nos Estados Unidos, devido a cheias atribuídas à queda na capacidade de retenção hídrica ou por outros motivos correlatos ao desenvolvimento. Embora os reservatórios em geral aumentem a capacidade de retenção hídrica, eles não são adequados ao controle de cheias, sendo, então, necessárias outras medidas.

Como os reservatórios evoluem e aumentam os seus usos, diversificam-se as fontes de poluição e sua deterioração, o que torna o problema extremamente complexo.

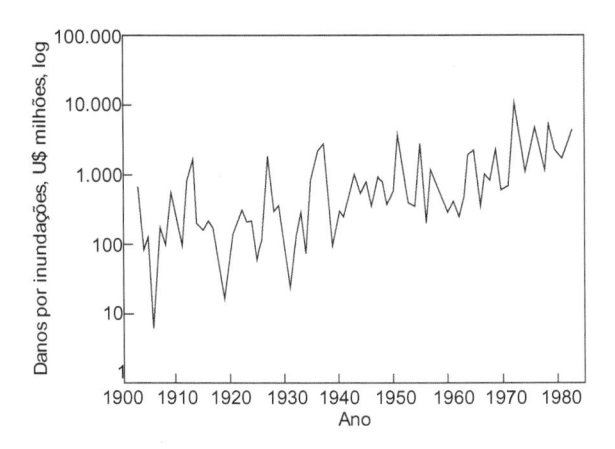

**Figura 6.4** Aumento dos prejuízos por cheias. Observe-se que a escala é logarítmica (Norman *et al.*, 1995).

## 6.2.1 Poluição Orgânica

A primeira conseqüência, em grande escala, do crescimento populacional e da industrialização é um grande lançamento de esgotos sem tratamento nos reservatórios. Quando eles entram no sistema, aumentam simultaneamente a quantidade de matéria orgânica para decomposição e os nutrientes. Os sintomas da poluição orgânica representam uma mistura que inclui decomposição de matéria orgânica em larga escala, maiores problemas higiênicos e eutrofização. É necessário fazer a distinção entre o aumento de matéria orgânica e níveis de nutrientes, uma vez que devem ser empregados diferentes métodos de controle para resolver cada um desses problemas. A exploração intensiva da aquicultura no reservatório e/ou em seus tributários pode também representar uma fonte importante de contaminação.

Em regiões menos desenvolvidas, a poluição orgânica lançada em tributários pode ser bastante alta, e o gerenciamento viável desse problema consiste em sua redução, que pode ser obtida tanto por meios convencionais como pelo emprego de ecotecnologia, como, por exemplo, o incremento ou criação de várzeas.

A Figura 6.5 fornece um panorama geral dos efeitos da poluição orgânica em um reservatório. Assim que os esgotos são lançados em um reservatório, começa uma série de problemas relacionados à química e à biologia do lago. A água hipolimnética passa por grandes alterações e fica degradada. As perdas econômicas geradas por condições anóxicas em reservatórios são muito grandes, uma vez que pode não mais ser viável o aproveitamento do mesmo para o abastecimento de água potável, isto devido à alta contaminação por compostos liberados pelos sedimentos ($CO_2$, $H_2S$, ferro, manganês e fósforo) e os resultantes elevados custos de tratamento. Também pode-se observar corrosão nas estruturas devido às altas concentrações de $CO_2$ e $H_2S$. Esse fenômeno também pode afetar turbinas de usinas geradoras de eletricidade e inclusive corroer as paredes da barragem, conforme já ocorreu no reservatório de El Cajon.

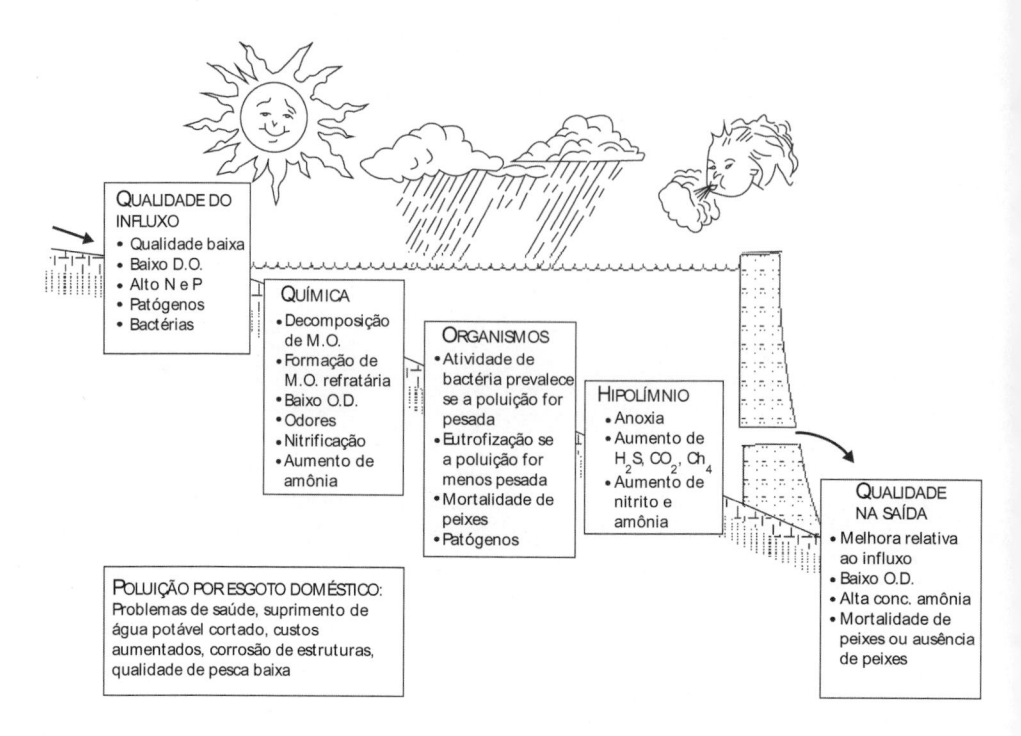

**Figura 6.5** Representação esquemática das principais conseqüências da poluição por esgotos em um reservatório. A seguir listam-se os impactos econômicos.

Bactérias patogênicas, provenientes de fontes externas, passam por um crescimento explosivo e as condições sanitárias deterioram-se, então, rapidamente. Simultaneamente, grandes entradas de nutrientes estimulam um rápido crescimento das algas e/ou outras plantas. De forma diversa, quando elementos tóxicos entram no sistema, pode-se verificar uma redução no crescimento das plantas.

Deve-se observar que, até determinados limites, esses efeitos são parecidos àqueles da eutrofização, conforme pode ser visto na Figura 6.6. Em ambos os casos, o agente primário é a matéria orgânica; e a maior diferença é que, em corpos hídricos eutróficos, isto se dá principalmente por meio de matéria orgânica produzida pelo próprio corpo hídrico (predominantemente por algas), enquanto, em águas poluídas, a fonte é externa e, freqüentemente, originária de agrupamentos humanos ou de suas indústrias. Em conjunção com essa diferença, o último tipo contém outros ingredientes além da matéria orgânica, que podem incluir contaminação microbiana, metais pesados ou outros poluentes. Em função do grau do pré-tratamento, caso exista, e de suas fontes, a matéria orgânica pode ser só parcialmente degradável.

## 6.2.2 Eutrofização

Pode-se definir eutrofização (Figura 6.6) como sendo uma produção excessiva de matéria orgânica dentro de um reservatório, devido a uma grande abundância de nutrientes. As principais fontes desses nutrientes são as mesmas da matéria orgânica, ou seja, os esgotos e a agricultura. No referente a esgotos, mesmo após seu tratamento pode ser observada uma grande eutrofização, pois, embora tenha sido removida grande parte da matéria orgânica potencialmente perigosa para o reservatório, ainda restam altas concentrações de nutrientes, especialmente fósforo, comumente o elemento mais crítico. Wallsten (1978) estudou 24 lagos na Suécia durante o período entre 1934 e 1975, observando que, mesmo não tendo ocorrido aumento nas concentrações totais de fósforo em áreas agrícolas, ocorreu uma grande elevação desse elemento em lagos receptores de esgotos urbanos e de indústrias próximas aos mesmos. Simultaneamente, verificou, neste último caso, que a condutividade elétrica aumentou em 50% e os sulfatos aumentaram em 150%. Na Figura 6.7 mostra-se o padrão das concentrações de fósforo ao longo do tempo, em lagos sadios de alguns países europeus. Após um período de crescimento exponencial, até 1976, houve uma estagnação seguida por uma rápida queda. Torna-se evidente que, mediante um gerenciamento adequado, pode-se obter consideráveis melhorias.

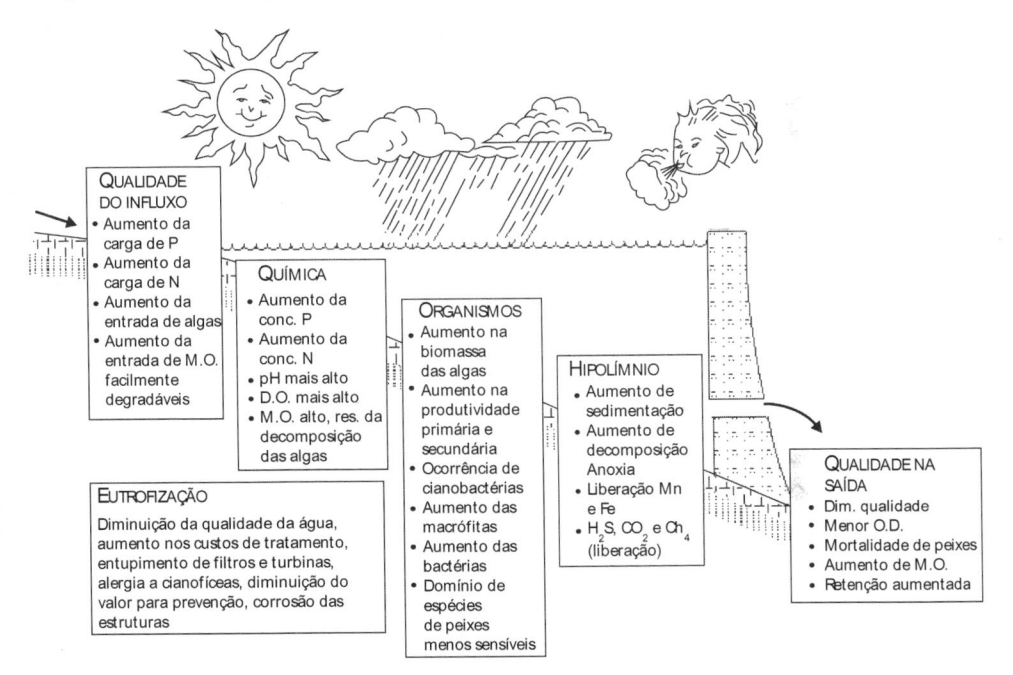

**Figura 6.6** Representação esquemática das principais conseqüências da eutrofização em um reservatório. A seguir, listam-se os impactos econômicos.

Em águas eutróficas são produzidas volumes de algas, incluindo-se as cianobactérias que podem ser tóxicas para organismos e humanos. O custo de tratamento de águas eutrofizadas e poluídas, conforme visto aqui no Brasil, é quatro vezes mais dispendioso que aquele necessário para fontes primárias limpas. A recuperação da eutrofização é muito lenta: em alguns lagos foram necessários até 10 anos, contados a partir do fim do lançamento de fósforo por fontes externas, para a recuperação plena da categoria trófica do lago (por exemplo, de eutrófico para mesotrófico). Em lagos e reservatórios foi observado um efeito menos intenso, quando concentrações de fósforo e clorofila diminuíram, porém não o suficiente para justificar sua reclassificação trófica. O intervalo de tempo necessário para a recuperação depende do grau de acumulação de fósforo nos sedimentos, pois ele é continuamente liberado dos sedimentos para as águas.

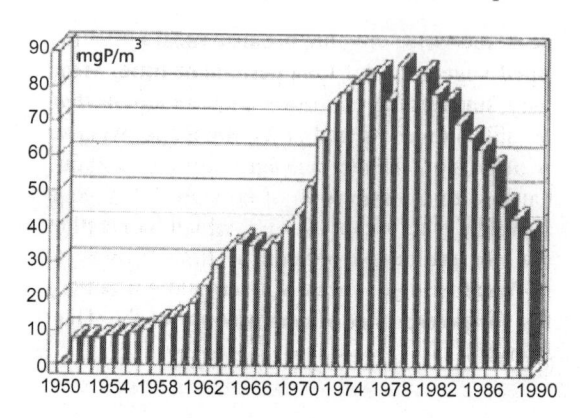

**Figura 6.7**   Variação temporal das cargas de fósforo na Suíça.

## 6.2.3  Contaminação por Nitratos
Os compostos de nitrogênio atuam de dois modos diferentes nas águas:

i) Com nutriente, podendo em algumas águas se tornar crítico para o desenvolvimento de fitoplâncton (geralmente, no caso de águas paradas ou salinas).
ii) Criando problemas higiênicos.

Parece que, em grande parte do mundo, não são freqüentes limitações devidas à deficiência de nitrogênio, logo, os problemas higiênicos tornam-se o aspecto mais importante. Quando se ultrapassa uma concentração específica de nitrato (leis de diferentes países especificam valores entre 20 a 50 mg/l), há perigo de seu consumo por bebês. A methemoglobina é uma doença mortal que pode ocorrer sob determinadas circunstâncias, em especial quando leite artificial é elaborado em condições sanitárias insatisfatórias, nas quais nitratos se transformam em nitritos.

## 6.2.4  Sedimentação
A turbidez dos reservatórios é uma conseqüência natural da erosão, entretanto, o nível tem aumentado significativamente nos últimos anos devido às atividades antrópicas. A erosão é geralmente mais elevada nas regiões semi-áridas e áridas do que naquelas que dispõem de uma vegetação mais exuberante. Essas duas regiões também se diferenciam pelas características e tamanhos dos grãos. Nas regiões áridas e semi-áridas prevalecem partículas muito finas, enquanto nas regiões temperadas elas são muito mais grossas. As águas das regiões com grãos pequenos tendem a apresentar uma turbidez persistente, que dura muito tempo depois que as águas carregando esses sedimentos atingem seu destino. A taxa de sedimentação desse tipo de turbidez é muito baixa, e a mera turbulência das águas é suficiente para manter esses pequenos

sólidos em suspensão por muitos meses. Em regiões com regimes hidrológicos mais balanceados, a vegetação pode impedir boa parte da erosão. A erosão é determinada pela média das precipitações mensais e suas características de freqüência, intensidade e duração.

A agricultura é a principal causa de aumento da erosão, uma vez que a maioria dos solos agrícolas permanecem nus ou com pouca vegetação por longos intervalos de tempo. Os prados representam a exceção, já que crescem continuamente, porém o pastoreio pode atingir limites que causam uma erosão significativa. Some-se a isso o fato de que muitos campos são arados na direção de seu maior gradiente, sem cuidados de seguir curvas de nível, técnica que pode reduzir de forma eficiente os problemas de erosão. A agricultura em terraços, em alguns países asiáticos, é um exemplo de tradição ancestral de conservação do solo. Outras atividades que causam erosão são as construção de estradas e edifícios, que fazem com que a vegetação seja removida deixando o solo descoberto por longos períodos. A perda de solo acarreta conseqüências de longo prazo para a agricultura. A degradação das rochas expostas às intempéries é um processo muito lento e, portanto, os esforços no sentido de renovar solos são muito maiores que aqueles necessários à sua conservação. Este fato é muito importante em locais com camadas de solo finas.

A primeira conseqüência da sedimentação de um reservatório é a correspondente redução da sua capacidade. Um exemplo, mencionado na Seção 10.6, mostra que essas reduções podem ser extremas, reduzindo a vida útil de alguns reservatórios para apenas algumas décadas. Também é dispendioso o tratamento de águas turvas para consumo humano. Outras conseqüências da turbidez incluem o decréscimo de plantas, a queda da produtividade de fitoplâncton (que pode ser almejada) e a redução na biodiversidade. As partículas pequenas das regiões áridas e semi-áridas interferem na alimentação do zooplâncton, reduzindo assim o controle das algas. Um exemplo positivo da sedimentação natural é o do baixo Nilo, no qual antigamente os sedimentos fertilizavam os solos, entretanto, após a construção da barragem de Assuã, esse fenômeno foi reduzido e a fertilidade dos solos caiu rapidamente.

### 6.2.5 Anoxia Hipolimnética e Formação de Gases

Já que a anoxia hipolimnética e a formação de gases se dá em conseqüência de muitos dos problemas já discutidos, será encarada aqui com uma fenômeno isolado, já que também pode ter outras origens. A propósito: recentemente foi demonstrado que o acúmulo de gás metano em reservatórios amazônicos ocorre devido à degradação da mata submersa, acompanhada por um acúmulo de $H_2S$ no hipolímnio. Conseqüentemente, a queda do pH nesses reservatórios, e a jusante, gera uma elevada corrosão nas turbinas e mortandade de peixes. O aumento de manganês e de ferro eleva os custos de tratamento dessas águas para consumo humano. Em águas eutróficas, nutrientes liberados pelos sedimentos aumentam a produtividade pelágica. (Matvienko & Tundisi, resultados não publicados.)

### 6.2.6 Acidificação

Define-se acidificação como queda do pH. Freqüentemente acontece devido à transferência de massas gasosas capazes de gerar chuvas ácidas. A principal fonte desses gases são as indústrias, porém outras, tais como os automóveis, também contribuem de forma significativa para esse quadro. Em alguns casos, a drenagem de minas de carvão pode abaixar o pH para 2,7.

Associa-se à acidificação a liberação de metais pesados do solo (em especial, alumínio, em sua forma tóxica) para a superfície sendo, então, posteriormente lavado pelas chuvas. A Figura 6.8 especifica as conseqüências da acidificação em reservatórios que podem por em risco as reservas hídricas. Em regiões que normalmente apresentam baixo pH, diminui a biodiversidade (não necessariamente biomassa) de algas, zooplâncton e bentos. Peixes sensíveis são eliminados, até o ponto em que sobrevive apenas o mais resistente (*Salvelinus americanus*). O salmão Atlântico (*Salmo salar*) não sobrevive com pH inferior a 4,7 (Lacroix, 1989) e nenhum peixe de região temperada pode sobreviver com pH inferior a 4,5.

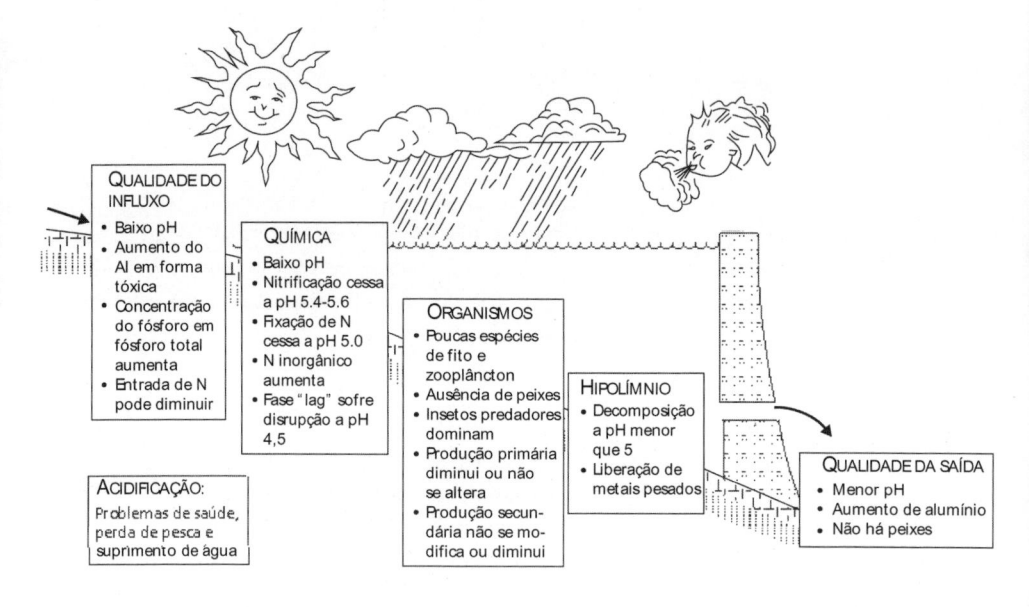

**Figura 6.8** Representação esquemática das principais conseqüências da acidificação de um reservatório. A seguir, listam-se os impactos econômicos.

## 6.2.7 Salinização

Os dois principais motivos do aumento das concentrações de sal são:

i) Fertilização excessiva do solo e aplicação de sal nas estradas.
ii) Irrigação de regiões áridas e semi-áridas.

Os fertilizantes contêm muitos ingredientes além dos compostos de fósforo e nitrogênio. Assim sendo, um aumento crescente da salinidade pode ser observado paralelamente ao aumento do nitrogênio nas águas. Em países áridos ou semi-áridos, grandes sistemas de irrigação acarretam acúmulo de sais nas águas subterrâneas e, eventualmente, nos rios e reservatórios. Quando os níveis da água caem drasticamente durante os períodos secos, aumenta a concentração de sais nas águas, verificando-se, então, efeitos dramáticos de salinização. Perde-se, assim, a possibilidade de utilizar as águas para o abastecimento, e verificam-se mudanças na composição da biota do reservatório. No Nordeste do Brasil, a evaporação anual de cerca de 2.000 mm excede a precipitação média máxima de 1.200 mm, logo, ocorre um rápido aumento da salinidade das águas dos reservatórios, gerando conseqüências indesejáveis para inúmeros usos. Foi observada uma série de impactos sobre a saúde humana em áreas rurais e urbanas abastecidas por essas águas. Algumas das conseqüências da salinização é o aumento da pressão sangüínea e o aparecimento de doenças renais.

## 6.2.8 Contaminação por Vírus e Bactérias
Essa contaminação é fruto do lançamento de esgotos, fertilização de campos com estrume e, em alguns casos, devido a animais, conforme poderá ser visto no próximo capítulo. A fonte mais perigosa desse tipo de contaminação são os efluentes hospitalares.

## 6.2.9 Saúde Pública e Doenças Hidricamente Transmissíveis
Com a construção de grandes reservatórios na África e outros países tropicais, verificou-se uma grande disseminação de doenças hidricamente transmissíveis capazes de infectar seres humanos e animais. Por exemplo, na região da barragem de Alto Volta, a infestação de esquistossomose aumentou de 3%, anterior à construção do reservatório, para 70%, após sua implementação. Os agentes transmissores dessas doenças incluem diversas espécies de vermes aquáticos, moluscos e crustáceos. As mais perigosas e difundidas doenças hidricamente transmissíveis incluem: protozoários parasitas – *Plasmodia, Giardia, Entamoeba, Cryptosporium, Naeglaeria*; e vermes parasitas – *Schistosoma* (esquistossomose), *Taenia saginata* (solitária), *Ascaris lumbricoides* (lombriga). As doenças hidricamente transmissíveis não estão confinadas aos trópicos; alguns reservatórios dos EUA foram contaminados por *Giardia* e 23.000 pessoas foram infectadas ao longo de 84 diferentes surtos. Esses patogênicos são transportados por animais selvagens (castores, coiotes etc.) e também pelo gado. Na Índia, aumentaram os casos de malária de 16% para 25% após a construção do reservatório de Srinagarind.

## 6.2.10 Contaminação por Metais Pesados
A maioria dos metais pesados que atingem corpos hídricos ficam depositados nos sedimentos. Essas concentrações podem ser de até 6 vezes maiores que aquelas existentes nas águas. As maiores concentrações de metais pesados são encontradas em sedimentos com granulometria fina. Entretanto, a crença geral de que a acumulação é desprezível em sedimentos de granulometria < 63 mm parece não ter validade geral, conforme determinado por Horovitz (1996), em alguns rios dos Estados Unidos. Um relatório detalhado sobre essa contaminação foi feito (Foster *et al.*, 1996) na Inglaterra, um país altamente industrializado, demonstrando que as fontes mais significativas de metais pesados eram as águas de chuva urbana e as indústrias. Em rios de baixada, as concentrações desses metais não são carreadas para longe de suas fontes, logo torna-se fácil a detecção das mesmas. Os lagos urbanos parecem receber uma deposição atmosférica maior, pelo menos uma vez, que seus similares não-urbanos. Foster *et al.* também demonstraram que as várzeas desempenham um papel importante na redução das concentrações de metais pesados. Esses compostos (e outros tóxicos) são também importantes

na poluição atmosférica, como pode ser demonstrado pela acumulação de chumbo em certos tecidos de alguns pássaros antárticos.

Uma maior concentração de metais pesados, em especial o alumínio, associa-se às alterações do pH do solo e à acidificação. Os reservatórios agem como armadilha para metais pesados podendo, em alguns casos, reter em seus sedimentos até 90% desses compostos, que neles entram por meio de suas vazões afluentes ou pelas chuvas.

No reservatório de Bitterfeld Muldestausse, na região altamente industrializada de Leipzig, Alemanha, foram encontradas elevadas concentrações dos seguintes metais pesados: arsênico, originário do tratamento de minério de urânio; tório, originário em parte de atividades vulcânicas naturais, porém incrementada pela mineração; bismuto, produto derivado da mineração de carvão; antimônio, de fontes industriais; zinco, devido a complexas contaminações; molibdênio, representando basicamente um produto da distribuição de cinzas da indústria petroquímica; urânio, vindo de minas desse elemento. A maioria desses metais encontrava-se na forma de material particulado e acumulado em altas concentrações nos sedimentos do reservatório. Através de um mecanismo para descarga de fundo existente na área, verificou-se o acúmulo de 1.500.000 kg de zinco, 200.000 kg de cromo e 8.000 kg de cádmio.

Ocorreram, em algumas áreas pristinas, aumento das concentrações de mercúrio em reservatórios recentemente enchidos. Esse elemento concentra-se principalmente nos peixes. Um exemplo desse fato deu-se no projeto de Indian River, no subártico canadense. Os reservatórios amazônicos apresentam níveis cada vez maiores de mercúrio devido ao emprego desse elemento na mineração de ouro.

## 6.2.11 Contaminação por Agrotóxicos e Outras Substâncias Tóxicas

O aumento na toxicidade das águas ocorre pela água percolada de operações de mineração, descargas industriais, práticas agrícolas e manejo inadequado de detritos sólidos. Os pesticidas e herbicidas, em conjunto com metais pesados, são as principais substâncias tóxicas que penetram nos sistemas aquáticos, acumulando-se nos sedimentos e, eventualmente, atingindo a cadeia alimentar. Seus efeitos sobre a saúde humana varia desde doenças entéricas comuns até níveis letais de toxinas, que podem ser transmitidas pelo leite materno. Organismos bioacumulam toxinas, na maioria das vezes no fígado ou na gordura. Essas toxinas são uma bomba-relógio: seus efeitos não são visíveis durante um grande período, porém ao atingir determinados limites aparecem conseqüências catastróficas e, além disso, elas são transmitidas para as gerações futuras. Os reservatórios funcionam da mesma maneira: retêm toxinas, porém também impedem sua liberação durante condições químicas alteradas (pH, redução, anoxia).

Os compostos químicos também podem ter origem natural, podendo surgir inesperada ou irregularmente. Esses casos normalmente ocorrem em regiões vulcânicas, quando da liberação de sais ou gases. Esse tipo de ocorrência teve conseqüências drásticas no lago Nyos, nos Camarões, onde, em 1986, morreram mais de 100 pessoas e 3.000 cabeças de gado. A tragédia foi causada pelo acúmulo, e posterior escape, de dióxido de carbono gasoso e dissolvido no lago.

# Capítulo 7

# Teoria do Gerenciamento Ecotecnológico

## 7.1 A Teoria de Ecossistema Aplicada a Reservatórios

No Capítulo 4 foi demonstrado que reservatórios podem ser considerados como um ecossistema gerenciado. Assim sendo, é útil rememorar os princípios básicos que governam os ecossistemas. Na Tabela 7.1 é fornecida uma curta descrição dos mesmos.

A teoria dos ecossistemas dispõe de um grande número de indicadores para um adequado gerenciamento de reservatórios e suas bacias hidrográficas (Tabela 7.2). Em particular, a teoria ecológica ajuda a resolver problemas de qualidade da água mediante o emprego de controles biológicos, em vez do emprego de meios de controle químico, bastante nocivos. Assim sendo, os princípios da teoria dos ecossistemas deve ser aplicada no gerenciamento da qualidade da água de reservatórios, no sentido de obter a otimização das ações práticas. Na próxima seção, serão explicados os princípios teóricos da Tabela 7.2 e as maneiras pelas quais os mesmos podem ser aplicados no gerenciamento de um reservatório.

**Tabela 7.1**  Princípios básicos que governam os ecossistemas (Straškraba, 1993).

| |
|---|
| **Ecossistemas conservam energia e matéria:** nem energia nem matéria são criadas ou destruídas, no entanto, um tipo transforma-se em outro; |
| **Ecossistemas armazenam informações:** na natureza as informações são armazenadas por estruturas físicas, químicas e biológicas. Em organismos vivos, ela é armazenada no código genético; |
| **Ecossistemas são dissipativos de energia:** dissipação significa que existe uma degradação contínua de energia e matéria das formas mais organizadas para outras menos organizadas. A dissipação fornece o combustível necessário para a manutenção das formas e estruturas. Um exemplo de dissipação são os detritos dos organismos mortos; |
| **Ecossistemas são abertos:** são abertos à energia, matéria e informação. Seu funcionamento depende não somente do fornecimento contínuo de energia e matéria, mas também de insumos provenientes da superfície terrestre, logo, são vulneráveis às condições externas; |
| **Ecossistemas crescem:** crescimento é o processo de formação de novas estruturas à partir de matéria menos estruturada. O crescimento biológico é um processo regulado pelas leis da genética; |
| **Ecossistemas são limitados:** são externamente limitados pelas condições físicas do meio ambiente, por exemplo a disponibilidade de insolação para o crescimento de plantas, temperatura e outros fatores. Um organismo não pode crescer indefinidamente e também existem limites de densidade populacional; |

**Tabela 7.1** Princípios básicos que governam os ecossistemas (Straškraba, 1993). *(continuação)*

**Ecossistemas diferenciam-se entre si:** a diferenciação entre os ecossistemas considera seu tipo de alimentação (cadeia trófica) e o status do indivíduo dentro do seu grupo. Isso é um tipo de classificação hierárquica;

**Ecossistemas se retro-alimentam:** isso eqüivale dizer que existe uma retro alimentação entre elementos vizinhos, e em alguns casos intermediada por outros elementos. Efeitos indiretos predominam sobre diretos. Devido à complexidade da relações e dos efeitos indiretos, os ecossistemas acabam reagindo de formas ainda desconhecidas;

**Ecossistemas são capazes de homeostasis:** significa a capacidade de permanecer saudável em um cenário sujeito a grandes variações. Existe, no entanto, um limite após o qual um ecossistema não pode tolerar mais mudanças. Quando ele é forçado para além desse limite, cessa a homeostasis e ocorre um grande dano;

**Ecossistemas tem capacidade de se adaptar e se organizar:** a adaptação a condições externas mutantes pode ser muito rápida, quer para indivíduos isolados como para populações inteiras. A capacidade de auto-organização significa que a restruturação da composição das espécies pode se dar devido a mudanças nas condições externas ou internas. A transferência das informações dentro do ecossistema é difusa;

**Ecossistemas são coerentes:** o desenvolvimento paralelo de diversas espécies, e suas interações com o meio ambiente abiótico, produzem um sistema coerente, com espécies adaptadas a esse meio ambiente.

**Efeitos de baixo para cima:** na natureza, caracteriza-se a cadeia trófica a partir dos meio-ambiente físico e químico para as plantas (nas águas, são representadas principalmente por fitoplâncton), daí para animais que se alimentam de plantas (nas águas são principalmente animais filtrantes), predadores que se alimentam desses animais (a maioria dos peixes) e finalmente, no topo da cadeia alimentar os predadores (tais como peixes que se alimentam de peixes) e seres humanos que se alimentam, inclusive, deste último tipo de peixe predador. O desenvolvimento das comunidades biológicas é determinado pela base dessa cadeia. O crescimento de plantas (fitoplâncton) no reservatório é determinado pelos nutrientes que nele entram via suas vazões afluentes ou pelo ar. Assim sendo, caso o volume total de plantas atinja valores indesejados, ele pode ser reduzido pela diminuição dos nutrientes, o que pode ser feito por meio dos métodos apresentados no Capítulo 10.

As comunidades ícteas são controladas pelo total de oxigênio disponível: caso as concentrações de oxigênio fiquem muito baixas, os peixes não conseguirão sobreviver. Assim sendo, o estoque pesqueiro de um reservatório pode ser incrementado mediante um aumento das concentrações de oxigênio, o que pode ser obtido por meio de diferentes técnicas de mistura, conforme será discutido na Seção 11.1.

**Efeitos de cima para baixo:** simultaneamente com os efeitos de baixo para cima ("bottom up"), ocorrem os efeitos de cima para baixo ("top down") (ver Figura 4.18). Os membros superiores da cadeia trófica exercem efeitos sobre aqueles situados abaixo. Esses efeitos são quantitativos e qualitativos.

**Tabela 7.2** Princípios teóricos de ecologia aplicáveis ao gerenciamento de reservatórios e suas bacias hidrográficas.

| Princípio | Possíveis empregos |
|---|---|
| Efeitos de baixo para cima *(bottom-up)* | Determinação química da produção biológica |
| Efeitos de cima para baixo *(top-down)* | Determinação do potencial pesqueiro através da produção natural de comida |
| Conceito de fatores limitantes | Biomanipulação |
| Interações entre os subsistemas | • Interação terrestre/aquática<br>• Interação reservatório/manancial |
| Retroalimentação positiva | Reações exponenciais |
| Retroalimentação negativa | Concentrações de nutrientes dependem do uso do fitoplâncton |
| Efeitos indiretos | Temperatura das águas afetadas pelo desenvolvimento do fitoplâncton |
| Adaptabilidade dos ecossistemas | Controle químico de pragas ineficiente após adaptação por parte dos organismos |
| Auto organização dos ecossistemas | Reações desconhecidas dos ecossistemas dos reservatórios |
| Heterogeneidade espacial dos ecossistemas | • Conservação e gerenciamento das matas nativas<br>• Proteção das cabeceiras<br>• Proteção das margens |
| Sucessão ecológica | Envelhecimento e evolução do reservatório |
| Diversidade biológica | • Reflorestamento por espécies nativas, visando manter a biodiversidade<br>• Conservação das várzeas (zonas de grande biodiversidade)<br>• Preservação dos ecotonos |
| Competição | Parar de introduzir espécies exóticas sem conhecimento adequado ou sem considerar seus efeitos |
| Teoria do efeito pulsante | • Manutenção das florestas e várzeas existentes nos mananciais, no sentido de se minimizar os efeitos de pulso negativos<br>Controle da reprodução explosiva de algas |
| Teoria da colonização | Poucas espécies de peixes lacustres ou pelágicos no reservatório |

Os efeitos quantitativos manifestam-se, por exemplo, pelo volume de fitoplâncton comido pelo zooplâncton ou pelo decréscimo de peixes não-predadores devorados pelos predadores. O volume total de fitoplâncton está em permanente redução pelo zooplâncton. O efeito qualitativo reside em alteração na composição das espécies (não somente quantitativamente) de níveis tróficos inferiores. No primeiro exemplo citado acima, o zooplâncton não somente reduz o volume como também altera a composição do fitoplâncton; considerando que ele se alimenta de forma seletiva, preferindo fitoplâncton maiores, essas espécies podem ser eliminadas, passando então a prevalecer aquelas com menor tamanho. Peixes predadores também se alimentam seletivamente de alguns tipos de presas. As espécies de peixes que não são comidas aumentam nos reservatórios. Os efeitos qualitativos são por vezes mais pronunciados que aqueles quantitativos. Na Seção 11.3 discutem-se aplicações gerenciais práticas de efeitos de cima para baixo.

**Conceito do fator limitante:** plantas são limitadas pela quantidade de nutrientes, porém necessitam de quantidades exatas de cada nutriente, logo, aquele elemento com menor disponibilidade, no aspecto relacionado às necessidades das plantas, torna-se o fator limitante. No gerenciamento, a redução isolada do fator limitante (em águas é normalmente o fósforo, podendo também ser o nitrogênio, a sílica ou outros) pode acarretar alterações na composição das plantas. As plantas são capazes de crescer a uma velocidade máxima e também atingir um valor máximo de biomassa. Uma quantidade maior de nutrientes não fará com que as plantas excedam esses valores-limite. Para o gerente, isso significa que a redução de nutrientes a níveis ainda superiores aos limites demandados pelas plantas não implicará a redução dessas. A redução na biomassa somente acontecerá quando os nutrientes estiverem aquém do limite necessário para o crescimento de cada planta (Capítulo 9).

**Interações dos subsistemas:** cada sistema é composto por subsistemas. O sistema de gerenciamento de um reservatório pode ser dividido nos subsistemas das bacias hidrográficas, das vazões afluentes, do reservatório em si e das vazões liberadas. O sistema terrestre que circunda o reservatório afeta a quantidade de água afluente, pois parte da mesma será utilizada para o crescimento da vegetação terrestre existente, reduzindo assim o total que chega ao reservatório. É sabido o grande efeito das bacias hidrográficas sobre o reservatório, entretanto enfatizam-se aqui as *inter-relações* – o reservatório e as bacias hidrográficas afetam-se mutuamente. O microclima é diferente e a população humana em geral aumenta em sua proximidade.

**Retroalimentação negativa:** a descrição anterior no item "efeitos de cima para baixo" é um exemplo de retroalimentação negativa. A retroalimentação ocorre quando um componente do sistema influencia outro, o qual, por sua vez, influencia o primeiro. Caso o efeito do segundo sobre o primeiro seja negativo, chama-se de retroalimentação negativa. A concentração de nutrientes (primeiro elemento) sustenta o fitoplâncton e decresce simultaneamente à sua utilização pelo segundo elemento (fitoplâncton).

**Retroalimentação positiva:** ocorre quando o efeito do segundo elemento acarreta conseqüências positivas em relação ao primeiro. Por exemplo, a construção de um reservatório ocasiona, em alguns países, um desenvolvimento regional.

**Efeitos indiretos:** o aumento da temperatura das águas estimula o desenvolvimento do fitoplâncton. No entanto, estudos recentes sugerem que densas concentrações de fitoplâncton causam, indiretamente, o aumento da temperatura das águas, devido a uma maior absorção da radiação solar. O volume dos detritos originados por grandes explosões de fitoplâncton acarreta uma grande gama de efeitos indiretos no reservatório.

**Conectividade:** há uma ligação entre os elementos de um sistema. As bacias hidrográficas ligam-se ao reservatório e este às vazões liberadas a jusante. O rio acima do reservatório pode ser alterado devido à construção do reservatório, por exemplo, alguns peixes que se reproduzem em reservatórios podem imigrar para montante e alterar a fauna dos invertebrados existentes nas vazões afluentes ao reservatório. É pois evidente que o reservatório afeta suas vazões afluentes.

**Adaptabilidade dos ecossistemas:** o gerenciamento químico de pragas torna-se ineficiente após a adaptação dos organismos aos produtos químicos utilizados no seu combate.

**Auto-organização dos ecossistemas:** a estrutura (física interna, estratificação, aspectos biológicos, componente químicos e interações) de um reservatório não é constante, porém se altera em resposta às várias pressões do meio ambiente. O gerenciamento deve respeitar essa capacidade. Por exemplo, a retirada seletiva de água de camadas selecionadas reorganiza a estratificação. A estratégia de gerenciamento dirigida à destruição de determinadas espécies acarreta no predomínio de outros organismos. O ecossistema do reservatório freqüentemente reage de maneira inesperada.

**Heterogeneidade espacial dos ecossistemas:** a teoria de ecossistemas ensina o valor da heterogeneidade. No referente à qualidade da água, margens com vegetação natural são preferíveis a margens sem vegetação. Elas contam com uma capacidade de absorção biológica maior durante o açoitamento das margens por ventos. A proteção das margens pelo plantio de vegetação, combinada com a instalação de redes de arame, é uma medida semelhante às de ecotecnologia (Capítulo 11). As florestas nativas servem para proteger as águas afluentes contra a poluição, atuando como "filtros biológicos", capazes de remover fósforo, nitrogênio e outros poluentes, além de reter materiais em suspensão, reduzindo assim a sedimentação.

**Sucessão ecológica:** a ecologia demonstrou que os ecossistemas evoluem e, durante esse processo, ocorre uma sucessão de vegetais e animais, alterando a aparência e a função dos ecossistemas. Os lagos evoluem naturalmente ao longo de grandes intervalos de tempo, que podem durar centenas e até milhares de anos. Um reservatório evolui bem mais rapidamente, e as maiores mudanças ocorrem em seus primeiros anos. Esse processo, chamado de envelhecimento do reservatório (ou explosão trófica) é descrito em detalhes na Seção 4.7. Os anos posteriores a esse período, com água de baixa qualidade, apresentam uma evolução mais lenta, caracterizada pela contínua sedimentação do reservatório e por outros efeitos.

**Diversidade biológica:** a diversidade biológica dentro de um reservatório é importante para a manutenção de sua capacidade de autopurificação e como apoio aos recursos ícteos. Na área da bacia hidrográfica, a importância da biodiversidade é muito maior, incluindo-se seu papel na retenção de poluentes das áreas com vegetação. O reflorestamento, com espécies nativas, visando manter a biodiversidade, tem vários aspectos positivos, tanto em termos de quantidade como de qualidade da água. As áreas de várzeas próximas ao reservatório e dentro das bacias hidrográficas representam significativas zonas para o amortecimento dos ecotones terrestre/aquático, além de servirem como reservas para as espécies nativas. As várzeas podem servir como pontos de partida para a re-colonização da biota do reservatório após grandes cheias, contaminação tóxica ou outros eventos catastróficos.

**Competição entre organismos:** na natureza há complexas relações, as quais implicam grandes conseqüências para todo o sistema. As introduções só obtêm sucesso se analisadas em termos de competição entre organismos, sua adaptabilidade e a capacidade de auto-organização dos ecossistemas. Por exemplo, foi muito bem-sucedida a introdução de peixes da espécie *Scirpion squamosissimus* (corvina) em reservatórios do sul do Brasil, já que essa espécie habita a região pelágica, diferentemente das espécies locais. O crescimento fantástico dessa espécie, em anos recentes, proporcionou o renascimento da pesca no reservatório de Barra Bonita, local de sua introdução.

**Teoria do efeito pulsante:** essa teoria afirma que nos ecossistemas por vezes ocorrem reações destrutivas em relação a altos pulsos. A preservação de florestas e várzeas nas bacias hidrográficas servem para retardar ou suprimir efeitos pulsantes negativos. Os pulsos são por vezes positivos, tais como a técnica de mistura intermitente, técnica potencialmente utilizada pelo gerenciamento (Capítulo 11).

**Teoria da colonização:** a colonização dos lagos tem sua origem nos rios, que são ecossistemas muito mais antigos. Assim sendo, nos reservatórios há poucas espécies verdadeiramente lacustres (pelágicas). A introdução de espécies pelágicas causou benefícios a muitos reservatórios. É inútil o estudo dos corpos hídricos locais, anteriormente da construção do reservatório, no sentido de determinar a composição do plâncton do mesmo, uma vez que algas e invertebrados são transportados a longas distâncias pelos pássaros. As condições que serão desenvolvidas dentro do reservatório serão decisivas.

## 7.2 Princípios de Gerenciamento Ecotecnológico

Foram derivadas regras gerais de ecotecnologia por Straškraba (1993) e Tundisi & Straškraba (1995) a partir dos princípios gerais de ecossistemas, que foram primeiramente enunciados por Jørgensen *et al.* (1992). Essas regras são apresentadas abaixo, na forma de princípios operacionais destinados ao gerenciamento da qualidade da água.

Uma vez que já foram abordadas as conseqüências positivas do gerenciamento de um reservatório, considerando-se o mesmo como um ecossistema, aqui será dada ênfase às conseqüências negativas que advêm quando esses princípios não são respeitados.

**Gerenciar o reservatório como um componente do sistema formado pelas bacias hidrográficas:** qualquer mudança nas bacias hidrográficas acarreta consideráveis efeitos sobre o reservatório. Efeitos negativos freqüentemente têm origem em determinadas práticas agrícolas. As atividades existentes nas bacias hidrográficas geram efeitos tanto sobre a quantidade como sobre a qualidade das águas do reservatório. A redução nas vazões devido à irrigação em larga escala, transformou um lago imenso, o mar de Aral na antiga União Soviética, em uma depressão com poeira, com barcos de pesca enferrujando encalhados na areia. Os problemas de saúde das populações de vilas e cidades no entorno do lago são muito maiores que a média russa. O gerenciamento integrado de bacias hidrográficas pode fornecer um melhor conhecimento dessa disciplina (Capítulo 2).

**Gerenciar o ecossistema do reservatório como a combinação de uma série de subsistemas:** a sociedade humana representa um subsistema muito importante e uma colaboração insatisfatória por parte da população local durante a fase de decisões do processo de gerenciamento reduz drasticamente a probabilidade de sucesso do mesmo. Qualquer opção de gerenciamento dirigida a um determinado componente do ecossistema, por exemplo o fitoplâncton, deve considerar também os outros componentes. A destruição em massa de algas pode induzir a uma grande mortalidade de peixes devido à redução dos níveis de oxigênio.

Em conseqüência, o zooplâncton que controla o crescimento do fitoplâncton se pode alterar nos períodos seguintes, com conseqüências positivas sobre o crescimento do fitoplâncton (Capítulo 11).

Durante a construção do reservatório torna-se evidente uma retroalimentação entre o reservatório e as bacias hidrográficas. Ocorre uma completa alteração social dentro de toda a área.

**Avaliar os efeitos ambientais globais das diversas opções de gerenciamento:** o emprego da força bruta, por exemplo máquinas pesadas e toneladas de produtos químicos para o gerenciamento ambiental, acarretam danos ao meio ambiente global. O custo ambiental de produção da energia necessária ao funcionamento dessa maquinaria é elevado e, também, é necessária a construção das estradas de acesso. Ainda mais importante para a deterioração ambiental são os custos relacionados à mineração de metais e produtos químicos, o tratamento desse material e, finalmente, a construção das máquinas. Esses fatos normalmente ocorrem em diferentes lugares do mundo e, portanto, não se tornam são óbvios para o observador local. Além disso, melhorias locais são ineficientes se resultarem em degradação global.

**Avaliar os efeitos de longo prazo das diversas opções:** o emprego de métodos de gerenciamento da qualidade da água somente de caráter curativo (ao final da tubulação) encarece em muito os custos de tratamento. As opções de gerenciamento que apresentam efeitos positivos imediatos normalmente induzem efeitos negativos a longo prazo. Um exemplo típico é o emprego de compostos cúpreos para tratar o crescimento explosivo de algas. Esse método tem ação praticamente imediata na redução das algas, porém, se repetido muitas vezes, acumula cobre nos sedimentos. Sua posterior liberação para a coluna de água degrada a qualidade dessa para o consumo humano e animal, impossibilitando o uso do reservatório como fonte de abastecimento de água potável.

**Enfatizar um gerenciamento focado na prevenção da poluição:** o sucesso econômico da "produção limpa" demonstra que prevenir poluição não somente economiza custos de tratamento de água como aumenta o lucro das indústrias.

**Preservar a qualidade da água:** como já visto, o custo de tratamento de águas poluídas é muito maior que aquele necessário para águas limpas. Essa diferença onera o setor público, normalmente o responsável pela distribuição de água. Assim sendo, a longo prazo, é muito mais barato conservar e proteger as bacias hidrográficas.

**Avaliar um largo espectro de opções de gerenciamento:** muito freqüentemente, as tradições locais ditam que para um determinado problema somente pode ser considerado um limitado número de opções. Negligenciar outras opções, clássicas ou inovadoras, induz o emprego inadequado de técnicas, custos mais elevados que o necessário e causa potenciais danos ao meio ambiente (Capítulos 10 e 11).

**Respeitar o desenvolvimento sustentável:** uma questão a ser formulada no gerenciamento da qualidade da água de um reservatório é: por quanto tempo pode-se garantir os recursos, na atual forma e escala de uso? A probabilidade de os reservatórios serem preenchidos por sedimentos em um curto espaço de tempo demonstra a necessidade de se considerem medidas de prevenção do problema. Um exemplo de um problema potencial menos óbvio é a demanda sempre crescente por água: deve-se pensar não somente em satisfazer as necessidades imediatas, como em garantir as demandas futuras (Capítulo 2).

**Considerar a sensibilidade do reservatório aos eventos externos:** a construção de um reservatório deve considerar a radiação solar, fator que influencia a intensidade da evaporação bem como a disponibilidade de água. Esse princípio básico foi negligenciado na construção do reservatório de Assuã, construído na latitude exata onde se verifica o maior déficit hídrico, local onde a evaporação excede em muito a precipitação, tendo, então, acarretado desastres na agricultura de jusante e nos estoques pesqueiros em lugares tão distantes como o litoral do Mediterrâneo. Se todos os maiores focos de poluição não forem tratados, não se pode garantir um uso seguro das águas para o consumo humano. O mesmo acontece caso não se reduzam as entradas de sedimentos, nos quais encontram-se dissolvidos sais nutrientes e produtos tóxicos, oriundos de fontes difusas. Os métodos para gerenciamento desse problema, que incluem o emprego de pré-reservatórios, podem ser vistos no Capítulo 10.

**Enfatizar as opções de gerenciamento baseadas nas interações entre os componentes bióticos e suas inter-relações com os abióticos:** a ecotecnologia esforça-se em utilizar opções que mais se adaptem às características da natureza. Procedimentos tais como a recuperação de várzeas, biomanipulação ou mistura epilimnética, não somente são baratos, como previnem a deterioração adicional do meio ambiente devido ao emprego de grandes quantidades de energia e/ou produtos químicos, transporte, máquinas e materiais de apoio. Entretanto, para empregar ecotecnologia com sucesso, é necessário dispor de um grande conhecimento.

**Considerar a dinâmica do reservatório:** já foi vista a importância da dinâmica do reservatório sobre o ecossistema. Caso não se respeite a mesma, procedimentos visando à melhoria das condições hídricas podem acarretar sua deterioração. Se as previsões não levarem em consideração a dinâmica dos aspectos ligados à qualidade da água, que permitem ações preventivas em casos de dificuldade, ocorrerão aumentos nos custos de gerenciamento.

**Confrontar usos conflitantes:** interações dinâmicas acontecem tanto no reino natural como na esfera social. Um determinado tipo de uso pode restringir outros tipos de aproveitamento. Isto deve ser considerado durante a fase de planejamento, devendo-se, então, estabelecer compromissos entre as diferentes iniciativas visando uma utilização segura e sadia dos recursos hídricos. É necessário efetuar uma análise econômica das diversas opções de gerenciamento.

**Preservar componentes naturais, tais como margens, florestas, várzeas, árvores – individualmente ou em grupos – e a heterogeneidade paisagística:** devem ser tomadas atitudes no sentido de preservar e desenvolver a heterogeneidade espacial por meio da proteção das florestas naturais, várzeas e o mosaico florístico. A perda de meandros de rios, várzeas e florestas leva à deterioração das águas dos rios formadores do reservatório e, conseqüentemente, deste último. Uma estimativa recente feita em lagos chineses, em uma determinada região, mostrou que seu número decresceu de 1.066 em 1950 para 326 atualmente, representando uma redução de 600 km$^2$ de área. Dados de reservatórios na China mostram que se os procedimentos não forem alterados, os lagos serão eliminados pela sedimentação. Na Suécia, rios que haviam sido canalizados e revestidos foram recentemente reconduzidos ao seu leito natural, com recuperação de sua vegetação e várzeas, mediante um alto custo financeiro, isto devido ao fato de que a avaliação dos efeitos negativos excedeu os custos das técnicas de gerenciamento. Os custos atribuídos às cheias ainda estão aumentando (ver Figura 6.4) devido a um gerenciamento contínuo de má qualidade.

**Preservar a biodiversidade:** a destruição, falta de proteção e recuperação insatisfatória das várzeas naturais faz mais que empobrecer a fauna e flora local. Os problemas com nitrogênio aumentam à medida que as várzeas se perdem. É de singular importância o fato de que a destruição das várzeas acarreta uma redução na capacidade de retenção de água e também uma deterioração da qualidade da água da região.

Uma vez que as intricadas relações existentes entre a fauna e flora nativa não são bem conhecidas, torna-se tarefa perigosa a colonização por espécies introduzidas. Quando organismos são introduzidos em um novo meio ambiente, eles podem agir de modo bastante diferente de como agiam em seu meio ambiente nativo. A introdução de espécies importadas, com qualidades positivas nas regiões de origem, freqüentemente acarretam desastres em outras regiões, já que as condições de competição com os organismos do novo meio-ambiente são completamente diferentes. Assim sendo, deve cessar a introdução de espécies exóticas sem adequado conhecimento científico. A displicência no cultivo de espécies locais em face às facilidades apresentadas pelas novas espécies cuja biologia e técnicas de cultivo são bem conhecidas, acarreta conseqüências negativas. Um bom exemplo dessa tendência é a América do Sul. Lá, em vez de se cultivarem espécies locais úteis, favoreceu-se a *Tilapia* spp. graças ao seu fácil manejo. Isto acarretou um atraso nas pesquisas sobre as espécies locais, sua biologia, reprodução etc. Somente agora esse estudos foram retomados, com o objetivo de cultivar espécies nativas de peixes.

Paralelamente à introdução de novas espécies de peixes, também são por eles introduzidos plantas e animais que podem pôr em risco o meio ambiente e, em alguns casos, a saúde humana. Por exemplo, conjuntamente à introdução da *Tilapia* spp. no Brasil, introduziu-se um grande número de invertebrados. A introdução de espécies sul-americanas do norte do Brasil (*Cicla ocellaris,* Tucunaré) em reservatório do sul foi um fracasso. A introdução da mesma espécie no lago de Gatun, Panamá, acarretou conseqüências desastrosas na cadeia alimentar.

**Determinar a capacidade de assimilação dos diversos poluentes, e não ultrapassa-la:** os ecossistemas, incluindo-se os corpos hídricos, são capazes de assimilar determinadas quantidades de poluentes. Uma vez que essa capacidade é excedida, verificam-se aumentos consideráveis em suas concentrações, as quais podem causar o colapso da estrutura do ecossistema. Além disso, as capacidades de assimilação dos diversos poluentes são muito diferentes, dependendo também da natureza física e química do ambiente, bem como da composição do ecossistema. A Figura 7.1 indica que não é evidente uma significativa degradação da qualidade da água dos corpos hídricos até que seja atingido determinado limiar, porém, após ultrapassá-lo, ocorre um rápido aumento de alguns parâmetros indesejáveis de qualidade da água.

Um gerente de recursos hídricos de alto escalão (Tyson, 1995) desenvolveu as seguintes regras de gerenciamento:

- Desenvolver metodologias para o gerenciamento integrado dos recursos hídricos das bacias hidrográficas, inclusive uso do solo e planejamento hídrico.
- Melhorar a intensidade e precisão das políticas nacionais e globais de recursos hídricos.
- Elaborar, promulgar e implementar abordagens inovadoras para o abastecimento de água e tratamento de efluentes.

- Elaborar, promulgar e implementar técnicas para redução de detritos sólidos, promovendo sua reciclagem.
- Desenvolver opções de tratamento mediante o emprego de tecnologia simples e de baixo custo.
- Desenvolver a aplicar métodos de avaliação econômica para custos e benefícios ambientais.
- Informar, educar e treinar profissionais e público em geral.

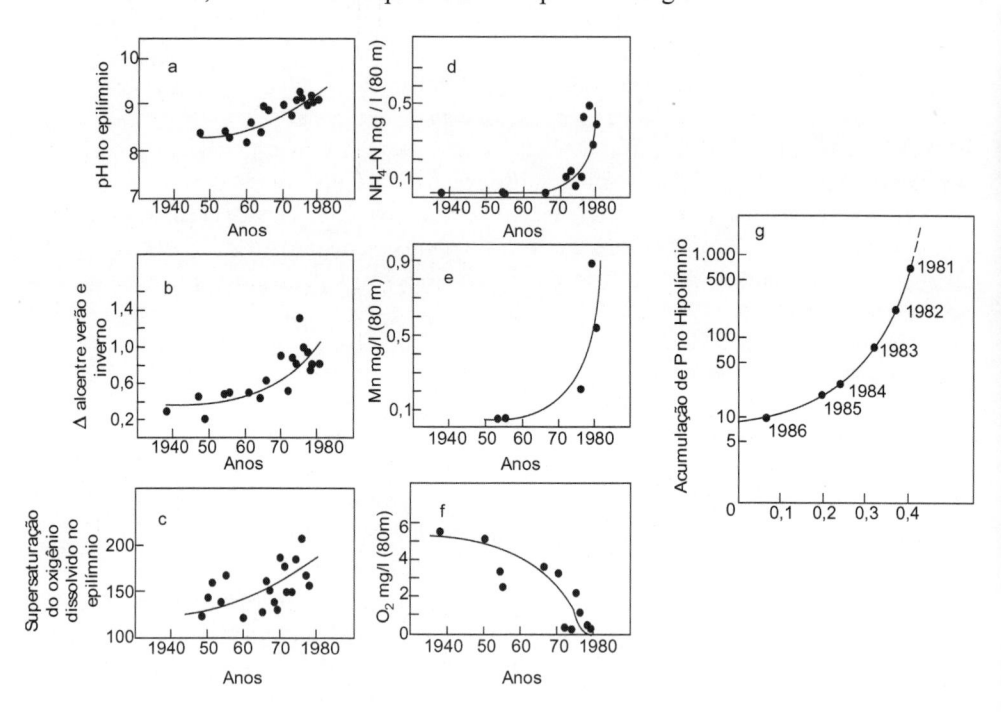

**Figura 7.1** Lago Sempachersee, Suíça: mudanças temporais de diversos parâmetros de qualidade da água. Observa-se que no início das observações ocorreram mudanças lentas e, em seguida, houve um crescimento exponencial (modificado de Gächter *et al.*, 1983).

# Capítulo 8

# Qualidade da Água dos Reservatórios e Sua Determinação

## 8.1 Emprego de Limnologia e Ecotecnologia no Gerenciamento da Qualidade da Água

O conhecimento das características limnológicas básicas existentes no reservatório e no funcionamento dos mecanismos do ecossistema constitui uma importante ferramenta de gerenciamento, especialmente para formulação de ações ecotecnológicas. Para o gerenciamento de reservatórios destinados ao abastecimento de água potável necessita-se de informações detalhadas, uma vez que devem ser atendidos padrões rigorosos. Na Tabela 8.1 fornece-se uma lista das normas adotadas pela WHO (World Health Organization, Organização Mundial de Saúde – OMS).

**Tabela 8.1** Lista de variáveis relevantes para o abastecimento de água potável.

| Cor | Amônia | Cianeto |
|---|---|---|
| Odor | Nitrato/ nitrito | Metais pesados |
| Sólidos em suspensão | Fósforo/ fosfato | Alumínio |
| Sólidos totais dissolvidos | Total de carbono orgânico | Arsênico/ selênio |
| Turbidez | DBO | Óleo e hidrocarbonetos |
| Condutividade | Sódio | Solventes orgânicos |
| pH | Magnésio | Fenóis |
| Oxigênio dissolvido | Cloro | Pesticidas |
| Dureza | Sulfatos | Surfactantes |
| Clorofila A | Flúor | Coliformes fecais |
| Total de coliformes | Patogênicos | |

Para cada reservatório é necessário dispor das curvas hipsográficas que relacionam volumes e áreas superficiais, para os diversos níveis. Também é necessário conhecer as cotas e dimensões dos mecanismos de descarga. Normalmente, os dados sobre as bacias hidrográficas foram coletados durante a fase pré-investigatória.

Os seguintes grupos de características limnológicas do reservatório devem ser consideradas:

*a)* **Vazões afluentes.** Devem ser consideradas as principais descargas, responsáveis por 90% ou mais do total recebido pelo reservatório. As descargas são importantes para determinarem as cargas de substâncias consideradas e para prever o regime hidrológico do reservatório. Altas vazões podem aumentar de forma desproporcional as cargas devido à lavagem de substâncias do solo e também devido à maior erosão (Capítulo 10). Durante cheias, as margens do reservatório são alteradas, podendo gerar correntes (Capítulo 4). Ao longo do tempo também devem ser conhecidas as taxas das descargas e a localização das entradas.

*b)* **Variações de níveis** do reservatório. Quando se eleva o nível do reservatório, a água do corpo principal do reservatório penetra nas baías, e quando ocorre redução nos níveis é removido material das margens e praias. A flutuação dos níveis favorece as interações entre sedimentos e água, aumentando o nível de sólidos e as concentrações de nutrientes dissolvidos.

*c)* **Tempo de retenção.** O tempo teórico de retenção do reservatório, R, determina um grande número de características do mesmo, quais sejam: as cargas decrescem com o aumento de R; a estratificação aumenta com o aumento de R; a retenção de nutrientes aumenta com o aumento de R; o fitoplâncton é lavado do reservatório quando R é pequeno; e as quantidades de sedimentos e a fauna do fundo do reservatório são maiores com menores R. Os reservatórios que têm tempo de retenção menor que 300 dias apresentam uma menor estratificação, obtêm maiores cargas de nutrientes e retêm menos fósforo (Capítulo 4). Os reservatórios com longo tempo de retenção apresentam uma grande tendência de se tornarem eutróficos e também é alta a freqüência de explosões de cianobactérias. Neles também ocorre anoxia hipolimnética, mesmo com baixos níveis de poluição, também a eutrofização acontece de forma mais freqüentemente que em reservatório com corrente longitudinal.

*d)* **Posição dos mecanismos de descarga:** a estratificação no reservatório e suas conseqüências sobre a química e biologia, sobre a qualidade das águas liberadas, sobre a sedimentação no reservatório e sobre a redução potencial de diversos poluentes é afetada pela posição dos mecanismos de descarga.

*e)* **Circulação vertical e horizontal:** se devido uma estratificação vertical for verificada uma zona anóxica hipolimnética, poderão ocorrer um ou mais dos seguintes efeitos indesejáveis: aumento na liberação de nutrientes dos sedimentos, podendo resultar em eutrofização; aumento nas concentrações de manganês e ferro bem como paladar e cheiro desagradável, degradando sua qualidade como água potável e encarecendo os custos de tratamento; os estoques pesqueiros e o crescimento dos peixes no reservatório podem ser degradados devido ao extermínio de espécies nobres; a formação de gases pode gerar odores desagradáveis; o aumento da corrosão diminui a vida útil das turbinas e degrada as estruturas de concreto. Também, dependendo dos mecanismos de descarga, o rio a jusante pode ser seriamente afetado, podendo ocorrer mortandade em massa de peixes. A turbulência do reservatório afeta, de muitas formas, a fotossíntese feita pelo fitoplâncton e a distribuição dos organismos, em alguns casos agregando fitoplâncton (cianobactérias) e macrófitas flutuantes. A circulação vertical pode afetar a penetração da luz e, então, a produtividade do fitoplâncton, perifíticas e macrófitas.

*f)* **Composição química das águas:** a qualidade das águas de um reservatório está ligada àquelas da hidroquímica regional, seu tempo de retenção e às entradas devido às atividades humanas existentes nas bacias hidrográficas. A composição química das águas afeta a vida aquática existente no reservatório. Entradas de nutrientes podem aumentar a biomassa de algumas espécies de fitoplâncton, reduzindo simultaneamente sua diversidade. Uma alta salinidade e um baixo pH interferem com a integridade da cadeia alimentar. Assim sendo, é importante o gerenciamento da composição química das águas.

*g)* **Características biológicas do reservatório:** a flora e a fauna de um reservatório são a combinação do resultado do recrutamento efetuado nas bacias hidrográficas e das condições existentes no seu interior. É possível a colonização do reservatório por organismos provenientes de localidades remotas, inclusive de outras bacias hidrográficas, graças a diversos meios, tais como transporte por pássaros, ventos, chuva e invertebrados transportados por vertebrados maiores.

O gerenciamento da biota aquática é de fundamental importância para o gerenciamento do reservatório. Deve-se considerar interações e sucessões de organismos. Gerenciar diversas zonas dentro de um reservatório fornece possibilidades de controlar o crescimento de plâncton, macrófitas, peixes e desenvolver aquicultura alternativa. A biomanipulação de reservatórios é uma ferramenta poderosa. A Tabela 8.2 relaciona o emprego de características limnológicas de reservatórios com opções de gerenciamento ecotecnológico.

## 8.2 Indicadores de Qualidade da Água e Suas Inter-relações

As variáveis básicas para avaliar a qualidade da água de um reservatório podem ser divididas nas seguintes categorias:

*a)* Vazões por ocasião da amostragem complementada por informações sobre as retiradas de água.
*b)* Variáveis de qualidade da água indicadoras de estratificação, tais como temperatura, oxigênio dissolvido, pH, sulfitos, sulfeto de hidrogênio, ferro e manganês.
*c)* Variáveis de qualidade hídrica indicadoras de eutrofização, quais sejam o fósforo, nitrogênio, transparência, clorofila A, produção primária, composição do fitoplâncton, do zooplâncton e estoques pesqueiros.
*d)* Variáveis que caracterizam a quantidade de matéria orgânica (DQO, DBO, cor).
*e)* Variáveis microbiológicas.
*f)* Balanço mineral (condutividade, alcalinidade, sulfatos, clorados).

Dados hidrometeorológicos também são úteis na determinação da qualidade da água. A seguir discute-se com mais detalhes a importância das diversas variáveis componentes dos grupos citados anteriormente.

**Tabela 8.2** Relação entre características limnológicas e ações de gerenciamento.

| Características limnológicas | Ações de gerenciamento |
|---|---|
| Circulação horizontal e vertical das águas | Produzir movimentos verticais de água reduzindo a zona eufótica. Induzir o aumento de circulação horizontal visando coibir a agregação de organismo e materiais em suspensão |
| Tempo de retenção | Regular o tempo de retenção visando atingir os requisitos necessários de qualidade hídrica a montante/ jusante e múltiplos usos |
| Composição química das águas | Regular e controlar entradas no reservatório. Regulas o tempo de retenção. Preservar as florestas e várzeas |
| Características biológicas | Regular a biomassa do reservatório. Introduzir técnicas de biomanipulação para controlar o crescimento de organismos importantes |

A medição da **temperatura** em diferentes profundidades fornece uma indicação da mistura e estratificação da massa hídrica e das correntes existentes no reservatório. Na Seção 4.8 discutiu-se os tipos básicos de estratificação.

A **transparência** é determinada primeiramente pelos efeitos combinados da cor das águas (graças às substâncias nela dissolvidas), pela turbidez mineral e pela presença de algas. É característico do fitoplâncton ocasionar grandes variações sazonais na transparência. Em regiões temperadas, a turbidez acarretada pelas cheias normalmente desaparece pouco após esses eventos, enquanto em regiões áridas e semi-áridas a fina granulometria dos sólidos em suspensão impede uma sedimentação rápida, afetando conseqüentemente a disponibilidade de nutrientes para o fitoplâncton, reduzindo a penetração da luz e, conseqüentemente, a fotossíntese do fitoplâncton, interferindo com a filtragem efetuada pelo zooplâncton e, por fim, reduzindo a visibilidade.

Serão considerados **nutrientes** somente o **nitrogênio e o fósforo**, uma vez que os mesmos são os principais fatores limitantes da produção primária de fitoplâncton em reservatórios, entretanto, também a sílica é importante para o desenvolvimento das diatomáceas. Em países industrializados, parece que é menor a limitação dos microelementos, devido a seus níveis serem alimentados pelas atividades humanas. Uma sensível queda nas concentrações de fósforo e/ou nitrogênio nas camadas superficiais dos reservatórios durante a fase de crescimento de fitoplâncton indica sua utilização de forma intensiva, podendo eventualmente limitar a biomassa do fitoplâncton. Concentrações muito baixas, comumente de poucos mg/l, são o resultado de um consumo e abastecimento equilibrados, regulados pelos processos existentes dentro do reservatório, os quais incluem a excreção de amônia e fosfatos pelo zooplâncton e peixes, transporte de nutrientes a partir do hipolímnio e muitos outros.

A **amônia** entra no sistema por meio de despejos de estações de tratamento de esgotos, grandes fazendas de criação e indústrias, tais como gasômetros, indústria alimentícia e fabricantes de rayon e viscose. A amônia é retida eficazmente pelo solo e água. Ela é preferida pelo fitoplâncton em relação a outros compostos de nitrogênio. As concentrações de amônia nas camadas superficiais dos reservatórios é maior no final do inverno e início da primavera, podendo atingir 500 mg/l. Uma concentração média anual, nas camadas superficiais, que exceda 150 mg/l indica um alto fornecimento da mesma pelas bacias hidrográficas ou, mais comumente, a decomposição de compostos orgânicos nitrogenados (autóctones ou alóctonos) que liberam a substância no reservatório. Concentrações de amônia superiores a 250 mg/l são tóxicas para peixes e invertebrados quando o pH é ≥ 9.

Os **nitratos** são muito detrimentais para a saúde humana. Devido à redução dos nitratos surgem nitritos tóxicos. Na presença de compostos orgânicos nitrogenados, os nitritos podem tornar-se precursores de nitrosaminas carcinogênicas. Os nitratos são produzidos no solo pela nitrificação da amônia e do nitrogênio. Os nitratos são facilmente liberados pelo solo, principalmente na ocorrência de fortes chuvas, quando a coesão dos grãos se torna menor. Os nitratos trazidos pelas precipitações são retidos quando as bacias hidrográficas são cobertas por florestas. Caso elas estejam mortas ou agonizantes, devido às chuvas ácidas, os nitratos são mais facilmente liberados que retidos. Os nitratos são liberados pelas florestas ainda por vários anos depois de toda a madeira ter sido retirada.

Os **nitritos** são muito tóxicos para organismos com hemoglobina. Eles surgem devido à redução dos nitratos em ambientes anóxicos, por exemplo, águas subterrâneas, hipolímnio de reservatórios, intestinos humanos com flora bacteriana instável (por exemplo em bebês) ou, ainda, como um produto intermediário da nitrificação.

O **fósforo** é o elemento que mais freqüentemente limita a produção primária. Em populações ilimitadas de fitoplâncton, a relação, em peso, de N:P presente na biomassa é de aproximadamente (10)16:(20)1. A fertilização com fósforo, utilizado em solos estéreis ou na neve é facilmente aduzido para os corpos hídricos, porém, áreas com vegetação retêm de modo eficaz esse elemento, na medida em que as partículas do solo não são lavadas. Isso aponta no sentido de que a erosão aumenta o fornecimento de fósforo para as águas. As concentrações totais de fósforo em águas drenadas de áreas florestadas ou campos cultivados de forma adequada, normalmente, não excedem a média anual de 50 mg/l. Os fosfatos contidos em detergentes que são lançados em sistemas de coleta de esgotos e as grandes fazendas de criação são as principais fontes de fósforo nas águas. As concentrações de fósforo, via de regra, são sempre muito menores no trecho a jusante dos reservatórios, devido ao seu consumo pelas algas e pela sedimentação, maiores em seu trecho final. Durante a fase de crescimento das algas, a concentração de fósforo pode se reduzir a poucos mg/l, especialmente nas camadas superficiais. Esse valor representa o balanço entre o consumo desse elemento, principalmente pelo fitoplâncton, e seu abastecimento por meio de diversas fontes. Os reservatórios podem reter o fósforo de maneira bastante eficiente, em função de seu tempo de retenção. O fósforo acumulado nos sedimentos pode ser liberado quando ocorre anoxia hipolimnética.

A quantidade de **matéria orgânica** existente em um reservatório é determinada por meio da medição da demanda química de oxigênio, utilizando-se tanto permanganato ($DQO_{mn}$) como dicromato ($DQO_{Cr}$). Somente uma pequena parte dos compostos orgânicos medidos é biologicamente facilmente decomposto nas águas superficiais. Para estimar a matéria orgânica degradável, utiliza-se como parâmetro a demanda bioquímica de oxigênio, ou seja, o total de oxigênio necessário para efetuar essa decomposição em 5 dias, à temperatura de 20°C ($DBO_5$). A proporção de compostos facilmente degradáveis em $DQO_{cr}$ ($DBO_5$) varia normalmente de 0,10 a 0,15. Valores abaixo de 0,10 são encontrados em águas com grande quantidade de substâncias orgânicas de decomposição lenta, tanto de origem natural como antrópica.

Valores acima de 0,15 indicam a presença de grandes quantidades de algas ou poluição recente. Quando abundam algas, a $DBO_5$ não indica exatamente a quantidade de compostos orgânicos dissolvidos, já que é afetada pela respiração e decomposição das algas.

A **cor** das águas depende, em parte, dos compostos orgânicos. Águas superficiais sem poluição são coloridas por substâncias húmicas e compostos de ferro. A cor das águas dos reservatórios é mais escura em regiões com turfas e atoleiros, podendo intensificar-se pela poluição de fábricas de papel. A cor, em geral, não se modifica significativamente ao longo do ano, excetuando-se as épocas de cheias.

A falta de **oxigênio (anoxia)** perto do fundo é um dos mais graves fenômenos que afetam a qualidade das águas de um reservatório. Sob condições anóxicas, algumas substâncias, inclusive o fósforo, ferro e manganês são rapidamente liberados pelos sedimentos do fundo. Quando a oferta de oxigênio nas águas do fundo tende para zero, o ferro e manganês aparecem com concentrações superiores àquelas verificadas em condições óxicas. A concentração de oxigênio é crítica para os organismos aquáticos: peixes e outros organismos morrem se ficar muito baixa. A concentração de oxigênio no fundo do reservatório também afeta a composição de bentos. Uma concentração mínima na camada metalimnética pode causar a degradação da qualidade das camadas intermediárias de água. A presença de zonas anaeróbias na região que recebe as vazões afluentes ao reservatório normalmente indica uma grande entrada de matéria orgânica biologicamente degradável, proveniente das bacias hidrográficas.

Em águas anaeróbias, são liberados **ferro** e **manganês** de complexos que não seriam dissolvidos de outra forma. As concentrações podem, por vezes, atingir 200 mg/l de Fe e 100 mg/l de Mn. Esses valores representam os limites de concentrações normais. Qualquer aumento dessas concentrações pode causar dificuldades para o processo de tratamento.

O **sulfito de hidrogênio** é facilmente identificável pelo cheiro. A indicação de sua presença é feita por métodos mais sensoriais que analíticos. Essa substância encontra-se normalmente em balanço com outros sulfitos regulados pelo pH e pelas concentrações de seus respectivos cátions. A presença dos sulfitos indica condições de águas com anoxia e aponta para dificuldades no seu tratamento devido à presença de ferro e de manganês.

Todos os **indicadores bacteriológicos** padrões apontam fontes externas de poluição (tributários e margens). Eles também podem ser utilizados para indicar a fonte das contribuições para o reservatório, mas têm pouca utilidade na avaliação da flora autóctone, fruto dos processos existentes dentro do reservatório. Podem ser identificados os seguintes grupos: bactérias psicrofílicas, bactérias mesofílicas, coliformes e streptococos fecais.

Altas contagens de **bactérias psicrofílicas** não indicam necessariamente origem fecal. Matéria orgânica em decomposição torna difícil o tratamento da água, uma vez que gera cheiro desagradável. Nas águas provenientes de rios poluídos e durante épocas de cheias podem ser detectadas altas concentrações de bactérias psicrofílicas. Esses níveis lentamente caem dentro dos reservatórios graças à sedimentação e ao fitoplâncton.

As contagens de **bactérias mesofílicas** nas águas superficiais são geralmente de uma magnitude entre 1 a 2 vezes menores que as das psicrofílicas. As bactérias mesofílicas têm origens exclusivamente externas e as contagens diminuem nos reservatórios sempre devido à sedimentação e ao fitoplâncton.

Os **coliformes** têm como origem exclusiva fezes (de humanos e outros animais de sangue quente) e entram nos reservatórios provenientes de fontes externas. Seu número cai dentro desses sistemas devido à morte, sedimentação ou eliminação pelo zooplâncton. Esses processos são mais lentos durante os períodos mais frios (a sedimentação é a menos afetada pela temperatura), entretanto, eles também dependem das vazões, concentrações de compostos orgânicos, quantidade de matéria em suspensão (a qual pode reduzir as contagens de bactérias), além de outros fatores. As contagens de bactérias fecais são sempre menores nas camadas superficiais dos reservatórios que nas águas afluentes ao mesmo. Em reservatórios profundos e estratificados, com tempo de retenção igual ou maior que um mês, as concentrações recebidas caem de uma a duas vezes. As concentrações perto da barragem são comumente tão baixas que tornam inútil sua medição por meios não-precisos. Em contraste, reservatórios rasos não estratificados, com curto tempo de retenção e receptores de águas poluídas, caracterizam-se por altas concentrações de bactérias em algumas camadas perto da barragem, principalmente após terem seus sedimentos remexidos (natação). Em reservatórios rasos é desprezível a diferença entre as concentrações de coliformes no local de entrada dos rios no reservatório e dentro do mesmo. Em reservatórios profundos e estratificados são raras as concentrações elevadas de coliformes perto da barragem.

Os **streptococos fecais** têm origem exclusivamente em fezes, não crescem em meio ambiente externo e morrem mais rapidamente que os coliformes, logo, são bons indicadores de poluição recente. Nas vazões afluentes, eles normalmente podem atingir números uma vez menores que os coliformes. Em reservatórios, suas contagens caem mais rapidamente em direção à barragem; eles são duas vezes menores que os coliformes nesses trecho final do reservatório. Suas outras características são idênticas àquelas dos coliformes.

O **fitoplâncton** é um componente autotrófico do sistema. Torna-se essencial a determinação de sua composição e densidade para avaliar as condições tróficas do reservatório. As medições são expressas como concentração de clorofila A ou biomassa, feita mediante contagem e determinação do tamanho por meio de microscópios. A composição das espécies de fitoplâncton fornece outros dados de importância (tais como a determinação dos componentes predominantes ou do índice sapróbico). O fitoplâncton somente é capaz de fazer a fotossíntese nas claras camadas eufóticas. O fitoplâncton que morre afunda nas camadas escuras durante sua sedimentação e, também, pela circulação durante a homotermia. O fitoplâncton contribui para o conteúdo de matéria orgânica na água bruta, podendo em grandes concentrações conferir qualidades organolépticas às águas potáveis. Por vezes, o florescimento excessivo de algas produz alergênicos.

O **zooplâncton** pode afetar diretamente a composição e quantidade de fitoplâncton do reservatório. A composição das espécies e o tamanho do zooplâncton são naturalmente determinados pelas pressões efetuadas pelos peixes que deles se alimentam, originando um fator indicativo do aspecto, a longo prazo, da biologia do reservatório. O zooplâncton pode ser regulado artificialmente. O tamanho e a estrutura do zooplâncton são uma importante variável da qualidade da água. Os peixes que se alimentam de zooplâncton podem selecionar indivíduos maiores com grande precisão. A escala de tamanho do zooplâncton é uma das características mais importantes graças à pressão exercida pelos predadores. Reservatórios diferentes quanto a tamanhos e espécies de zooplâncton também diferem no referente ao desenvolvimento do fitoplâncton. É crítica a proporção de grandes moscas aquáticas dentro da biomassa total de zooplâncton (Hrbáček et al., 1986). Essa informação pode ser obtida facilmente na determinação da biomassa de uma amostra que tenha sido separada em frações. Redes com 0,7 mm de malha são adequadas para a separação dos zooplâncton grande e pequeno.

A composição das espécies de **bentos** pode indicar a disponibilidade de oxigênio a longo prazo no fundo do reservatório. Amostras melhores podem ser retiradas da parte mais profunda do reservatório, durante a época mais quente do ano. Os bentos podem ser utilizados na avaliação das condições sapróbicas dos reservatório.

É significativa a existência de **peixes** que se alimentam de zooplâncton ou são predadores, quer para avaliar a qualidade da água de reservatórios destinados ao abastecimento de água potável, quer para ser utilizados como ferramentas de biomanipulação (Seção 11.3). As espécies de peixes de águas temperadas que causam significativos efeitos indesejados nas populações de zooplâncton são a "roach, bream, bream prateada, rudd, peixe branco, perca (comprimento do corpo de cerca de 17 cm) e pop". Nos trópicos as espécies diferenciam-se geograficamente muito mais que nas regiões temperadas (Capítulo 5).

## 8.3 Relação entre Qualidade e Quantidade de Água

Atualmente, os aspectos quantitativos regem as práticas de engenharia visando à gerência de reservatórios. Esses sistemas têm sido construídos objetivando assegurar a disponibilidade de água, e esse requisito tem sido a principal preocupação para sua operação. Entretanto, a preocupação em relação aos aspectos referentes à qualidade da água tem aumentado, já que um número cada vez maior de reservatórios está sendo utilizado para o abastecimento de água, e seus padrões de qualidade são objeto de lei. Considerando também que a quantidade de água está diretamente relacionada à qualidade da mesma, são necessárias novas abordagens no sentido de atender a ambos os aspectos que por vezes são mutuamente excludentes ou conflitantes.

Há diversos relacionamentos entre os aspectos quantitativos e qualitativos das águas. A seguir discute-se cada um deles:

*a*) **Dentro da área da bacia hidrográfica:** água limpa, para o consumo humano, é retirada dos rios ou do subsolo e depois é devolvida poluída, em parte, para essas mesmas bacias hidrográficas. A evapotranspiração, relacionada aos cultivos e à cobertura vegetal natural, não somente reduz a quantidade de água, como concentra a composição química das águas correntes. A irrigação intensiva (por exemplo, na Austrália) induz altos índices de salinização em toda a região, em especial nas águas subterrâneas. A concentração de espécies químicas muda de acordo com as vazões e depende dos focos de poluição, que incluem fontes difusas, pontuais, campos cultivados, chuvas após secas etc. As várzeas exercem um papel positivo no referente à capacidade de retenção de água de uma determinada região, sendo também capazes de melhorar a qualidade da água por sua capacidade de reter grandes quantidades de diversos poluentes. Um aumento na capacidade de retenção de água por meio de diques e pré-reservatórios pode aumentar de forma significativa a retenção de fósforo, um nutriente crítico para o desenvolvimento de populações de algas (eutrofização). Devido à íntima relação entre vazão e concentração química, as cheias de curto período de ocorrência podem ser responsáveis pela maior parte da carga anual de poluição do reservatório. Na Figura 8.1 podem ser vistas três formas básicas de concentração de poluentes *versus* vazão. Há diferentes relações em casos em que uma fonte é claramente dominante. Na maioria dos rios, não há relações tão definidas como as apresentadas, graças ao caráter sobreposto dos focos de poluição comumente existentes nas bacias hidrográficas. Em uma mesma estação, as relações de concentrações *versus* vazão mudam de forma diferente dependendo do aumento ou redução das vazões (Figura 8.2). Alterações semelhantes também podem ser observadas durante épocas de cheias; as concentrações são maiores durante o aumento do volume de água que na fase de sua redução.

b) **Dentro do reservatório:** as alterações nas vazões afluentes e as mudanças de qualidade das mesmas acarretam conseqüências diretas sobre a qualidade da água do reservatório. O volume afluente também afeta a mistura das diferentes camadas existentes no corpo hídrico, podendo acarretar, portanto, efeitos positivos ou negativos nas camadas. A mudança na qualidade da água do reservatório está intimamente ligada ao tempo de retenção. As variações no nível das águas altera a qualidade da água devido à lavagem das margens e à degradação da vegetação superior existente nessa região, o que induz uma redução na capacidade de proteção exercida por essas áreas.

c) **Nas vazões liberadas a jusante:** alterações de qualidade da água em diferentes profundidades do reservatório são função dependente da profundidade na qual as águas são retiradas, bem como de sua quantidade. A qualidade das águas liberadas para jusante pode ser selecionada pela seleção de camada da qual a mesma é retirada, porém, essas retiradas exercem um efeito contrário sobre a camada da qual a água foi removida. Os usuários a jusante devem ser supridos com uma quantidade mínima de água, a qual deve ainda obedecer a determinados padrões. Há muitos possíveis conflitos entre os aspectos quantitativos e qualitativos dessas águas. A drenagem do reservatório visando melhorar sua qualidade da água pode ser limitada por aspectos quantitativos. Em muitos países são garantidos padrões mínimos de vazão e qualidade para jusante. A seleção do nível para retirar água do reservatório fornece ao gerente diversas oportunidades para melhorar a qualidade da água do mesmo.

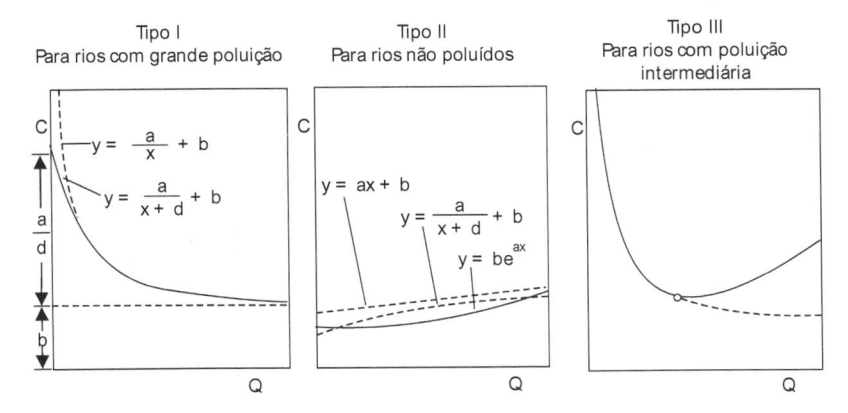

**Tipo I**
Para rios com grande poluição

$y = \dfrac{a}{x} + b$

$y = \dfrac{a}{x+d} + b$

**Tipo II**
Para rios não poluídos

$y = ax + b$

$y = \dfrac{a}{x+d} + b$

$y = be^{ax}$

**Tipo III**
Para rios com poluição intermediária

**Figura 8.1** Três tipos de relação entre parâmetros de qualidade química das águas e vazões em rios, em função do tipo de poluição e sua intensidade. O Tipo I é característico de rios com um grande foco pontual, enquanto o Tipo II mostra rios com fontes difusas, nos quais o aumento das concentrações em função da intensidade das fontes pode ser maior que o indicado na figura (baseado em Jolánkai, 1983).

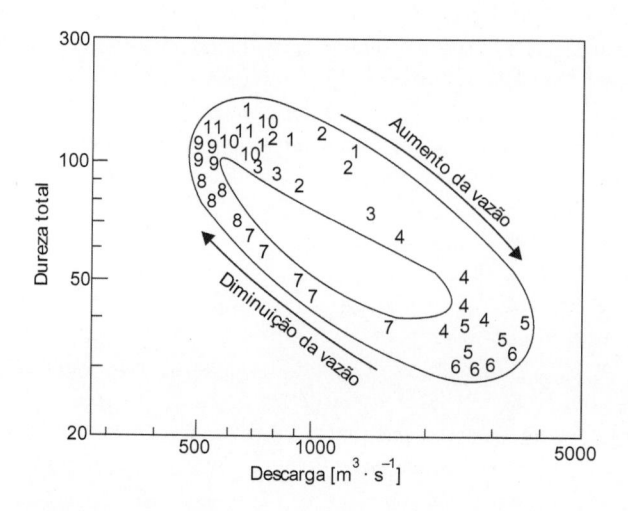

**Figura 8.2** Efeitos nas concentrações das variáveis de qualidade da água, exemplificadas pela dureza. Os números no gráfico mostram os meses de observação.

# Capítulo 9

# Amostragens, Monitoramento e Avaliação da Qualidade da Água

## 9.1 Determinação da Qualidade da Água como Sistema

Qualquer campanha para a determinação da qualidade da água, seja em reservatórios ou em outros corpos hídricos, deve primeiramente definir o objetivo e propor a metodologia ótima para atingi-lo. A experiência demonstra que é fácil acumular dados sobre qualidade de águas, porém, sem uma adequada análise, interpretação e aplicação da informação coletada, tudo se torna sem efeito. "O monitoramento tende a ser bom, porém a informação tende a ser pobre" (Ward et al., 1986).

Um enfoque consiste em considerar a investigação como um sistema composto por diversos subsistemas, representando as etapas necessárias à análise do problema. Devem ser considerados os aspectos envolvendo localização, métodos de coleta e avaliação de dados e os escopos então já definidos. A Figura 9.1 esquematiza esse procedimento sistêmico.

Os seguintes passos podem ser observados:

1) Definição dos objetivos, preferivelmente sob forma de perguntas e tipos das respostas desejadas.
2) Planejamento da campanha de obtenção de dados, tais como: cronograma da coleta de amostras (tempo, local e freqüência), manuseio das amostras coletadas (transporte, preservação, parâmetros a serem medidos e métodos de análise).
3) Análise dos dados coletados: distribuições estatísticas, padrão de relacionamento entre as variáveis e formato final dos resultados (por exemplo, qual o método de análise ou qual modelo matemático a ser utilizado).
4) Interpretação dos resultados, apresentação das conclusões e recomendações.

As seguintes recomendações devem ser cuidadosamente observadas:

*a*) Embora o cronograma dos levantamentos anteriores tenha sido subdividido em etapas, cada uma delas faz parte de um todo e não representa uma entidade autônoma.
*b*) É preferível que cada etapa seja executada da maneira mais abrangente possível, pois a falta de uma variável necessária aos levantamentos futuros poderá pôr em risco o coroamento dos objetivos finais.
*c*) Os dados a serem coletados dependem dos objetivos almejados.

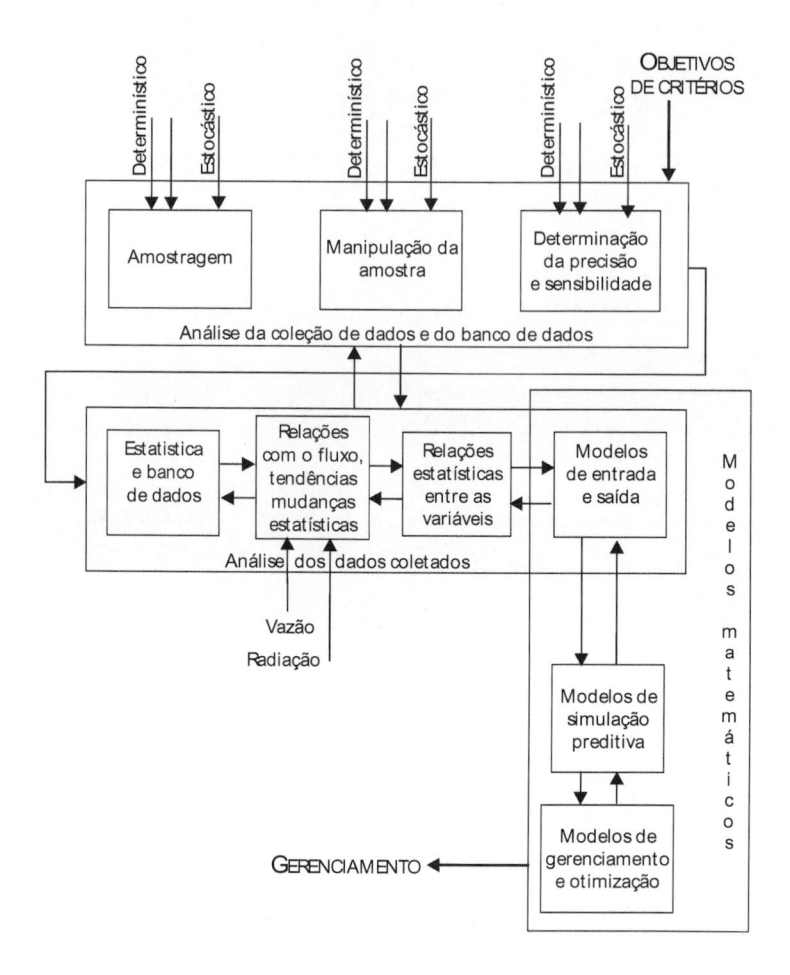

**Figura 9.1** Campanha sistêmica de determinação da qualidade da água, conduzindo à seleção das estratégias adequadas de gerenciamento.

d) A definição dos objetivos depende do conhecimento prévio do assunto e do local, bem como da capacidade dos investigadores (nível educacional, experiência e conhecimento dos problemas locais). É, pois, imperativa a coleta dos dados existentes relacionados ao tema já nas primeiras etapas do estudo. Freqüentemente torna-se necessário educar a equipe (por exemplo, desenvolver a capacidade de utilizar novos métodos).

e) Deve ser dada atenção especial à retroalimentação entre as diversas etapas mencionadas anteriormente. Qualquer cronograma de amostragens depende de dados estatísticos, da distribuição espacial e da relação existente entre as variáveis. Os métodos de análise dos dados dependem dos resultados e objetivos esperados.

f) Durante as medições de cada um dos parâmetros, deve-se considerar três características tidas como "precisão". São elas: níveis de **sensibilidade** (o menor intervalo que aquele procedimento pode indicar), o limite inferior de **detecção** (alguns procedimentos não são confiáveis para valores baixos, normalmente encontrados em reservatórios, embora sejam precisos para concentrações elevadas) e o grau de **precisão** (por exemplo, instrumentos modernos são muito sensíveis, porém não fornecem bons resultados se não forem bem calibrados).

g) Deve-se considerar o tipo de informação desejada para selecionar um entre os diversos métodos, com diferentes graus de precisão. A determinação da concentração de um determinado parâmetro, em um determinado local, empregando-se um método dispendioso e lento, porém muito sensível e acurado, pode representar um esforço inútil caso o valor levantado varie muito de local para local, ou, ainda, durante o transporte das amostras até o laboratório.

h) Nesse caso, é mais interessante coletar amostras em diversos locais ou medir múltiplas variáveis. Caso o levantamento estude as relações existentes entre as variáveis, por exemplo clorofila e fósforo, é preferível que ambas sejam determinadas nas mesmas amostras e com o mesmo grau de precisão. Por exemplo, uma determinação precisa do fósforo reativo (fosfato) somente é possível se executada imediatamente (minutos) após sua coleta. Isto se dá porque os organismos presentes na amostra utilizam e liberam fósforo em taxas que não correspondem àquelas existentes na natureza. Além disso, organismos sensíveis morrem dentro das amostras, alterando consideravelmente o valor. Esse tipo de determinação imediata não é possível na maioria das campanhas. Assim sendo, torna-se preferível uma forma mais simples para a determinação do total de fósforo, mesmo que essa não esteja diretamente relacionada à atividade do fitoplâncton.

Um erro comum nas campanhas do tipo "rico em dados, porém pobre em informações" consiste em níveis díspares de precisão, para as diversas variáveis. Emprega-se melhor o tempo, dinheiro e esforços quando se determina um nível comum de precisão ainda nas fases iniciais da campanha.

## 9.2 Amostragens Preliminares à Construção do Reservatório

As campanhas para determinação da qualidade da água, preliminares à construção do reservatório, contemplam, além da área da barragem, toda a bacia hidrográfica. O objetivo da campanha no local é determinar o estado do meio ambiente, seus efeitos potenciais sobre o reservatório e os efeitos potenciais do reservatório sobre o local e as populações afetadas. Em muitos países, é pré-requisito para qualquer grande construção a elaboração de um Estudo de Impacto Ambiental – EIA. Esse documento contém todas as informações existentes e o conhecimento das condições locais e sua ecologia (Seção 2.4).

No referente à qualidade da água, o objetivo da campanha de coleta de dados é buscar determinar a qualidade das águas do futuro reservatório, sugerindo passos necessários para atingir os padrões almejados para os diversos usos que serão feitos, ajudando na seleção entre as diversas alternativas do projeto. Elas podem ser alternativas de localização da barragem, sua altura, construção de diques nas bacias hidrográficas, estações de tratamento nas principais fontes poluidoras e muitas outras recomendações relacionadas às características construtivas que podem interferir na qualidade da água.

A área desta análise deve basear-se em um reconhecimento local das bacias hidrográficas, verificando-se os tipos de uso das terras, localização das indústrias e comunidades, grau de tratamento dos efluentes industriais e áreas com elevada poluição difusa. Deve-se também considerar o futuro desenvolvimento na área de bacias hidrográficas, tais como novas indústrias, relocação populacional e novos centros de recreação. Todas as vazões afluentes, que isoladamente ou em conjunto representam mais de 90% das vazões totais recebidas pelo reservatório, devem ser estudadas. Em casos em que uma grande fonte de poluição esteja localizada em um pequeno riacho, essa fonte hídrica não pode ser desprezada em função de sua pequena vazão. Em casos de focos pontuais, deve-se posicionar estações de amostragem tanto acima como abaixo do local, de forma que se possa avaliar a poluição daquela fonte específica.

## 9.3 Otimização da Distribuição e Espaçamento Temporal das Amostragens

Teoricamente é conhecido o fato de que, até determinado ponto, pode-se obter mais resultados com mais informações, entretanto, com o aumento no volume de informações, elas eventualmente perdem qualidade, e caso elas ultrapassem um número crítico, criam mais confusão que explicação. Embora a determinação prévia da quantidade de informações necessárias a uma determinada tarefa seja bastante difícil, deve-se considerar a regra geral e buscar otimizar a coleta de dados.

Geralmente, o número escolhido para estações de amostragens horizontais e verticais é, por necessidade, fruto da combinação entre tempo, condições econômicas, disponibilidade de mão-de-obra e dos objetivos almejados, incluindo-se na análise considerações sobre o tamanho, sazonalidade e estrutura térmica do reservatório. É melhor dar início à campanha com amostragens de alguns poucos e facilmente determinados parâmetros, tais como o pH ou a condutividade. Esse procedimento auxilia na determinação das áreas de maior interesse. Entretanto, também ocorrem mudanças em locais específicos devido às variações das vazões afluentes, oscilações de níveis de água e outras, que devem ser levadas em consideração.

Freqüentemente, verificam-se diferenças bastante grandes em estações próximas. Assim sendo, é preferível a adoção de amostras integradas, misturadas, àquelas coletadas em pontos isolados. Amostras de água provenientes de um número determinado de estações de coleta, por exemplo, ao longo de uma seção do reservatório, podem ser misturadas em um grande recipiente e depois de convenientemente homogeneizadas podem ser retiradas subamostras para análises. O emprego de tubos de amostragem ou bombas permite uma integração ao longo do perfil vertical, entretanto, esse tipo de integração não pode ser utilizado para a determinação de componentes gasosos, tais como o oxigênio ou o pH.

O tempo de amostragem depende do grau de variabilidade. Intervalos regulares de amostragem são mais fáceis de ser analisados estatisticamente, porém amostragens mais freqüentes durante períodos de grandes mudanças garante maior precisão dos valores dependentes do fator tempo. Podem estabelecer-se intervalos mais espaçados durante épocas com baixa atividade biológica, tais como períodos frios em regiões temperadas. Amostragens freqüentes durante cheias melhora significativamente a estimativa das cargas anuais. De fato, as cheias podem ser as responsáveis por grande parte da carga. Este fato é particularmente verdadeiro para as vazões afluentes ao reservatório, nas quais as concentrações de poluentes são altamente dependentes das vazões. Uma vez que a execução de amostragens em função das vazões não é tarefa fácil; recomenda-se que se façam amostragens contínuas, o que pode ser executado mediante o emprego de diversos equipamentos automáticos. Um mecanismo de coleta de amostras que não necessita ser alimentado eletricamente pode continuamente desviar uma fração de água para um recipiente. Coletores mais sofisticados, operados por bombas, são capazes de ajustar automaticamente a quantidade de água coletada em função das vazões, de forma que as amostras relacionadas ao tempo possam ser pesadas pela intensidade das vazões.

Diagrama de fluxo da qualidade
da água das represas e sua avaliação

Esquema de investigação

| Orientação | Sistemático |
|---|---|
| Duas vezes ao ano | Todo o ano |
| Poucas variáveis | Muitas variáveis |

Estações de coleta
Influxo
Represa
Saída

Banco de dados – Processamento – Avaliação

| Banco de dados | Estatísticas | Tendências | Dependência de vazão | Balanço de massa | Estratificação |

Conclusões

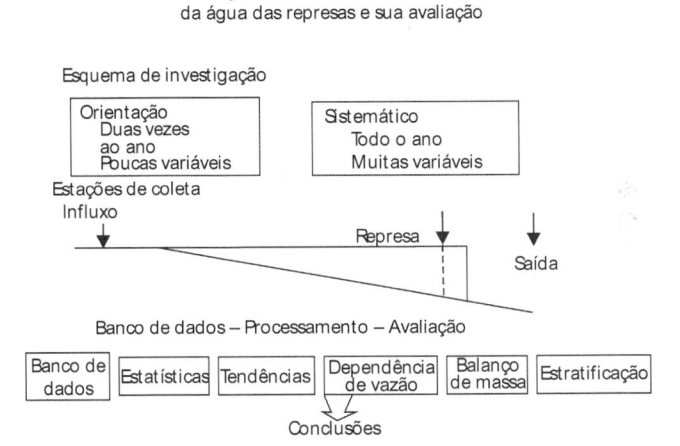

**Figura 9.2** Representação esquemática de uma campanha de coleta de dados sobre a qualidade da água de um reservatório e a seqüência de processamento dos elementos coletados, indo da elaboração de um banco de dados às avaliações e conclusões.

Para um controle-padrão da qualidade da água sugerem-se dois procedimentos: o **procedimento orientativo** pode ser utilizado em reservatórios pequenos sem graves problemas de qualidade e o **procedimento sistemático** pode ser utilizado nos outros casos. Para campanhas destinadas à obtenção de maior conhecimento limnológico, deve-se selecionar um programa correspondente ao problema a ser solucionado.

No **procedimento orientativo,** são coletadas amostras de água em somente um local do reservatório, durante os períodos de maior estratificação e os de mistura completa. No **procedimento sistemático** coletam-se amostras em todos os locais em que se verifica a entrada das principais vazões no reservatório, dentro do corpo hídrico e nos pontos onde a água é drenada a jusante (Figura 9.2). Faz-se necessário o exame da qualidade da água nesses três locais para garantir uma precisa avaliação por parte do gerente. Em reservatórios de grande porte, em especial aqueles com formas intrincadas e muitos locais com vazões afluentes com diferentes características, torna-se necessário fazer mais amostragens em diferentes pontos. Elas devem ser feitas com no máximo um mês de intervalo.

**Vazões afluentes ao reservatório:** o local de amostragem do tributário deve ser posicionado acima do nível máximo de cheia e o mais próximo possível, a jusante, dos focos de poluição. Deverão ser coletadas amostras em toda a seção transversal do rio, uma vez que amostras feitas em uma margem podem apresentar grandes diferenças em relação a outras feitas na margem oposta. Águas lançadas diretamente no reservatório, provenientes de fontes poluidoras, devem ser monitoradas separadamente. Conforme visto, caso o reservatório tenha diversos tributários, cada qual, responsável por 10% ou mais do total de vazões afluentes, deve ser amostrado em termos quantitativos e qualitativos.

**Corpo hídrico do reservatório:** o reservatório deve ser amostrado pelo menos em seu local mais profundo, normalmente perto da barragem. Caso as tomadas de água não se localizem na barragem, deverão também ser monitorados os locais próximos dessas obras. Quando esses mecanismos são de grande porte, como no caso de complexos hidroelétricos, as estações de amostragem deverão ser localizadas a uma distância mínima dos mesmos, porém não afetada pela sua sucção. O número e distância entre as profundidades de coleta dependem da profundidade do reservatório e do seu grau de estratificação. Recomenda-se o emprego de instrumentos automáticos (tais como o thermistor) para estimar o grau de estratificação no local de amostragem, podendo-se, então, selecionar adequadamente as profundidades de coleta de amostras. Amostras coletadas de forma consistente, na mesma profundidade ao longo do ano, são mais fáceis de analisar estatisticamente, porém pode-se obter mais informações adicionais importantes quando as amostras são coletadas nas profundidades onde se verificam as maiores mudanças. Uma indicação da profundidade do epilímnio pode ser feita determinando a profundidade na qual desaparece o disco de Secchi e assumindo que a profundidade do epilímnio é de 3 vezes aquela medida pelo disco. A "superfície" tem suas amostras retiradas de 20 a 30 cm abaixo da mesma, no sentido de evitar partículas que se acumulam na superfície e também a microestrutura superficial. A camada "superficial" não deve ser amostrada próxima das margens devido à ação dos ventos, que faz com que as espumas se acumulem nesses locais. O "fundo" é amostrado de 1 a 2 m acima do chão. Em um corpo hídrico estratificado, as amostragens verticais não devem ser espaçadas por mais de 10 m.

Um perfil vertical normalmente é suficiente em reservatórios pequenos e médios. Entretanto, ele deverá ser complementado por amostras coletadas na zona onde afluem os rios. Em reservatórios grandes, com baías do tamanho de reservatórios pequenos ou médios, suas diferenças podem ser suficientemente grandes para exigir mais estações de amostragem. Em reservatórios rasos, não-estratificados e sem correntes longitudinais, as diferenças horizontais são predominantemente governadas pelos ventos, assim sendo, as amostras deverão ser retiradas ao longo de diversos perfis verticais.

**Vazões liberadas a jusante:** deve-se determinar em todos os locais de saída as quantidades de água desviadas ou descarregadas de um reservatório e a camada da qual as mesmas foram retiradas. É necessário amostrar a qualidade das águas liberadas para avaliar o efeito do reservatório sobre as mesmas e sobre seu uso a jusante do sistema.

## 9.4 Amostragem Manual

Um problema comum que pode fazer com que a interpretação dos resultados das variáveis amostradas seja errônea, ou difícil, é fruto da inconsistência entre os procedimentos de análise dos diversos laboratórios. Um método capaz de verificar a compatibilidade dos valores obtidos por diferentes laboratórios, analisando a mesma bacia hidrográfica, estado ou região geográfica, é o da intercalibragem, que pode ser feita enviando amostras idênticas aos diferentes laboratórios e comparando os resultados. Foram encontradas consideráveis diferenças em amostras marinhas de variáveis básicas, de fácil coleta e métodos simples de determinação, processadas por grupos diferentes de técnicos experientes. Situações parecidas ocorrem nas determinações de parâmetros de águas doce.

Na Figura 9.3 apresentam-se instrumentos utilizados na coleta de amostras manuais de elementos utilizados na determinação da qualidade da água. Conforme pode ser visto na Figura 9.3G, é necessário um guincho para operar esses instrumentos. As medições da variação da **temperatura** em diferentes profundidades é executada facilmente mediante o emprego do Thermistor, resistência ou termômetro elétrico. Entretanto, os valores obtidos por esses instrumentos devem ser confirmados por meio de um termômctro preciso de mercúrio (calibrado), a cada amostragem.

Podem-se empregar garrafas de coleta de amostras de qualquer tipo (Figura 9.3D e E). A garrafa deve permitir que a água passe livremente pela abertura enquanto a mesma estiver descendo para garantir que a água seja retirada na profundidade desejada. Ela deve estar equipada com um tubo de descarga de comprimento tal que toque o fundo da garrafa utilizada para determinação das concentrações de oxigênio dissolvido e pH. À garrafa são adicionados os reagentes utilizados na determinação do oxigênio dissolvido e do pH, que são, então, imediatamente medidos. Para as análises químicas é aconselhável lavar toda a garrafa de coleta, pelo menos duas vezes antes de retirar a amostra. Caso a água coletada entre em contato com o ar, ou caso os reagentes não sejam misturados de pronto, os resultados analíticos poderão apresentar erros, especialmente quando as concentrações de oxigênio forem inferiores a 2 mg/l$^{-1}$.

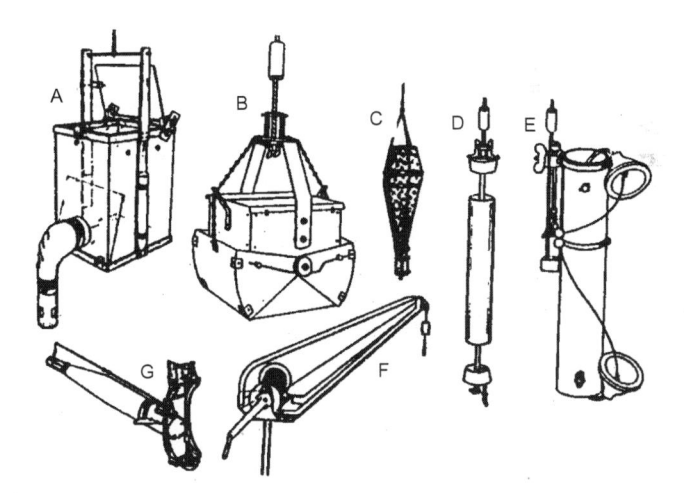

**Figura 9.3** Instrumentos para coleta manual de amostras. A: coletor de zooplâncton de Schindler; B: pegador de fundo para coleta de sedimentos e bentos; C: rede de plâncton tipo Apstein; D: coletor de amostras de água de Ruttner; E: coletor de amostras de água de Van Dorn; F: amostrador de plâncton de Clarke-Bumpus; G: guincho utilizado para descer os instrumentos citados.

Já que algumas determinações são muito lentas e dispendiosas, e a localização das estações e as profundidades freqüentemente não garantem valores adequados, é aconselhável sempre coletar amostras representativas.

Os amostras devem ser protegidas da luz solar, do calor ou de baixas temperaturas durante seu transporte e manuseio. Caixas portáteis de poliestireno ou refrigeradores que funcionam com bateria são adequados a esse propósito. Os requisitos específicos para a **preservação das amostras** dependem dos parâmetros a serem determinados. Por exemplo, amostras destinadas à determinação do total de fósforo podem ser preservadas por meio de acidificação. Sempre que possível, as amostras devem ser preservadas imediatamente após sua coleta, uma vez que alterações consideráveis podem ocorrer durante seu armazenamento e transporte.

Em relação às **bactérias,** amostragem direta e cultivo são diferentes. Amostras obtidas mediante amostragem direta são preservadas com formol. Os métodos de cultivo requerem uma completa esterilização. As amostras superficiais são preferivelmente coletadas amarrando-se a garrafa de coleta firmemente em um cabo de aço, de forma a evitar sua contaminação.

Amostras para a determinação do **fitoplâncton** (inclusive clorofila A) podem ser coletadas quer por camadas (o que demanda muito tempo), quer por meio de um simples tubo que coleta toda a coluna produtiva de uma só vez. Para tanto, equipa-se um tubo plástico de 3 a 5 mm de diâmetro e comprimento de 4 a 6 m com um mecanismo simples de fechamento. Diversas amostras coletadas com esse tubo, preferivelmente em diversas localidades ao longo do reservatório, são misturadas em um recipiente e, após sua mistura, removem-se subamostras para diferentes finalidades. Também pode-se utilizar uma bomba para obter amostras integradas de toda a camada produtiva. Nesse caso, a água coletada a diversas profundidades é misturada em um grande recipiente e amostras são, então, dele retiradas. Uma vez que a maioria das bombas tem grande capacidade, sua vazão para o recipiente pode ser aproveitada somente em parte. Uma solução de lugol é a preferível para a preservação das amostras de fitoplâncton. Sendo que o iodo é o principal componente dessa solução, ela é bastante instável, logo será sempre necessária a adição de mais solução às amostras após algum tempo. Plâncton de tamanho nano ou pico não pode ser determinado dessa maneira. A determinação quantitativa de grandes colônias de espécies de fitoplâncton, tais como *Volvox*, pode ser feita mais eficientemente através de redes de coleta de amostras parecidas com aquelas utilizadas para o zooplâncton, já que as densidades desses organismos são muito menores que as da maior parte do fitoplâncton. As amostragem de clorofila exigem que as amostras sejam filtradas imediatamente após a coleta e que o filtrado seja secado em um exaustor no escuro e, posteriormente, refrigerado ou pelo menos mantido frio durante o transporte.

O **zooplâncton** pode ser amostrado mediante redes do tipo Aspen (Figura 9.3C). Para delimitar as zonas do zooplâncton, utiliza-se um amostrador maior, de preferência do tipo Schindler (Figura 9.3A) ou uma bomba com alta velocidade de sucção, de modo a não poder ser evitada pelos organismos. O amostrador do tipo de Clarke-Bumpus (Figura 9.3F) possui um medidor que determina o volume filtrado, podendo ser operado de um barco. Coletas estratificadas ou oblíquas produzem amostras integradas por intervalos de profundidade.

Pode-se determinar o nível inferior do coletor de amostras pela velocidade do barco e o comprimento do cabo, mediante o emprego de um clinômetro, que fornece o ângulo de inclinação do cabo. Mediante a regra de três, com a inclinação desejada, correspondente a uma determinada velocidade, pode-se calcular a profundidade do coletor. O microzooplâncton não pode ser amostrado quantitativamente por meio de redes, uma vez que as redes mais finas, capazes de reter os maiores organismos, ficam facilmente entupidas e as redes-padrão, com malha maior, não são capazes de filtrá-los. Além disso, as concentrações de rotíferos e protozoários são suficientemente grandes para dispensar uma grande quantidade de amostras. Amostras entre algumas centenas de milímetros cúbicos e de 1 a 2 litros necessitam de preservativos específicos, uma vez que muitas espécies de protozoários perdem sua integridade caso fixadores-padrão sejam utilizados.

Um método recente para caracterizar quantitativamente o plâncton é o emprego de aparelhos capazes de efetuar automaticamente a classificação por tamanhos, tais como o contador de Coulter ou os citofluorômetros (somente para fitoplâncton). Medir o tamanho parece ser um bom substituto para as incômodas determinações taxonômicas quantitativas (Sprules, 1984). A determinação dos tamanhos também é importante para a determinação da qualidade da água.

As amostras do fundo são retiradas por meio de pegadores de fundo (Figura 9.3B). O peso do mecanismo deve ser maior que aquele da camada mole de sedimentos, senão a parte superficial onde se concentra o bentos pode ser perdida.

## 9.5 Monitoramento Automático

Podem-se diferenciar dois métodos de monitoramento automático: (i) monitoramento descendo uma sonda a diferentes profundidades e (ii) monitoramento mediante a gravação de dados ao longo do tempo. Em alguns casos, é possível a combinação dos dois métodos.

Atualmente há muitos tipos de instrumentos com a capacidade de registrar dados, para ambos os métodos. O armazenamento de dados é automático mediante o emprego de um equipamento especialmente feito para esse fim ("data logger") ou mediante a conexão dos instrumentos a um computador. A segunda alternativa tem a vantagem que os dados podem ser processados imediatamente. Esse processamento pode ser feito na forma de apresentação estatística dos dados (seleção das unidades, médias, integral ao longo do período etc.) ou por meio de representações gráficas. Os dados de alguns "loggers" dispõem somente de algumas funções. Para uma análise completa, os dados primeiramente devem ser trabalhados em um computador. As vantagens dos "loggers" são: a robustez, a pouca sensibilidade às intempéries e necessidade de menos energia para sua operação. Alguns desses aparelhos podem operar por meses gravando diversas variáveis a cada hora, ou mesmo em intervalos mais curtos.

Podem ser obtidos dois tipos básicos de dados: analógicos e digitais. Dados analógicos (na forma de gráficos temporais ou em função da profundidade) são muito úteis na análise de mudanças rápidas, enquanto dados digitais fornecem valores mais exatos. A combinação ótima é o armazenamento de valores na forma digital e sua apresentação na forma analógica. É pouco útil a gravação instantânea de variáveis que mudam rapidamente, sendo, então, preferível obter o valor integrado ao longo de períodos de tempo predeterminados. Por exemplo, a velocidade do vento varia em segundos, e sua integral (ou seja, a média) ao longo de determinado intervalo fornece uma informação mais útil e mais fácil de ser interpretada.

Os instrumentos para determinação do perfil vertical podem ser classificados em dois grupos: (i) aqueles que são mergulhados até determinadas profundidades, as quais são anotadas manualmente e (ii) sondas de queda livre. O tempo de reação do primeiro tipo deve ser levado em consideração. As sondas de queda livre são capazes de anotar automaticamente o perfil, com resolução de milímetros.

O monitoramento de alguns indicadores ao longo do tempo fornece ao gerente informações exatas, porém sua interpretação pode ser uma tarefa difícil. Assim sendo, alguns sistemas de monitoramento oferecem algumas formas simples de interpretação dos dados. Por exemplo, emitem algum sinal de aviso quando um valor absoluto predeterminado é ultrapassado. Em sistemas mais avançados, um sinal de alerta é emitido caso ocorra numa variável crítica uma variação maior que um intervalo predeterminado. Nesse momento, o gerente é alertado a tomar uma atitude para melhorar a situação.

Os dados podem ser transmitidos ao centro gerencial, a longas distâncias, por meio de um rádio. A Figura 14.3 demonstra como um controle automático de qualidade da água pode ser instalado estando disponíveis dados sobre as variáveis críticas para o sistema, tais como a concentração de clorofila A em reservatórios eutróficos destinados ao abastecimento de água potável. Caso a clorofila suba para taxas superiores a determinados limites, o controle alerta que brevemente surgirão problemas de qualidade da água, sendo, então, adotadas automaticamente ações corretivas. Outro exemplo é o acionamento automático de mecanismos de mistura epilimnética, como descrito na Seção 11.1. O emprego de monitoramento em conjunto com modelagem matemática é descrito na Seção 14.8.

Com tantos tipos de instrumentação automática disponível, dois aspectos devem ser cuidadosamente observados: **sensibilidade** e **precisão**. Enquanto a sensibilidade dos aparelhos normalmente é muito alta, sua precisão é grandemente dependente de calibragem. Instrumentos automáticos utilizados sem cuidadosa calibragem podem gerar resultados totalmente errôneos. Muito embora instrumentos recentemente desenvolvidos disponham de calibragem automática, recomenda-se a checagem periódica de um clássico químico ou outro parâmetro. Normalmente é insuficiente o controle de um único valor. A calibragem dos valores extremos possibilita uma melhor determinação da precisão.

## 9.6 Sensoreamento Remoto

Em grandes reservatórios é útil o emprego de imagens de satélites para o monitoramento da qualidade da água. As imagens dos satélites podem ser combinadas à aerofotogrametria, outra ferramenta bastante útil. É fundamental para o sucesso desse método a existência de uma rede de coleta de amostras que permita controlar e calibrar as imagens recebidas dos satélites e dos aviões. Assim sendo, imagens tiradas tanto em altas altitudes (satélite) como em baixas altitudes (aviões) devem ser permanentemente calibradas mediante campanhas clássicas de coleta de amostras e/ou dados obtidos pelo monitoramento. Normalmente os parâmetros úteis que podem ser observados são a clorofila A, materiais em suspensão, turbidez e temperatura. Uma limitação desta técnica é que ela não permite a identificação de distribuição vertical das variáveis. Quando estiverem disponíveis medições verticais de qualidade da água e, também, de imagens do satélite (geradas simultaneamente à coleta das amostras), podem-se calcular, por integração, as concentrações médias por unidade de superfície.

As imagens geradas por satélites também fornecem uma visão da pluma de água que entra no reservatório. A coleta de amostras em profundidades definidas pode, então, fornecer uma avaliação quantitativa dessas variáveis, tais como materiais em suspensão e clorofila A. Pela correlação entre a imagem da superfície e as amostras verticais pode-se estimar a concentração média dos materiais que estão entrando no reservatório e sua origem, através da imagem de sua pluma.

O emprego do sensoreamento remoto e da aerofotogrametria pode auxiliar na tomada de decisões gerenciais. Através delas, pode-se obter as seguintes informações:

1) Distribuição horizontal de aumentos explosivos de cianobactérias.
2) Áreas de maior concentração de materiais orgânicos e orgânicos em suspensão.
3) Áreas com baixa e elevada turbidez.
4) Deslocamento vertical das plumas dos rios contribuintes, que podem carrear poluentes e sólidos em suspensão.
5) Distribuição horizontal da clorofila A e localização de concentrações altas e baixas de fitoplâncton.
6) Localização de mortandade de peixes.
7) Pode-se representar a distribuição do fósforo e nitrogênio total mediante uma criteriosa análise e correlações específicas de outras variáveis do reservatório, tais como a clorofila A, temperatura, transparência e coeficiente de absorção.
8) Detecção de concentrações de macrófitas.

No reservatório de Barra Bonita, Novo et al. (1993) definiram a distribuição horizontal da clorofila A, matéria orgânica em suspensão, nitrogênio e fósforo mediante o uso de imagens geradas pelo LANDSAT e amostras horizontais coletadas simultaneamente ao sensoreamento remoto, em 30 estações.

## 9.7 Armazenamento e Manuseio dos Dados

Os dados obtidos quando da determinação das diversas variáveis indicadoras da qualidade da água devem ser processados antes de serem utilizados como base de avaliações. O primeiro passo consiste em tabular os dados. Alimentar um programa de bancos de dados com os valores coletados facilitará todas as análises futuras. Um método básico de processamento consiste na determinação das médias anuais ou sazonais, além da determinação dos valores máximos e mínimos absolutos. Também são determinadas as tendências, no sentido de determinar se o estoque hídrico está melhorando ou piorando. Isto obriga a realizar as observações ao longo de vários anos, uma vez que alguns parâmetros de qualidade da água sofrem grandes variações sazonais. Outro fator que complica a avaliação das mudanças de qualidade da água é sua dependência em relação às vazões. Alterações ocasionadas pela retenção das águas, medidas pela diferença entre a qualidade das vazões afluentes e das liberadas para jusante ou desviadas, são afetadas pela estratificação ou por processos capazes de causar gradientes horizontais de qualidade da água ao longo do reservatório. A avaliação das alterações é facilitada estimando-se o balanço das substâncias químicas presentes no reservatório (ou seja, as diferenças entre as quantidades recebida e liberada pelo sistema). Essa diferença é afetada por tendências a longo prazo, bem como pelas vazões e pela estratificação.

Os dados quantitativos e qualitativos das vazões afluentes, das liberadas e das águas do reservatório em si, devem ser armazenadas. Programas modernos para computadores do tipo PC e/ou bancos de dados (Lotus 1-2-3, Quatro, Excel, Paradox, Framework; ver Neethling, 1986) são ideais para tanto. Eles têm linhas que podem representar as variáveis e colunas que podem representar datas. Tabelas especiais podem ser preparadas para estratificar cada variável, com linhas representando profundidades e colunas representando datas de coleta das amostras. Todas as medições, nas diferentes profundidades, devem ser gravadas, mesmo se forem medidas somente uma vez ao longo de um determinado período. Quando uma profundidade não for observada, a célula correspondente deverá ser deixada em branco. A vantagem desse método de armazenamento é que ele permite um cálculo fácil de todas as expressões estatísticas básicas, além de propiciar uma representação pseudográfica dos resultados, podendo também ser facilmente transferido para outros programas destinados à elaboração de gráficos.

## 9.8 Determinação da Qualidade da Água
### 9.8.1 Índices para a Avaliação da Qualidade da Água dos Reservatórios

Graças ao grande número de variáveis necessárias para avaliação da qualidade da água, e sua grande amplitude, um índice pode ajudar na descrição da situação geral (Thanh & Biswas, 1990). Entretanto, segundo esses mesmos autores: "Infelizmente a quantidade de índices para classificação da qualidade hídrica, utilizados em diversos países e estados dos Estados Unidos, é tão grande quanto o número das variáveis". Há diversos índices e sistemas de classificação para lagos. Eles têm caráter local, sendo baseados em condições específicas do país ou da região. O único sistema de classificação de reservatórios baseia-se em espécies de peixes do Texas, tendo sido criado por Dolman (1990). De modo geral, não há um sistema de classificação aceito por todos.

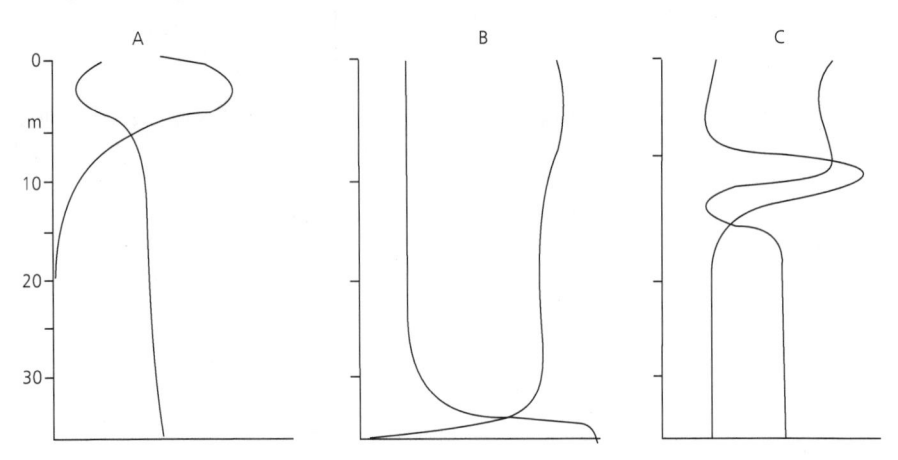

**Figura 9.4** Exemplos característicos de perfis verticais de oxigênio.

Como exemplo pode-se citar o Índice Geral de Qualidade de Águas Lacustres (General Lake Water Quality Index – GLWQI), formulado por Malin (1984) para lagos profundos na Finlândia. Esse índice baseia-se nas seguintes variáveis, escolhidas em função dos principais componentes e de análises em grupos: oxigênio, condutividade, pH, cor, manganês e fósforo total. O índice é representado por um número adimensional, indicador da qualidade da água. Para cada variável é atribuído graficamente um valor (0 ou 1), após derivação em análises de regressão. Esse valor indica como as medições isoladas se comportam em relação aos dados coletados em todo o país. Na Figura 9.4 pode-se ver esse valor. A partir daí calcula-se o GLWQI, baseado no peso médio de todas as variáveis, o qual, portanto, varia de 0 a 1. Não foi feita nenhuma tentativa de separar classes em função do valor desse índice.

Uma tendência recente em pesquisas biológicas é o conceito de ecorregiões. Elas podem ser definidas como regiões mapeadas com relativa homogeneidade em termos de geomorfologia, solos, vegetação natural e uso da terra. Nas ecorregiões os corpos hídricos são agrupados como se não existissem assentamentos humanos. As ecorregiões apresentam diferenças muito menores que a totalidade da nação ou do estado (Hughes et al., 1982). Embora, por vezes, as ecorregiões tenham sido consideradas "um princípio básico para estabelecer critérios viáveis para a proteção de sistemas aquáticos" (Biggs et al., 1990), elas são difíceis de ser utilizadas para gerenciar reservatórios, com exceção, talvez, de regiões com grandes concentrações desses sistemas. Isso ocorre por que quase todos os reservatórios pertencem a diferentes ecorregiões.

Por existirem poucos sistemas de classificação e avaliação para reservatórios baseados em parâmetros de qualidade da água ou ecorregiões, a seguir apresentam-se classificações baseadas em variáveis individuais. Outro motivo para basear as avaliações em variáveis individuais é que elas caracterizam os padrões de qualidade da água, que por sua vez são os objetivos a serem atingidos.

## 9.8.2 Determinação em Função de Variáveis Individuais

Nesta seção serão apresentadas considerações sobre um número selecionado de variáveis indicadoras de qualidade da água, de maior importância na determinação da qualidade das águas dos reservatórios. No entanto há outras variáveis, principalmente no referente aos atributos químicos, que também devem ser analisadas. Diariamente entram no mercado novos compostos químicos, e seus efeitos sobre o meio ambiente ainda são desconhecidos. Muitos desses compostos são sabidamente perigosos em grandes concentrações, principalmente quando presentes em águas destinadas ao consumo humano. Aqueles que são contemplados em normas de qualidade da água são apresentados no Capítulo 8. Busca-se aqui discutir as variáveis em sua ordem de importância, dentro da caracterização geral de qualidade da água. Isto é acompanhado, de certa forma, pela fácil determinação das mesmas. Primeiramente discutem-se as variáveis mais comuns e mais fáceis de ser determinadas e, então, parte-se para outras mais específicas. Menciona-se para cada variável sua avaliação com respeito aos diversos usos possíveis das águas, fazendo-se lembretes quanto às diferentes classes de reservatórios. A principal preocupação relaciona-se ao abastecimento de água potável, recreação, irrigação e pesca. Para outros tipos de uso (geração de energia hidroelétrica, navegação, proteção de cheias, aumento de vazões), os aspectos referentes à qualidade da água têm menos importância, embora os equipamentos para a geração de energia hidroelétrica possam ser afetados pela anoxia hipolimnética.

Para a maioria das variáveis há uma relação entre as vazões e concentrações (Seção 8.3). Por esse motivo, as variações sazonais na qualidade da água devem ser estudadas em função das mudanças nas vazões. Em reservatórios grandes, contribuições laterais representadas pelas chuvas ou pelas bacias hidrográficas podem diferir daquelas recebidas através dos rios principais, podendo causar diferenças espaciais e irregularidade sazonal.

**Transparência:** cada um dos três componente citados na Seção 8.2 (cor, turbidez mineral e algas) acarreta um efeito diferente sobre a transparência, tal como é medida pelo disco de Secchi, e também no seu uso. A turbidez mineral, que comumente é expressa em função da concentração dos sólidos totais em suspensão (ou unidades de turbidez nefelométrica – UTN), normalmente varia de 1 a 1000 UTN.

Entretanto, a medição dos sólidos totais em suspensão relaciona-se somente de forma vaga com a transparência. O mais importante é o tamanho (uma mesma concentração de partículas pequenas apresenta uma transparência maior que aquela com partículas grandes) e o caráter das partículas. Turbidez mineral média e alta acarreta dificuldades para tratamento de água potável. A turbidez também induz à sedimentação dos reservatórios e diminui sua vida útil. Os peixes também são prejudicados em águas muito turvas, uma vez que o componente mineral causa um efeito negativo no desenvolvimento da comida planctônica dos peixes e, também, porque fica reduzida a visibilidade da comida e dos predadores. A turbidez gerada pelo fitoplâncton, causada pela biomassa de algas, somente pode ser determinada após a separação desta da outra gerada pelos compostos minerais e pela cor. Em territórios com balanços hídricos bem distribuídos e com precipitações relativamente regulares ao longo do tempo, a turbidez fica reduzida aos períodos de chuvas mais intensas, que aumentam a erosão. A duração desses períodos normalmente é curta, comumente de alguns dias. Nesse caso, é possível utilizar a transparência medida em uma época de baixas vazões como pano de fundo para o cálculo da transparência devido ao fitoplâncton. A Tabela 9.1 fornece uma lista de parâmetros úteis para a avaliação da transparência de fundo.

**Tabela 9.1** Classificação de reservatórios em função da transparência devida ao fitoplâncton.

| Transparência devida ao fitoplâncton (m) | Reservatório | Trofia |
|---|---|---|
| < 0,3 | Não transparente | Hipertrófico |
| 1 a 2 | Fracamente transparente | Eutrófico |
| 3 a 6 | Semitransparente | Mesotrófico |
| > 6 | Claro | Oligotrófico |

**Oxigênio:** a concentração de fundo do oxigênio nas águas é em grande parte resultado da solubilidade do mesmo na água, em diferentes temperaturas. Pelo emprego da seguinte equação pode-se determinar a quantidade de oxigênio em sua saturação.

$$DO\ (mg/l^{-1}) = 14{,}624 - 0{,}40776\ T + 0{,}00811362\ T^2 - 0{,}000078765\ T^3\ (T\ em\ °C)$$

A diferença entre a concentração de oxigênio calculada pela equação e aquela existente representa o percentual de saturação. Um aumento de oxigênio nas águas é fruto dos processos fotossintéticos do fitoplâncton, e sua redução é conseqüência dos processos de decomposição, que incluem a respiração das algas e bactérias e a degradação de organismos e de matéria orgânica. A decomposição por vezes é de material externo, de poluentes orgânicos aduzidos ao reservatório, e outras vezes de fontes internas, predominantemente devido à respiração e à deterioração dos organismos. A concentração de oxigênio nas águas é função da relação entre a produção e utilização desse elemento. Na superfície do reservatório, concentrações baixas de oxigênio indicam poluição orgânica vinda do exterior, uma vez que a decomposição da matéria orgânica importada prevalece sobre a produção fotossintética. Altas concentrações de oxigênio durante os períodos frios e valores um pouco mais baixos durante os quentes sugerem a existência de um estado oligotrófico, ou seja, com elevadas concentrações de oxigênio no hipolímnio. Concentrações de oxigênio maiores em épocas quentes do que nas frias apontam uma meso ou hipertrofia, originando também baixas concentrações no hipolímnio. Oscilações diárias nas concentrações indicam eutrofia ou hipertrofia, uma vez que durante o dia a taxa de fotossíntese é maior que a da respiração, e à noite ocorre o inverso. Altas variações nas concentrações das camadas superficiais, em torno do nível inferior de saturação, indicam que o reservatório é poluído e eutrófico.

A concentração de oxigênio no hipolímnio é um bom indicador das **condições de oxigenação** de um reservatório. Para reservatórios temperados, são considerados críticos os valores fornecidos na Tabela 9.2 no referente à sua capacidade de atuar como bacia hidrográfica para o abastecimento de água potável.

Tabela 9.2   Reservatórios temperados: indicação da possibilidade de serem utilizados como bacia hidrográfica para o fornecimento de água potável, em função da concentração de oxigênio no hipolímnio (após Dillon & Rigler, 1975).

| Concentração de $O_2$ (mg/l) | Aptidão do reservatório |
|---|---|
| > 5 | Excelente |
| < 5 | Adequado |
| < 2 por pouco tempo | Não muito adequado |
| < 2 por longos períodos | Impróprio |

O desenvolvimento de condições de pouco oxigênio e/ou anoxia em um reservatório é muito mais freqüente em reservatórios tropicais que nos temperados. Embora os indicadores fornecidos na Tabela 9.2 também sejam válidos para reservatórios tropicais, comumente torna-se necessário produzir água potável mesmo com condições pobres de oxigênio no hipolímnio.

**Perfis verticais de oxigênio:** são freqüentemente parecidos com os perfis verticais das outras variáveis. A diferença de densidade entre as diversas camadas é um fator decisivo, logo, a estratificação térmica é um bom indicador das profundidades em que são esperadas as maiores variações. Na Figura 9.5 podem ser vistos perfis verticais típicos de oxigênio. Eles se destacam pelas seguintes características:

   *a*) Acentuada mudança na zona de mistura: esse tipo de curva denota efeitos de produção biológica nas camadas superficiais. As mudanças são causadas pela produção de matéria orgânica, incorporação de nutrientes, consumo de dióxido de carbono (alterações de pH e alcalinidade) e produção de oxigênio pelo fitoplâncton. As alterações podem ser originadas por variáveis e ir aumentando pela produção (como o oxigênio) ou diminuindo pelo seu consumo (como o fósforo). A taxa de alteração depende da intensidade dos processos produtivos e da diferença de densidade na camada da termoclina.

*b*) **Acentuada mudança no fundo:** são efeitos resultantes de intensa decomposição. Pouco oxigênio ou o aumento das concentrações de dióxido de carbono podem ter como origem causas diretas e indiretas. As causas diretas são o consumo de oxigênio e a produção de $CO_2$ durante os processos de decomposição. A causa indireta seria um meio-ambiente anaeróbio no fundo do reservatório, que pode aumentar a taxa de liberação de diversas substâncias (por exemplo, Fe, Mn, sulfitos, amônia, fósforo). Em sedimentos anóxicos também se formam componente carcinogênicos (por exemplo, metano dissolvido, compostos húmicos). Também formam-se trialometanos – THM – pelo contato dessas substâncias com o cloro utilizado no tratamento da água (por exemplo, o clorofórmio). A formação potencial de THM está relacionada às concentrações de carbono orgânico.

*c*) **Acentuada mudança nas camadas intermediárias:** esse fato pode indicar efeitos de decomposição no metalímnio (mínima metalimnética) ou a penetração de diversas camadas de água com concentrações diferentes. Nesse caso, os processos físicos desempenham o papel principal.

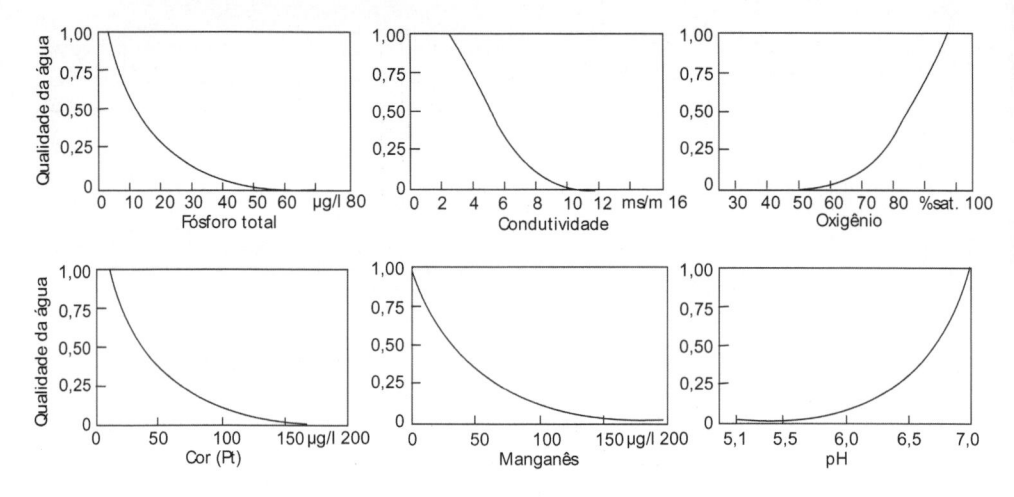

**Figura 9.5** Funções de parâmetros do Índice Geral de Qualidade da Água, para lagos profundos na Finlândia (Malin, 1984).

Os tipos de curvas apresentados devem ser vistos como aqueles que ocorrem de forma mais freqüente. Já que três processos principais – produção, decomposição e déficit de oxigênio – podem afetar simultaneamente os parâmetros, há muitas modificações e combinações na forma dessas curvas.

**Fósforo:** a determinação das concentrações de fósforo nas camadas superficiais de um reservatório estão relacionadas às quantidades de clorofila A produzida no corpo da água. Conforme visto na Seção 14.4, essa relação não é linear, apresentando limites de saturação (Figura 14.1). Na Tabela 9.3 podem ser vistos os valores críticos de $PO_4$-P e o total de P.

**Tabela 9.3** Valores superficiais críticos médios de $PO_4$-P e $P_{total}$ em mg/l$^{-1}$ (modificado e ampliado de Ryding & Rast, 1989).

|  | Regiões temperadas | Regiões tropicais |
|---|---|---|
| Oligotrófico | > 10 | > 10 |
| Mesotrófico | 10 a 35 | > 20 |
| Eutrófico | 35 a 100 | > 50 |
| Hipertrófico | > 100 | > 200 |

Não há no hipolímnio um relação linear entre a concentração de oxigênio e a de fosfato de fósforo; por exemplo, no lago dimítico temperado de Gersau (Suíça), a concentração de fósforo sobe em cerca de 10 µg/l$^{-1}$ para 6 a 8 mg/l de $O_2$ para 50 µg/l$^{-1}$, quando as concentrações de oxigênio caem de 1 a 2 µg/l$^{-1}$. Os números fornecidos correspondem a uma redução de cerca de 7 µg/l$^{-1}$ de $PO_4$-P para uma redução de 1 µg/l$^{-1}$ de oxigênio (Stumm & Baccini, 1978). Na Figura 7.1 podem ser vistas relações parecidas, além de outras observações feitas em regiões temperadas, logo, elas podem ser consideradas válidas. Quanto à relação entre fósforo e clorofila A, fica evidente que o aumento das concentrações de oxigênio no hipolímnio ou a prevenção de níveis baixos desse elemento – fato que pode acarretar anoxia –, mediante o emprego de métodos ecotecnológicos, tem um efeito muito positivo sobre a qualidade da água do reservatório.

**Nitrogênio:** a concentração natural dos compostos de nitrogênio normalmente é a seguinte: nitrato de nitrogênio aquém de 0,2 µg/l$^{-1}$(correspondente a concentrações de nitrato menores que 1 µg/l$^{-1}$); amônia de 0,1 a 0,2 µg/l$^{-1}$; nitritos abaixo de 0,002 µg/l$^{-1}$. Caso os valores medidos sejam superiores aos mencionados, possivelmente há focos de poluição. Concentrações maiores de nitratos apontam para poluição por fertilizantes minerais, normalmente aplicados nas lavouras existentes dentro da área das bacias hidrográficas. Maiores concentrações de amônia normalmente indicam poluição originária da criação de animais. Os esgotos e a poluição industrial são outras fontes de amônia, por exemplo como ocorre na produção de papel. Concentrações de nitrogênio baixas, em relação ao fósforo (Capítulo 5), podem acarretar limitações de nitrogênio para o fitoplâncton. Foi elaborado por Katzer & Brezonic (1981) um índice de estado trófico para o nitrogênio. Conforme já visto, o nitrogênio também tem importância sanitária. Grandes concentrações de compostos nitrogenados criam problemas no tratamento de água potável (por vezes excedendo as normas locais, que variam entre 10 a 50 µg/l$^{-1}$ de amônia e 0,1 a 1 mg/l$^{-1}$ de nitritos).

**Matéria orgânica:** é medida por meio do carbono orgânico, DQO e DBO. Enquanto o total de carbono orgânico não diferencia a matéria orgânica facilmente degradável da refratária, a DBO indica matéria orgânica degradável e a DQO a soma das duas. Quando da determinação da DBO$_5$ dentro de um reservatório, deve-se considerar a contribuição da produção orgânica alóctona. Isto pode ser feito mediante a concentração de clorofila A. A DBO$_5$ equivalente da biomassa de algas, expressa pelo teor de clorofila A, é de aproximadamente 0,025 mg de DBO$_5$ por 1 µg de clorofila A (Straškraba et al., 1983). Mediante o emprego do modelo de Straškaba pode-se obter uma estimativa das condições de DBO do reservatório (ver Capítulo 14).

**Composição mineral – dureza – salinidade:** águas que serão empregadas para propósitos específicos podem impor determinados limites de dureza e salinidade. Uma maior dureza ou salinidade pode obstruir ou corroer tubulações e equipamentos. A dureza e a salinidade também são elementos críticos no referente à potabilidade. As águas que não obedecem a critérios mínimos de qualidade podem ser rejeitadas pelos consumidores. Os produtos alimentícios mudam caso sejam produzidos com água com conteúdo mineral alto ou baixo. Água dura é boa na preparação de café, porém não na do chá. Quando as concentrações de sulfatos excedem 400 mg/l$^{-1}$, o paladar da água fica desagradável. As concentrações naturais de cloretos normalmente oscilam entre 2 a 10 mg/l$^{-1}$. Grandes quantidades indicam a presença de efluentes industriais, esgotos ou drenagem de áreas agrícolas e estradas. Os cloretos e os sulfatos resultantes das atividades agrícolas têm origem no emprego de fertilizantes. Espalhar sal nas estradas durante a estação de inverno contribui também de forma significativa para o total de cloretos. Em regiões áridas e semi-áridas, as concentrações são significativamente maiores e muito mais variáveis ao longo do ano, que em territórios mais chuvosos.

**Valor do pH:** toda a superfície hídrica, durante períodos com baixa atividade fotossintética, apresenta pH entre 6,0 e 7,2. O valor do pH no hipolímnio é geralmente mais baixo. Um valor de pH inferior a 6,0 pode indicar águas distróficas ou ser fruto de um processo de acidificação. As águas distróficas se caracterizam também pela cor marrom, enquanto aquelas que sofreram acidificação são, em geral, claras. As conseqüências da acidificação de um reservatório foram discutidas na Seção 6.8.

**Bactérias:** os três grupos mencionados nos Capítulos 4 e 8 possuem qualidades diferentes para atuar como indicadores: as bactérias psicrofílicas e mesofílicas indicam somente a presença de matéria orgânica de fácil decomposição, enquanto coliformes e streptococos têm origem fecal. Na Tabela 9.4 resumem-se as concentrações indicadoras de poluição significativa nos rios contribuintes. Quando da determinação das contagens bacterianas em reservatórios, deve-se considerar a corrente longitudinal, a mistura e sua categoria trófica. Nos reservatórios pequenos, rasos e não estratificados, há sempre o risco de grande concentração das vazões afluentes próximas à barragem. Em reservatórios profundos, com tempos de retenção médio ou longo, a ocorrência depende do traçado das correntes dentro do reservatório. Nas correntes de densidade as concentrações podem ser muitas vezes maiores que em águas calmas. A ocorrência de concentrações elevadas perto da barragem, quando não causada por correntes de densidade, pode indicar sua contaminação por um tributário próximo. Em reservatórios eutróficos, com massas de fitoplâncton em decomposição, podem ocorrer concentrações de bactérias psicrofílicas da ordem de $10^3$, ou maiores. Valores de bactérias psicrofílicas superiores a $10^4$ por milímetro indicam poluição por matéria orgânica externa oriunda de várias fontes. Contagens elevadas de bactérias mesofílicas, em comparação com psicrofílicas, indicam contaminação por esterco ou proveniente de silos. Os coliformes têm origem exclusivamente em fezes, entretanto, podem ter origem, além dos humanos, em animais de sangue quente existentes na área da bacia hídrica. Eles são comumente detectados na zona lacustre de reservatórios estratificados (devido a sua grande sedimentação, ver Seção 4.6). Maiores valores verificados nessa região indicam uma agitação dos sedimentos devido à prática da natação ou outras atividades. Streptococos fecais são indicadores de poluição recente, já que os mesmos morrem rapidamente na água.

**Tabela 9.4** Níveis bacterianos que sugerem poluição significativa dos rios tributários.

| Indicador | Contagem por ml |
|---|---|
| Psicrofílicas | 105 – 106 |
| Mesofílicas | 104 – 105 |
| Coliformes | 102 – 103 |
| Streptococos fecais | > 102 |

**Metais pesados:** a maioria dos casos em que se verificam grandes concentrações de metais pesados está associada às atividades humanas. É difícil medir concentrações muito baixas desses elementos. A composição química dos sedimentos pode ser um indicador mais confiável da carga de metais pesados existente no reservatório. Os sedimentos mais contaminados são aqueles existentes no início ou na parte intermediária dos reservatórios, onde fica depositada a maior parte do material particulado produzido externamente ao sistema. Caso existam pré-reservatórios, a maioria desses elementos fica lá depositada.

**Tóxicos orgânicos:** as classes mais comuns e importantes de tóxicos orgânicos são o óleo, produtos derivados de petróleo, fenóis, pesticidas, produtos organoclorados e surfactantes. Podem ser observados efeitos tóxicos do fenol em peixes, mesmo com concentrações inferiores a 0,01 mg/l$^{-1}$.

Torna-se necessária uma avaliação específica para cada classe.

**Composição do fitoplâncton:** A composição do fitoplâncton varia sazonalmente e é dependente das condições geográficas. A dependência geográfica é fruto não apenas de variáveis físicas como radiação e temperatura, mas também das inter-relações bióticas dentro do corpo da água. Por esses motivos, apenas os sistemas derivados localmente, e não os de caráter geral, são indicados para avaliar a composição do fitoplâncton. Sistemas locais também são muito numerosos para ser discutidos aqui.

Sua determinação exige o conhecimento das espécies de fitoplâncton e não é possível ser feita mediante o emprego de um atlas geral de fitoplâncton. Como exemplo, a Tabela 9.5 traz um resumo do sistema utilizado na república Tcheca, em reservatórios destinados ao abastecimento de água potável, combinando as espécies e a clorofila A. É possível fazer uma estimativa grosseira da qualidade da água com base no aspecto dos principais grupos de algas. As cianófitas, formas comumente representativas dos grupos *Aphanizomenon, Mycrocistis* e *Oscillatoria*, apontam condições eutróficas ou hipertróficas. Uma predominância de diatomáceas sugere uma baixa trofia e melhor qualidade da água, entretanto, sua ocorrência maciça, particularmente em colônias, pode causar dificuldades no tratamento das águas, entupindo os filtros. A presença de pequenas algas verdes em reservatórios, especialmente em baixa densidade, é sinal de boa qualidade da água.

**Quantidade de fitoplâncton e biomassa:** é necessário um técnico para determinar e avaliar adequadamente a biomassa de fitoplâncton, já que ela é feita por meio de contagens, microscópio e pela determinação do tamanho das diversas espécies. Sistemas para avaliação, que combinam a biomassa de fitoplâncton feita pelo processo descrito com aquela das espécies dominantes e dos grupos, são boas ferramentas para a avaliação das condições do corpo da água. Entretanto, a forma mais comumente utilizada para a determinação da biomassa de fitoplâncton é a quantificação da clorofila A. Esse procedimento é confiável mesmo sabendo-se que as concentrações de clorofila A não são constantes, variando em função tanto dos tipos de algas como pelas diferenças sazonais, em regiões temperadas e tropicais. As cianófitas têm um baixo percentual de clorofila A, enquanto as diatomáceas e as algas verdes apresentam as maiores concentrações. As diferenças sazonais nas concentrações de clorofila A são causadas pela variação na disponibilidade de luz solar para o fitoplâncton. Quando a radiação solar é baixa e a mistura é profunda, o conteúdo de clorofila A é maior durante as épocas com grande luminosidade, quando há maior disponibilidade de luz para a população de fitoplâncton concentrada nas camadas superficiais e durante a formação de várias termoclinas. Por esse motivo, é por vezes mais fácil considerar a clorofila A com um indicador da qualidade hídrica, desconsiderando sua relação com a biomassa. Nesses casos, a clorofila A é um bom indicador, podendo ser utilizada para emitir considerações sobre o estado trófico conforme a Tabela 4.3, do Capítulo 4.

**Tabela 9.5** Avaliação qualitativa da composição do fitoplâncton em reservatórios destinados ao abastecimento de água potável. Apresentam-se os gêneros, espécies e concentrações máximas de clorofila A.

| | **Características de primavera (amostras coletadas entre abril e maio)** |
|---|---|
| Composição adequada para tratamento com tecnologia comum | Chrysoficeae *(Chromulina, Chrysoccocus, Mallomonas, Dinobryon),* Cryptophiceae *(Cryptomonas curvata, C. reflexa, C. ovata, Rhodomonas),* abaixo de 50mg/l, Baccilariophyceae *(Asterionella, Melostra, Cyclotella)* abaixo de 40 mg · m$^{-3}$ |
| Composição adequada para tratamento com tecnologia comum | Bacillariophyceae *(mesmas espécies)* acima de 40 mg · m$^{-3}$ Chrysoficeae *(Uroglena, Synura)* acima de 50 mg · m$^{-3}$ Chloroficeae *(Volvocales: Chlamydomonas, Chloromonas)* acima de 60 mg · m$^{-3}$ |
| | **características de verão (amostras coletadas entre julho e setembro)** |
| Composição adequada para tratamento com tecnologia comum | Bacillariophyceae *(Asterionella, Fragilaria, Stephanodiscus, Cyclotella, Melostra)* Chrysoficeae *(C. reflexa, C. marsonii, C. ovata)* abaixo de 40 mg · m$^{-3}$ Dinophyceae *(Ceratium, Peridinium),* Chloroficeae *(Chlorococcales: Scenedesmus, Crucigenia, Planktosphaeria, Pediastrum, Coelastrum)* abaixo de 50 mg · m$^{-3}$ |
| Composição adequada para tratamento com tecnologia comum | Cyanophiceae *(Aphanizomenon, Mycrocistis, Anabaena, Oscillatoria)* Dinophyceae *(Peridinium)* abaixo de 40 mg · m$^{-3}$, Chloroficeae *(Volvocales: Chlamydomonas, Chloromonas, Chlorococcales)* acima de 50 mg · m$^{-3}$ |

**Testes de adição de nutrientes:** são feitos testes de crescimento para avaliar os nutrientes críticos e determinar a capacidade trófica dos reservatórios, mediante o emprego de espécies escolhidas de fitoplâncton, facilmente cultivadas. Comumente utiliza-se a alga *Selenastrum capricornutum*. Para determinar o nutriente crítico adiciona-se fósforo ou nitrogênio à cultura em teste, anotando a resposta da mesma aos elementos fornecidos. O crescimento das algas reage em função da concentração de nutrientes de forma assintótica. Para a avaliação do caráter trófico, considera-se a assíntota do peso na curva de crescimento, um valor comparável ao potencial trófico. Entretanto, a reação das culturas não é necessariamente idêntica àquelas verificadas em condições naturais.

**Perifíton:** o exame microscópico do crescimento perifítico em vidros mergulhados a diferentes profundidades pode fornecer informações sobre o crescimento das algas e das condições das águas nessas camadas.

**Zooplâncton:** a avaliação da qualidade da água mediante a análise da composição das espécies das populações biológicas tem sido feita com bastante sucesso em águas correntes, entretanto não tem sido útil para avaliar reservatórios. Mesmo em águas correntes há grandes variações na composição das comunidades em diferentes regiões geográficas, fato que torna as análises bastante complicadas. Muito embora as espécies de plâncton ocupem grandes áreas geográficas, sua relação com o meio ambiente depende da presença e composição das espécies de peixes, que têm distribuições mais restritas. Na Europa, a escala de tamanho do zooplâncton fornece boas pistas sobre a qualidade da água (Tabela 9.6). A existência de grandes espécies de *Daphnia* no plâncton é um bom indicador do controle do fitoplâncton feito pelo zooplâncton, resultando numa baixa biomassa de fitoplâncton, fato favorável ao reservatório.

**Tabela 9.6** Escala de tamanho do zooplâncton em reservatórios, quer com superpopulação de peixes, quer com estoques equilibrados.

| | Média anual para reservatório com estoque de peixes equilibrado | Média anual para reservatório com superpopulação de peixes |
|---|---|---|
| Proporção de *Daphnia*, menores que 0,7 mm, presentes na biomassa total de fitoplâncton | > 20% (15 – 40) | < 5% (1 – 10) |
| Proporção de *Daphnia*, maiores que 0,7 mm, dentro da biomassa de moscas aquáticas | > 40% (30 – 50) | < 15% (1- 20) |

**Testes de toxicidade com organismos:** há basicamente dois tipos de testes de toxicidade, cada qual com objetivos específicos: (i) testes de curta duração para detectar o grau de toxicidade existente no reservatório e nas suas vazões afluentes e (ii) monitoramento contínuo de toxicidade de curta duração e grande intensidade, pelo emprego de organismos tais como *Daphnia* e peixes. Freqüentemente, são utilizadas espécies de fácil criação, tais como o peixe de aquário *Brachidanio rerio*. Nos Estados Unidos emprega-se freqüentemente a truta arco-íris

(*Oncorhyncus mykiss*). Utilizam-se como mecanismos de alerta sistemas que recebem água continuamente do reservatório, dando-se o aviso quando começam a morrer organismos neles mantidos. Observações mais detalhadas incluem aquelas sobre o crescimento das populações de *Daphnia* ou o comportamento dos peixes. Sistemas mais elaborados permitem uma avaliação automática da reação das espécies em relação às águas que estão recebendo.

**Bioindicadores:** esta abordagem, relativamente nova, permite a detecção de efeitos tóxicos e a determinação de algumas variáveis nos corpos dos organismos expostos a um meio ambiente tóxico. Mediante o emprego de métodos clássicos é bastante difícil a determinação da toxicidade crônica, a qual pode, no entanto, ser feita por meio da observação dos seus efeitos sobre um grupo selecionado de organismos. Essa determinação pode incluir a determinação de concentrações no sangue e em diversos órgãos.

## 9.9 Conclusões Referentes ao Gerenciamento

Após avaliar os parâmetros individuais de qualidade da água, torna-se necessário chegar às conclusões e formular sugestões que possam ser utilizadas para gerenciar o sistema. As conclusões podem ser separadas em três grupos (Figura 9.6): (i) conclusões referentes às bacias hidrográficas; (ii) conclusões referentes ao gerenciamento do reservatório; e (iii) conclusões referentes às estações de tratamento de água.

As conclusões referentes às bacias hidrográficas baseiam-se na detecção e manejo das fontes poluidoras, com os métodos que serão apresentados no próximo capítulo. O Capítulo 11 fornece uma lista de recomendações que podem melhorar a qualidade da água do reservatório. As opções sugeridas devem sempre ser avaliadas em termos de eficiência, possíveis danos ao meio ambiente e seus aspectos econômicos.

No referente ao projeto das estações de tratamento, fornecem-se na Tabela 9.7 alguns critérios sobre a tecnologia a ser empregada. O critério básico, que pode também ser utilizado no planejamento de novos reservatórios, contempla as seguintes características nas águas afluentes: (i) conteúdo e composição da matéria orgânica; (ii) desenvolvimento potencial do fitoplâncton, no papel de produtor de matéria orgânica interna, a qual pode ser maior que a proveniente de fontes externas (função do volume de nutriente crítico, normalmente o fósforo); e (iii) turbidez e composição mineral. Os compostos orgânicos dissolvidos são o primeiro passo no tratamento das águas, uma vez que materiais em suspensão são facilmente removíveis, especialmente os macromoleculares.

CONCLUSÕES PARA
A BACIA HIDROGRÁFICA

| | | | | | |
|---|---|---|---|---|---|
| Causa | Nitratos > 50 mg.l$^{-1}$ | Fósforo | Acidificação | Metais pesados + matérias orgânicas | Recreação |
| Medidas | - zonas de proteção<br>- trechos de florestas e áreas alagadas<br>- controle de fertilizantes<br>- proibido o uso de fertilizantes em solo congelado | - tratamento terciário<br>- retenção do solo<br>- pré-represas | Fontes remotas:<br>- medidas difíceis | Fontes:<br>- fertilizantes<br>- pesticidas<br>- herbicidas<br>- plantas de acabamento de metais | - latrinas secas<br>- estacionamento em áreas especiais<br>- restaurantes e shoppings a 300 m<br>- remoção de detritos sólidos<br>- probição de banho em áreas rasas ou em reservatórios rasos |

PARA RESERVATÓRIO

| | | | | | |
|---|---|---|---|---|---|
| Processos | Mineralização de compostos orgânicos | Sedimentação de compostos orgânicos | Decomp. de subst. org. – anoxia | | Produção de fitoplâncton |
| Efeitos + dominantes – | Diminuição de substâncias orgânicas | Diminuição de P + subst. org.<br>anoxia, sedimentação | – – – <br>Redução de P, Mn, Fe, H$_2$S, Nh$_3$ | | Aumento da sedimentação<br>Aumento de M.O. anoxia |
| Medidas | Regulação hidráulica | Gerenciamento da pesca | Mistura artificial | | Oxigênio dos sedimentos, inativação da redução da luz |

PARA A TECNOLOGIA E ENGENHARIA DE ÁGUAS

| | | | | | | |
|---|---|---|---|---|---|---|
| Critério | O.D. | Grau de trofia | Turbidez | Alcalinidade | | Ca, Mg |
| Tecnologia | Coagulação | Filtração | Ozonização | Carvão ativo | Desacidificação | Alcalinização |

SELEÇÃO DA ALTURA DAS SAÍDAS

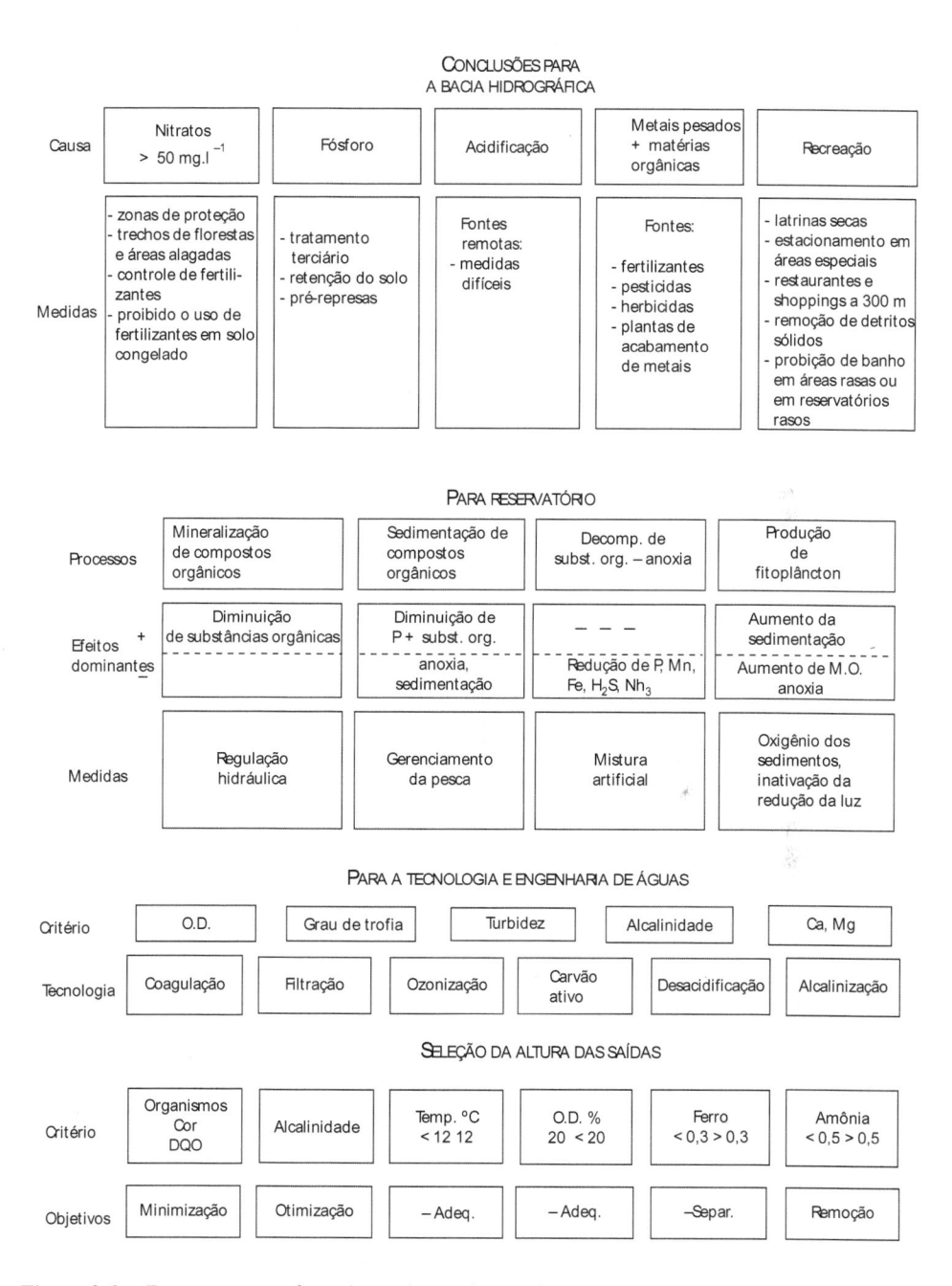

| | | | | | | |
|---|---|---|---|---|---|---|
| Critério | Organismos Cor DQO | Alcalinidade | Temp. °C < 12 12 | O.D. % 20 < 20 | Ferro < 0,3 > 0,3 | Amônia < 0,5 > 0,5 |
| Objetivos | Minimização | Otimização | – Adeq. | – Adeq. | –Separ. | Remoção |

**Figura 9.6** Esquema para a formulação de conclusões de uma campanha de levantamento de dados de qualidade da água para o gerenciamento do sistema. As conclusões foram feitas separadamente para as bacias hidrográficas, reservatório e, no caso de abastecimento de água potável, também para as obras conexas. Um problema específico é representado pela seleção da profundidade de retirada de água, isso quando o reservatório possui mecanismo seletivo de retirada (Straškraba et al., 1993).

**Tabela 9.7** Critérios potenciais para a seleção da tecnologia adequada para o tratamento das águas de um reservatório, tomando-se por base a qualidade das águas afluentes ao mesmo (Straškraba *et al.*, 1993).

| Critério | Intervalo aproximado | Tecnologia |
|---|---|---|
| Carbono orgânico dissolvido (mg/l) | <4 | - |
| | 4-10 | Coagulação + filtração |
| | 10-20 | Coagulação + ozonização + carvão ativado + absorção + filtração |
| Estado trófico (carga de P ou N inferiores a 1 e 7 g. m-2 .l-1 | >20 | Não adequada para produção de água potável |
| | oligotrófico | Filtração |
| | mesotrófico (carga de P e/ou N 1-2 e 7-15 g. $m^{-2}.l^{-1}$) | Coagulação + filtração |
| | Eutrófico (carga de P e/ou N maior que 2 e 15 g. m-2 .$y^{-1}$) | Coagulação + ozonização + carvão ativado + absorção + filtração |
| Colóides não decantáveis (turbidez), alcalinidade (mmol/l) | <5 | - |
| | >5 | Coagulação + filtração |
| | <0,2 | Desacidificação, ou coagulação por meio de um coagulante prepolimerizado |
| Conteúdo de íons de Ca2+, Mg2+ (mmol/l) | >0,2 | - |
| | <0,4 | Alcalinização, aumento dos íons de $Ca^{2+}$ e $Mg^{2+}$ |
| | 0,4-5 | - |
| | >5 | Não adequada para a produção de água potável |

# Capítulo 10

# Abordagens e Métodos de Gerenciamento de Bacias Hidrográficas

Os tipos de poluição e os métodos para o gerenciamento da qualidade da água não diferem nas áreas de bacias hidrográficas de lagos e reservatórios. Entretanto, a intensidade com que a poluição gerada nas bacias hidrográficas afeta esses dois corpos hídricos é diferente. A poluição se verifica de forma muito mais intensa nos reservatórios, uma vez que nesses sistemas é muito maior a contribuição recebida das bacias hidrográficas. Quando há nos rios concentrações similares de poluentes, a carga que atinge o reservatório é geralmente maior do que aquela que atinge um lago, devido à sua maior carga hidráulica (menor tempo de retenção). Não obstante, os lagos freqüentemente têm vários pequenos tributários, cuja qualidade da água é mais difícil de ser controlada do que a vazão de um rio principal formador de um reservatório. Já foi projetado um sistema para o tratamento terciário das águas afluentes a um reservatório formado por somente um rio (método de Wahnbach).

Os dois tipos de fontes de poluição, qual seja a pontual e a difusa, exigem diferentes abordagens de gerenciamento. O gerenciamento dos focos pontuais é um problema essencialmente técnico, normalmente mais simples que o gerenciamento da poluição difusa. Em toda parte elaboram-se métodos clássicos de purificação, entretanto, a inviabilidade de recursos econômicos acaba limitando em muito sua implementação, especialmente em países pobres ou em desenvolvimento. Por esse motivo, as soluções devem mudar de enfoque, deixando de ser do tipo "ao final da tubulação", passando a adotar métodos melhores de produção. Atualmente ocorrem, simultaneamente, diversos tipos de poluição, e para controlar esse quadro é preciso empregar técnicas combinadas. O gerenciamento de efluentes nocivos nas bacias hidrográficas envolve o desenvolvimento de conhecimento ecotecnológico no referente aos tipos de solo e processos, épocas agrícolas, atividades industriais e condições de drenagem. A Tabela 10.1 apresenta alguns métodos ecotecnológicos que podem ser empregados na resolução de determinados problemas que aparecem nas bacias hidrográficas.

É difícil diferenciar as diferentes técnicas de gerenciamento, porque um método pode ser comumente empregado para controlar diversas formas de poluição, e um tipo específico de poluição pode ser gerenciado por diversos métodos. Um exemplo típico são as várzeas, eficientes na resolução de inúmeros problemas. No texto a seguir distinguem-se os seguintes grupos de métodos de gerenciamento: produção limpa, ou ambientalmente correta; gerenciamento clássico da poluição orgânica; gerenciamento de nutrientes e eutrofização; gerenciamento das toxinas; gerenciamento da acidificação; gerenciamento da sedimentação; gerenciamento da salinização; gerenciamento das vazões afluentes; e gerenciamento das várzeas.

## 10.1 Produção Ambientalmente Correta: Produção "Limpa"

O método mais importante de gerenciamento normalmente não está sob o controle de organismos responsáveis pelos recursos hídricos. Ele pode ser classificado como "produção limpa" (Misra, 1996) e consiste em alterações a serem feitas nos processos produtivos das indústrias, de forma que a poluição já seja minimizada ali mesmo. A maior vantagem desse método é que ele pode beneficiar o produtor. Paralelamente ao fato de evitar despesas ou taxas impostas pela geração de poluição, o produtor pode obter considerável economia de energia, água e diversos materiais empregados no processo.

**Tabela 10.1** Métodos ecotecnológicos aplicáveis ao gerenciamento e recuperação de bacias hidrográficas de reservatórios (modificado de Straškraba et al., 1993).

| Problema a ser resolvido | Método |
|---|---|
| Poluição orgânica | Produção limpa |
| | Afastamento de efluentes |
| | Estações de tratamento |
| | Várzeas |
| Nutrientes em excesso e eutrofização | Afastamento de efluentes |
| | Estações de tratamento terciárias |
| | Práticas agrícolas progressivas |
| | Prados e florestas nas margens |
| | Várzeas naturais ou artificiais |
| | Pré alagamentos |
| | Estação de Weinbach para a redução do P |
| Eutrofização e depleção de oxigênio nos rios | Recuperação de rios |
| | Re-oxigenação |
| Assoreamento de reservatórios | Controle da erosão |
| | Recuperação das margens |
| | Reflorestamento |
| | Recarga do lençol subterrâneo |
| | Pré-reservatórios nos rios afluentes |
| Contaminação por metais pesados | Redução de efluentes contaminados |
| | Várzeas |
| Acidificação | Aplicação de cal |
| | Adição de matéria orgânica |
| Salinização | Melhorar as técnicas de irrigação |
| | Reduzir fertilizantes |
| | Reduzir o salgamento de estradas |
| Biodiversidade reduzida devido a construção do reservatório | Proibir a introdução de espécies exóticas |
| | Re-introdução de espécies nativas |
| | Preservar as várzeas para atuarem como berçários |
| | Preservar áreas para espécies nativas |

Como exemplo, cita-se a adoção desse método por 50 indústrias de galvanização na Holanda, o que proporcionou uma redução para 55% dos níveis anteriores de poluição, ainda no primeiro ano, e com a prática para 37% no segundo ano. Em duas grandes empresas na República Tcheca, os primeiros ganhos financeiros devidos à introdução dessa política somaram 50 milhões de coroas tchecas, um valor capaz de provocar sérias considerações por parte dos produtores. Focando-se nessa tecnologia, as atividades voltam-se na direção das atividades produtoras. O primeiro interesse pela aplicação desse método reside no fato de ele ser capaz de economizar grandes quantias, porém, talvez o desejo de resolverem problemas ambientais possa também desempenhar um papel importante. Os organismos que gerenciam os recursos hídricos devem ensinar aos empresários o uso dessa tecnologia e alardear que mediante essa sua iniciativa eles contribuem para a redução da poluição. Uma abordagem ainda mais ampla visa analisar todo o processo produtivo: o ciclo do produto é examinado em sua totalidade, desde a mineração das matérias-prima ao destino final dos restos do produto, após seu consumo (Seção 2.5). Esse procedimento normalmente excede à capacidade de um único produtor, demandando um esforço sincronizado de diversas empresas. O meio ambiente tem se aproveitado bastante dos esforços recentes feitos por líderes progressistas de diversas indústrias, que vêem nesse procedimento uma forma de melhorar, inclusive, sua competitividade.

## 10.2 Gerenciamento da Poluição Orgânica

Novotny & Somlyódi (1995) descreveram a construção de estações de tratamento com modernas funções e métodos operacionais. Quanto a estações já existentes, uma perspectiva bastante interessante tem sido o "up grade", que consiste em aumentar a eficiência dessas unidades e sucessivamente acrescentar novas, no sentido de aumentar a abrangência do sistema. O volume de efluentes recebidos é um fator decisivo na determinação da carga orgânica dos efluentes da estação. A redução dos efluentes recebidos, pela economia de água nas indústrias e residências, proporciona uma sensível melhoria no panorama geral. Na Tabela 10.1 e nas próximas seções são indicados outros métodos.

## 10.3 Fontes de Nutrientes e Gerenciamento da Eutrofização

### 10.3.1 Tratamento Terciário

As estações tradicionais, com tratamento primário ou secundário, são muito eficientes na remoção de matéria orgânica, porém têm baixa capacidade de reter nutrientes, especialmente o fósforo. O tratamento terciário busca reduzir as concentrações de nutrientes nas águas tratadas pela estação. Isto é feito basicamente pela precipitação química do fósforo.

### 10.3.2 Práticas Agrícolas

As seguintes práticas agrícolas (Best Management Practices – BMP) são úteis para reduzir a lavagem de fertilizantes dos campos:

*a*) Evitar o emprego excessivo de fertilizantes e a erosão, estimulando práticas conservacionistas em uma faixa ao longo dos corpos hídricos, que funcionará como amortecedor dos impactos.
*b*) Proteger florestas e/ou criar zonas de preservação ambiental de modo a formar mosaicos de prados e florestas.
*c*) Limitar o emprego de fertilizantes nitrogenados a quantidades não superiores a 100 kg/ha/ano.
*d*) Utilizar os fertilizantes durante o período de maior crescimento das plantas.
*e*) Empregar métodos de fertilização lenta e contínua, como por exemplo "pellets".
*f*) Deixar a matéria orgânica nos campos arados, para liberar lentamente o nitrato.
*g*) Minimizar o tempo em que o campo é deixado nu, sem vegetação.
*h*) Não aplicar fertilizantes em solos congelados ou sem vegetação.

As florestas naturais e as faixas protetoras de vegetação evitam que partículas do solo sejam lavadas para rios, reservatórios ou lagos. Apesar disso, elas são incapazes de evitar a infiltração de nutrientes de locais distantes e elevados.

Tem sido buscado, no Brasil, como medida para reduzir as concentrações de nitrogênio, o plantio de culturas capazes de fixar esse composto, culturas que necessitam de pouca adubação com esse elemento.

## 10.4 Tóxicos, Metais Pesados, Pesticidas e Substâncias ou Elementos Similares

A única maneira eficiente de gerenciar toxinas consiste em localizar sua origem e acabar com seu lançamento no meio ambiente. Isto, no entanto, não é fácil, já que algumas toxinas são dispersas por processos atmosféricos a grandes distâncias. Um exemplo desse fato são as concentrações cada vez maiores de PCB na Antártica.

Conforme atestado por Foster *et al.* (1996) no Capítulo 6, o meio mais eficiente de eliminar metais pesados é, definitivamente, cessar a liberação do mesmo no seu local de origem. Isso significa localizar esses focos, e para tanto deve-se inicialmente analisar os sedimentos. A segunda maior fonte desses compostos é representada pela drenagem urbana, de muito mais fácil identificação, porém muito mais difícil de controlar. Um método útil para diminuir a carga de metais pesados em rios é obrigar a água a passar por várzeas. Evidentemente, esses sistemas não podem absorver metais pesados ilimitadamente, uma vez que a saturação é inevitável, no entanto, a capacidade de acumulação em sua vegetação, para a maioria dos metais pesados estudados, é relativamente grande.

Um método proposto para a redução de concentrações de mercúrio verificadas em reservatórios recentemente concluídos em condições prístinas (em especial, bioacumulado por peixes) consiste na remoção da camada superficial do fundo do reservatório. Isto não é recomendado não apenas por causa de seu elevado custo. Em primeiro lugar, a remoção da camada superficial do solo faz aumentar rapidamente a carga de nutrientes (especialmente, o fósforo) e a matéria orgânica no reservatório e, em segundo lugar, como a duração desse fenômeno é de somente alguns anos, torna-se necessária a proibição do consumo de peixes durante esse período. Isto, no entanto, pode não ser viável em todos os casos, como no caso do Subártico canadense: o enchimento do lago de Southern Indian fez aumentar as concentrações de mercúrio nos peixes, que representam uma fonte importante de alimento para os índios da região.

## 10.5 Métodos de Gerenciamento da Acidificação

O único modo de gerenciar de forma sustentada a acidificação consiste em buscar o decréscimo internacional do enxofre lançado no ar. Em 1985 foi realizada a convenção internacional de Long Range Air Pollution (poluição atmosférica a longa distância) na qual todos os signatários se comprometeram a reduzir suas emissões de enxofre em 30% dos valores de 1980. O Segundo Protocolo do Enxofre, assinado em 1994, estabelece cargas críticas de enxofre com horizontes de longo prazo, fazendo distinções nas necessidades de redução de diferentes países. Os países também concordaram em obedecer emissões-padrão em novas grandes instalações com combustão bem como reduzir o teor de enxofre de alguns combustíveis.

As soluções de curto prazo na maioria das vezes resumem-se a um único procedimento: adição de cal aos corpos hídricos. Deve-se notar que este é um procedimento curativo não sustentável, uma vez que demanda grandes quantidades de cal e elas não podem ser empregadas indefinidamente.

Uma medida recentemente proposta prega o lançamento de nutrientes ou matéria orgânica em lagos acidificados, garantindo um efeito positivo. A criação, assim, de uma eutrofização artificial em águas pobres em nutrientes causa o aumento do pH e reverte processos críticos indesejáveis, criando uma retroalimentação capaz de garantir a vida aquática. Em regiões onde há corpos hídricos fortemente eutróficos que recebem tanta chuva ácida quanto outras regiões, não se verificam sinais de acidificação. Esse fenômeno dá-se graças à capacidade de amortecimento das águas presentes em regiões calcárias e/ou com grande atividade agrícola. Os fertilizantes possuem nutrientes e minerais necessários e, também, contêm misturas que aumentam a capacidade de amortecimento das águas. O fenômeno não afeta somente as águas de lagos e reservatórios, como também as águas subterrâneas e os rios. Isso, no entanto, não ocorre em regiões onde, embora ocorrendo uma pequena absorção, os lagos são ricos em nutrientes, porém os rios, águas subterrâneas e chuvas apresentam um pH reduzido. Assim sendo, o emprego desse método exige maiores estudos e considerações.

## 10.6 Gerenciamento do Assoreamento

A turbidez causa graves problemas, especialmente em reservatórios, pois causa um rápido preenchimento dos mesmos pela sedimentação A vida útil de alguns reservatórios construídos em rios muito turvos foi estimada em cerca de 50 anos apenas, e muitos reservatórios construídos anteriormente já deixaram de ser operacionais devido ao assoreamento. Águas com grande turbidez não são adequadas ao consumo humano e seu tratamento para fins de potabilidade (remoção da lama) requer grandes somas.

Entretanto, em lagos ou reservatórios eutróficos, a turbidez pode ter um efeito positivo, já que uma menor disponibilidade de luz causa uma redução da produção de algas e da biomassa. Minerais ou partículas minerais existente nos solos interferem na alimentação do zooplâncton e também fornecem condições para aderência do fósforo. Algumas partículas do solo têm a propriedade de consumir oxigênio, podendo levar o lago ou o reservatório a condições anóxicas, com efeitos nefastos para o tratamento das águas (cheiro desagradável, maior teor de ferro e manganês). Em alguns reservatórios o gerenciamento de vazões afluentes turvas é feito mediante controle hidráulico (Seção 11.4). A construção de estações do tipo Wahnbach nas entradas do reservatório (Seção 10.8.2) reduz a turbidez das vazões afluentes ao mesmo. Este sistema, se por um lado apresenta efeitos positivos devido às menores cargas de fósforo, pelo outro garante uma maior disponibilidade de luz propiciando um maior crescimento da biomassa de algas.

## 10.7 Salinização e Seu Gerenciamento

A salinização não é um problema específico de lagos e reservatórios, porém também de águas subterrâneas, rios e outras águas superficiais. Ela origina-se basicamente devido à salinização dos solos, causada pela irrigação de regiões áridas ou semi-áridas, embora uma fertilização excessiva, como feita em muitos países, também contribua para o aumento do teor salino. Por exemplo, na República Tcheca, a tendência no crescimento das concentrações de nitrato que parecia ter origem nas atividades agrícolas tem sido acompanhada por um crescimento similar do total de sais. Entradas de sal alteram a densidade das águas afetando as condições de escoamento e mistura dos lagos e/ou reservatórios.

## 10.8 Sistemas de Proteção das Vazões Afluentes

Adotam-se basicamente dois tipos de medidas para as vazões afluentes a um reservatórios: (i) construção de pré-reservatórios e (ii) sistema Wahnbach, de Bernhardt.

### 10.8.1 Pré-reservatórios

Pré-reservatórios, ou pré-alagamentos, são reservatórios relativamente pequenos localizados nas proximidades do reservatório, bem como em qualquer lugar do território, projetados para proteger o reservatório principal de uma sedimentação excessiva e de carga de fósforo. Discutiu-se no Capítulo 4 a grande capacidade que os reservatórios têm de reter fósforo e a relação disto com o tempo de retenção. O conhecimento desse fato foi utilizado por Benndorf & Uhlmann, da Technical University of Dresden, na Alemanha, (Ulhmann et al., 1971; Benndorf, 1973; Benndorf et al., 1975; Ulhmann et al., 1977) para desenvolver etapas detalhadas e estabelecer os parâmetros necessários à construção de reservatórios destinados à retenção de fósforo (Figura 4.15). Esse método foi também aplicado com sucesso na África do Sul (Twinch & Grobler, 1986). A verificação mais recente desse método foi feita por Pütz (1995), que contestava as previsões das capacidades médias de retenção de fósforo pelos pré-reservatórios, tais como eram calculadas pelos procedimentos indicados na Figura 14.2. Pütz observou, no entanto, uma boa correspondência entre esses valores em 11 pré-reservatórios na Saxônia, com diferentes tempos de retenção. No pré-reservatório de Eibenstock, na Alemanha, obteve também uma boa concordância dos valores médios mensais ao longo do ano. Em regimes temperados, a eliminação do fósforo durante o inverno é pequena, sendo o verão responsável por 80% do seu total anual (Pütz, 1995). Entretanto, durante campanhas detalhadas de observação no reservatório de Kleine Kinzig, também na Alemanha, sob idênticas condições climáticas, a periodicidade anual não foi tão pronunciada, tendo o inverno sido responsável por um volume inferior apenas de 25% a 60% daquele de verão. Somente por duas vezes verificaram-se exceções durante o período de estudos, ambas logo após períodos de cheias (Hoehn, 1994).

## 10.8.2 Estações Tipo Wahnbach

Bernhard calculou em 1967 a contribuição de focos pontuais e difusos localizados na área de bacias hidrográficas do reservatório de Wahnbach, um sistema destinado ao abastecimento de água potável para a região industrial do entorno de Bonn, na Alemanha, e concluiu que a mera eliminação das fontes pontuais não reduziria as concentrações de fósforo nas águas afluentes ao reservatório em um grau suficiente que pudesse evitar a eutrofização. Além disso, seria muito dispendioso construir estações de tratamento terciárias em todos os pontos poluidores. Assim sendo, concluiu que a melhor solução seria a construção de uma estação para a remoção do fósforo no local onde as águas afluíam ao reservatório. Esse procedimento atualmente é conhecido com método de Wahnbach, uma estação capaz de reduzir as concentrações de ortofosfato (reativo solúvel) de fósforo em cerca de 92% e o fósforo total em mais de 96%. Simultaneamente reduzem-se a turbidez e a matéria orgânica. A redução decorrente de clorofila A é de 95% (dados que representam média de sete anos). Os processos individuais envolvidos foram quantificados por Bernhardt & Schell em 1979 e 1993.

## 10.9 Desvio de Efluentes

Um bom exemplo do afastamento de efluentes é o do lago Washington, nos Estados Unidos. Todos os esgotos que fluíam para o lago foram desviados para Puget Sound, que dispõe de uma maior capacidade de purificação. O sucesso dos esforços para salvar esse lago foram reconhecidos mundialmente (Edmondson, 1991). Esse processo foi muito dispendioso e só foi financiado pelos cidadãos depois de campanhas informativas feitas por Edmondson e seu grupo. Esse lago é praticamente urbano, estando rodeado por habitações. Em outros locais já foram executados outras obras parecidas, porém em menor escala. Em certos casos é adequado afastar os efluentes das estações situadas às margens do reservatório para jusante do mesmo, principalmente se estas estiverem localizadas nas proximidades da barragem ou quando os reservatórios se destinam ao abastecimento de água potável.

## 10.10 Gerenciamento de Várzeas

Ao observar os diversos benefícios que as várzeas proporcionam (Tabela 10.1), torna-se evidente que sua capacidade de purificação é multifacetada. As várzeas servem de armadilha para retenção de sedimentos, poluição orgânica, nutrientes e compostos tóxicos. Essa capacidade foi primeiramente reconhecida em várzeas naturais, tendo-se daí desenvolvido condições capazes de otimizar essa função. Atualmente, pode-se identificar dois tipos básicos de várzeas: as naturais e as quase naturais ou recuperadas, tais como a várzea para tratamento com "reedbed" (leito de junco), conforme pode ser visto na Figura 10.1.

Esses sistemas diferem entre si no referente seu grau de artificialidade. Enquanto o primeiro grupo simula várzeas naturais, o segundo é uma construção ecotecnológica visando a funções específicas. Essa diferença também é válida para várzeas artificiais: elas podem ser projetadas para recriar as funções naturais (extensivas) das várzeas existentes no território, isso normalmente em áreas onde são comuns ou são estruturas criadas para maximizar a assimilação de certos compostos pelos vegetais selecionados. No primeiro caso, somente a retenção de água é suficiente para criar as condições necessárias ao crescimento das plantas. As do segundo caso são tecnicamente muito mais complexas, requerendo um pré-tratamento das águas, camadas de solo com qualidades específicas, sistemas de tubulações para distribuição das águas poluídas, controle das vazões pelas diferentes células da várzeas, distribuição das águas poluídas para determinadas camadas do solo etc.

Zona de raiz
Tratamento de esgoto

Banco de Macrófitas
Tratamento de esgoto

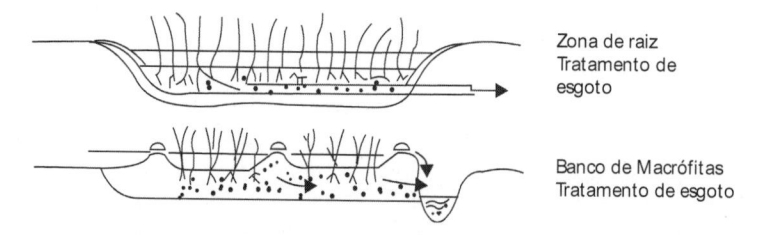

**Figura 10.1** Espécies dos dois tipos de várzeas, de acordo com Klapper (1993).

Nos Estados Unidos, a proteção das várzeas conta com proteção legal e, em muitos casos, quando esses sistemas são negativamente impactados pelo desenvolvimento, os responsáveis devem mitigar esse impacto pela criação de outras várzeas na mesma região. É exigido que essas novas várzeas tenham as mesmas funções e valor daquelas degradadas.

Um exemplo de várzea artificial de grande porte é o reservatório de Kis-Balaton, na Hungria. Ele tem uma área de 70 km$^2$, que era coberta por várzeas naturais em épocas remotas, e a ele foi designada a tarefa de reduzir a eutrofização do lago Balaton (A = 598 km$^2$), um local turístico economicamente importante para o país (Szilágyi et al., 1990). Desde a construção do reservatório de Kis-Balaton, a situação do lago melhorou consideravelmente. Nos Estados Unidos estão sendo recriadas muitas várzeas, como, por exemplo, no Estado de Ohio, em suporte às atividades de pesquisa do Prof. Mitsch, da Universidade de Ohio, em Columbus. Uma várzea experimental encontra-se em construção na Itália, no rio Po, com objetivo de recriar terrenos alagadiços ao longo desse rio (Prof. Bendoricchio, da Universidade de Pádua). Nas várzeas naturais, tanto os componentes terrestres como os aquáticos encontram-se normalmente representados. Elas podem ser muito diferentes, incluindo prados e campos cultivados, florestas e pântanos, águas rasas ou abertas, além de regiões com vegetação emergente, submersa ou flutuante, e todas elas podendo estar intimamente interligadas. Esses sistemas são santuários de aves, garantindo também habitat para um sem número de espécies aquáticas. Outras espécies, via de regra terrestres, necessitam delas para sua reprodução. A função paisagística desses sistemas para recreação, observação de pássaros, ou mesmo só pelo seu belo aspecto visual dão às mesmas um grande valor adicional.

O tipo mais comum de várzeas criadas artificialmente são aquelas destinadas à purificação de efluentes de vilas ou para o tratamento secundário de esgotos de cidades de maior porte. Uma superfície de 50 m$^2$ a 500 m$^2$ é suficiente para reduzir de forma significativa o conteúdo de matéria orgânica de uma vila com cem habitantes (Záková 1906; Magmedov, 1996). A maior preocupação com esse tipo de várzea é que, em regiões temperadas, elas não funcionam durante o inverno, quando a vegetação decai, entretanto, esse fato não é confirmado por observações diretas, pois fica evidente que a parte mais ativa no processo de purificação são as raízes das plantas, que continuam sua função mesmo durante o inverno. Algumas publicações interessantes sobre o emprego de várzeas construídas para a purificação de águas são: Anônimo (1988), Hammer (1989), Fisk (1989) e Moshiri (1993).

## 10.11 Gerenciamento da Mata Ciliar para Proteção da Qualidade da Água

Vegetação não é útil somente nas várzeas para absorver poluição aquática, é também eficiente ao longo dos rios. As espécies que servem para essa finalidade podem ser cultivadas de diversas maneiras, que vão desde a manutenção da vegetação quase natural próxima das águas (Figura 10.2D e F) nas margens até formas sofisticadas de plantio. A Figura 10.2 mostra esses diferentes panoramas. Na parte A, criam-se bioplatôs nas margens, complementados por meio de um plantio intensivo ou suporte da vegetação natural, em áreas rasas fora do canal. Quando se plantam tufos isolados (esquerda), em poucos anos as plantas podem vir a criar uma margem com vegetação contínua (direita). Para tanto são evidentemente necessárias áreas com pouca poluição, já que em águas fortemente poluídas ou turvas não se verificam um crescimento normal. Há boas condições para o desenvolvimento de florestas ou vegetação emersa quando os níveis de água são relativamente constantes e/ou há poucas cheias sobre os platôs, ao longo do ano.

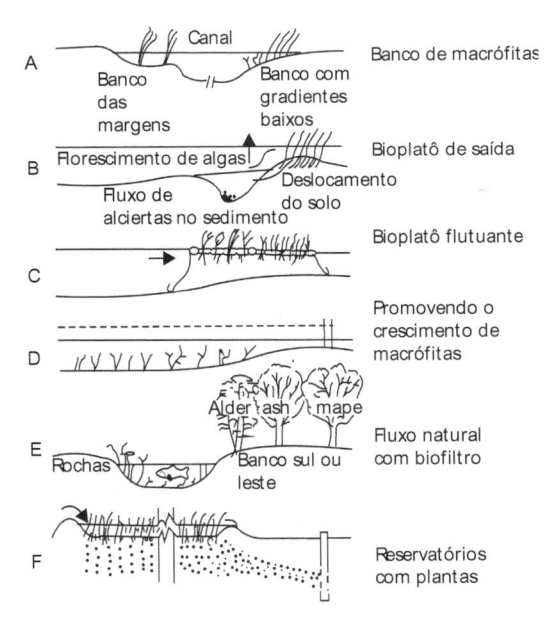

**Figura 10.2** Diferentes métodos de emprego de vegetação aquática e terrestre na proteção da qualidade da água dos rios, segundo Klapper (1993).

Na parte B da Figura 10.2 mostra-se um vertedouro em um bioplatô. Ele é empregado para retirar água em trechos profundos do rio, próximos a lagoas. A depressão forma uma armadilha para os sedimentos do lado interno do bioplatô vertedor, e o sedimento que lá se acumular formará uma base para o crescimento futuro da vegetação. A vegetação funciona como filtro de poluição. Em rios profundos, a criação desses bioplatôs é um instrumento muito eficaz para reduzir a poluição dos mesmos (parte C). A parte D ilustra como se pode promover o crescimento das plantas abaixando-se o nível das águas durante a primavera. Esse procedimento serve para reter de forma eficiente nutrientes em suspensão e dissolvidos, além de substâncias perigosas. O biofiltro natural apresentado na parte E serve também para sombrear o rio e sustentar as árvores. Bacias com vegetação ao longo dos rios, propiciando um fluxo de água subterrâneo entre elas e o rio (apresentado parcialmente na parte F) são mais ou menos equivalentes a várzeas e podem ser dispostas adequadamente ao longo dos rios.

## 10.12 Resumo das Técnicas de Gerenciamento de Bacias Hidrográficas

A utilização inadequada das bacias hidrográficas leva à deterioração do reservatório e sua conseqüente perda como bem econômico. Conforme já visto, é muito mais complexo e dispendioso remediar um problema do que evitá-lo. No sentido de melhorar a capacidade preventiva e garantir a adoção de atos gerenciais adequados, deve-se proceder da seguinte forma:

 a) Devem-se promover boas práticas agrícolas, no sentido de se reduzirem a erosão e a conseqüente entrada de sedimentos no reservatório. Deve-se buscar o uso menos intensivo de pesticidas e herbicidas e controlar o emprego de substâncias tóxicas. Os fertilizantes devem ser utilizados de forma a maximizar seu consumo pelas plantas, reduzindo, assim, sua disponibilidade no solo e, então, para as águas.
 b) Os esgotos devem ser tratados por métodos tradicionais ou inovadores (ecotecnologia). Deve-se adotar tratamento terciário para reduzir as cargas de fósforo.
 c) Deve-se promover um severo controle dos efluentes industriais, especialmente pela promoção das vantagens do uso de tecnologias limpas.
 d) Devem-se promover técnicas de gerenciamento local, principalmente aquelas ecotecnológicas, de baixo custo.
 e) Deve-se buscar economia no consumo de água e técnicas de gerenciamento que propiciem uma maior retenção de água nas bacias hidrográficas (também da poluição).
 f) Devem-se realizar campanhas contínuas de monitoramento do sistema, inclusive com sensoreamento remoto.
 g) Deve-se promover um permanente treinamento dos técnicos que operam o reservatório, buscando otimizar o gerenciamento quantitativo e qualitativo do sistema.
 h) Deve-se fomentar a interação entre os planejadores, gerentes e cientistas, no sentido de direcionar novos rumos e atualizar o planejamento e as estratégias de gerenciamento.
 i) Devem-se desenvolver parcerias entre os setores públicos e privados, buscando melhores estratégias de gerenciamento.
 j) Devem-se promover campanhas de economia com o envolvimento da sociedade, buscando alterações culturais capazes de melhorar a atitude da população em relação aos diversos aspectos ambientais.

*k*) Deve-se encorajar a educação ambiental nas escolas, demonstrando o valor dos recursos hídricos.

A aplicação dos princípios básicos apresentados a seguir representa um esforço fundamental no sentido de melhorar a situação presente:

*a*) Empreender passos visando proteger e melhorar a diversidade espacial, assegurando a preservação das florestas e dos mosaicos naturais dos diversos tipos de vegetação. Um elemento importante para garantir a recuperação quantitativa e qualitativa das florestas é o replantio com espécies nativas em vez de utilizar espécies não nativas com rápido crescimento. As florestas naturais são capazes de atuar como filtros biológicos, removendo fósforo e nitrogênio das vazões que afluem ao reservatório e retendo materiais em suspensão, diminuindo, portanto, a sedimentação no sistema.

*b*) Empreender os passos necessários para proteger e promover a recuperação de várzeas, de forma a garantir a diversidade biológica e a desnitrificação das bacias hidrográficas. As várzeas próximas ao reservatório e outras dentro das bacias hidrográficas asseguram regiões capazes de efetuar um significativo abatimento para os ecotones ar/água, além de servir como reservas de espécies aquáticas nativas, as quais podem ser a base para a colonização do reservatório. As várzeas são o epicentro da recolonização da biota do reservatório.

*c*) Deve-se tratar todos os focos pontuais de poluição, mesmo que para tanto seja necessária a construção de pré-reservatórios.

*d*) Empreender os passos necessários para evitar a entrada de sedimentos oriundos de fontes difusas, nutrientes dissolvidos e compostos tóxicos. Isso pode representar: (i) mudança das práticas agrícolas dentro da área de bacias hidrográficas (culturas plantadas, forma de aplicação de fertilizantes, ou seja, como e quando são aplicados) e (ii) proteção das margens do reservatório com vegetação, tais como árvores capazes de sobreviver a cheias ou mediante o emprego macrófitas emersas ou submersas.

*e*) Empreender os passos necessários no sentido de se reduzirem as entradas de sedimentos mediante a construção de pré-alagamentos ao longo dos rios principais. Um tipo específico de proteção é a estação de remoção de fósforo do tipo de Wahnbach, localizada nas entradas do reservatório (Bernhardt & Shell, 1979).

# Capítulo 11

# Gerenciamento Ecotecnológico Local

Há muitas técnicas próprias para melhorar a qualidade da água de um reservatório. Elas são apresentadas na Tabela 11.1 e discutidas posteriormente com mais detalhes neste capítulo.

**Tabela 11.1** Técnicas de gerenciamento para melhorar a qualidade da água em um reservatório.

| Medida | Meio | Referência |
|---|---|---|
| Mistura artificial e oxigenação | 1. Desestratificação; | Symons *et al.*, 1967 |
| | 2. Aeração hipolimnética; | Bernhardt 1967 |
| | 3. Mistura epilimnética; | Straskaba, 1986 |
| | 4. Mistura metalimnética; | Stefan *et al.*, 1987 |
| | 5. Aeração de camadas; | Kortman *et al.*, 1994 |
| | 6. Cone de Speece; | Speece *et al.*, 1982 |
| | 7. Mistura por hélices. | Fay, 1994 |
| Remoção de sedimentos | Dragagem dos sedimentos | Bjork, 1994 |
| Aeração de sedimentos | Injeção nos sedimentos | Ripl, 1976 |
| Cobertura dos sedimentos | Cobertura dos sedimentos com matéria inorgânica | Peterson, 1982 |
| Desativação do fósforo | Precipitação química | Cooke & Kennedy, 1988 |
| Biomanipulação (gerenciamento dos peixes) | Controle do zooplâncton – redução do fitoplâncton | Gulati *et al.*, 1990 |
| Controle hidráulico | 1. Retirada seletiva de água; | Straskaba, 1986 |
| | 2. Sifonagem do hipolimnion; | Olszewski, 1967 |
| | 3. Cortinas | |
| Algicidas | 1. Envenenamento por cobre; | |
| | 2. Outros algicidas. | Jorgensen, 1980 |
| Redução da luminosidade | Sombreamento, cobertura, suspensões, cores | |
| Controle de macrófitas | 1. Colheita; | |
| | 2. Peixes que se alimentam com fitoplâncton; | |

## 3- Inimigos naturais

## 11.1 Mistura e Oxigenação

O objetivo dos processos de mistura artificial é a oxigenação tanto do hipolímnio anóxico como da totalidade do corpo hídrico e/ou a inibição do crescimento de fitoplâncton. A Figura 11.1 retrata os quatro tipos básicos de mistura: a desestratificação por meio da mistura completa da coluna de água, a reaeração do hipolímnio, a mistura epilimnética e a aeração de camadas. Adicionalmente, foi projetado por Stefan *et al.* (1987) um mecanismo para aeração epilimnética capaz de realizar essa tarefa sem alterar o hipo e o epilímnio. Usando-se o cone de Speece consegue-se oxigenar sem agitar as águas.

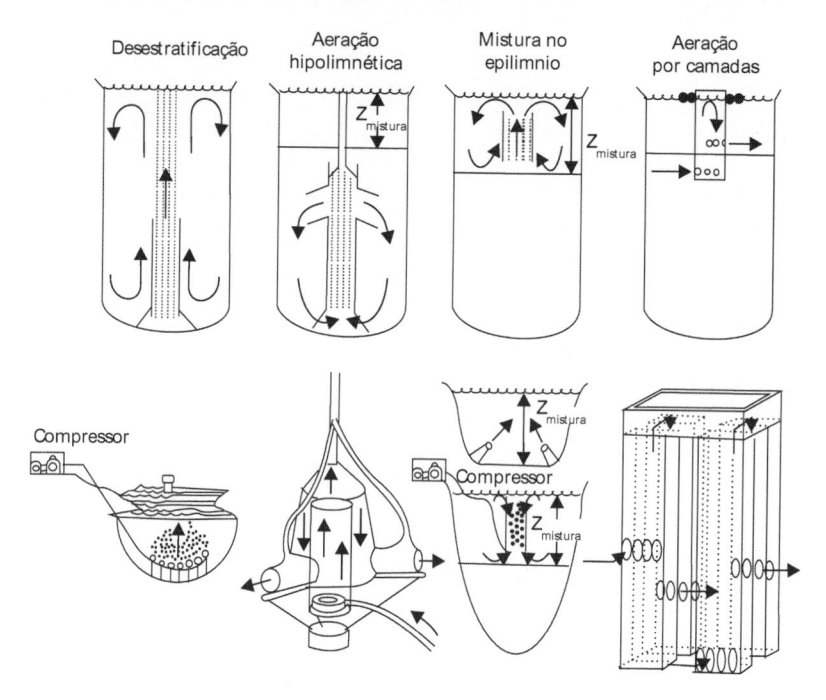

**Figura 11.1** Quatro tipos básicos de mistura. A metade superior esquematiza os tipos de mistura, a inferior, os arranjos necessários. O aerador hipolimnético encontra-se representado pelo LIMNO (aerador hipolimnético com levantamento parcial por ar), produzido pela firma Acqua Techniques.

### 11.1.1 Desestratificação – Circulação Artificial

A desestratificação pode ser feita por meio de injeções de ar comprimido nas águas ou por meio de difusores colocados no fundo do reservatório (Figura 11.2 A). Buscam-se simultaneamente três objetivos:

*a*) Desestratificação para prevenir que as algas permaneçam nas camadas iluminadas, causando uma redução na formação de biomassa de fitoplâncton.
*b*) Circulação para diminuir o pH, causando transformação nas algas do tipo cianofíceas para algas verdes, menos nocivas.
*c*) Aeração para oxidar o hipolímnio e, assim, impedir que os sedimentos de fundo liberem fósforo, ferro e manganês.

Na Figura 11.2B apresentam-se algumas das complexas conseqüências criadas pela desestratificação de ecossistemas aquáticos. Essa complexidade é uma das razões pela qual se torna difícil obter sucesso. Muito embora a desestratificação seja considerada um método comum, que pode ser executada por um engenheiro mecânico, torna-se indispensável o conhecimento dos processos limnológicos.

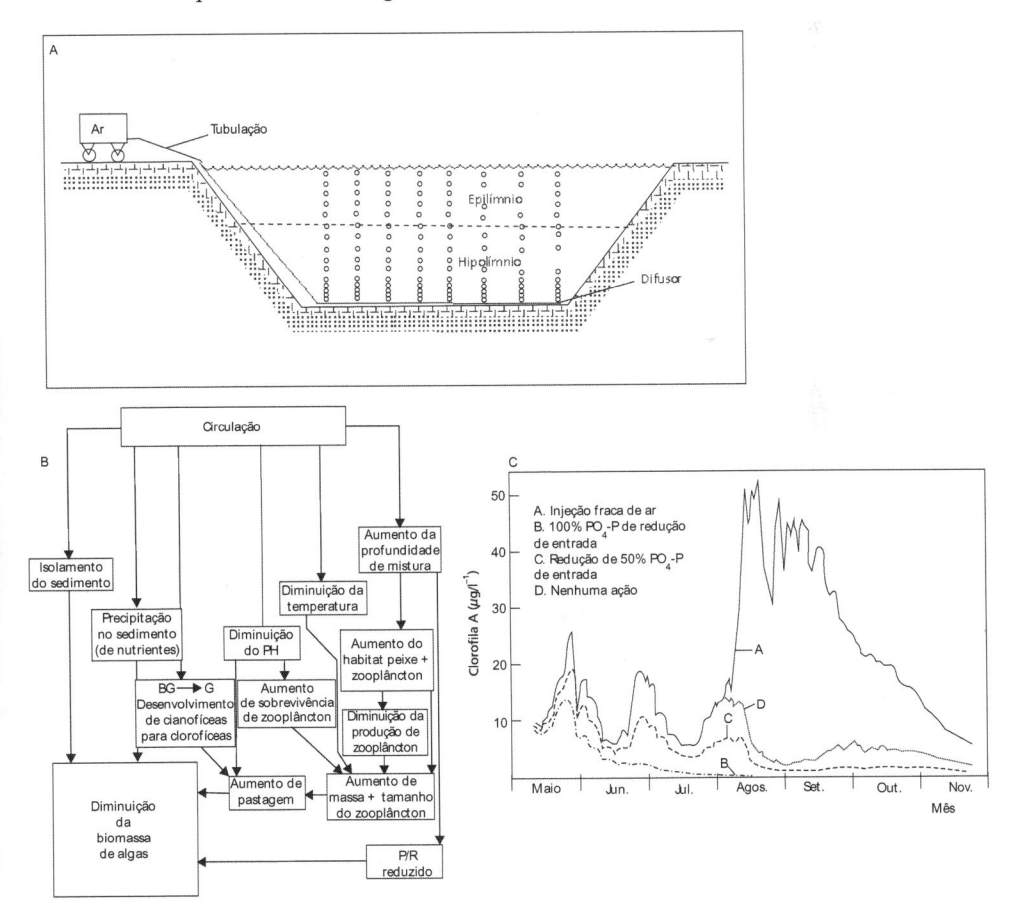

**Figura 11.2** Desestratificação e suas conseqüências: A: desestratificação com compressor e difusores;

B: conseqüências da circulação sobre a qualidade da água, de acordo com Pastorok *et al.* (1981). Modelagem feita por Stefan & Hanson (1980) mostrando as concentrações de clorofila A após diferentes graus de mistura (governados pela intensidade de injeção de ar) e diferentes graus de redução de fósforo, simultaneamente introduzido. Observe que uma mistura insuficiente acarreta mais prejuízos que benefícios.

Em alguns casos poderão ocorrer conseqüências indesejáveis, tais como: durante o processo de mistura, águas do hipolímnio podem ser elevadas para a superfície causando, então, um enriquecimento de fósforo nessa camada, aumentando, assim, o crescimento de algas. Um dos primeiros casos do emprego prático desse processo foi feito por Pastorok *et al.* (1981), que reporta que em um universo de 40 tentativas de desestratificação completa ocorreu uma significativa alteração na biomassa em 65% dos casos, dentre os quais 70% tiveram uma redução de biomassa e 30%, um aumento acompanhado por uma alteração das espécies componentes. A Figura 11.2C ilustra uma modelagem que sugere que uma mistura insuficiente pode gerar efeitos extremamente negativos. Assim sendo, para obter sucesso no emprego desse método, devem-se seguir as regras definidas por Lorenz & Mitchell (1993) e Schladow (1993): o fluxo de ar deve ser maior que 0,09 $m^3$/ha, caso contrário a mistura é inativa. Modelagens efetuadas por Schladow (1993) determinaram a forma das plumas em ascensão e permitiram o cálculo das forças necessárias para fazer circular toda a coluna de água. Caso essas regras não sejam obedecidas, a qualidade das águas pode se degradar em vez de melhorar. Em regiões remotas da Austrália utilizaram-se painéis solares para acionar compressores utilizados em reservatórios pequenos, solução preferível à construção de linhas de transmissão que poderiam prejudicar o meio ambiente. Steinberg & Zimmermann (1988) utilizaram desestratificação intermitente para fazer frente ao crescimento e à fraca resposta de diferentes espécies de algas, de forma a minimizar a biomassa de cianobactérias e algas. Essa abordagem baseia-se em desenvolvimento teórico (Reynolds *et al.*, 1984) e requer que os profissionais tenham conhecimento sobre fitoplâncton e limnologia.

As vantagens da desestratificação, de acordo com as condições enunciadas por Lorenz & Mitchel (1973) e Schladow (1993) são as seguintes: (i) aumenta o oxigênio no hipolímnio; (ii) impede a liberação de fósforo pelos sedimentos; (iii) permanecem baixas ou nulas as concentrações de ferro e manganês; (iv) diminuem os volumes de algas. O impacto negativo, tal como observado por Fast & Hulquist (1982), é que o ar comprimido pode acarretar uma eventual supersaturação de nitrogênio dissolvido, causando uma mortandade de peixes a jusante. O custo desse método é baixo, limitando-se ao preço do compressor e à energia elétrica então consumida, além dos custos de instalação das tubulações e difusores.

## 11.1.2 Aeração Hipolimnética

Atualmente estão à venda diversos tipos de aeradores capazes de oxigenar o hipolímnio sem destruir a termoclina (Bernhardt, 1967; Anônimo, 1989). Na Figura 11.3 apresenta-se um desses equipamentos.

A vantagem desse método é que a aeração é feita sem transferência de elementos do hipolímnio para o epilímnio, logo, evita-se o crescimento de algas. As maiores concentrações de oxigênio no hipolímnio possibilitam a criação de espécies sensíveis de peixes, melhora a qualidade da água graças à redução de ferro, de manganês, de problemas de gosto e cheiro em águas potáveis, reduz a corrosão de turbinas e outras estruturas e melhora a qualidade das águas liberadas para jusante. Esse tipo de aeração é adequada como medida corretiva quando ocorre um grande déficit de oxigênio no hipolímnio, porém não é indicada para reservatórios rasos nem para camadas anóxicas delgadas perto do fundo. Podem ocorrer efeitos ambientais adversos nas áreas vizinhas ao reservatório durante o transporte, instalação e operação dos equipamentos. O custo de investimento é muito maior que o da desestratificação, já que necessita de equipamentos especiais. Os custos de operação dependem da área do hipolímnio a ser tratada, da taxa de consumo de oxigênio do reservatório e do grau de estratificação térmica. Esses custos podem ser estimados por meio do método de Cooke *et al.* (1993).

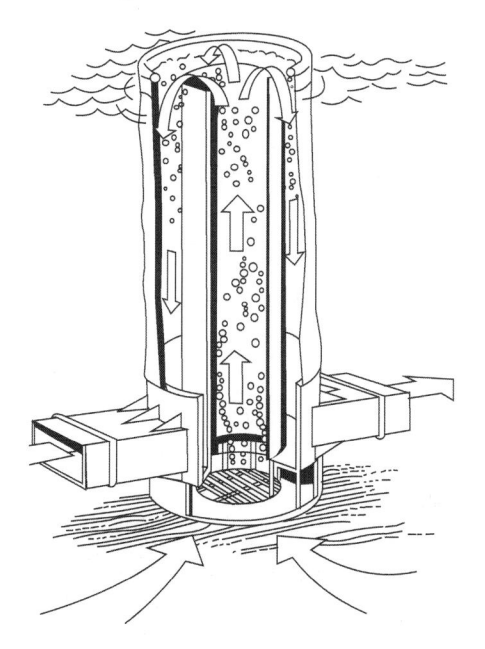

**Figura 11.3** Tipo de aerador hipolimnético.

## 11.1.3 Mistura Epilimnética

Esse método é bastante recomendado uma vez que ele, ao contrário dos outros que visam a ações corretivas, busca prevenir ou reduzir a formação de biomassa de fitoplâncton. Por este método, as camadas superficiais são misturadas até uma "profundidade ótima", ou $z_{mix}$ ótima. A "profundidade ótima" é a profundidade de mistura em que, sob determinada intensidade de luz na coluna de respiração do fitoplâncton, ela iguala a produção do mesmo. Foram construídos alguns reservatórios com uma profundidade igual a $z_{mix}$ ótima; nesses casos, todo o reservatório é misturado. Esse princípio foi ilustrado na Figura 4.6 e discutido quando foi abordada a questão da distribuição da luz e mistura em corpos hídricos. Em condições naturais, a fotossíntese integrada ao longo de toda a coluna de água (área listrada) excede a respiração integrada na coluna misturada (área sombreada). Quando a mistura atinge a profundidade $z_{mix}$ ótima cai a produção, já que a biomassa é misturada em camadas mais profundas, recebendo, assim, menos luz (área com pontos). Nessa profundidade de mistura a respiração é maior ou igual à produção fotosintética (área sombreada = área listrada). Steel *et al.* (1978) determinaram um método para cálculo de $z_{mix}$ ótima. Atualmente, utilizam-se dois tipos de sistemas de mistura: alguns utilizam unidades compressoras para injetar bolhas de ar através de difusores, tal como aqueles descritos no método de desestratificação (Simons *et al.*, 1967), porém localizados na profundidade $z_{mix}$ ótima, o outro tipo transporta fisicamente a água por meio de bombas (Cooley & Harris, 1954; Ridley *et al.*, 1966 – aplicações bem-sucedidas em reservatórios de Londres).

Algumas das muitas vantagens da mistura epilimnética são as seguintes: (i) os volumes de algas permanecem baixos, mesmo sob condições fortemente eutróficas; e (ii) reservatórios construídos em função da $z_{mix}$ ótima evitam a formação de um hipolímnio com baixa oxigenação em pleno verão, com a conseqüente liberação de nutrientes dos sedimentos. Não se registra nenhum impacto ambiental negativo, porém, caso ocorram falhas tecnológicas, pode ocorrer um rápido crescimento das algas. Pode-se promover um tratamento de água bruta eutrófica fluvial, com custos globais bem reduzidos.

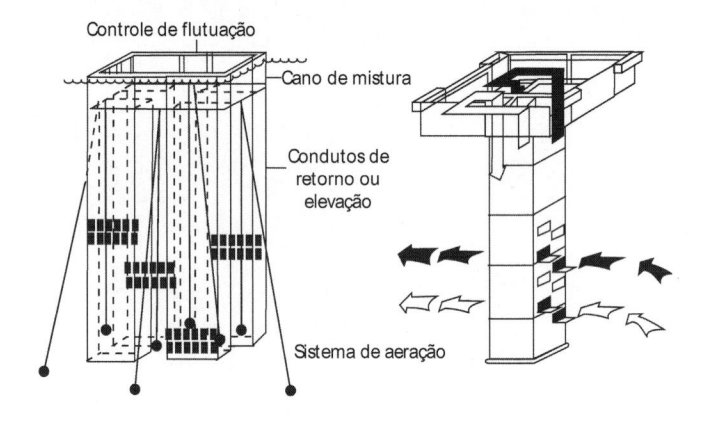

**Figura 11.4** Dois tipos de aeradores de camadas (Kortman *et al.*, 1988).

## 11.1.4 Aeração de Camadas

Trata-se de uma nova abordagem e baseia-se em um conhecimento detalhado das condições de estratificação de um determinado corpo hídrico e as conseqüências da mesma sobre os aspectos referentes à qualidade das águas (Kortman *et al.*, 1988). De acordo com essa estratégia, o calor e o oxigênio de um reservatório estratificado serão distribuídos em camadas selecionadas. A manipulação da estrutura térmica pode criar condições físicas e químicas (particularmente oxigênio) desejadas. Dessa forma, evitam-se os efeitos indesejáveis já mencionados, que acompanham o processo de desestratificação. Para implementação desse método faz-se, no entanto, necessário um bom conhecimento limnológico. Utiliza-se um equipamento especial para elevar água de uma determinada camada, por meio de ar, liberando-a em outra profundidade (Figura 11.4). Esses equipamentos encontram-se disponíveis no Ecosystem Consulting Service, Ltda. (1995).

## 11.1.5 Cone de Speece

O cone de Speece (Speece *et al.*, 1982; Speece, 1984) é um aparelho altamente sofisticado projetado para oxigenar água e promover uma pequena mistura. Esse equipamento funciona por meio da liberação de água supersaturada com oxigênio no fundo do reservatório, por meio de difusores. A Figura 11.5 ilustra esse processo. Kennedy *et al.* (1995) relatam que os custos de investimento para um reservatório grande (volume de 1,29 x $10^9$ m$^3$) é de aproximadamente US$ 5 milhões, e seus custos de operação são da ordem de US$ 800 mil por ano.

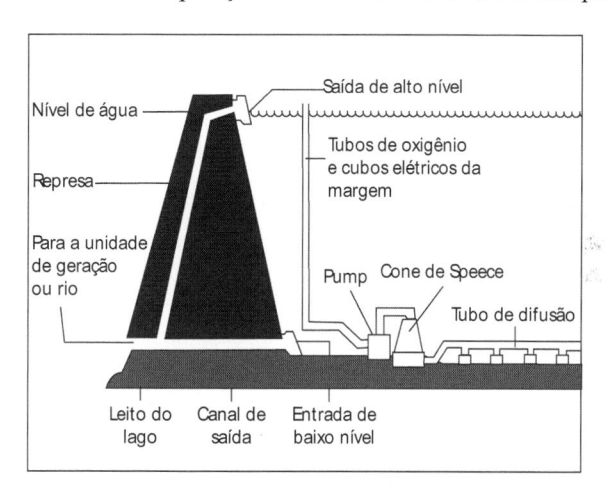

**Figura 11.5** Cone de Speece para oxigenação de reservatórios com água supersaturada de oxigênio.

## 11.1.6 Mistura por Hélice e Oxigenação

A mistura por hélices e oxigenação é um sistema diferente dos anteriores graças à maneira pela qual a mistura é executada. Os outros métodos baseiam-se na mistura produzida pelas bolhas de ar que sobem para a superfície. O método em questão visa efetuar a mistura a partir da superfície por meio de hélices. As hélices encontram-se presas à parte inferior de um flutuador, que pode ser utilizado em inúmeras aplicações. Elas estão combinadas com um compressor que injeta bolhas de ar na região das hélices, de forma a permitir que a camada superficial fique oxigenada. Fay (1994) apresentou as especificações técnicas. Não há no presente informações referentes aos resultados obtidos por esse equipamento.

## 11.2 Métodos para Tratar Sedimentos

Os sedimentos acumulam fósforo ao longo do tempo e a concentração desse elemento nos primeiros milímetros da camada de sedimentos pode ser superior a todo o fósforo existente na coluna de água. A fração dissolvida desse grande volume de fósforo armazenado é constantemente trocado com as águas adjacentes. A direção dominante dessa troca depende, entre outros fatores, das diferenças entre as concentrações de fósforo no limite entre a água e o sedimento e das condições de redução superficial dos sedimentos. Quando a água se encontra desprovida de fósforo, por exemplo, pela redução da carga do reservatório, o fósforo é, então, liberado dos sedimentos para as águas. Devido ao grande armazenamento de fósforo nos sedimentos, condições eutróficas podem perdurar por diversos anos, mesmo após o fornecimento de fósforo ao reservatório ter sido reduzido de forma considerável. A anoxia no fundo cria condições que podem aumentar essa troca em dez ou mais vezes. Empregam-se diversos processos para diminuir a liberação desse elemento pelos sedimentos. Os métodos que aumentam as concentrações de oxigênio no fundo foram discutidos na Seção 11.1. Também é possível remover as camadas superficiais de sedimentos ou oxigenar os mesmos por métodos químicos bastante elaborados e/ou por barreiras mecânicas que impedem o transporte do fósforo dos sedimentos para as águas.

## 11.2.1 Remoção dos Sedimentos

Esse método consiste na remoção da camada superficial de sedimentos que contêm altas concentrações de fósforo. Os métodos para essa remoção e seu custo *versus* eficiência foram estudados por Peterson (1982). Podem ser utilizados diversos tipos de dragas (Figura 11.6). Os sedimentos dragados devem, então, ser transportados para uma área de bota-fora na forma de lama contendo de 80% a 90% de água. Pode-se empregar um modelo matemático desenvolvido por Stefan & Hanson (1980) para determinar a profundidade de dragagem necessária para minimizar a reciclagem interna de nutrientes de um lago raso.

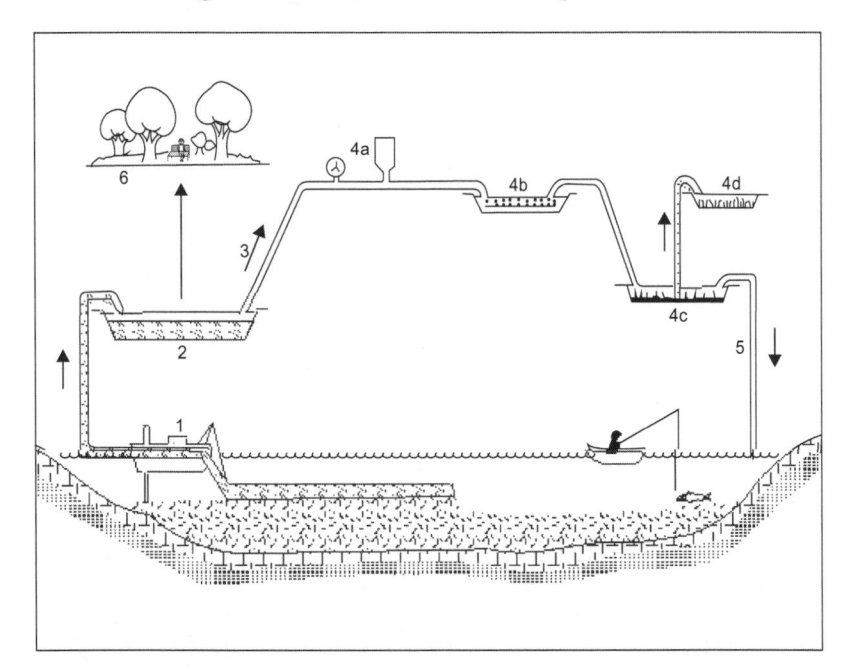

**Figura 11.6** Representação esquemática da remoção de sedimentos. 1: Draga de sucção dos sedimentos de fundo; 2: local de bota-fora para secagem dos sedimentos dragados; 3: a água drenada vai para um instrumento de dosagem automática de sulfato de alumínio (4a) e depois para sua bacia de aeração (4b). A água liberada na bacia de sedimentação (4c) é devolvida ao lago por meio da tubulação (5), e os sedimentos secos são empregados como fertilizante

para agricultura (Eiseltova, 1994).

A vantagem desse método é que seus resultados são duradouros. No lago Trummen, na Suécia, as concentrações de fósforo caíram de picos da ordem de 900 mg/l$^{-1}$ para menos de 10 mg/l$^{-1}$, permanecendo nesse valor por todo o período de observação, que se arrastou por mais de 9 anos. Os impactos negativos incluem a necessidade de uma grande área de bota-fora, necessária para a secagem da lama, antes que ela possa ser empregada como fertilizante (isso caso apresente baixas concentrações de metais pesados) ou tenha outro destino final. Os custos da dragagem são elevados; as estimativas fornecidas por Peterson (1981) são de US$ 0,23 a US$ 15,3 por m² de dragagem, assumindo que deva ser removido um metro de sedimentos, e isso não inclui os custos de disposição e transporte do material dragado.

## 11.2.2 Aeração e Oxidação dos Sedimentos

Até o presente, o método RIPLOX de aeração e oxigenação dos sedimentos (Figura 11.7) só foi utilizado na Escandinávia e na Alemanha (Ripl, 1994). O objetivo desse método é reduzir a liberação de fósforo pelos sedimentos. Aplica-se cloreto férrico a sedimentos pobres em ferro para reduzir a liberação de fósforo. Simultaneamente, adiciona-se cal para criar um pH ótimo para a desnitrificação (7,0 < pH < 7,5). Assim sendo, injeta-se nitrato de cálcio nos 30 cm superficiais dos sedimentos, oxidando e reduzindo a matéria orgânica e desnitrificando os sedimentos. Esse procedimento deve ser convenientemente adaptado para cada caso específico, de acordo com a composição química dos sedimentos.

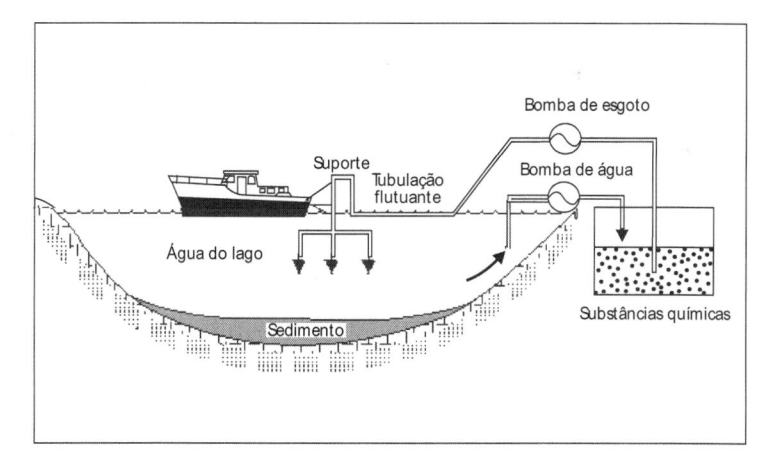

**Figura 11.7** Método RIPLOX, de Ripl. A grade desce do barco para os sedimentos e injeta os produtos químicos. Esses produtos são bombeados por meio de uma tubulação flutuante, da terra para o barco.

A vantagem desse método é que ele dispensa a necessidade de grandes áreas que seriam necessárias para acomodar os sedimentos, caso eles fossem removidos. Sua maior limitação é que a injeção dos produtos químicos requer equipamentos que podem ser utilizados somente em fundos planos e rasos. Os custos desse processo em um lago Sueco muito raso (profundidade média de 2 m) foram de US$ 1.120,00 (em 1995), sendo que a maior parte desse total foi gasta para desenvolver o equipamento. O custo dos produtos químicos foi de US$ 1.650. Como esse processo se opõe aos de mistura, ele é adequado para finalidades diferentes, aumentando assim o custo *versus* benefício do procedimento.

### 11.2.3 Cobertura dos Sedimentos
Cobrir os sedimentos é uma alternativa à aeração e à oxidação, e se constitui em um processo muito mais barato que pode ser feito com chapas, cinzas, entulho, areia ou qualquer outro material inerte. Cooke *et al.* (1993) estudaram a indicação, custos e eficiência de diversos materiais que podem ser empregados nesse processo.

### 11.2.4 Desativação do Fósforo Dentro do Lago
Costuma-se espargir $AlSO_4$ (sulfato de alumínio) na superfície do lago para precipitar o fósforo existente nas águas e selar o fundo, visando impedir a sua liberação. O composto forma flocos gelatinosos que absorvem o fósforo dissolvido. A seguir, os flocos acumulam-se no fundo e absorvem o fósforo liberado pelos sedimentos. A experiência tem demonstrado que a coagulação química do fósforo é muito eficaz em lagos e reservatórios por vários anos (normalmente de 4 a 5, podendo chegar a 14 anos em alguns casos, Cooke *et al.*, 1993). Efeitos positivos de longa duração não têm sido observados em tratamentos a base de Ca ou Fe que, teoricamente, são substitutos do alumínio. Na maioria dos casos, não foi empregado qualquer equipamento (Cooke *et al.*, 1986). Quaak *et al.* (1993) desenvolveram uma tecnologia que emprega equipamento pesado. Podem-se empregar modelos matemáticos, tais como os desenvolvidos por Kennedy & Cooke (1982) e Kennedy *et al.* (1987), para determinar as quantidades de alumínio necessárias para um determinado lago. Os modelos CHA-TP apresentados no Capítulo 14 podem ser utilizados para estimar quais os níveis de clorofila A, para uma determinada concentração de fósforo, que resultarão do tratamento.

A vantagem desse método é que ele não necessita de equipamento especial, e seus efeitos são duradouros. Sua limitação está no fato de que ele não é viável em corpos hídricos com grande crescimento de macrófitas, com grande agitação ou com baixo pH. Em reservatórios com tempo de retenção inferior a um ano, esse método de gerenciamento somente é indicado se a carga de fósforo for baixa. Isto porque quando as concentrações são altas, esgota-se rapidamente a capacidade dos flocos de absorver fósforo. O fosfato de fósforo é removido de forma mais eficiente que as frações orgânicas, e o fósforo orgânico dissolvido é removido de forma menos eficiente que as partículas fosforosas. Podem ocorrer possíveis impactos ambientais negativos relacionados à toxicidade do alumínio, quando o pH é inferior a seis. Concentrações de Al inferiores a 50 mg/l$^{-1}$ nas águas do lago não são consideradas perigosas para os organismos. Quando as concentrações de Al são elevadas ocorre uma bioacumulação de Al nos peixes. Sua acumulação nas plantas pode acarretar uma menor capacidade de absorção por parte das raízes. Os custos desse método variam em função das concentrações necessárias e dos custos de mão-de-obra.

## 11.3 Biomanipulação
O termo "biomanipulação" cunhado por Shapiro *et al.* (1975) já tinha sido empregado na década de 60 por Hrbácek *et al.* (1961). O princípio desse método consiste na manipulação da

cadeia alimentar por meio de pressões alimentares sobre o zooplâncton efetuada por peixes, de forma que espécies maiores de zooplâncton predominem, sendo assim capazes de manter o fitoplâncton sob controle. Isto pode ser feito quando é baixo o número de peixes que se alimentam de zooplâncton. Em reservatórios superpovoados e com populações atrofiadas, os peixes crescem bem lentamente, porém, graças a seu elevado número e pequeno tamanho (animais pequenos têm maior necessidade de comida), eles dizimam as espécies maiores de zooplâncton, e as menores não são capazes de controlar as algas.

Pode-se promover o desenvolvimento de populações de peixes capazes de controlar o desenvolvimento de zooplâncton e fitoplâncton de três maneiras:

- *a*) Erradicação temporária de populações atrofiadas por meio de envenenamento por rotenona ou por predadores (rotenona não é tóxico para invertebrados e fitoplâncton – Stenson *et al.*, 1978).
- *b*) Introdução contínua de peixes predadores e pesca com rede dos peixes não-predadores, colaboração com a pesca esportiva e emprego de métodos de pesca comercial.
- *c*) Esvaziamento do reservatório durante os períodos de reprodução das espécies indesejadas de peixes, expondo ao ar seus ovos presos na vegetação ao longo das margens.

O inverno mata peixes em reservatórios e pode causar alterações na composição das espécies.

Estudos recentes de alguns aspectos de biomanipulação (Gulati *et al.*, 1990; De Bernardi & Guissani, 1995; Shapiro, 1995) demonstram que o método só obtém sucesso sob determinadas circunstâncias. Uma avaliação das experiências de biomanipulação realizadas antes de 1992 (22 experimentos em toda extensão do lago e 10 em locais confinados foram executados, com uma única exceção, em regiões úmidas de zonas temperadas no hemisfério norte) é apresentada a seguir:

1) Foi obtido sucesso na redução da biomassa de fitoplâncton em 2/3 de 25 casos estudados: em 28% o resultado foi ambíguo e em 2 casos os efeitos foram indesejáveis.
2) Não se obteve sucesso quando as concentrações de fósforo eram muito elevadas. Assim sendo, em corpos hídricos muito tróficos é necessário combinar biomanipulação com redução de nutrientes, que pode ser feita por outros métodos.
3) O sucesso é em geral maior em corpos hídricos menores e rasos, principalmente porque nessas condições torna-se mais fácil o controle das populações de peixes.
4) Um corpo hídrico raso ou a parte rasa de outro corpo hídrico profundo pode vir a ser dominado por macrófitas, devendo, então, ser decidido quais as consequências desse fato sobre a utilização do reservatório.
5) A criação e estabilização de grandes populações de peixes predadores é difícil e lenta, a não ser que seja feita pesca comercial. Normalmente, emprega-se o rotenona para dar início ao processo de conversão.
6) O volume de peixes que se alimentam de fitoplâncton a ser removido depende das espécies e da distribuição de tamanho da comunidade íctea.
7) Graças aos diferentes ciclos dos organismos, pode demorar muitos anos até se atingir um equilíbrio estável. Isto também é verdade para outros processos de eutrofização.

8) Os procedimentos de biomanipulação não podem ser considerados rotineiros, já que requerem diversas condições especiais e somente podem ser levados a efeito com o auxílio de limnologistas.
9) Para obter sucesso pela aplicação desse método, ele deve considerar as características locais e as do corpo hídrico.

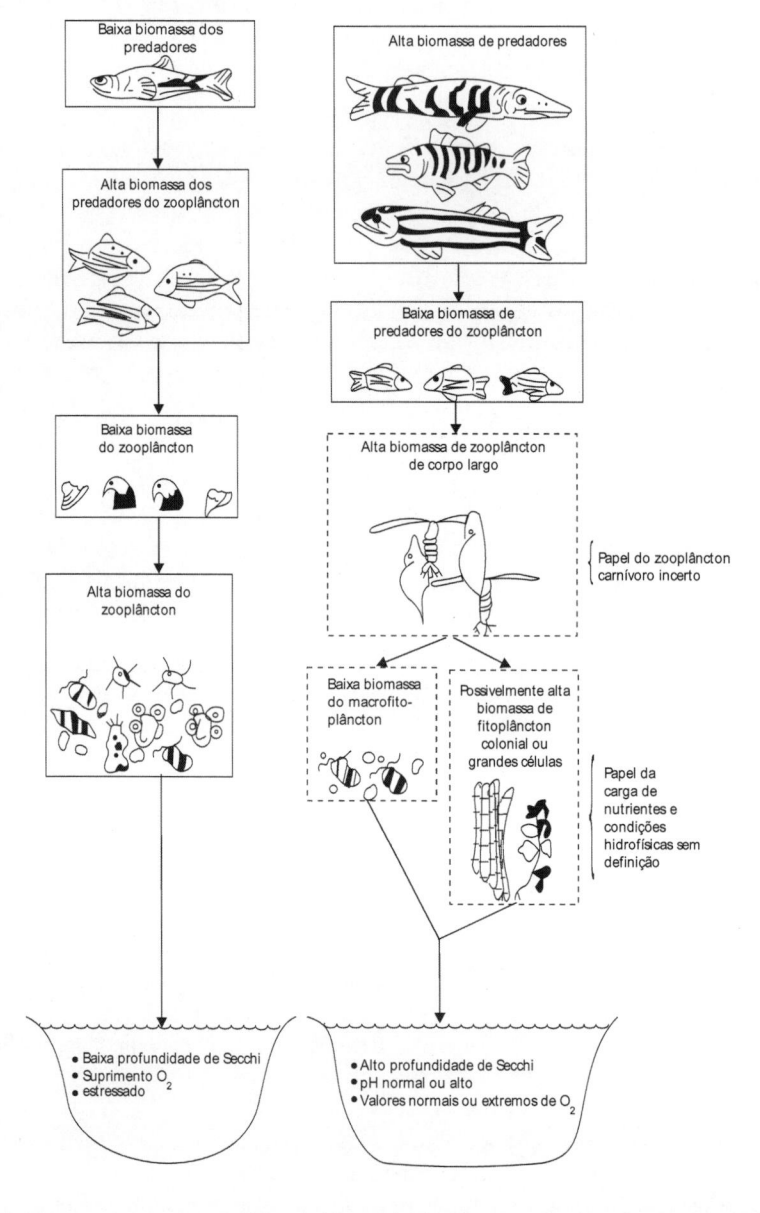

**Figura 11.8** Representação esquemática de biomanipulação. A parte esquerda mostra a conseqüência de uma pequena biomassa de peixes predadores e uma excessiva biomassa de peixes predadores de zooplâncton sobre a composição do zooplâncton e do fitoplâncton, decorrendo, então, uma baixa transparência, alto pH e baixas concentrações de oxigênio no hipolím-

nio. A parte direita mostra as conseqüências de uma maior biomassa de predadores com uma conseqüente redução dos peixes que se alimentam de zooplâncton, induzindo a uma queda na biomassa de fitoplâncton, maior transparência, baixo pH e oxigênio suficiente no hipolímnio. Um perigo é a possibilidade de o sistema criar algas grandes (em águas profundas) ou macrófitas (em águas rasas) (copiado de Benndorf *et al.*, 1984).

A aplicação das técnicas de biomanipulação são mais difíceis nos trópicos e nas regiões subtropicais devido à alta biodiversidade de peixes, à grande diferença espacial na composição das espécies, à existência de peixes omnívoros e às cadeias alimentares mais complicadas. Stein *et al.* (1995) apresentam detalhes desse procedimento em reservatórios no sul do EUA. Em Israel e no Brasil obteve-se sucesso utilizando-se carpas do tipo *Hypophtalmichthys molithrix,* que se alimentam diretamente de grandes colônias de fitoplâncton e de macrófitas (Lavender & Teltsch, 1990; Starling, 1993). Ainda assim, como em qualquer caso de introdução de peixes, deve-se tomar cuidado antes da introdução de espécies exóticas. No caso de Israel, a introdução das carpas afetou outras espécies (Gophen, 1995). Já começaram a surgir os primeiros resultados nos trópicos (por exemplo, Arcifa *et al.*, 1986; Roche *et al.*, 1993), porém ainda é necessário um maior conhecimento da rede alimentar.

A *vantagem* desse método, além de seu baixo *custo*, é que o mesmo é inteiramente natural e não demanda equipamentos nem produtos químicos, mas somente recursos humanos. Ele também combina as necessidades dos peixes com os requisitos de qualidade da água, necessitando, entretanto, de campanhas educacionais para os pescadores esportivos. Sua *limitação* reside no fato de que requer um contínuo controle das populações ícteas, que tendem a retornar a um estado atrofiado, não por causas naturais, mas devido ao fato de a pesca esportiva retirar mais peixes predadores que outros que se alimentam de zooplâncton. Esse método não produz *impactos ambientais negativos* caso seja executado sem envenenamento por rotenona. Esse envenenamento é indesejável em reservatórios destinados ao abastecimento de água potável e pode causar a morte de peixes raros e ameaçados. Os custos serão função da maneira pela qual o método for aplicado. Eles serão baixos se combinados com procedimentos de pesca adequados e aumentarão se a atividades não forem combinadas. Rotenona é caro.

## 11.4 Controle Hidráulico

O objetivo do controle hidráulico é permitir a seleção das camadas de água com pior qualidade para sua liberação do reservatório, sem causar uma mistura sensível nas outras camadas ou a seleção de boas camadas para consumo. Esse procedimento pode ser feito facilmente quando há uma estrutura que permite a retirada seletiva de água em diversas profundidades. Dessa forma, camadas com altas concentrações de substâncias indesejáveis (fósforo, toxinas, radioatividade) podem ser retiradas rapidamente do reservatório. O emprego de cortinas plásticas também pode ser um instrumento capaz de regular a mistura nas vazões afluentes ao reservatório.

### 11.4.1 Emprego de Comportas Seletivas

A técnica que obedece ao ditado "diluição é solução para poluição" é bastante útil em lagos e reservatórios (Welch & Patmont, 1980) no qual há abundância de água com poucas algas e fósforo. Em um caso bem-sucedido, no lago Moses, em Washington, uma redução no tempo de retenção de 10 a 15 dias propiciou uma grande melhoria nos casos de aumento explosivo de algas. Graças ao grande volume de água demandado e sua qualidade da água, esse método raramente pode ser empregado para a totalidade do reservatório, podendo ser levado a efeito em camadas pré-selecionadas. A Figura 11.9 apresenta diversas possibilidades e mostra os possíveis efeitos, positivos e negativos de cada uma delas. A descarga do hipolímnio ou do epilímnio será função do escopo a ser alcançado: redução no volume de algas, drenagem de águas anóxicas no fundo com altos teores de nutrientes ou outros problemas. O uso de comportas de fundo destinadas à drenagem das águas e sedimentos desse local tem sido bastante útil em reservatórios da América do Sul. Outro método consiste em criar correntes capazes de transportar vazões afluentes poluídas o mais rapidamente possível na direção das saídas, e com a menor mistura possível com as outras camadas de água. A forma mais barata de garantir uma melhor qualidade de água para consumo consiste em um controle hidráulico que leva em consideração o momento e a profundidade da retirada.

Uma vez que as condições limnológicas do reservatório sejam bem conhecidas pode-se estudar diversos cenários. Uma precaução simples, porém raramente empregada, é garantir, ainda na fase de planejamento, que o reservatório seja equipado com uma estrutura para retirada seletiva de água, com saídas intercaladas verticalmente da ordem de 5 m. Deve-se incluir, no mínimo, descargas superficiais e de fundo. Um controle superior pode ser feito em reservatórios com múltiplos horizontes no referente à retirada de água, capazes de garantir que sempre seja possível a escolha da profundidades adequada, função da estratificação térmica.

A grande vantagem desse método é seu *custo* desprezível. Suas *limitações* incluem o necessário conhecimento da qualidade das vazões afluentes e sua distribuição vertical dentro do reservatório. Podem ocorrer mudanças de qualidade em função da dinâmica de uma camada específica devido a mudanças nas vazões afluentes, nas liberadas e nas cotas de retirada; e essas alterações não podem ser compreendidas facilmente sem que sejam feitos modelos hidrodinâmicos, tais como aqueles que serão vistos no Capítulo 14. Para determinados propósitos, tais como descargas de fundo, o abastecimento de água pode ser o fator limitante. Devem-se considerar os possíveis *impactos negativos* a jusante, causados por esse procedimento.

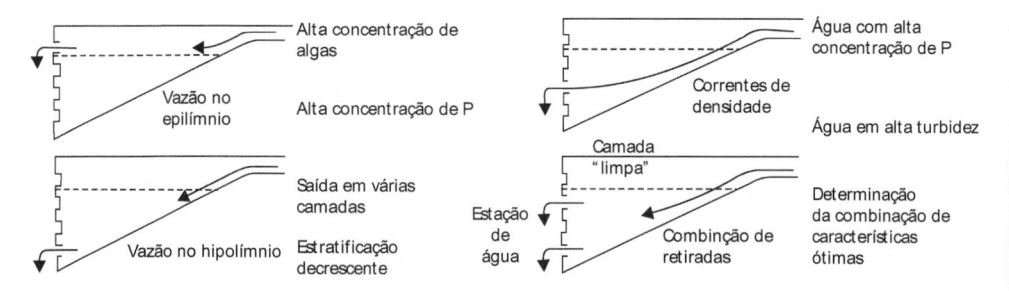

**Figura 11.9** Função das comportas seletivas. Para cada tipo de uso, o texto indica em cima as vantagens e em baixo seus possíveis efeitos negativos. De cima para baixo: vertedouro superficial

para retirada de algas em excesso e aumento simultâneo de fósforo na camada superficial. Usa-se drenar o hipolímnio para remover água sem oxigênio, ferro, manganês e fósforo, concentrados nas águas hipolimnéticas. Simultaneamente, ocorre uma redução da estratificação. Criando-se correntes de densidade, pode-se fazer passar rapidamente pelo reservatório picos de fósforo ou águas poluídas (por exemplo, durante cheias). Simultaneamente, camadas mais turvas podem atingir as tomadas de água bruta de estações de tratamento de água.

## 11.4.2 Sifonagem Hipolimnética

Esse método bastante simples para eliminar fósforo, manganês e ferro acumulados no fundo anóxico de um reservatório foi introduzido muitos anos atrás por um limnologista polonês (Olszewski, 1948). O método consiste na sifonagem das águas do fundo do lago, ou reservatório. Esse procedimento é mais fácil de ser posto em prática em um reservatório do que em um lago, para onde foi inicialmente concebido, já que o sifão pode ser apoiado na parede da barragem, não necessitando de energia para operá-lo a não ser em seu início. Esse método foi recentemente empregado em um pequeno e raso lago na Suíça e apresentou alguns efeitos positivos no referente à redução das concentrações de fósforo hipolimnético, porém os benefícios sobre o oxigênio foram reduzidos devido ao aumento das temperaturas no fundo do lago (Livingstone & Schanz, 1994). Esse exemplo demonstra que se deve proceder a uma caracterização das águas que substituirão aquelas sifonadas antes de empregar o método, e isso somente pode ser feito se forem bem conhecidas as condições de estratificação do corpo hídrico.

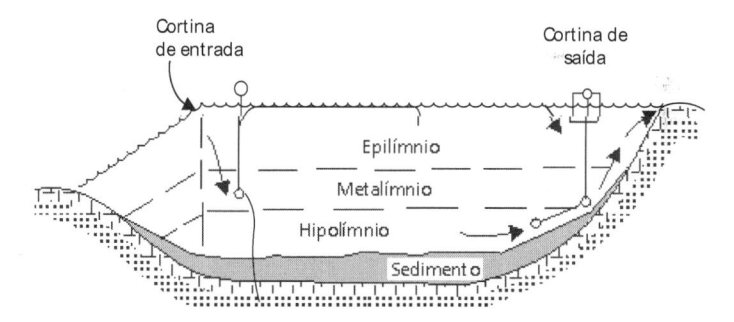

**Figura 11.10** Possíveis formas de emprego de cortinas submersas. A cortina para as vazões afluentes, posicionada na superfície, distribui essas águas para camadas mais profundas. Caso essa cortina seja colocada no fundo, as águas que penetram no sistema serão elevadas para a superfície. Analogamente, a cortina para as vazões que serão liberadas pode dirigir a corrente para a superfície, fundo e também para camadas intermediárias.

## 11.4.3 Emprego de Cortinas

O emprego de cortinas plásticas para modificar a profundidade da camada de retirada de água pode substituir, dentro de determinados limites, as estruturas para seleção de profundidade. Por esse método é mais viável a criação de saídas perto da superfície ou do fundo, o que pode ser feito mediante a ancoragem de cortinas no fundo, estas com alturas adequadas e mantidas elevadas por meio de flutuadores ou, então, ancorando as cortinas a uma determinada profundidade acima do fundo e elevando-as até a superfície (Figura 11.10). Os materiais empregados devem ser suficientemente resistentes para fazer frente aos movimentos das águas e devem ser considerados os "vazamentos" que podem ocorrer entre a superfície da cortina e o fundo.

Para as vazões afluentes ao reservatório devem-se empregar cortinas capazes de dirigir essas águas para o hipolimnion ou epilimnion (por exemplo, Ascada *et al.*, 1996). Ocorre, então, uma considerável mistura das águas no reservatório, já que a água que passa pela cortina submerge ou eleva-se, em função das diferenças de densidade.

## 11.5 Outros métodos
### 11.5.1 Emprego de Algicidas (Principalmente Compostos Cúpreos)

Têm-se empregado algicidas, tais como simazine ou sulfato de cobre, como medida emergencial para o controle da produção excessiva de algas, normalmente já em estágio avançado. A dosagem de aplicação de $CuSO_4$ varia de 6 kg/ha a 20 kg/ha em função da profundidade da camada de algas. Para ser efetiva a aplicação, as concentrações devem ser de 1 a 2 mg/l$^{-1}$.

A única *vantagem* desse método é que ele apresenta resultados imediatos. Suas *limitações* incluem a curta duração dos efeitos. Em águas alcalinas, com níveis acima de 150 mg/l$^{-1}$ de $CaCO_3$ ou em águas com alto teor de matéria orgânica, deve-se empregar uma forma quelada, caso contrário, o Cu será liberado pela solução rapidamente. Esse método não é recomendável devido aos *impactos ambientais negativos*. O $CuSO_4$ é tóxico para peixes, zooplâncton e outros organismos. Em alguns casos, podem ocorrer picos de fitoplâncton após a desintoxicação do sistema, uma vez que o zooplâncton se regenera mais lentamente que o fitoplâncton, ocorrendo, então, uma falta de controle do fitoplâncton pelo zooplâncton. A aplicação de cobre faz com que o mesmo se acumule, a longo prazo, nos sedimentos. Hanson & Stefan (1984) estudaram os efeitos colaterais negativos da aplicação ao longo de 58 anos de sulfato de cobre no lago de Fairmont, Minnesota, EUA. Quando se empregarem algicidas, não devem ser concomitantemente empregados produtos químicos tóxicos, mesmo em baixas concentrações, quando do tratamento de água potável. Os *custos* dependem da dosagem e freqüência das aplicações.

### 11.5.2 Manipulação da Penetração de Luz

Utiliza-se esse método para reduzir a fotossíntese da coluna de algas e, conseqüentemente, sua capacidade de produção de biomassa. Pode-se obter uma redução na disponibilidade de luz de duas maneiras: pela redução da intensidade de luz que atinge a superfície ou pelo aumento na capacidade de absorção de luz das águas. A primeira pode ser feita em regiões com pouca insolação, e dentro de determinados limites, pelo sombreamento com árvores plantadas nas margens do corpo hídrico. Para alguns reservatórios pequenos foi sugerido o lançamento de fuligem sobre as águas, entretanto, em reservatórios maiores esse procedimento é prejudicado pelo vento. Pode-se reduzir a disponibilidade de luz para as populações de algas por meio da mistura profunda desses organismos, mediante o emprego de alguma das técnicas descritas na Seção 11.1. Outro tipo de manipulação consiste em aumentar o coeficiente de atenuação de luz ($\in_q$) por meio de suspensão (como sugerido por Ridley & Steel, 1975) ou pelo emprego de corantes artificiais. Corantes artificiais utilizados em produtos alimentícios foram empregados com sucesso em alguns lagos na Dinamarca (Jørgensen, 1980). Em pequenos lagos, mediante o uso desta técnica foi obtida uma queda na fotossíntese com a conseqüente redução no pH (um valor elevado do pH causa o envenenamento de humanos por amoníaco, pela ingestão de peixes fritos) (Hartman & Kudrlicka, 1980; Jirásek & Heteša, 1980). A toxicidade de alguns corantes pode vir a ser um fator limitante.

### 11.5.3 Controle das Macrófitas

O controle das macrófitas pode visar tanto a seu crescimento como a sua redução. Pode ser desejável obter um desenvolvimento das macrófitas para proteger as margens contra erosão e/ou criar uma zona de abatimento da poluição. Em alguns reservatórios, as áreas rasas são relativamente pequenas e as freqüentes oscilações do nível das águas impedem o crescimento de macrófitas com raízes. Em reservatórios rasos e com menores alterações do nível das águas, a situação é diferente. As técnicas para redução de macrófitas consistem no corte, no emprego de organismos herbívoros e no emprego de pesticidas. Como visto no Capítulo 4, manipulando-se a turbidez pode-se deflagrar a competição por luz entre o fitoplâncton e macrófitas com raízes e alterar as condições para o domínio de macrófitas ou do fitoplâncton presentes nas áreas rasas de reservatórios, ou reservatórios rasos. Pode-se também esvaziar o reservatório para reduzir a vegetação submersa. É muito eficaz o esvaziamento de reservatórios em regiões frias. Há vegetação que se regenera muito rapidamente.

A colheita de macrófitas pode ser feita mediante o emprego de uma grande diversidade de barcos adaptados, um dos quais pode ser visto na Figura 11.11. A escolha da melhor opção depende do tipo de plantas a serem colhidas e também se elas são flutuantes, submissas e emersas enraizadas. A área a ser tratada determinará o tamanho e a capacidade do barco de apoio. Outros detalhes podem ser vistos em Anônimo (1979) e Moss (1995).

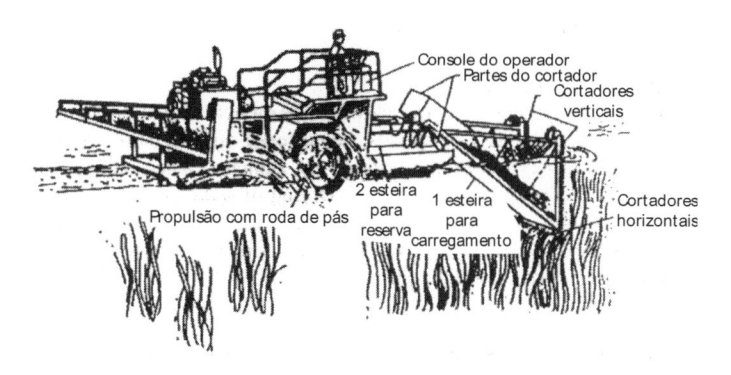

**Figura 11.11** Tipo sofisticado de colhedor de macrófitas (Moore & Thornton, 1988).

Mamíferos, peixes e invertebrados alimentam-se de macrófitas. Na Flórida e no Caribe estimula-se a proliferação do peixe-boi (*Halicore dugong*) para que comam as macrófitas aquáticas, reduzindo assim a obstrução de canais. Os peixes consumidores de macrófitas, surpreendentemente eficientes, desenvolveram-se bem somente em uma região do mundo, o leste da Ásia, mais especificamente na China, onde habitam diversas espécies de peixes que se alimentam de plantas aquáticas. Alguns desses, tais como a carpa de grama *Hypophthalmichthys molitrix*, foram introduzidos com sucesso em outras regiões, visando-se à redução das macrófitas. Esse peixe se reproduz abundantemente e é saboroso, sendo, portanto, útil também para o consumo humano. Além disso, a espécie também é capaz de se alimentar de cianófitas, auxiliando ainda mais a melhoria da qualidade das águas. Como visto na Seção 11.3, esse peixe é cultivado em algumas regiões subtropicais, sobrevivendo também em condições tropicais. Atualmente, tem-se tentado sua introdução em diversas partes do globo.

Empregando-se invertebrados, obteve-se um considerável sucesso na redução de vegetação aquática flutuante mediante o emprego de gafanhotos. Foram feitas outras tentativas utilizando-se carunchos (*Neochetina eichhorniae, N. bruci*) e o besouro "pulga de jacaré" (*Agasicles hydrophila*).

No referente ao controle da vegetação por meio de herbicidas, aconselha-se o manual de Gangstad (1986), que apresenta inclusive outros métodos para seu gerenciamento.

Deve-se enfatizar a necessidade de se empregarem métodos que não utilizam produtos químicos tóxicos, uma vez que os *impactos ambientais negativos* gerados pelo emprego desses produtos já são bem conhecidos. São óbvias as *vantagens* ecotecnológicas dos métodos baseados em inimigos naturais das plantas, entretanto, deve-se tomar um grande cuidado e realizar pesquisas preliminares à introdução de novos seres em áreas além de seus domínios. Há o grande risco de que essas espécies acabem comendo outras plantas valiosas, diversas culturas e, também, há a possibilidade de se reproduzirem em grande escala, eliminando espécies nativas de interesse. O *custo* maior é o de colheita, afetado pela forma de utilização das plantas colhidas; caso sejam utilizadas como fertilizante ou forragem para animais, pode-se recuperar parte dos custos despendidos na colheita das mesmas. O emprego de organismos comedores de plantas é inexpressivo, e, no caso de peixes, eles ainda podem representar uma fonte adicional de alimentos.

### 11.5.4 Manipulação do Nível da Água

Abaixar o nível das águas pode contribuir para a redução das macrófitas e também da reprodução de algumas espécies indesejáveis de peixes que depõem seus ovos na vegetação ribeirinha. Em alguns países, a vegetação que cresce nessas áreas é rapidamente consumida por animais. Quando começam a crescer arbustos pode-se esperar uma piora na qualidade das águas. A secagem dos sedimentos causa sua compactação e consolidação, aumenta a oxidação da matéria orgânica, reduzindo o conteúdo orgânico da lama. Após um novo enchimento, podem aumentar temporariamente as concentrações de fósforo reativo devido a processos de mineralização que ocorrem na lama.

## 11.6 Comparação das Diferentes Abordagens Ecotecnológicas

Em relação à ecotecnologia (Capítulo 7), os melhores métodos são aqueles mais naturais possíveis, que dispensam o uso de produtos químicos, equipamento e energia. Das abordagens discutidas, os procedimentos que mais se aproximam dessas condições são os seguintes: biomanipulação, retiradas seletivas de água, mistura epilimnética e aeração de camadas. Não obstante, ainda é necessário que se disponha de um maior conhecimento sobre a eficiência dessas técnicas em situações especiais de diversos ecossistemas. A viabilidade de aplicar qualquer método "in loco" deve ser avaliada em conjunto com as opções de gerenciamento das bacias hidrográficas. Deve-se observar que qualquer método preventivo é preferível que outro curativo, e que a maioria das técnicas integra o segundo grupo. O único procedimento realmente preventivo é a mistura epilimnética, e o pior método é o emprego de sulfato de cobre, que com o tempo arma uma bomba-relógio, representada pelo cobre acumulado nos sedimentos e, posteriormente, liberado para as águas. Analogamente, é desaconselhado o emprego de outros algicidas, em especial em reservatórios destinados ao abastecimento de água potável. Tratamentos com compostos de alumínio são suspeitos de pôr em risco a saúde humana a longo prazo. Lam *et al.* (1995) mostraram, no entanto, que compostos de alumínio (e cal) parecem ser mais adequados para o combate do crescimento explosivo de cianobactérias tóxicas, outros algicidas ou cloro. Ao comparar as aplicações de cobre e alumínio, são importantes não somente os aspectos referentes à toxicidade, como a quantidade de produto e a freqüência necessária para a aplicação de cada um deles. No referente a esse quesito, o tratamento com alumínio é melhor, uma vez que seus efeitos duram muitos anos (até 14), enquanto o cobre deve ser aplicado diversas vezes ao ano, especialmente em países tropicais.

# Capítulo 12

# Gerenciamento das Vazões Liberadas

O represamento de rios acarreta impactos ambientais diretos e indiretos nas áreas a jusante do reservatório. Isto causa grandes preocupações aos proprietários e gerentes desses sistemas, uma vez que a lei, em muitos países, atribui responsabilidades sobre a deterioração da qualidade da água, morte de peixes ou outras eventuais perdas. Os impactos potenciais desses sistemas sobre as áreas de jusante encontram-se na Seção 12.1. Os responsáveis pelo gerenciamento devem considerar, portanto, esses efeitos ambientais, a qualidade das águas e o uso que é feito do rio a jusante do reservatório.

## 12.1 Alterações Ambientais no Rio a Jusante do Reservatório

No referente aos aspectos hidrológicos, podem-se distinguir três tipos de efeitos, em função do tipo de uso do reservatório. Em reservatórios destinados ao abastecimento de água potável ou irrigação, o volume de água retirado para esses propósitos é inteiramente deduzido das vazões que fluirão para jusante, ocasionando severas conseqüências sobre a qualidade das águas e impactos sobre sua biota, especialmente quando há uma significativa redução da vazão do rio em questão. Cita-se como exemplo o rio Colorado, nos Estados Unidos, onde uma série de reservatórios destinados ao abastecimento de água potável reduziu as vazões que fluem para o México a tal ponto que lá chega apenas um volume muito pequeno, de baixa qualidade. Reservatórios destinados à regularização de vazões melhoram sensivelmente o regime dos rios, apesar de poderem gerar efeitos negativos, tais como aquele verificado no delta do rio Nilo, onde, devido à construção da barragem de Assuã, interrompeu-se a continuidade das vazões que carregavam sedimentos vitais para essa área. Os efeitos negativos mais devastadores ocorrem a jusante de aproveitamentos hidroelétricos durante sua operação de pico. A operação desses complexos provoca grandes oscilações nos níveis do rio a jusante, e de curta duração. Tendo-se em vista essas variações de vazões, freqüentemente são construídos, a jusante da barragem, reservatórios para laminar esses picos, liberando, então, vazões regularizadas.

As características limnológicas dos reservatórios exercem uma influência muito grande na intensidade dos efeitos do reservatório sobre o rio a jusante. Na Tabela 12.1 elencam-se algumas dessas características. Deve-se ter sempre em mente que, graças ao caráter multifacetado do ecossistema existente em um reservatório, os efeitos citados pela substituição de uma variável somente serão válidos em situações parecidas, por exemplo, um reservatório profundo acarretará efeitos maiores que um raso somente no caso de ambos possuírem o mesmo tempo de retenção.

**Tabela 12.1** Principais características relativas à qualidade das águas de um reservatório, importantes para a qualidade das águas do rio a jusante e de suas condições.

| Qualidade hídrica | Efeitos sobre as características do rio a jusante |
| --- | --- |
| Hidrologia | Os maiores efeitos ocorrem em regiões semi-áridas, efeitos consideráveis nas temperadas e efeitos menores nos trópicos |
| Ordem do rio | Inversamente proporcional à ordem do rio: os efeitos são maiores em rios de menor ordem e vice-versa |
| Profundidade do reservatório | Nenhum efeito ou efeitos pequenos em reservatórios rasos, os efeitos aumentam com a profundidade |
| Profundidade dos mecanismos de descarga | Nenhum efeito desses mecanismos em reservatórios rasos (sem estratificação, bem misturados), os efeitos aumentam com o aumento da profundidade desses mecanismos em reservatórios estratificados |
| Tempo de retenção | Reservatórios com pequeno tempo de retenção não causam grandes efeitos nos rios a jusante, os efeitos aumentam na razão direta do tempo de retenção |

As variáveis físicas, químicas e biológicas do rio a jusante são afetadas pelo reservatório de diversas maneiras (Tabela 12.2). Os elementos apresentados na tabela são generalizados e não podem ser considerados para efeitos interrelacionados. Em reservatórios estratificados há muitas combinações possíveis. A situação existente dentro do reservatório, na profundidade na qual a água é retirada, é decisiva para caracterizar a qualidade das águas que fluirão rio abaixo. Dessa maneira, são decisivas as regras apresentadas no Capítulo 4 para qualidade da água. Modelos matemáticos, como serão apresentados no Capítulo 14, podem prognosticar os efeitos do reservatório sobre o rio a jusante. Alguns modelos também fornecem opções para operação do reservatório no sentido de otimizar os efeitos do sistema sobre os recursos aquáticos a jusante. Podem ocorrer outros impactos devido à saturação da água por gases em vertedouros (saturação de oxigênio e supersaturação de nitrogênio) e efeitos hidrológicos originados por rápidos aumentos de vazões, fato comum em usinas hidroelétricas. Um estudo feito por Barrillier *et al.* (1993) na parte superior do rio Sena, na França, demonstrou os efeitos da frente de ondas: suspensão de sedimentos, queda no teor de oxigênio das águas, aumento de nutrientes e matéria orgânica particulada dissolvida.

A situação é diferente nas regiões tropicais e nas áridas. As perdas devido à evaporação têm um papel significativo em locais com balanço hidrológico negativo e onde a evaporação excede à precipitação.

Tabela 12.2  Efeitos sobre a qualidade das águas a jusante.

| Variáveis físicas | Alterações na qualidade hídrica a jusante |
|---|---|
| Calha do rio | A calha do rio abaixo da barragem pode ficar bastante danificada pelas vazões erráticas liberadas pelo sistema |
| Hidrologia | Quando utiliza-se grande volume das águas represadas as vazões liberadas são baixas, como ocorre quando há irrigação ou em locais com altas taxas de evaporação. Aumenta a vazão periódica, e a grande variabilidade das mesmas difere do ciclo hidrológico natural, especialmente a jusante dos aproveitamentos hidroelétricos |
| Temperatura | Ocorre uma queda na temperatura média. O valor dessa redução aumenta com o tempo de retenção e a profundidade na qual a água foi retirada. Diferenças geográficas: em regiões temperadas as temperaturas a jusante dos reservatórios são maiores que nos rios naturais no inverno, mas menores no verão; em regiões tropicais a temperatura aumenta quer no inverno como no verão. A variação anual nas temperaturas aumenta em reservatório com vertedouros superficiais porém diminui em sistemas com tomadas de água profundas (Figura 12.1). Os aumentos de temperatura no verão ficam retardados em reservatórios com comportas superficiais e ainda mais naqueles com retiradas profundas |
| Sólidos em suspensão – turbidez | Há uma redução na carga de materiais em suspensão. Isso pode causar uma redução na fertilidade de terras alagadiças e portanto danos à agricultura dessas áreas, às várzeas a às florestas |
| Detritos | A composição das partículas passa de abióticas para bióticas e também verifica-se uma redução no tamanho das mesmas |
| Luz | Aumenta a penetração de luz |
| **Variáveis químicas** | **Alterações na qualidade da água a jusante** |
| Oxigênio | Caso o reservatório seja eutrófico e a profundidade da tomada de água esteja abaixo da termoclina, as concentrações de OD nas águas liberadas podem ser quase nulas |
| $H_2S$ e $CO_2$ | Aumentam os valores, especialmente em reservatórios eutróficos, estratificados e com longo tempo de retenção |
| pH | Cai o valor absoluto, exceto se o valor nas vazões afluentes já for muito baixo, como aqueles verificados em reservatórios com águas escuras, na região amazônica |
| Nitrogênio | Em reservatórios bem aerados aumenta o nitrogênio dissolvido, o qual pode atingir uma super saturação e acarretar a morte de peixes. Esse fenômeno não está relacionado a altas concentrações de nitrogênio eventualmente existentes na camada da qual as águas foram retiradas, mas aos processos que ocorrem durante a aeração das mesmas nos vertedouros |

**Tabela 12.2** Efeitos sobre a qualidade das águas a jusante. (*continuação*)

| Variáveis químicas | Alterações na qualidade da água a jusante |
|---|---|
| Matéria orgânica | A matéria orgânica decresce para jusante onde não existem fontes de produção lacustre da mesma. A produção de fitoplâncton pode ser muito grande quando a produção "in loco" de substância orgânica também é elevada, mesmo se o sistema estiver recebendo pouca substância orgânica |
| Fósforo | Caem as concentrações de fósforo, e as maiores quedas verificam-se com aumento do tempo de retenção e grau trófico, exceto quando são liberadas águas do fundo, anóxicas, de reservatórios eutróficos. As menores concentrações de fósforo causam uma menor produção biológica no rio a jusante |
| Nitratos | Normalmente as concentrações de nitrato variam muito pouco, porém algumas vezes aumentam ligeiramente. Quando existem condições redutoras no reservatório as concentrações de nitratos decrescem para jusante |
| Nitritos | Normalmente aumentam as concentrações de nitritos, em especial pela liberação de água de camadas mais profundas, em reservatórios com elevado grau trófico |
| Sólidos totais | As concentrações de sólidos totais permanece praticamente inalterada |
| **Variáveis biológicas** | **Alterações na qualidade da água a jusante** |
| Plâncton | Em geral aumenta a abundância de plâncton a jusante |
| Composição do fitoplâncton | Altera-se a composição do fitoplâncton a jusante. Nos rios pequenos ocorre uma transição entre espécies fluviais (perifíticas) e lacustres; em rios mais volumosos aumenta o número de espécies lacustres a jusante do reservatório |
| Produção de fitoplâncton | A produção específica de fitoplâncton (por unidade de massa de fitoplâncton) pode aumentar muito caso seja liberado para jusante fitoplâncton hipolimnético rico em clorofila a e este consiga melhores condições de luminosidade no rio |
| Biomassa de fitoplâncton e clorofila a | As quantidades dependem da posição dos mecanismos de descarga: vertedouros superficiais liberam mais fitoplâncton, enquanto que tomadas de água mais profundas reduzem o transporte de biomassa de fitoplâncton. O fitoplâncton do hipolímnio tem mais clorofila A |
| Zooplâncton | Um rio pequeno, a jusante de um reservatório, fica bastante enriquecido de zooplâncton. Em rios maiores ocorre uma transição entre uma composição fitoplanctonica fluvial e outra lacustre. A biomassa de zooplâncton geralmente aumenta nas vazões liberadas, em relação às recebidas pelo reservatório, graças à drenagem do lago |

**Tabela 12.2** Efeitos sobre a qualidade das águas a jusante. (*continuação*)

| Variáveis biológicas | Alterações na qualidade da água a jusante |
|---|---|
| Bentos | Aumenta um pouco a jusante de reservatórios ligeiramente eutróficos e normalmente diminui após reservatórios fortemente eutróficos e anóxicos. Sua composição normalmente é muito alterada. São grandes os efeitos adversos, devido às variações de nível de curta duração, sobre o bentos |
| Peixes | Os reservatórios representam uma barreira para a migração dos peixes e normalmente não se consegue obter águas revoltas. Reduzem-se os habitats capazes de sustentar os peixes. A existência de peixes a jusante de reservatórios varia grandemente em função de condições específicas. Podem ocorrer mudanças devido a mortandade de peixes por super saturação de nitrogênio, redução de estoques pesqueiros e, em alguns casos, melhores condições de oxigênio e alimentos |

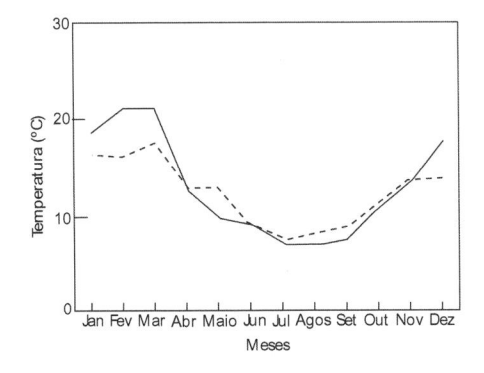

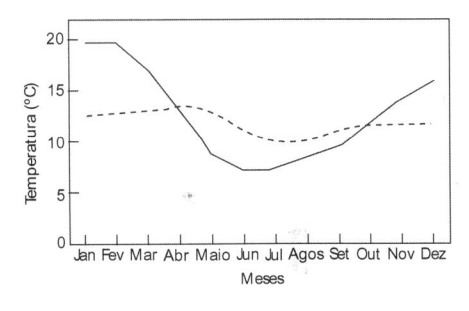

**Figura 12.1** Dois reservatórios australianos: comparação da tendência anual de longo prazo das temperaturas das vazões a jusante das barragens (linha pontilhada) com outras medidas no mesmo local preliminares à construção das obras (linha cheia) (média de 13 anos de observações, baseado em McMahon & Findlayson, 1995).

Os efeitos biológicos sobre os rios a jusante de reservatórios são bem grandes, como já foi demonstrado por inúmeros estudos. Caso o reservatório cause uma redução nas vazões máximas do rio, diminui também sua capacidade de limpeza, podendo, então, ocorrer uma proliferação de macrófitas. É freqüente observar uma completa interrupção do ecossistema do rio abaixo do reservatório, fato que pode ocasionar a morte de peixes e a redução dos estoques pesqueiros. Também pode vir a ocorrer uma deterioração do estoque de água potável e a perda de locais de lazer. Mas também podem ocorrer impactos positivos como no caso em que água de reservatórios profundos oligomícticos melhoram a qualidade de um trecho poluído de um rio numa extensão tal que trutas ou algumas espécies semelhantes conseguem sobreviver. Visto que os reservatórios atuam como bacias de decantação e oxidação biológica e, portanto, também como armadilhas para fósforo (Capítulo 4), em determinadas circunstâncias pode ocorrer uma grande melhora na qualidade das águas liberadas.

A distância de "reset", discutida no Capítulo 3, define a extensão do rio que é afetada pelo reservatório e o ponto no qual as condições do rio retornam ao normal. Essa distância pode variar sensivelmente, sendo determinada pela posição do rio nas bacias hidrográficas, pela geografia regional e outras variáveis. Também são importantes as outras vazões que afluem ao rio a jusante da barragem. A jusante do reservatório de Balbina, as águas permanecem anóxicas por 20 km. Na Austrália, as descargas da barragem de Eildon modificam as condições do rio a jusante por 138 km; abaixo do reservatório de Hume, os efeitos sobre a temperatura das águas só cessam depois de 200 km. Os efeitos dos grandes reservatórios podem se estender até o delta dos rios, causando a perda de ecossistemas estuarinos, a redução de habitats para peixes e criam condições para a intrusão de uma cunha salina nos deltas e terras agrícolas.

## 12.2 Gerenciamento das Vazões Liberadas

Atualmente, utilizam-se as três opções apresentadas a seguir:

1) Gerenciar a qualidade da água do reservatório e suas bacias hidrográficas, mediante o emprego de diversas técnicas.
2) Utilizar comportas seletivas para retirar água com a melhor qualidade possível.
3) Empregar métodos adicionais para melhorar o teor gasoso das águas liberadas.

### 12.2.1 Gerenciamento da Qualidade das Águas do Reservatório e de Suas Bacias Hidrográficas

Gerenciar a qualidade da água do reservatório e de suas bacias hidrográficas é a melhor forma de garantir uma boa qualidade da água para jusante. Os Capítulos 10 e 11 apresentam os métodos necessários para atingir esses objetivos.

### 12.2.2 Emprego de Comportas Seletivas

O emprego de comportas seletivas permite a liberação de água da camada que apresenta, no momento, as melhores características qualitativas. Este procedimento é muito importante no caso de tomadas de água para estações de tratamento de água e, também, para os aspectos envolvendo as características de jusante. O emprego de comportas seletivas, no gerenciamento da qualidade da água de um reservatório, exerce grande influência sobre a água que será liberada para jusante, conforme pode ser visto na Figura 11.9. Deve-se observar, no entanto, que a retirada total de uma camada de água, ou em volumes consideráveis como aqueles demandados pela irrigação, afeta a qualidade da água naquela profundidade. Isto ocorre porque a água retirada é substituída por outra proveniente de camadas adjacentes, normalmente com diferentes características qualitativas. Assim sendo, deve-se compreender e respeitar a natureza dinâmica da qualidade da água. O emprego de modelos de qualidade da água capazes de considerar as condições hidrodinâmicas (Capítulo 14) auxilia bastante a compreensão desse processo.

O emprego de comportas seletivas é relativamente recente e, na maioria dos reservatórios existentes, os aspectos relativos à qualidade da água e aos problemas ambientais não foram objeto de maiores considerações. McMahon & Findlayson demonstraram, em 1995, que os custos para construir esse tipo de equipamento nos reservatórios já existentes, por razões ambientais, eram muito elevados. Por exemplo: estimaram que o custo para a construção desse equipamento na barragem de Yarra, na Austrália, seria de US$ 10 milhões. Eles também analisaram perspectivas de futuras mudanças devido a alterações globais (Capítulo 16).

Recentemente foi desenvolvido um novo método que permite modificar a profundidade de retirada de água, sendo indicado especialmente para reservatórios pequenos e médios. Baseia-se no emprego de cortinas plásticas, colocadas próximas à barragem, conforme pode ser visto na Seção 11.4. Obviamente, essas cortinas apresentam limitações para a seleção da profundidade de descarga. Por meio delas torna-se relativamente simples selecionar água da superfície ou do fundo, porém é muito difícil obter água de profundidades intermediárias. Também não se pode evitar vazamentos de água pelas extremidades das cortinas. São enormes as pressões internas nas cortinas, fruto do movimento das águas, logo, o material com que elas são feitas tem de ser bastante forte para durar. Algumas empresas, tais como a Ecosystem Consulting Service, Inc. (Conventry, EUA), são capazes de confeccionar tais cortinas para reservatórios pequenos.

### 12.2.3 Gerenciamento das Vazões Liberadas

São relativamente limitadas as possibilidades de melhorar a qualidade da água no local da barragem, e consistem basicamente de modificações no regime de incorporação de gases nas águas liberadas para jusante. A Tabela 12.3 apresenta outras técnicas que podem ser empregadas para melhorar a qualidade das águas a serem liberadas. Em vez de discutir detalhadamente cada um desses métodos, fornecem-se referências.

O gerenciamento das vazões liberadas para jusante, mediante a operação do reservatório, causa alterações no sistema ecológico a montante, como no caso de Porto Primavera, em que um rebaixamento no nível operacional de 2 m preservou uma área de 700 km$^2$ de várzeas a montante do lago.

Tabela 12.3 Técnicas de gerenciamento para águas liberadas para jusante. As referências podem indicar o autor, a forma de emprego ou ambas.

| Técnica | Referência |
|---|---|
| Comportas seletivas – retiradas seletivas | Gallard, 1984; Pařizek, 1984; Filho et al., 1990 |
| Aeração/ oxigenação nas obras de descarga de usinas hidroelétricas | Cassidy, 1989 |
| Vertedouros: reaeração das águas | Cassidy, 1989 |
| Método de oxigenação tcheco | Haindl, 1973 |
| Bombas epilimnéticas | Quintero & Garton, 1973; Mobley & Harshbarger, 1987 |

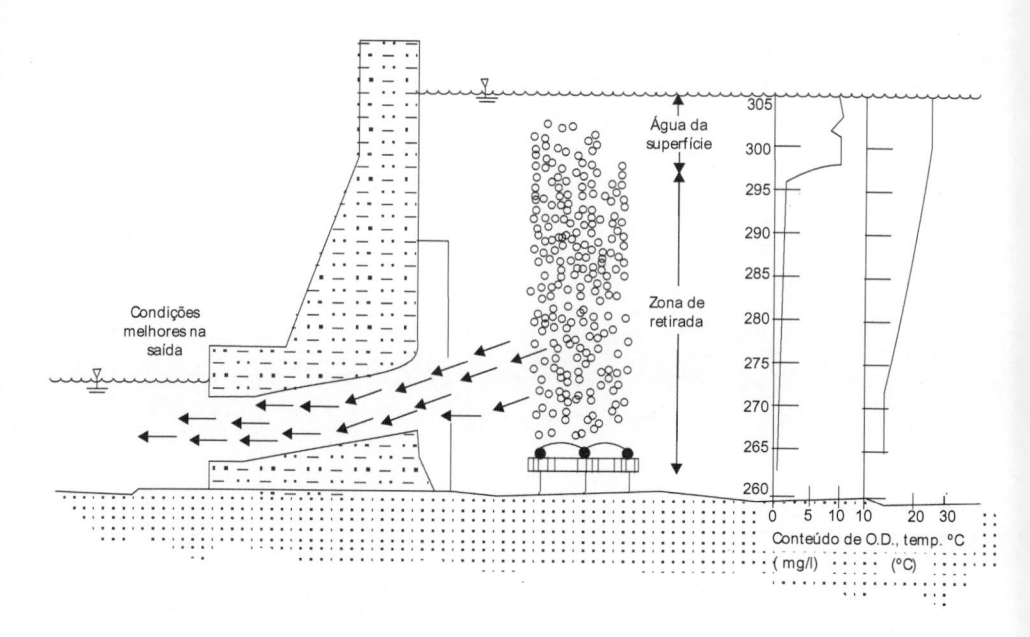

**Figura 12.2** Aeração executada nas proximidades das tomadas de água para turbinas, para melhorar a qualidade da água a jusante da barragem (copiado de Mobley – ainda não publicado).

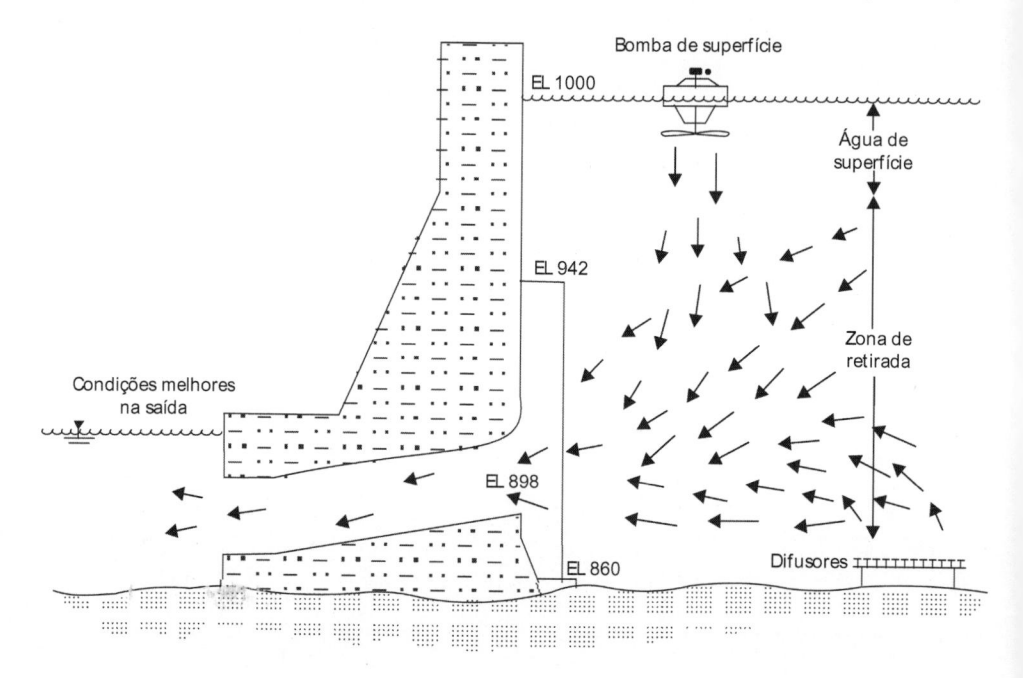

**Figura 12.3** Combinação de oxigenação e mistura a partir da superfície mediante bombas ou hélices nas proximidades das tomadas de água das turbinas, visando melhorar a qualidade das águas liberadas para jusante (copiado de Mobley – ainda não publicado).

Diversos métodos de aeração/oxigenação abordados na Seção 11.1 podem ser utilizados para gerenciar as vazões que serão liberadas pelo sistema. Na Figura 12.2 ilustra-se o processo de desestratificação próximo da barragem. A Figura 12.3 mostra um processo que combina oxigenação a partir do fundo com mistura a partir da superfície, mediante bombas ou hélices. Mediante o emprego dessas técnicas melhora-se o teor de oxigênio das águas presentes na profundidade de onde ela está sendo retirada. Pode-se elevar as concentrações de oxigênio nas águas liberadas até o ponto em que peixes e outros organismos aquáticos possam sobreviver. Simultaneamente, aumenta-se a temperatura das águas e protegem-se as estruturas contra corrosão.

# Capítulo 13

# Gerenciamento da Qualidade da Água de Reservatórios Específicos

## 13.1 Reservatórios para o Fornecimento de Água Potável

Este tipo de uso tem os maiores requisitos em termos de qualidade da água. Com o aumento da carga antropogênica sobre o meio ambiente, a WHO (World Health Organization – Organização Mundial de Saúde, OMS) especifica em suas diretrizes qualitativas para água potável (Guidelines for Drinking Water Quality, 1984) um número cada vez maior de variáveis que devem ser regularmente monitoradas. Esse fato está relacionado àqueles apresentados na Seção 6.1, na qual se verifica que cada vez há um maior número de formas de poluição. A indústria química produz anualmente milhares de novos compostos que podem vazar para o meio ambiente, representando um perigo potencial para a saúde humana.

De forma ideal, os reservatórios utilizados para a abastecimento de água potável deveriam estar localizados em áreas montanhosas ou rurais, com baixa densidade populacional. Bacias hidrográficas com florestas são ideais, porém em diversos países foram introduzidas florestas de *Eucalyptus* que exercem efeitos benéficos bem menores que outras formadas por espécies nativas. No referente ao tipo, são preferíveis reservatórios profundos e estratificados. Devem-se buscar, de qualquer modo, condições oligotróficas a eutróficas e, também, um hipolímnio bem oxigenado. Não se deseja uma anoxia hipolimnética, já que ela potencialmente libera ferro, manganês e fósforo, encarecendo muito os custos de tratamento e causando problemas de odor e gosto. Os últimos problemas mencionados são resultantes da proliferação de determinados organismos que se desenvolvem em condições anóxicas. Após o tratamento das águas com cloro, produtos organoclorados conferem um paladar desagradável às águas e a única forma de evitar o problema consiste em evitar que as águas fiquem sem oxigênio. Os métodos para gerenciar esse problema podem ser vistos nos Capítulos 10 e 11.

Um método de gerenciamento específico para reservatórios destinados ao abastecimento de água potável é o emprego de mecanismos automáticos de seleção da camada de água a ser tratada. Esse método somente pode ser empregado quando o reservatório se encontra em estado oligotrófico ou mesotrófico e for equipado com comportas múltiplas capazes de permitir a seleção de camadas em função da sua densidade e estratificação. Águas mais transparentes normalmente contêm uma menor quantidade de matéria orgânica dissolvida e particulada, sendo, portanto, mais adequadas para tratamento. A transparência pode ser determinada automaticamente por meio de iluminômetros, com medições em intervalos regulares (por exemplo, diariamente), podendo, então, ser feita a seleção da melhor tomada de água.

Outra técnica de gerenciamento indicada para esse tipo de reservatório é a biomanipulação. Mediante ela, atingem-se de forma mais fácil os padrões necessários e também fica facilitado o controle dos estoques pesqueiros. Na Seção 11.3 discutem-se as condições necessárias para o emprego bem-sucedido desse procedimento.

Muitos dos conflitos gerados pela necessidade simultânea de boa qualidade e grandes volumes de água podem ser resolvidos. Para melhorar a qualidade das águas para o consumo humano é preferível drenar o reservatório durante os períodos de estratificação, liberando água degradada para o rio a jusante. A camada de água com pior qualidade geralmente é a do fundo, embora por vezes deseje-se liberar a camada superficial graças a um excesso de algas, conforme visto na Seção 11.4. Pode ser inviável efetuar descargas dessas águas para jusante, devido à sua baixa qualidade e seus possíveis impactos sobre os usos que delas serão feitos. Atividades de lazer eventualmente existentes a jusante da barragem podem ser prejudicadas por uma liberação de águas frias hipolimnéticas. Outros conflitos surgem em função de usos múltiplos, e um exemplo típico é a combinação do uso do reservatório para abastecimento de água potável e como local de lazer. Normalmente, os reservatórios destinados ao abastecimento humano localizam-se em áreas muito atraentes, gerando, então, uma pressão crescente para a utilização de suas bacias hidrográficas, e do reservatório em si, como áreas de lazer. Fazem-se, então, necessários padrões higiênicos rígidos para fazer frente a esses novos tipos de usos (Seção 13.4). A combinação de reservatórios para o abastecimento de água potável e geração de energia elétrica também gera conflitos, mesmo que ambos os usos tenham sido planejados no projeto original ou posteriormente, de forma suplementar. Os conflitos podem ter origem nos requisitos diferentes de seleção da profundidade para retirada de água e da necessidade de gerar energia mesmo rebaixando-se em muito o nível do reservatório, fato que pode degradar a qualidade da água do volume remanescente.

Em países em desenvolvimento, são comuns reservatórios destinados ao abastecimento humano localizados em regiões densamente povoadas, e como não pode deixar de ser, graças ao incremento populacional e ao aumento das fontes de poluição, esses sistemas ficam sujeitos a grandes pressões antrópicas. Graças a isso, aumentam em muito os custos de tratamento e o risco de epidemias de doenças relacionadas à baixa qualidade dessas águas (por exemplo, intoxicação por algas do tipo cianofíceas, especialmente a *Microcystis*). Na represa Billings, em São Paulo, ocorrem freqüentes explosões desse tipo de alga. Esse reservatório é utilizado como bacia hidrográfica de água para consumo humano e, também, para gerar energia elétrica, sendo então necessário aumentar o volume de água, o que é feito mediante a reversão das águas do rio Tietê, extremamente poluído, uma vez que atravessa a cidade de São Paulo, onde recebe enormes quantidades de esgotos e sujeira. As águas do rio são bombeadas para um local próximo da tomada de água para tratamento. Verificam-se diversos problemas no referente à qualidade da água e ao abastecimento em si.

## 13.2 Reservatórios para Geração de Energia Hidroelétrica

Os reservatórios utilizados somente para geração de energia elétrica apresentam os menores requisitos de qualidade da água, mas possuem limites que devem ser observados. Quando as águas hipolimnéticas tornam-se anóxicas, pode vir a ocorrer uma significativa corrosão nas estruturas da barragem e nas turbinas e, em condições tropicais, toda a coluna de água pode atingir concentrações perigosas de $CO_2$, $H_2S$ e saturação por metano. Strycker (1988) relata que, no reservatório de Willow Creek, nos Estados Unidos, ocorreu um grave problema de vazamento na barragem devido à sua corrosão. No reservatório de Curua Una, na região Amazônica do Brasil, houve a necessidade de substituir as turbinas após somente quatro anos de operação. No reservatório de El Cajon, em Honduras, ocorreram interferências nas linhas de transmissão devido ao gás liberado pelos sedimentos.

Embora a energia hidroelétrica seja considerada a forma mais "limpa" de gerar energia (com exceção à geração eólica, que, no entanto, apresenta maiores limitações), ainda assim acarreta problemas ambientais. Os maiores reservatórios para esse tipo de aproveitamento exigem grandes superfícies e freqüentemente estão localizados em áreas densamente povoadas. A necessidade de relocar grandes contingentes humanos acarreta muitos problemas socioeconômicos (Capítulo 2). Seus efeitos para jusante são na maioria dos casos negativos e exigem uma grande distância de "reset", principalmente devido às baixas temperaturas e ao reduzido teor de oxigênio nas águas liberadas. A liberação intermitente de água do fundo do reservatório pode danificar a calha do rio e a degradar seu uso (Capítulo 12).

A maioria dos atuais reservatórios destinados à geração de energia hidroelétrica tem seus critérios de qualidade da água impostos pelos outros tipos de usos.

Graças ao característico curto tempo de retenção desse tipo de reservatório, a qualidade da água dos mesmos fica sujeita às mudanças nas vazões ao longo do tempo (Capítulo 4). Em épocas secas, ficam expostas grandes áreas de suas margens e a qualidade das águas fica prejudicada devido a seu baixo nível, degradando-se, portanto, também o rio a jusante, onde podem ser dizimadas populações de peixes. Nas regiões temperadas criam-se situações perigosas, em termos de qualidade da água, durante o inverno e níveis baixos do lago. O congelamento da superfície pode impedir a reoxigenação das águas e causar uma grande mortandade de peixes, fato que poderá deteriorar a qualidade a tal ponto que será impossível sua utilização mesmo para usos não consumptivos.

Reservatórios em cascata e reservatórios para bombeamento, utilizados basicamente para geração de energia hidroelétrica em diversos países, tais como a Espanha e Brasil (Capítulo 2), têm problemas específicos de gerenciamento, como será visto na Seção 13.5.

## 13.3 Reservatórios Urbanos

Os reservatórios urbanos geralmente apresentam restrições quanto a seu tamanho e oscilam desde pequenos açudes até outros com muitos milhões de metros cúbicos. Eles estão submetidos a grandes pressões pelas populações existentes no seu entorno e a qualidade das águas está intimamente ligada às condições higiênicas e às econômicas das pessoas ali presentes. Mesmo que seja eliminada a maior parte da poluição gerada, ainda poderá ocorrer uma freqüente eutrofização devido ao emprego de sabões em pó, que contêm superfosfato e atingem o lago devido às chuvas. Por esse motivo, deve-se evitar nas proximidades do lago o emprego de detergentes, lavagens de carros e outras atividades parecidas. Também o emprego de produtos químicos para a proteção de plantas e jardins pode representar uma fonte de toxinas capazes de envenenar a vida aquática.

A única técnica específica para a proteção de reservatórios urbanos consiste na contenção das águas drenadas de chuvas intensas (Novotny & Olem, 1994). As águas drenadas de chuvas normalmente são separadas daquelas provenientes do sistema de coleta normalmente utilizado para os demais efluentes e que são encaminhados à estação de tratamento. Adota-se esse procedimento porque a água urbana drenada é volumosa, contém pouca matéria orgânica, elevada turbidez e grandes volumes de sujeira. Caso ela fosse aduzida às estações de tratamento, a capacidade desses sistemas estaria exaurida em curto espaço de tempo e um eventual aumento na capacidade do sistema para fazer frente a esses grandes volumes esporádicos seria muito oneroso. Quando a drenagem urbana é coletada e tratada separadamente, obtém-se uma melhor qualidade da água a custos muito mais reduzidos. A resposta do fitoplâncton existente no reservatório, às águas drenadas de chuva, depende da turbidez e da concentração de nutrientes trazidos pelas mesmas. A reação do sistema consiste em uma imediata redução da biomassa de fitoplâncton fruto da menor disponibilidade de luz, esta devido à maior turbidez, seguida por uma explosão na sua produção graças aos novos nutrientes e maior disponibilidade de luz, pois já terá ocorrido a sedimentação dos materiais em suspensão.

A maioria das técnicas de gerenciamento descritas nos Capítulos 10 e 11 é útil para reservatórios urbanos. É bastante indicado o plantio de vegetação nas margens do reservatório para que ela possa atuar como uma barreira natural à poluição. É viável o controle de peixes por meio de técnicas de biomanipulação, especialmente em lagos pequenos com propósitos básicos somente de caracter estético. A pesca descontrolada, favorecendo a retirada de peixes predadores, pode empobrecer a qualidade da água. A existência de aves aquáticas indica boa qualidade da água e um gerenciamento regional eficaz, porém, se os bandos de gansos ou patos forem alimentados pelos visitantes, pode-se esperar uma grande poluição.

O principal problema dos grandes reservatórios urbanos, localizados em áreas densamente povoadas de países em desenvolvimento, é o conflito existente entre seus diversos usos. Um exemplo disso é o reservatório de Xuanwu, na China, com volume de 3,32 km$^3$, profundidade média de apenas 2 m e tempo de retenção de 54 dias, e que é utilizado como local de lazer, como natação, e serve também como fazenda aquática, reservatório para abastecimento de água para indústria, população, irrigação e agricultura. Em decorrência de todas essas atividades ocorre uma grande sedimentação, tendo sido necessário efetuar dragagens desde 1954, sem as quais o reservatório em poucas décadas estaria completamente tomado pelos sedimentos.

## 13.4 Reservatórios para Turismo e Recreação
Três tipos de recreação afetam os reservatórios:

   $a$) Recreação nas áreas de bacias hidrográficas do reservatório.
   $b$) Recreação nas margens do lago.
   $c$) Recreação na superfície do lago.

## 13.4.1 Recreação nas Áreas de Bacias Hidrográficas
As mesmas regras e técnicas de gerenciamento que se aplicam às atividades humanas presentes nas bacias hidrográficas também se aplicam às atividades de lazer que ali se desenvolvem. É muito importante o adequado tratamento dos esgotos das casas e hotéis existentes dentro da área de bacias hidrográficas da represa. Deve-se ter cuidado com o uso de fertilizantes e

outros compostos químicos. Deve também ser controlada a erosão provocada pela construção de estradas ou outras construções turísticas, já que essas obras são uma das principais fonte dos sedimentos existentes na área de bacias hidrográficas.

### 13.4.2 Recreação nas Margens do Reservatório

As atividades de lazer que ocorrem nas margens do lago estão diretamente ligadas àquelas que se desenrolam dentro do mesmo, e para qualquer atividade nas águas acontecem movimentos nas margens. As atividades nessa faixa de terra demandam maiores atenções que aquelas feitas dentro da água, pois geralmente consomem mais tempo e geram mais poluição e destruição.

Algumas dessas atividades são: casas de veraneio, acampamentos, pedestrianismo, pesca, piqueniques, observação de pássaros e banhos de sol. Abrigos e acampamentos normalmente representam os locais com maiores impactos, porém outras atividades não podem ser ignoradas, especialmente quando estão ligadas à construção de estradas, restaurantes, caminhos e demais facilidades capazes de alterar as condições naturais das margens e do meio ambiente. A construção de estradas e demais vias de acesso podem causar mudanças radicais na hidrologia das várzeas próximas a essas obras, aumentar a erosão e difundir poluentes. Dillon & Rigler (1975) criaram um método para estimar a capacidade máxima de casas que um lago pode suportar, entretanto, esse método somente é válido para condições verificadas nos Estados Unidos, Canadá e alguns países da Europa.

Torna-se evidente a necessidade de leis que orientem o posicionamento e as características das instalações sanitárias, incluindo seus aspectos higiênicos. Há limites para a capacidade que um reservatório tem de abrigar atividades recreacionais, devendo-se, portanto, estabelecer regras restritivas para esse tipo de uso. Entre elas, deve ser previsto um sistema para a coleta de lixo e a proibição da lavagem de veículos nas margens do sistema.

A destruição da vegetação ribeirinha, que exerce um papel de barreira e reduz a sedimentação, costuma piorar a qualidade da água.

### 13.4.3 Recreação na Superfície do Lago

Há diversos tipos de atividades de lazer na superfície de um lago, e cada uma delas representa um risco potencial à qualidade da água, em função de sua intensidade. É muito difícil quantificar um "nível seguro" para essas atividades (tal como número de pessoas por dia por unidade de área do lago). A dificuldade reside no fato de que o grau do impacto é influenciado pela qualidade da água do reservatório e pela combinação de um grande número de atividades. Atividades normalmente consideradas como inofensivas podem gerar conseqüências sérias caso ultrapassem determinados limites. Torna-se necessária a elaboração de um Estudo de Impacto Ambiental (EIA) para estimar os impactos potenciais dessas atividades recreacionais e para determinar os limites aceitáveis para cada uma dessas práticas. Na Tabela 13.1 listam-se diversas atividades e seus possíveis impactos sobre o reservatório.

Devem ser elaboradas diretrizes para regular as atividades terrestres e as aquáticas relacionadas na Tabela 13.1. Destaque-se que barcos-residência, grandes iates e lanchas deveriam ser proibidos ou, pelo menos, severamente limitados.

A recreação e o turismo em reservatórios pode exercer um importante papel na economia de algumas comunidades. Há um forte relacionamento entre lazer, turismo, qualidade da água e saúde pública. É necessário que sejam feitas pesquisas no sentido de determinar os primeiros sintomas de degradação do ecossistema, que será posteriormente acompanhado pela degradação da saúde da população. Como exemplo, pode-se citar o reservatório do Lobo (Broa), no qual grandes concentrações de pássaros aquáticos perpetuam parasitoses. A qualidade da água permanece boa para natação, porém os peixes não podem ser consumidos.

**Tabela 13.1** Atividades recreacionais sobre a superfície do lago e suas potenciais conseqüências sobre a qualidade da água.

| Atividade | Conseqüências |
|---|---|
| Pesca esportiva | Interferência com os processos de biomanipulação, poluição devido aos restos de pescado e sobras de material de pesca, excesso de alimentos para os peixes, introdução de espécies não nativas |
| Pesca comercial | Ver nota (1) ao pé da tabela |
| Natação | Revolvimento dos sedimentos de fundo causando o aumento de colibacilos, impurezas higiênicas e riscos de infeção |
| Mergulho autônomo | Raramente causa poluição |
| Canoagem, remo, windsurfe | Problemas desprezíveis no lago, impactos potenciais graças às atividades conexas |
| Barcos a vela | Barcos a vela de grande porte podem vir a ser um foco de poluição |
| Barcos moradia | Poluem devido seus sistemas sanitários, detergentes, matéria orgânica e lixo |
| Barcos a motor e esqui aquático | Erodem as margens devido as ondas que geram, poluem com óleo e combustível |
| Barcos para turismo e tráfego de barcos | A poluição é minorada devido aos sistemas sanitários disponíveis (toaletes químicas, armazenamento das águas servidas e dos dejetos) |
| Patinação no gelo | Não causa danos |

1. os impactos causados pela pesca comercial e pela aquicultura variam muito em função de seus procedimentos específicos. A carga orgânica gerada por viveiros de peixes ou mexilhões pode ser maior que o volume total removido do lago pela sua coleta.

## 13.5 Sistemas de Reservatórios
Os tipos mais comuns de sistemas de reservatórios foram descritos na Seção 3.3. A seguir discutem-se os problemas de gerenciamento específicos para cada um dos quatro casos descritos.

### 13.5.1 Gerenciamento de Reservatórios em Cascata
Na Seção 4.4 discutiram-se os efeitos benéficos que um reservatório exerce sobre a qualidade das águas e na Seção 10.8 foi explicado o papel positivo dos pré-alagamentos. Esses conceitos servem de base para a compreensão dos problemas potenciais de gerenciamento de sistemas

de reservatórios em cascata. Em reservatórios em série, caso não existam novos focos de poluição ao longo do curso do rio, pode-se obter uma considerável melhoria na qualidade da água, principalmente se os reservatórios forem estratificados e os tempos de retenção forem maiores que determinados limites. Os conceitos expostos no Capítulo 4 apontam que, sob certas circunstâncias, cai a capacidade de autopurificação de reservatórios em série devido menor à possibilidade de remover matéria orgânica e fósforo por causa das menores concentrações desses elementos nas águas que chegam a um reservatório situado a jusante de outro. Exemplos de alterações na qualidade da água de reservatórios em cascata podem ser vistos no rio Columbia (Tennessee Valley Authority), em diversos sistemas na Espanha, nos reservatórios em cascata de Vltava na República Tcheca, além de em uma série de aproveitamentos no Brasil. Nesses sistemas normalmente observa-se uma contínua melhora da qualidade da água, isso quando novos focos de poluição ao longo do rio não ultrapassam as melhorias geradas pelo sistema de montante. A técnica de gerenciamento típica para esse tipo de aproveitamento consiste em utilizar sua capacidade de depuração. O melhor padrão de qualidade da água é o do reservatório que recebe menos poluição local, e esse efeito é maximizado se ele for equipado com comportas seletivas que permitam que ele alimente o reservatório situado abaixo com água de melhor qualidade. Isto, no entanto, somente é viável em países onde o abastecimento de água potável é prioridade política. Sob tais circunstâncias torna-se útil designar um ou diversos reservatórios em cascata com o propósito único de produzir água de alta qualidade, suspendendo-se todos os outros usos.

Podem surgir problemas complexos de gerenciamento ligados ao uso múltiplo ou usos diferentes de reservatórios em cascata. Nesses casos é necessário encontrar uma solução equilibrada, otimizada, que poderá sacrificar um dos usos para obter o melhor desempenho de todo o sistema. Torna-se necessária a existência de um modelo detalhado capaz de contemplar todos os aspectos quantitativos e qualitativos dos diversos tipos de uso, e que convença da necessidade de cooperação de todos os participantes do sistema. Freqüentemente, a capacidade de atender às demandas dos diversos usuários é função de situações específicas e do tempo (ou seja, função das vazões, níveis das águas, poluição, estratificação etc.), e, eventualmente, a maioria delas devem ser atendidas.

### 13.5.2 Sistemas com Diversos Reservatórios

Sistemas com diversos reservatórios são diferentes de aproveitamentos em cascata porque, neste caso, os reservatórios localizam-se em rios diferentes, porém a utilização de suas águas dá-se de forma conjunta em uma localidade central. Isso ocorre freqüentemente na geração de energia elétrica ou abastecimento de água em uma determinada região (Figura 13.1). Este fato é bastante comum em áreas secas onde as áreas de drenagem, individualmente, não produzem água suficiente para um grande aproveitamento. Vê-se, portanto, que os aspectos quantitativos são os aspectos dominantes no gerenciamento desses sistemas, e aqueles correlatos à qualidade da água assumem papel secundário. As técnicas de gerenciamento apresentadas no Capítulo 2 são as únicas capazes de satisfazer a ambos os requisitos.

Na Figura 13.2 apresenta-se um esquema para o gerenciamento de um sistema com diversos reservatórios. Nele podem-se observar três etapas. A primeira considera os aspectos quantitativos e qualitativos dos reservatórios integrantes do sistema e suas características. A segunda considera quais os tipos de usos que podem ser satisfeitos, e até que ponto, pelo sistema. A terceira apresenta diferentes estratégias de gerenciamento para todos os reservatórios do sistema e todos os tipos de uso. São consideradas opções diferentes, incluindo-se a de não controlar o sistema, em bases diárias e sazonais (mensais). Um método especialmente projetado para analisar esse tipo de problema, bastante complexo, é o Processo Hierárquico Analítico (Analytical Hierarchical Process – AHP), apresentado na Figura 13.3. Após ter definido o problema e sua estrutura (como exemplificado na Figura 13.2), elabora-se um mapa hierárquico para dividir o problema em unidades gerenciáveis. A análise consiste basicamente da comparação de diferentes níveis de problemas. Ao final, todo o problema é examinado em conjunto.

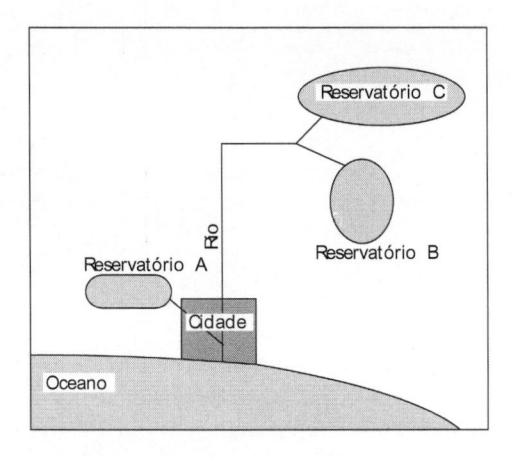

**Figura 13.1** Exemplo de um sistema com diversos reservatórios destinados ao abastecimento de água de uma cidade.

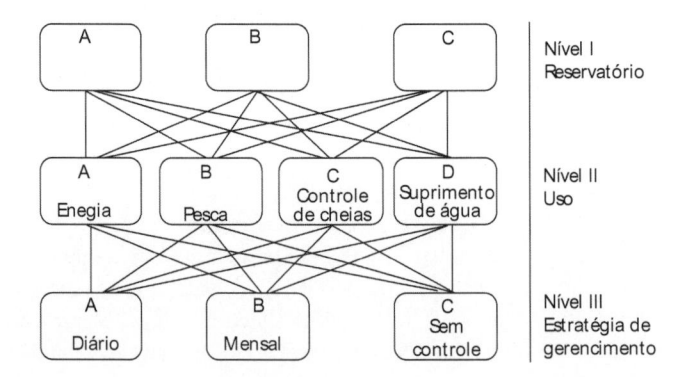

**Figura 13.2** Níveis hierárquicos diferentes do problema.

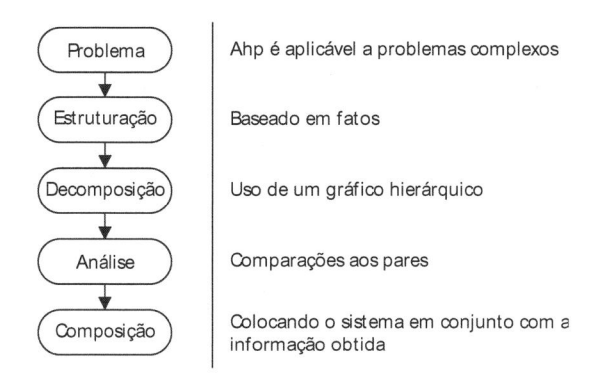

```
┌──────────────┐
│   Problema   │    Ahp é aplicável a problemas complexos
└──────┬───────┘
       ▼
┌──────────────┐
│ Estruturação │    Baseado em fatos
└──────┬───────┘
       ▼
┌──────────────┐
│ Decomposição │    Uso de um gráfico hierárquico
└──────┬───────┘
       ▼
┌──────────────┐
│   Análise    │    Comparações aos pares
└──────┬───────┘
       ▼
┌──────────────┐    Colocando o sistema em conjunto com a
│  Composição  │    informação obtida
└──────────────┘
```

**Figura 13.3** Processo Hierárquico Analítico utilizado para analisar de forma integrada as opções de gerenciamento de um sistema com diversos reservatórios

## 13.5.3 Reservatórios para Bombeamento

Mermel elencou, em 1991, 326 sistemas de bombeamento de água em todo o mundo, sendo que a maioria (217) está localizada na Europa. Há dois motivos para instalar esses sistemas:

*a*) Garantir a geração de energia elétrica em períodos críticos, incorrendo na perda de energia em outros períodos.

*b*) Permitir o resfriamento de usinas de geração de energia (termoelétricas e atômicas).

Um exemplo interessante é o do reservatório Round, em New Jersey, EUA, no qual o volume de até $210 \times 10^6$ m$^3$ do reservatório é utilizado para aumentar a vazão do rio Raritan, que por sua vez tem sua água bombeada para o reservatório durante seu período de cheias (Owens *et al.*, 1986).

Esse tipo de aproveitamento não é representativo de estações de bombeamento utilizadas para transferir água de rios para reservatórios próximos aos mesmos e que servirão como bacias hidrográficas destinadas ao abastecimento de água potável, como é o caso da cidade de Londres.

Bombeamento para geração de energia elétrica: uma vez que a produção de energia elétrica pode ser iniciada quase imediatamente, ela normalmente só é gerada de forma suplementar em períodos de grande demanda, ao amanhecer e durante o pôr-de-sol. Durante os períodos com menor demanda, a água que foi utilizada para gerar energia elétrica é bombeada de volta para um reservatório menor, localizado em uma cota de 20 m a 40 m mais elevada que o reservatório principal. Em outros casos, a situação é inversa: o reservatório maior está localizado a montante, mais elevado, e a água é bombeada de outro menor a jusante. O maior desses sistemas bombeia água do lago Michigan para um reservatório de armazenamento, de onde é liberada para gerar energia elétrica durante picos de demanda. Essas operações abarcam um enchimento lento do reservatório de montante seguido por um período de estagnação de algumas horas ou dias e um rápido esvaziamento do mesmo, logo não ocorrem mudanças na qualidade da água tanto do reservatório de acumulação como do reservatório principal. Os ciclos diários ou semanais são diferentes nos dois reservatórios. Eles podem variar desde um bombeamento com duração de uma noite ou várias noites e, até mesmo, semanas, e de forma irregular, ciclos semanais de longa duração, durante os finais de semana. Ciclos irregulares também podem ser fruto da necessidade de atender à demanda. Por vezes podem-se distinguir dois tipos de bombeamento: o tipo mais comum é o combinado, ou suplementar, operado a partir da barragem utilizada para gerar energia. Sistemas de bombeamento, na pura acepção do termo, são sistemas fechados que somente necessita de água para repor as perdas ocorridas no sistema por vazamentos ou evaporação. Nesse último tipo de operação, a qualidade da água não é objeto de preocupação e freqüentemente os reservatórios ficam completamente secos.

É enorme a diferença entre o reservatório de acumulação e o principal, bem como são diferentes as profundidades dos mecanismos para retirada de água. Dessa forma, os efeitos sobre a qualidade da água são muito variáveis e não pode ser feita nenhuma generalização. A exceção reside na afirmação de que os efeitos no reservatório maior são pequenos, isso caso o volume bombeado seja somente uma pequena parcela do mesmo e a qualidade da água do reservatório superior, abastecido por meio de uma pequena estação de bombeamento operada regularmente, é idêntica ou dominada por aquela do reservatório principal. Devido ao bombeamento, em reservatórios pequenos ocorre uma mistura completa, porém em reservatórios maiores os efeitos desse procedimento sobre a estratificação são bastante reduzidos. Pode ocorrer uma melhora nas condições de oxigenação quando a mistura acontece no reservatório maior, mas também podem ser bombeadas águas poluídas de baixa qualidade. Podem acontecer alterações na qualidade da água devido às flutuações de nível. O maior impacto negativo das operações de bombeamento refere-se aos peixes. Embora alguns estudos apontem que os danos causados aos peixes que passam pelas bombas não são grandes, outros afirmam que ocorre uma elevada mortalidade graças aos efeitos mecânicos e diferenças de pressão. Um estudo executado por Robbins & Mathur (1976) relata que peixes mudaram seus locais de desova em função das oscilações de nível, pois em períodos de grande depleção do reservatório esses locais ficavam expostos.

O gerenciamento de uma estação de bombeamento depende do conhecimento das condições locais. Já foram feitas tentativas no sentido de obter plantações capazes de resistir a períodos de seca e, portanto, capazes de minimizar os efeitos estéticos negativos gerados pelo surgimento de grandes lamaçais, fruto dos rebaixamentos de nível, porém, ainda não se chegou a estabelecer critérios gerais.

Um caso específico consiste no bombeamento de água para refrigeração, como comumente feito em usinas atômicas. As águas aquecidas, posteriormente liberadas, criam uma poluição térmica, detrimental, para plantas e animais, sem contar o risco de contaminação radioativa que deve ser evitada a todo custo.

### 13.5.4 Transferências Hídricas
Os sistemas de transferência hídrica mais desenvolvidos estão localizados na região semi-árida da Austrália. Por eles transfere-se água de regiões montanhosas, caracterizadas por uma elevada precipitação, para regiões áridas localizadas a 2.000 km de distância. Outros sistemas semelhantes encontram-se em desenvolvimento nas regiões semi-áridas da Califórnia e no

sul da África. Os problemas associados a esse tipo de empreendimento são o aumento de atividades de lazer em áreas montanhosas anteriormente protegidas e uma maior utilização das bacias hidrográficas como áreas agrícolas. Na antiga União Soviética, planos desenvolvidos para a transferência de gigantescos volumes de água não foram concretizados, o que é bom, pois não puderam ser determinadas, no atual estado da arte, quais seriam as conseqüências ambientais de obras tão monumentais. Em alguns casos em que essas obras foram levadas a efeito, ocorreram grandes impactos ambientais ou mesmo desastres. Allanson *et al.* (1990), em sua revisão sobre a limnologia da África do Sul, alerta sobre a implantação prematura desses projetos, considerando que seu gerenciamento não pode ser facilmente planejado. McMahon & Findlayson (1995), em seu estudo sobre a situação na Austrália, apontam um grande número de problemas associados a esses sistemas e ao alto custo necessário de soluções a posteriori.

O gerenciamento da qualidade da água de um sistema heterogêneo reside no conhecimento detalhado das condições existentes e na disponibilidade de informações permanentemente atualizadas sobre o mesmo. Se para tanto serão utilizados sistemas de controle da qualidade da água automáticos ou semi-automáticos, é uma questão em aberto a ser respondida no futuro.

# Capítulo 14

# Modelagem Matemática do Gerenciamento da Qualidade da Água

## 14.1 Objetivo Deste Capítulo

Este capítulo pretende demonstrar a gerentes, limnologistas, químicos, engenheiros sanitaristas e outras pessoas interessadas a utilidade dos modelos matemáticos, que podem servir como ferramentas útil no desempenho de determinadas tarefas, além de poderem ser utilizadas como base para a tomada de decisões. Este capítulo não visa ensinar como se elaboram os modelos computacionais, tópicos que são detalhados em livros específicos, tais como Jørgensen (1983); Orlob (1983); Straškraba & Gnauck (1985); Jørgensen & Gromiec (1989); e Jørgensen (1992).

O objetivo básico a ser aqui tratado consiste na descrição dos diversos modelos e onde eles podem ser empregados. Os modelos serão classificados em função de sua utilidade para o gerenciamento da qualidade da água e não em função das categorias clássicas. Os aspectos metodológicos utilizados pelos diversos modelos somente serão mencionados quando uma determinada abordagem restringir seu emprego. Serão enfatizados os modelos que demonstraram utilidade prática em processos de tomada de decisões. Há muitos outros direcionados para pesquisas, como pode ser visto numa publicação sobre reservatórios elaborada por Straškraba (1994) e em um capítulo sobre modelos para qualidade da água de lagos, reservatórios e várzeas de um estudo de Straškraba (1995). Em vez de apresentar uma grande lista de modelos, serão discutidos apenas aqueles considerados de maior utilidade para o escopo deste livro.

Os modelos matemáticos são atualmente amplamente utilizados no gerenciamento da qualidade da água. Para ter um melhor panorama do universo de seu uso, Alasaarela *et al.* (1993) enviou questionários para 100 instituições. Os resultados dessa pesquisa indicou o emprego de 105 diferentes modelos (produzidos dentro das instituições e fora delas) em 800 situações, necessitando para tanto do trabalho anual de 500 pessoas. Em média, cada equipe responsável por um modelo é composta por 4 pessoas.

A qualidade da água está intimamente ligada à quantidade de água, porém modelos contemplando apenas os aspectos quantitativos são muito mais simples, têm maior tradição de uso e encontram-se bem mais desenvolvidos. Referências sobre problemas em reservatórios em conexão com disponibilidade hídrica podem ser obtidas em Biswas *et al.* (1993) e outras fontes parecidas. Está aumentando o emprego de radares meteorológicos e sensoreamento remoto em países como a Inglaterra e os Estados Unidos. A finalidade primeira desses equipamentos é o controle de cheias, porém, por seu intermédio, pode-se obter também informações sobre vazões, importantes para os aspectos ligados à qualidade da água.

## 14.2 Problemas para Cuja Solução É Útil o Emprego de Modelos Matemáticos

Utilizam-se modelos matemáticos no gerenciamento da qualidade da água de reservatórios com os seguintes objetivos:

Em geral:

- Para estimar os focos de poluição existentes nas bacias hidrográficas por meio de modelos com cálculos simples.

Preliminarmente à construção do reservatório:

- Para estimar o balanço dos principais componentes existentes nos rios que fluem para o reservatório, e as vazões liberadas pelo mesmo.
- Para facilitar a análise e fundamentar a escolha final das diversas alternativas quanto ao local para construção da barragem, às alturas da barragem, às vazões a serem liberadas e suas obras conexas.
- Para prever as condições de qualidade da água futuras do reservatório e as conseqüências das diferentes opções de gerenciamento.

Em reservatórios existentes:

- Para prever possíveis situações no referente à qualidade da água, quando as condições ambientais das bacias hidrográficas forem alteradas por atividades antrópicas.
- Para fornecer estimativas que permitam a tomada de decisões sobre diferentes opções de gerenciamento num horizonte de longo prazo.
- Para apoiar decisões de gerenciamento a curto prazo que digam respeito à qualidade da água.
- Para otimizar as campanhas de coleta de amostras e o controle da qualidade da água.

## 14.3 Elaboração de Modelos

Para escolha do modelo mais adequado à situação, o especialista em qualidade da água deve estar a par dos termos que caracterizam as diversas classes de modelos e suas características.

Os computadores são classificados por cinco gerações de máquinas, cada uma mais poderosa que a anterior e, analogamente, os modelos também têm cinco gerações classificadas de acordo com sua utilidade para o gerenciamento do sistema. As gerações de modelos, tais como foram classificadas por Abbott *et al.* (segundo SASR, 1992) em função de suas perspectivas de modelagem hidráulica (inclusive aspectos referentes à qualidade da água), são as seguintes:

1ª geração: fórmulas computadorizadas no início da década de 60.

2ª geração: modelos numéricos para usos específicos, sem caráter geral (desde 1960).

3ª geração: modelos numéricos com caráter geral para serem utilizados por matemáticos conhecedores de computação. Normalmente, utilizavam grandes computadores e depois também PCs.

4ª geração: programas prontos facilmente utilizáveis em computadores pessoais, que foram amplamente utilizados por diversos profissionais.

5ª geração: modelos "inteligentes" para uso por usuários não treinados, porém tecnicamente habilitados.

Os grupos de modelos de interesse para o gerenciamento da qualidade da água são os seguintes:

1) Modelos de cálculos estáticos simples, contendo equações algébricas ou gráficos.
2) Modelos dinâmicos complexos, capazes de analisar a condição das águas ao longo do tempo.
3) Sistemas de informação geográfica (GIS), capazes de fornecer os programas para a resolução de problemas que necessitam de uma resolução espacial. A base dos GIS são mapas computadorizados e procedimentos que permitem a entrada e o tratamento de dados recebidos por sensoreamento remoto. Por exemplo, uma bacia hidrográfica pode ser incluída no banco de dados, podendo, então, nele ser indicados todos os focos de poluição. Mediante o emprego do modelo pode-se calcular a carga de poluição esperada. Recentemente foram feitas diversas tentativas de utilizar o GIS como ferramenta de gerenciamento das bacias hidrográficas (GEO-WAMS – De Pinto, 1994), ou combinar modelos de bacias hidrográficas com modelos de reservatórios (LWWM – Wool et al., 1994).
4) Modelos prescritivos, que determinam as condições hídricas, mas não fornecem de forma direta os métodos de gerenciamento para as situações previstas. Mediante uma análise das diversas opções de gerenciamento podem-se prever as conseqüências de cada uma delas sobre a qualidade da água. Esse método pode ser útil para seleção da melhor alternativa.
5) Modelos para gerenciamento ou de otimização, que escolhem os procedimentos que mais se ajustam a uma série de critérios estabelecidos para uma determinada situação. Esse tipo de modelo permite a análise simultânea de diversas alternativas de gerenciamento (modelos com parâmetros múltiplos) ou diversos objetivos (modelos multipropósito).
6) Modelos especializados que utilizam expressões quantitativas e qualitativas, buscando obter respostas a perguntas complexas relativas à qualidade da água. A maior vantagem desses sistemas é sua capacidade de contemplar os aspectos qualitativos em conjunto com os quantitativos, gerando, portanto, decisões baseadas em regras complexas. A designação desse grupo de modelos tem sua origem na base em que suas respostas são obtidas – a avaliação de especialistas do setor. Encontra-se disponível uma forma interativa desse modelo, na qual o usuário interage com o programa durante o processamento, selecionando alternativas propostas pelo sistema, obtendo respostas e respondendo perguntas.
7) Os sistemas de apoio às decisões (DSS) são uma extensão posterior dos modelos especializados. Eles incorporam outros programas capazes de oferecer respostas a problemas que exigem a tomada de decisões importantes quanto a aspectos de qualidade da água. Esses sistemas, bem como os anteriores, podem ser equipados com programas para a elaboração de gráficos, desenhos explicativos e textos capazes de melhor elucidar os resultados obtidos. Todo o sistema de apoio para a tomada de

decisões encontra-se, portanto, automaticamente baseado em perguntas do computador e respostas do usuário.

Por motivos de ordem prática, os modelos da quarta e quinta gerações são os melhores para o gerenciamento da qualidade da água. Em função das abordagens matemáticas utilizadas, o grau de sofisticação e os propósitos dos modelos (de quarta e quinta geração), eles podem ser classificados em sete grupos. Dentre esses sete grupos, os de um a cinco são predominantemente de quarta geração e os seis e sete, de quinta. Alguns modelos do grupo três podem, no entanto, ser classificados como sendo do quinto grupo. Afora essa classificação, os modelos podem ser determinísticos ou estocásticos. Os modelos **determinísticos** calculam um valor (médio) por situação ou unidade de tempo. Os **estocásticos** fornecem um intervalo de valores que pode ser esperado para cada situação ou unidade de tempo. Normalmente, primeiro se desenvolve um modelo determinístico e somente mais tarde um estocástico, logo, há a possibilidade de existirem as duas versões para um mesmo modelo. Os modelos estocásticos requerem um tempo de processamento muito maior, já que o mesmo modelo deve ser calculado diversas vezes a cada pequena variação nos parâmetros, de forma a cobrir todo o intervalo selecionado. Assim sendo, os modelos estocásticos apresentam uma faixa de valores (por exemplo, as probabilidades de acerto das previsões), que pode ser esperada sob determinadas circunstâncias, para as variáveis consideradas pelo modelo.

A capacidade que cada modelo tem de efetuar previsões e fornecer diretrizes úteis para o gerenciamento depende do quanto ele já foi testado. Há diversas formas de testar um modelo, porém o procedimento mais importante é sua validação. A validação é um processo no qual os valores obtidos pelo modelo são comparados a outras observações, aquelas utilizadas para a confecção do mesmo. O processo de validação mais simples possível consiste na utilização de outra série de dados do mesmo reservatório, porém isso não necessariamente garante que ele poderá ser utilizado em outros sistemas ou situações. Os modelos mais úteis e confiáveis são aqueles que foram testados com dados de diversos locais, inclusive de diferentes partes do mundo e, se possível, por diferentes equipes. Um modelo bom para um determinado reservatório não é necessariamente bom para outro com condições diferentes. Freqüentemente, os modelos adequados para uma determinada localização geográfica não servem para outras. Normalmente, deparamo-nos com o fato de que modelos desenvolvidos e testados em regiões temperadas no hemisfério norte não fornecem bons resultados quando utilizados em regiões tropicais ou temperadas do Hemisfério Sul.

## 14.4 Modelos com Cálculos Simples

A maioria dos modelos deste grupo baseia-se em planilhas com dados estatísticos, estando, portanto, limitado ao material disponível e, freqüentemente, os dados não são muito representativos, em especial dados de reservatórios. Isso ocorre porque há grande dependência do ecossistema do reservatório em relação às condições hidrometeorológicas, altamente variáveis. A utilização desses modelos pode ficar muito limitada caso os dados disponíveis para a caracterização do meio ambiente cubram apenas um reduzido número de estações, localidades ou, ainda, contemplem uma área restrita. Quando diversos bancos de dados são tratados isoladamente, as aproximações estatísticas resultantes do emprego dos mesmos poderão variar em função dos dados utilizados. No entanto, podem-se deduzir dos dados disponíveis não somente as equações representativas das relações entre as variáveis, mas também a variabilidade nessas relações, e caso isso seja considerado, essas diferenças podem ser insignificantes ou muito grandes. Comumente, os dados existentes retratam locais com diferentes características, tais como lagos e reservatórios, lagos rasos ou profundos, localidades calcárias ou não, reservatórios húmicos e não-húmicos, reservatórios com forte corrente longitudinal ou estagnados etc. A proporção de localidade diferentes varia dentro de um mesmo banco de dados, e isso reduz a capacidade desses modelos de fazer previsões acertadas. É até inadequado esperar, tendo-se em vista o caráter geral dessas relações, que os reservatórios se comportem isoladamente de acordo com os resultados apresentados pelo modelo. Deve-se entender que somente se obterá um comportamento médio de uma série de localidades, e que cada uma delas terá um comportamento até certo ponto individualizado.

A maioria das relações empíricas entre a clorofila A (CHA) e o total de fósforo (TP), existentes na literatura, serve como exemplo dessa vulgarização. Além das diferenças individuais, todas elas mostram um aumento nas concentrações de clorofila A, associado a um aumento do TP, sendo também comum verificar um aumento de fósforo reativo (ortofosfato – OP). No entanto, esses incrementos em paralelo somente são válidos dentro de determinadas concentrações de TP, cessando ao atingir determinado limite (Straškraba, 1985; Prairie *et al.*, 1989; McCauley *et al.*, 1989). O limite médio de saturação é de cerca de 100 mg/l de TP e de aproximadamente metade desse valor para OP. Note-se que esses valores são apenas indicativos e há lagos que não obedecem a essa tendência.

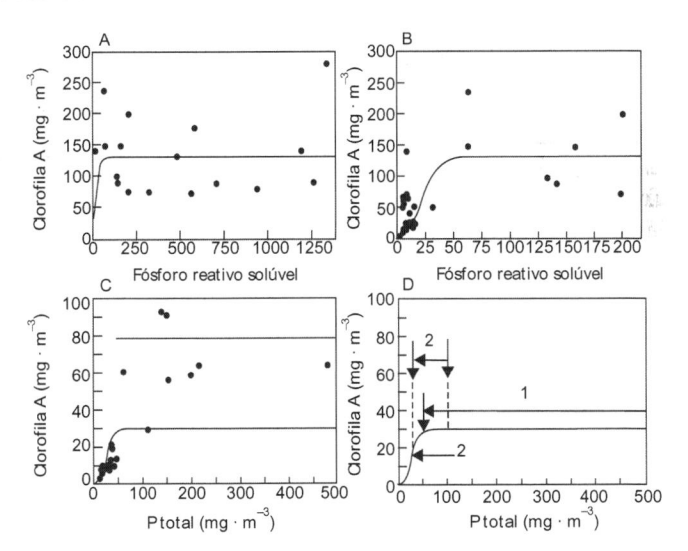

**Figura 14.1** Um modelo simples para determinação grosseira da relação entre as médias sazonal das concentrações de fósforo e a clorofila A. A e B: as mesmas relações com observações feitas na Inglaterra, mostrando todo o intervalo e os valores mínimos para as concentrações de $PO_4$ – P. C: diferença entre águas profundas (linha de baixo) e rasa (linha superior). D: 1- intervalo das concentrações de TP, nas quais as concentrações de CHA (clorofila A) não são afetadas. Uma redução de 500 mg/m³ para cerca de 50 mg/m³ não causa diminuição na

CHA, enquanto uma redução muito menor, como pode ser vista em 2, acarreta uma queda bastante acentuada.

Não somente as curvas podem se deslocar para cima ou para baixo, como em determinados casos podem ocorrer diferenças graças a outras variáveis além do fósforo. Há grandes diferenças nas respostas das algas em relação ao TP ou OP, porque pode ocorrer uma grande variabilidade na fração de TP disponível para as algas. Tanto pela teoria como por meio de observações sabe-se que: locais rasos podem suportar mais CHA que outros profundos; corpos hídricos com populações bem equilibradas de peixes contêm menos CHA, já que os peixes controlam o zooplâncton; e o fósforo e algas existentes em lagos calcários podem ser precipitados por meio de cálcio.

Isto faz com que a concentração máxima de CHA, que ocorre na saturação de TP, seja diferente em função desses efeitos. Como pode ser visto na Figura 14.1, a natureza assintótica da curva torna-se muito importante na determinação da resposta de um reservatório em função de uma redução nas concentrações de TP ou OP. Quando as concentrações são muito elevadas (acima do limite de saturação), a redução de mais da metade do TP pode ainda ser insuficiente para afetar a CHA, ao contrário do que ocorre quando as concentrações estão abaixo do limite de saturação, quando, então, se verificam quedas muito acentuadas de CHA. Há ainda uma outra complicação: uma redução nas entradas de fósforo no reservatório, de fontes externas, não necessariamente acarreta uma redução análoga desse elemento nas águas do reservatório, isso devido ao fósforo acumulado pelos sedimentos do fundo, que são capazes de continuar liberando o elemento, até o limite de saturação, por anos a fio. Isso ocorrendo, a resposta do sistema à redução das fontes externas de fósforo, no referente à CHA, fica adiada.

Outro modelo dessa categoria é o de Benndorf-Uhlmann (Uhlmann *et al.*, 1971; Benndorf *et al.*, 1975), capaz de estimar a eficiência de pré-alagamentos na redução das concentrações de fósforo (OP). Esse modelo foi amplamente utilizado na antiga Alemanha Oriental, segundo normas técnicas locais (Pütz *et al.*, 1975). O modelo é gráfico e permite a elaboração de estimativas a partir de dados de fácil obtenção. Seu objetivo principal é calcular a retenção de fósforo nos pré-reservatórios, tomando por base a disponibilidade de luz e o tempo de retenção dos mesmos, especificando um tempo mínimo de retenção, abaixo do qual a capacidade do sistema de reter fósforo não se dá de forma completa. Assim sendo, os pré-reservatórios destinados a essa tarefa devem conter um volume capaz de assegurar um tempo de retenção ótimo, considerando-se a sazonalidade das vazões. Obedecidos os critérios, garante-se a redução máxima de fósforo mediante a implantação do menor reservatório possível, reduzindo-se seus custos de construção e manutenção. Torna-se também importante considerar a vida útil desses sistemas, especialmente se não forem previstas limpezas periódicas dos mesmos. O modelo foi testado com sucesso inúmeras vezes em diversas localidades, tais como a Alemanha e África do Sul (Twinch & Grobler, 1986).

No gerenciamento da qualidade da água são utilizados muitos modelos de cálculos simples. Os mais amplamente empregados são aqueles que determinam as cargas de diversos elementos em função dos diversos tipos de uso da terra. Alguns exemplos são o AGNPS de Yonug *et al.* (1989), que analisa a poluição difusa de atividades agrícolas, o TETrans de Corwin & Waggonner (1991), capaz de analisar o TP de reservatórios, e o CRAM (Catchment Resource Assessment Model) de Chapman *et al.* (1995). Esses modelos consideram coeficientes de carga correspondentes a diversos tipos e unidades de utilização do solo. O valor final resulta da multiplicação dos coeficientes pelo número de unidades correspondentes dentro da área considerada (áreas dos diversos tipos de cobertura, dados populacionais, números de animais por espécies etc.). Para facilitar o cálculo das áreas, utiliza-se, em alguns casos, o GIS. Esse sistema pode ser utilizado para mapear os diversos tipos de uso do solo, aspectos pedológicos e outras características de interesse dentro da área em estudo. Deve-se ter sempre em mente que os coeficientes específicos diferem entre regiões com solos diferentes, com diferentes práticas agrícolas ou outras características locais. É importante observar a morfologia da região, a distância das manchas em relação à água, as interações entre elas a variabilidade deve ser observada de perto e diversos outros fatores.

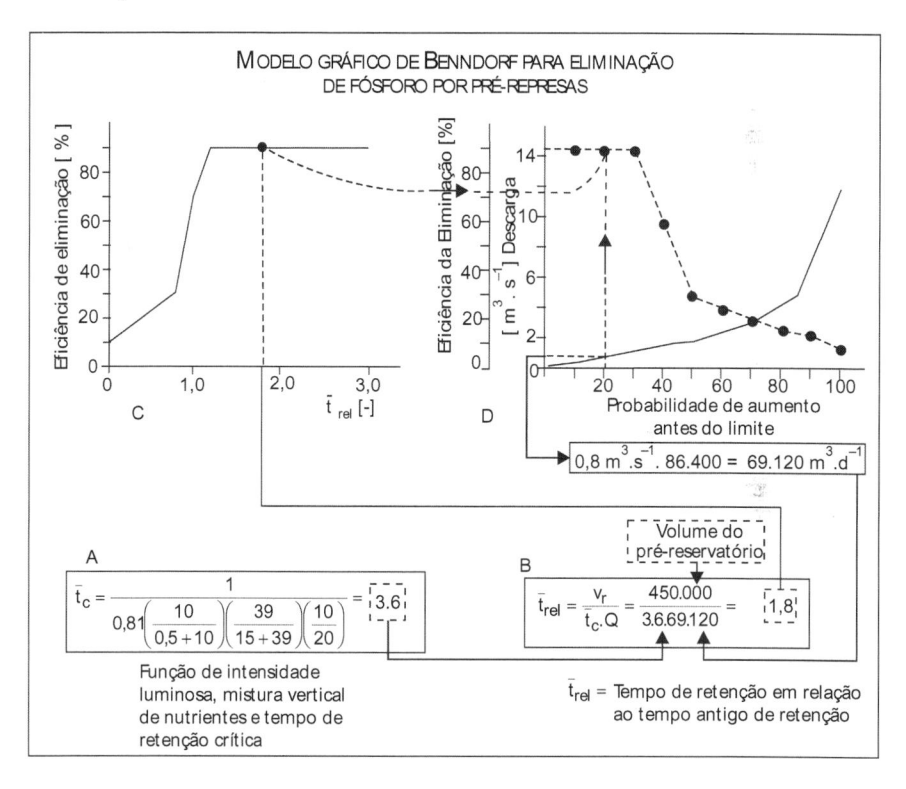

**Figura 14.2** Detalhes do modelo gráfico de Benndorf para retenção de $PO_4$-P em pré-alagamentos. É conhecido o volume do reservatório e das descargas em m³/dia. Em primeiro lugar, na parte A calcula-se o tempo de retenção crítico, $t_c$. Os números dentro dos três parênteses são função da disponibilidade de luz, nutrientes críticos e mistura (não explicados aqui em detalhes). A partir de $t_c$ calcula-se na parte B o tempo de retenção relativo ao crítico $t_{rel}$. Do gráfico C pode-se determinar a eficiência na retenção, no caso de 90%. No gráfico D, calcula-se a linha pontilhada, que representa a curva de eliminação relativa, correspondente à linha contínua que indica a probabilidade de não ocorrerem vazões superiores a um determinado valor, função das características locais.

Na Tabela 14.1 podem ser vistos alguns dos modelos mais utilizados e sua utilidade. Isso pode ajudar o usuário a estimar a necessidade de maiores cuidados preliminarmente à sua utilização, bem como julgar o grau de incerteza envolvido em seu emprego.

**Tabela 14.1** Modelos simples úteis para a estimativa de algumas características de reservatórios e suas respostas em relação a diversas ações de gerenciamento.

| Modelo | Autor | Região onde é aplicável |
|---|---|---|
| Retenção de nitrogênio em reservatórios rasos | Kelly et al., 1987, ampliado por Howard et al., 1996 | Hemisfério Norte |
| Retenção de fósforo em reservatórios estratificados | Straskaba et al., 1995 | Hemisfério Norte |
| Retenção de matéria orgânica em reservatórios | Straskabova, 1976 | Europa Central |
| Demanda de oxigênio hipolimnético | Staufer, 1987 | EUA |
| "Modelo de número de lagos" – especificação da estratificação | Imberger & Patterson, 1990 | Austrália |
| Modelo de estratificação térmica – RESTEMP | Straskaba & Gnauck, 1995 | Europa Central |
| Modelo de OD e P em reservatórios estratificados | Chapra & Canale, 1991 | EUA |
| Modelo para perfil de oxigênio ao final do verão | Molot et al., 1992 | EUA |
| Modelo para alternativas de descargas hipolimnéticas | Horstman et al., 1983 | EUA |

## 14.5 Modelos Dinâmicos Complexos

No referente à modelagem de rios e reservatórios, Ambrose *et al.* (1982, em concordância com McCutcheon, 1989) classificaram quatro níveis, obedecendo aos seguintes critérios:

**Primeiro nível**: estado estabilizado, apenas cinético.

**Segundo nível**: hidrodinâmica constante, operado ou especificado empiricamente, qualidade da água fixa ou variável ao longo do tempo.

**Terceiro nível**: hidrodinâmica variável, porém apresentando soluções simplificadas, resoluções simplificadas para o reservatório e para a dinâmica da qualidade da água.

**Quarto nível**: hidrodinâmica variável com equações também variáveis, capacidade de considerar remanso, reservatórios estratificados e dinâmica da qualidade da água.

Nos modelos dinâmicos pode-se distinguir as **variáveis de estado** – aquelas obtidas pela resolução do modelo, as **constantes do local** – aquelas que caracterizam os aspectos fixos do corpo hídrico, como a morfometria, as **funções forçadas** – aquelas que descrevem fatores que variam ao longo do ano, como radiação solar, vazões, concentração das cargas de fósforo, e os **parâmetros dos componentes biológicos** do sistema, como as características de saturação de luz do fitoplâncton. As entradas do modelo são o conjunto de dados que caracterizam o reservatório em estudo e as situações dentro das quais o modelo deve efetuar seus cálculos.

A resposta à questão sobre qual modelo é o mais indicado para um determinado caso depende de diversas circunstâncias, conforme pode ser visto na Seção 14.9.

Apresenta-se, para cada nível, uma breve seleção de modelos que já foram utilizados razoável ou extensivamente, podendo ser recomendados.

**Primeiro nível:** um modelo típico deste nível é o LAKE, feito pelo ILEC (Jørgensen, 1982). Esse modelo não tem sua utilização limitada somente ao reservatório em si, sendo mais indicado como ferramenta didática do que como modelo de aplicação prática. O modelo LAKE calcula os seguintes parâmetros, para uma seqüência de "n" anos: média das concentrações anuais de TP, CHA, biomassa de zooplâncton e peixes, produções primárias média e máxima e o estoque pesqueiro. Os dados que devem ser fornecidos são as entradas anuais de fósforo e nitrogênio e a taxa de troca do fósforo contido nos sedimentos. Inclui-se o fitoplâncton pela alternância entre TP e N com fatores limitantes. Somente o TP e o N são calculados como sendo variáveis de estado dinâmico; o resto baseia-se em relações empíricas.

**Segundo nível:** o modelo de fósforo de Lung foi elaborado por Lung & Canale em 1977. Os dados de entrada do modelo são as cargas de fósforo particulado e dissolvido, que são as únicas variáveis de estado deste modelo. O desenvolvimento das algas não foi modelado. Os processos importantes incluem a sedimentação do fósforo e sua troca entre a água e os sedimentos.

Um modelo desenvolvido por Jørgensen et al. em 1978 obteve um grande sucesso. Ele foi aplicado inicialmente ao lago de Lyngby com dados coletados entre 1952 e 1958, tendo sido posteriormente utilizado para analisar novas condições no período entre 1959 e 1975. O modelo apresentou resultados muito próximos àqueles realmente verificados pelo afastamento de esgotos para o mar e maiores concentrações de nutrientes nos tributários.

O AQUAMOD, de Dvoráková & Kozerski (1980) e Straškraba & Gnauck (1985), é um modelo no qual se especificam empiricamente três níveis, quais sejam: a zona de mistura, o hipolímnio e a camada de sedimentos. Ele ainda dispõe da capacidade de calcular a espessura do metalímnio e determinar a taxa de troca de fósforo e algas naquela camada. As variáveis de estado são o fitoplâncton, zooplâncton e fósforo. Este modelo é bastante adequado para reservatórios, uma vez que nele o tempo de retenção é um fator condicionante importante.

O SALMO (Benndorf & Recknagel, 1982) é um modelo que inclui uma distinção esquemática entre o epilímnio e o hipolímnio capaz de permitir o exame das interações entre a biomassa de fitoplâncton e a carga externa de nutrientes, temperatura, luz, mistura e alimentação do zooplâncton. O modelo SALMOSED (Recknagel et al., 1995) foi desenvolvido recentemente e permite entrada de dados de duas camadas de sedimentos, bem como a troca de fósforo entre os sedimentos e a água. O modelo original foi utilizado em reservatórios da Alemanha Oriental e o SALMOSED foi aplicado em um lago com profundidade média, lago Yunoko, no Japão. O modelo CE-QUAL-RIV1 é indicado em análises de planejamento de eutrofização de reservatórios, tendo sido amplamente utilizado nos Estados Unidos. Ele foi desenvolvido por Bedford et al. em 1983 e Anônimo em 1986 (manual para aplicação).

O WASP4, de Ambrose et al. (1988), cobre aspectos referentes à hidrodinâmica, transporte de massas, eutrofização, cinética do oxigênio dissolvido e à dinâmica dos compostos tóxicos químicos com os sedimentos. Este modelo é mais indicado para rios, porém também pode ser utilizado na simulação de lagos.

O MINLAKE, de Riley e Stefan (1988), é uma evolução do RESQUALL II, anterior, tendo sido recentemente bastante modificado para permitir que se estimem os efeitos das variações climáticas dos lagos nos Estados Unidos (Stefan & Fang, 1994).

O BLOOM II, de Los (1991), que foi elaborado para estudar a eutrofização de lagos rasos, foi utilizado como base para o modelo DELWAG-BLOOM-SWITCH, este para o gerenciamento da eutrofização de lagos rasos, que vem sendo exaustivamente utilizado na Holanda.

O MIKE é um modelo de qualidade da água dinâmica, presente em um grande número de versões, dentre as quais o MIKE 12 (Centro de Modelagens Ecológicas, 1992), um modelo simplificado com representação de duas camadas, pode ser aplicado também em reservatórios.

Canale & Seo e Seo & Canale (1996) determinaram os erros de oito modelos utilizados para efetuar previsões sobre o total de fósforo (ou seja, modelos capazes de prever somente – ou também – as variações nas concentrações anuais de fósforo) por meio de sete anos de observações no lago de Shagawa, Minnesota, Estados Unidos, chegando à conclusão de que aqueles que não consideraram adequadamente os efeitos dos sedimentos incorreram em grandes erros. Os menores erros foram encontrados em dois modelos elaborados por Seo, chamados de "Constant Sediment Feedback Phosphorous Model" e "Mechanistic Water Sediment Model", o modelo para determinação do total de fósforo de Chapra & Canale (1991), que contém somente uma variável e um coeficiente, e o modelo de Lung & Canale (1977), já descrito. Seo e Canale afirmaram que há uma relação não-linear entre a complexidade do modelo e sua capacidade de efetuar previsões; nos modelos para efetuar previsões sobre o fósforo, a precisão aumenta somente até um determinado grau de complexidade, decrescendo rapidamente após esse limite. Straškraba demonstrou em 1995 que a capacidade de efetuar previsões sobre a CHA não aumenta significativamente com uma maior complexidade do modelo, e similarmente aqueles contemplando fósforo, o erro-padrão nas previsões é de aproximadamente 50%.

**Terceiro nível:** O programa de estimulação hidrológica – FORTRAN (HSPF) – é um modelo projetado para o gerenciamento de bacias hidrográficas que incorpora os efeitos dessas áreas sobre a qualidade da água dos rios. O modelo permite que se entre com os dados de trechos selecionados do rio, áreas do reservatório não estratificadas e escolha de dois tipos de drenagem de águas superficiais (chuvas). O modelo é capaz de prever 22 variáveis e já foi utilizado diversas vezes nos Estados Unidos.

**Quarto nível:** O DYRESM é o modelo mais utilizado para estudar a hidrodinâmica de reservatórios, já tendo sido empregado na Europa, Américas e Ásia, bem como em um grande número de localidades na Austrália (Imberger & Patterson, 1981; Imberger, 1982). Este modelo vem sendo continuamente melhorado. Sua versão recente é bidimensional, permitindo a simulação da entrada de água em camadas diferentes dentro do reservatório (Hocking & Patterson, 1991). Sua derivação recente, DYRESM-WQ (Dynamic Reservoir Simulation Model for Water Quality) engloba aspectos referentes à qualidade da água (Hamilton & Schladow, 1995) e está disponível comercialmente no Water Research Centre da Universidade de Western Austrália, em Perth, Austrália. Esse modelo simula condições de estratificação e correntes, espécies de fitoplâncton, nutrientes (diferentes formas de fósforo e nitrogênio), OD, DBO, ferro, manganês e sedimentação de detritos. Uma nova versão ainda em elaboração incluirá o processo de troca de fósforo com os sedimentos.

Um modelo finlandês tridimensional de qualidade e transporte é uma mistura de modelos hidrodinâmicos e ecológicos. Ele foi utilizado para um grande número de reservatórios e lagos na Finlândia, e vem sendo constantemente atualizado (Virtanen et al., 1986).

Os modelos ASTER e MELODIA foram utilizados na França, no reservatório de Pareloup, para simular condições de estratificação e biológicas (Salencon & Thébault, 1994).

## 14.6 Modelos Regionais e para a Bacia Hidrográfica Modelos Que Utilizam o Sistema de Informação Geográfica (SIG)

IIASA e RAISON são dois sistemas de informação vastamente utilizados que foram desenvolvidos com o propósito de lidar com problemas de qualidade da água. O sistema elaborado ao longo de diversos anos pelo IIASA (Fedra *et al.*, 1990) é adequado para diversos locais, desde que para eles existam mapas ou dados tabulados. O sistema é capaz de processar dados e combinar resultados obedecendo a determinados propósitos e, então, fazendo previsões capazes de orientar o gerenciamento do sistema. O modelo RAISON foi desenvolvido por um grupo liderado por D. Lam, do Water Research Institute do Canadá (Lam *et al.*, 1994). Seu nome é uma abreviação de Regional Analysis by Intelligent System on a microcomputer, e é considerado como um sistema especializado (Seção 14.8). Seu banco de dados registra informações de documentos, regras, modelos e fotografias. Por exemplo, alguém pode consultar o banco de dados selecionando palavras-chave ou frases de documentos e, então, ver mapas de localidades nas quais foram detectadas as palavras selecionadas. Emprega-se sua capacidade de inferir, necessária a qualquer sistema especializado, para identificar e analisar tendências porventura existentes nos dados ou no conhecimento geral, ou seja, busca-se estabelecer normas por meio da generalização de exemplos específicos. Pode-se também fornecer diretamente regras ou exemplos trazidos por técnicos especializados no assunto, e também utilizar uma opção lógica quando os atributos não podem ser definidos com precisão. Esse sistema é muito utilizado em atividades como: análise regional de fontes de água potável, análise de dados obtidos por satélites contemplando qualidade da água, visualização dos resultados de modelagens hidrodinâmicas da circulação das águas de lagos e conseqüente transporte de contaminantes. No ILEC há um banco de dados, em nível mundial, sobre a qualidade da água de um grande número de lagos e reservatórios (Data Book of World Lake Environments, 1991). Esses elementos permitem a avaliação da qualidade da água de uma determinada região geográfica e a seleção de situações que se assemelhem àquelas buscadas pelo usuário do sistema. Também permite a entrada de novos dados de localidades específicas, incluindo-se mapas geográficos detalhados e outros de disciplinas relevantes, tais como levantamentos pedológicos, cobertura vegetal, usos e demandas de água.

## 14.7 Modelos para Gerenciamento (Prescritivos)

Esta categoria engloba quatro gerações de modelos muito úteis para gerenciar sistemas hídricos, mas, no entanto, muito complicados e difíceis de utilizar. O emprego prático desses modelos por especialistas em qualidade da água é muito limitado e freqüentemente torna-se necessária a cooperação desses técnicos com centros de pesquisa ou de computação. Esse tipo de modelo também é conhecido como otimização, uma vez que utilizam esse procedimento para determinar o melhor desempenho possível, sob determinados critérios, do sistema em estudo.

Eles podem se basear tanto em cálculos simples como em simulações dinâmicas, caso sejam necessárias soluções independentes ou dependentes do fator tempo. A diferença entre os métodos reside no fato de que os parâmetros a serem manipulados podem ser separados. Considere-se o caso de um modelo descritivo de eutrofização, capaz de fazer previsões sobre as concentrações de clorofila A e outros parâmetros importantes de qualidade da água, tais como o oxigênio, baseando-se em dados das vazões afluentes ao reservatório. As possibilidades de manipulação são os parâmetros que podem ser alterados por meio de atos gerenciais. Por exemplo, é possível reduzir a carga crítica de nutrientes por meio da implantação de estações de tratamento terciárias ou outros mecanismos. Também é possível promover uma mistura artificial e usar técnicas de biomanipulação. Essas opções de gerenciamento afetam os parâmetros do modelo que, por sua vez, é capaz de calcular as conseqüências desses atos sobre a qualidade das águas. O componente principal de um modelo de otimização é chamado de função objeto. Ela é a função que o usuário busca maximizar (matematicamente, tanto o máximo como o mínimo são ótimos). O objetivo pode ser maximizar o oxigênio, ou outra variável crítica, ou minimizar o volume de dinheiro a ser despendido para atingir uma determinada melhoria na qualidade da água. Otimizar com restrições significa que alguns parâmetros, ou todos, são limitados, ou seja, eles devem permanecer dentro de determinados limites frutos de condições naturais, limitações impostas ao gerenciamento etc. A seguir ilustra-se esse tipo de restrições:

1) As entradas de fósforo não podem ficar abaixo da capacidade de remoção das estações de tratamento ou de outros métodos disponíveis.
2) É impossível misturar um corpo hídrico além de sua profundidade máxima, e há uma profundidade natural de mistura.
3) Não há um motivo viável para reduzir o nível de clorofila A ou aumentar as concentrações de oxigênio acima de determinados limites.

O modelo também responde à questão sobre qual é a melhor combinação das opções de uso do reservatório, quando se têm recursos limitados para melhorar a qualidade das águas. Obviamente, o reservatório apresentará um comportamento diferente ao longo dos anos em função dos efeitos climáticos, vazões, cargas de nutrientes etc.

Atualmente, utilizam-se formulações com múltiplos parâmetros, pois elas possibilitam diversas opções para o gerenciamento do sistema. Formulações com objetivos múltiplos são mais complexas, pois permitem que diversos objetivos sejam atingidos simultaneamente. Na Seção 14.8 podem ser vistos exemplos desse tipo de modelagem e suas vantagens.

Deve-se entender que os procedimentos de otimização selecionam uma dentre as possibilidades contempladas pelo modelo e estão limitadas pela validação do todo, incluindo-se suas bases teóricas, formulações e restrições. Dessa forma, as conclusões emergentes da modelagem devem ser utilizadas com bastante cautela e o usuário deve ter sempre em mente as limitações do modelo, as possíveis impropriedades em sua formulação e a eventual insuficiência de dados.

Pode-se distinguir dois tipos básicos de modelos: os indicados para fazer previsões e os operacionais. Os do primeiro tipo são utilizados para fazer previsões a longo prazo e para funções "off-line". Entende-se por funções "off-line" que a modelagem foi concluída anteriormente à tomada de decisão e que diversas alternativas foram então consideradas. Os modelos operacionais são empregados "on-line" por meio de computadores conectados a mecanismos automáticos que fornecem dados sobre a qualidade da água existente no reservatório e também a aparelhos que simultaneamente implementam as ações de gerenciamento necessárias àquelas condições. Por exemplo, as concentrações de clorofila A e os parâmetros meteorológicos podem ser gravados automaticamente pelo computador responsável pelo modelo. O modelo pode também fazer previsões de curto prazo que podem ser utilizadas para ligar ou desligar mecanismos de mistura ou, ainda, especificar a intensidade de remoção de fósforo (Figura 14.3). Na Tabela 14.2 podem ser vistos alguns exemplos desses modelos automáticos de gerenciamento da qualidade da água "on-line", bem como modelos de otimização úteis para especialistas em qualidade da água.

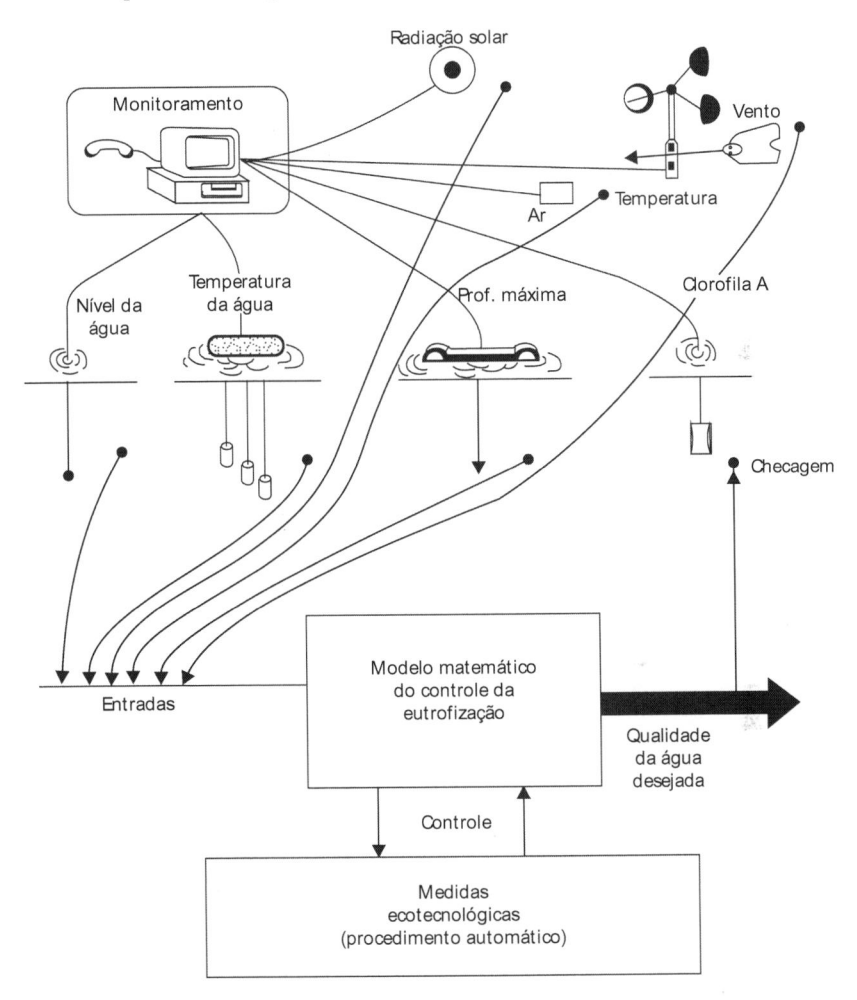

**Figura 14.3** Emprego de monitoração automática em conjunto com um modelo matemático "on-line" para o controle da eutrofização.

## 14.8 Modelos Especializados e de Apoio a Decisões

Esses dois tipos de modelos serão discutidos conjuntamente, pois são utilizados com os mesmos propósitos e têm manipulação parecida. Além disso, os modelos especializados são componentes essenciais de sistemas de apoio (DSS). Os DSS receberam esse nome graças à sua capacidade de apoiar a tomada de decisões, porém fique claro que **não** foram projetados para tomar decisões. As decisões sempre deverão ser tomadas por pessoas sábias e experientes. Elas, no entanto, para tomar decisões acertadas, necessitam de muitas informações que, no entanto, nem sempre são de fácil obtenção. Para sistemas complexos, como os de qualidade da água, torna-se difícil prever as conseqüências das diferentes opções de gerenciamento, principalmente porque há muitas relações e interações dentro do sistema. O DSS é a ferramenta que fornece aos gerentes a informação necessária sobre as conseqüências potenciais das diversas decisões. Esse sistema utiliza a experiência acumulada por diversos especialistas e a facilidade representada pelos computadores, calculando rapidamente diversas relações complexas. A função interativa do DSS permite que o usuário simule diversas decisões sob diferentes condições etc. (Figura 14.4).

**Tabela 14.2** Modelos empregados para otimização da qualidade da água.

---

1. Otimização dinâmica da eutrofização mediante remoção de fósforo. Foi utilizado em um lago no Japão (Matsumura & Yoshiuki, 1981);

2. Otimização de controle para retirada seletiva de água (Fontane *et al.*, 1981);

3. Otimização das operações de reservatório considerando-se os recursos aquáticos de jusante. Utilizado no lago Shelbyville, Illinois, EUA (Sale *et al.*, 1982);

4. Modelo GIRL OLGA, para otimização dos custos necessários à mitigação da eutrofização, mediante a seleção entre cinco alternativas de gerenciamento dependentes do tempo (Schindler & Straškaba, 1982). Utilizado em diversos reservatórios na república Checa;

5. Otimização estocástica da qualidade hídrica (Ellis, 1987);

6. Modelo COMMAS para fazer previsões sobre sistemas ambientais com multi agentes (Bouron, 1991);

7. Modelo DELWAG-BLOOM-SWITCH para gerenciamento da eutrofização de lagos rasos (Van der Molen *et al.*, 1994);

8. Modelo GFMOLP, programa multi objetivo para otimizar o planejamento de mananciais (Chang *et al.*, 1996).

---

O REH é um tipo de DSS voltado para a qualidade da água e foi elaborado por um grupo de pesquisadores ligados ao Prof. A. Gnauck, da Universidade Técnica de Brandenburg, na Alemanha (Gnauck *et al.*, 1989).

Esse sistema visa apoiar o gerente em decisões envolvendo diversos critérios (até dez critérios diferentes), e baseia-se na busca de um compromisso entre diferentes graus de satisfação de cada uma delas. Esse compromisso é bastante subjetivo, necessitando, portanto, que o usuário classifique os mesmos e defina os níveis de atendimento satisfatório de cada um deles. Embora o sistema seja muito maleável, para cada caso específico torna-se necessária a elaboração de uma sub-rotina em FORTRAN para responder às perguntas específicas. Recentemente, combinou-se um modelo sobre qualidade da água (GIRL OLGA) com o DSS REH, encontrando-se ele em avaliação no laboratório de biomatemática da Universidade de Boêmia do Sul, na República Tcheca.

Há poucos DSS disponíveis para tomadas de decisão no referente à qualidade da água. Somlyódy & Varis fizeram em 1992 uma listagem desses modelos. Os modelos existentes podem ser vistos na Tabela 14.3.

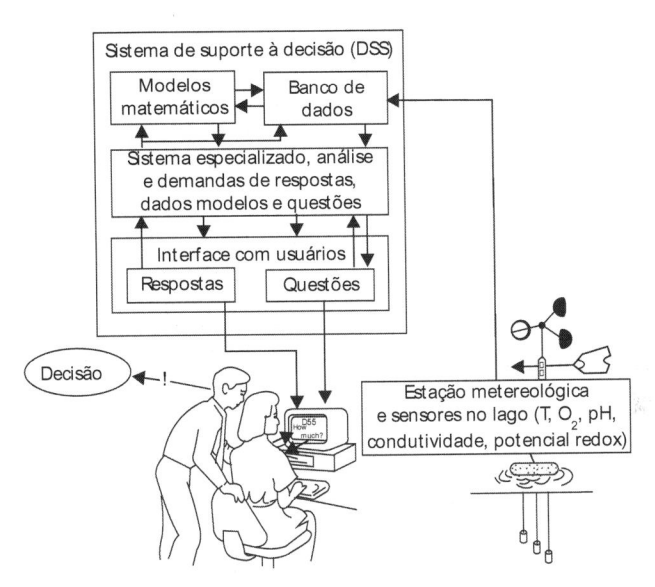

**Figura 14.4** Estrutura do sistema de apoio a decisões, para a qualidade da água.

**Tabela 14.3** Sistemas de apoio às decisões, para a qualidade da água.

| Modelo | Objetivo | Autor |
|---|---|---|
| — | Seleção da estratégia contra eutrofização de lagos | Grobler et al., 1987 |
| — | DSS para decisões ambientais | Fedra, 1990 |
| — | Análise das políticas ambientais para as áreas de bacias hidrográficas | Davis et al., 1991 |
| MASAS | Avaliação de micropoluentes | Ulrich et al., 1995 |
| AQUATOOL | Gerenciamento de recursos hídricos | Andreu et al., 1991 |
| HEC-3 | Operação quantitativa com propósitos múltiplos de sistemas de reservatório | Haestad Methods, 1993 |

## 14.9 Escolha do Melhor Modelo

O primeiro passo na seleção do modelo consiste na definição clara dos objetivos esperados, para coroamento dos quais o modelo será utilizado. O modelo deverá, portanto, ser adequado para fornecer as respostas esperadas. O tipo de modelo é de importância menor que seus propósitos, uma vez que cada um deles é projetado para responder a questões específicas, podendo ser totalmente incapaz de responder a outras demandas.

Outra questão importante para a seleção é o tipo de dados disponíveis. É impossível utilizar modelos mais avançados sem dados quantiqualitativos das vazões afluentes ao reservatório. Em alguns casos poderiam ser obtidos os dados exigidos pelo modelo, porém, isso exige tempo e dinheiro, além do que a maioria dos parâmetros hídricos varia de acordo com as estações e as vazões.

Outra limitação reside na disponibilidade de pessoas habilitadas para o uso do modelo. Treinar o emprego de modelos pode demandar tempo e é uma tarefa difícil. A seleção do modelo ideal requer ponderações sobre a importância do problema, dinheiro, tempo, recursos humanos e disponibilidade de modelos.

Um aviso deve ser constantemente repetido: os modelos reproduzem a realidade de forma grosseira, devendo-se sempre analisar cuidadosamente seus resultados. Além disso, até no emprego dos melhores modelos (Hilborn, 1987) ocorrem três níveis de incertezas. São eles:

1) Flutuações naturais tão freqüentes a ponto de se tornar rotina (são necessárias várias campanhas de amostragem e análises para resolver essas incertezas).
2) Estados naturais não perfeitamente conhecidos.
3) Eventos não previstos (estratégias de gerenciamento flexíveis podem fazer frente às surpresas de forma mais efetiva que estratégias rígidas e dogmáticas).

Essas incertezas são inerentes a todos os sistemas complexos, podendo ocorrer em qualquer caso em particular.

# Capítulo 15

# Estudo de Caso

Neste capítulo limitou-se a discussão a apenas quatro reservatórios, dois na República Tcheca e dois no Brasil, precisamente os países onde os autores têm maior experiência. Visando permitir a comparação entre sistemas situados em regiões temperadas e tropicais, buscou-se selecionar dois reservatórios parecidos, um em cada região, a saber: reservatórios em cascata e reservatórios destinados ao abastecimento de água potável. Evidentemente, não é possível tecer comparações exatas; por exemplo, os reservatórios do Brasil são mais rasos que os tchecos. As diferenças entre reservatórios tropicais e temperados não sofrem influências apenas da geografia, porém também das diferentes formas de uso do solo e das diferenças econômicas e culturais.

## 15.1 Reservatório de Slapy – Reservatório Temperado em Cascata

O reservatório de Slapy (Figura 15.1) é um exemplo de reservatório temperado em cascata, com tempo de retenção médio e utilizado para geração de energia elétrica.

O reservatório de Slapy é um dos poucos locais do mundo (tanto terrestre como aquático) que conta com observações ecológicas detalhadas coletadas a longo prazo, pois vêm sendo feitas desde 1954. Em muitos outros lagos e reservatórios foram levantadas longas séries de medições padronizadas de alguns parâmetros relativos à qualidade da água, porém os valores determinados para Slapy são muito mais completos e incluem observações dos aspectos físicos, químicos, bacteriológicos, plâncton e peixes. Elas foram feitas por meio de uma equipe de limnologistas bastante experientes do Instituto Hidrobiológico da Academia de Ciências da Checoslováquia (durante os primeiros anos de observações por uma equipe do Instituto de Pesquisas Aquáticas). A localização do reservatório no rio Vltava (o mesmo Moldau, do compositor Dvořák) permite algumas comparações entre os estados do rio antigo e atual. Estão disponíveis no Instituto Hidrometeorológico do Estado dados climáticos e da temperatura diária das águas em diversos locais dentro do sistema em cascata. De 1976 a 1982, coletaram-se dados por meio de equipamentos automáticos em um local situado a 9 km a montante da barragem, onde está também localizada a estação hidrobiológica.

Podem-se identificar três **fases no desenvolvimento** do reservatório de Slapy:

1º período: de 1954 a 1961, preliminarmente da construção, a montante, dos reservatórios de Orlík (volume de $722.10^6$ m$^3$, comprimento de 75 km, profundidade máxima de 70 m, concluído em 1960) e Kamýk (13 . $10^6$ m$^3$), este como pré-regulador, a jusante de Orlik e a montante de Slapy.

2º período: de 1962 a 1966, após a construção dos reservatórios de Orlík e Kamýk.

3º período: a partir de 1967, considerando que uma antiga fábrica de papel situada a montante do sistema foi desativada em 1966.

**Tabela 15.1** Características do reservatório de Slapy.

| Local | República Checa |
|---|---|
| Rio | Vltava |
| Coordenadas geográficas | 49° 37' N 014° 20' E |
| Altitude | 271 m |
| Área superficial do lago | 13,1 km² |
| Área de bacias hidrográficas (40% florestas, 50% agricultura intensiva) | 12900 km² |
| Volume | 270 . 10⁶ m³ |
| Profundidade máxima | 53 m |
| Profundidade média | 21 m |
| Comprimento | 44 km |
| Forma: vale do rio; largura média: | 300 m |
| Formado no ano | 1954 |
| Faixa de flutuação anual do nível de água | 5 m |
| Tempo de retenção teórico | 38 dias |
| Propósito básico | Geração de energia elétrica |
| Outros tipos de uso | Abastecimento de água, recreação |
| Classificação trófica | Meso/eutrófico |

Atualmente, graças a mudanças políticas no país, pode vir a surgir um novo período, caracterizado por uma redução nos nutrientes e outros poluentes, pela menor fertilização dos campos e maior controle ambiental.

No **primeiro período** ocorreram dois fatos importantes: o processo de envelhecimento do reservatório e o desenvolvimento trófico originado pelas águas do rio Vltava carregadas de nutrientes oriundos das áreas de bacias hidrográficas. Durante esse período, o reservatório ficou altamente eutrófico, com densas explosões populacionais de cianófitas (predominantemente, *Aphanizomenon flos aquae* e *Microcystis aeruginosa*) que atingiram médias anuais superiores a 4 mg/l$^{-1}$ do peso molhado, e valores máximos acima de 25 mg/l$^{-1}$ na camada até 3 m de profundidade. As águas do reservatório eram muito escuras graças aos efluentes de uma fábrica de papel situada no trecho superior do rio Vltava (cerca de 200 km a montante do reservatório). Também ocorriam grandes explosões de densidade de algas em trechos do rio a montante do reservatório, porém sua contribuição para a cor das águas do rio a 150 km a jusante desses locais foi considerada desprezível, fato que ficou depois evidenciado no terceiro período no fim das atividades da fábrica de papel. A transparência era muito baixa tanto pela matéria orgânica dissolvida como pelas condições eutróficas. A produção primária era limitada pela cor escura, com conseqüente baixa penetração de luz, porém a biomassa de fitoplâncton era elevada graças às altas concentrações de fósforo e nitrogênio. O bentos presente no trecho fluvial do reservatório era composto basicamente por tubificídeos que moravam no fundo de sedimentos anóxicos. No inverno, o lago congelava com uma camada de gelo suficientemente espessa para suportar o tráfego de veículos leves. As margens do reservatório eram em sua maior parte desabitadas, porém lentamente tornaram-se locais de recreação, inclusive com a construção de cabanas para veraneio. A estratificação térmica do lago é da classe dimíctica, característica da região, porém modificada pelo curto tempo de retenção.

No **segundo período** os níveis tróficos caíram drasticamente, pois grandes quantidades de nutrientes começaram a ficar retidas no reservatório de Orlík. A média da biomassa de fitoplâncton caiu para cerca de 2 mg/l$^{-1}$ de peso molhado. Agora, em vez de receber água de um regime fluvial com temperaturas naturais, as vazões afluentes a Slapy provinham de águas hipolimnéticas frias liberadas pelo reservatório de Orlík, que tinham a temperatura ligeiramente modificada graças à passagem pelo pré-reservatório de Kamýk. Assim sendo, alterou-se a estratificação térmica de Slapy, onde as temperaturas das partes profundas ficaram mais frias do que antes. O gelo ficou mais fino durante o inverno, porém, ainda assim podia suportar a passagem de pessoas e permitia a coleta de amostras de água. Desapareceram as explosões de cianófitas; de fato, elas se transferiram para Orlik onde causaram, eventualmente, degradação das atividades de turismo e recreação. A composição do fitoplâncton passou a ter mais um caráter mesotrófico/levemente eutrófico. O fitoplâncton era dominado na primavera por diatomáceas, e no verão por algas verdes dentre as quais predominavam as *Cryptomonadina*. Após 1980, ocorreram explosões de cianófitas em todos os verões. A cor ficou mais clara, porém de forma lenta, graças à baixa taxa de decomposição da matéria orgânica colorida originária da fábrica de papel. Aumentou a pressão por atividades de lazer no reservatório, e em 1963 já existiam cerca de 3.000 casas flutuantes e diversas cabanas, centros de recreação, hotéis e acampamentos nas margens da represa.

Análises no balanço de diversas substâncias feitas no **terceiro período** demonstraram que a queda no volume de matéria orgânica, após o fechamento da velha fábrica de papel a montante, era proporcional à taxa de remoção desses compostos nos efluentes lançados no rio (há novas fábricas de papel com estações de tratamento insatisfatórias). A transparência das águas quase dobrou, passando de 0,5 m-2 m para 1,5 m-4 m. Houve um crescimento sustentado nas concentrações de nitratos e nitrogênio total, porém as de amônia permaneceram sempre baixas. Desde o princípio dos estudos em 1960, as concentrações de nitrato de nitrogênio subiram de cerca de 0,5 mg/l$^{-1}$ para valores em torno de 5,0 mg/l$^{-1}$, na década de 90. Os volumes de cloretos, sulfatos e cálcio tiveram um comportamento semelhante, subindo na mesma proporção, assim como a condutividade elétrica. Não ocorreu, no entanto, um aumento semelhante nas quantidades de fósforo; um estudo recente apontou que isso é resultante da retenção desse elemento no reservatório de Orlík.

A comparação das extensas **observações realizadas** nesses três períodos permitiu estabelecer as principais diferenças entre um reservatório isolado e outro em cascata, localizados na mesma região. A série de observações limnológicas de longo período, realizadas durante diversas condições de vazão, permitiram identificar a influência do tempo de retenção sobre a estratificação e sobre outros parâmetros de qualidade da água. Também forneceu a base para a classificação e gerenciamento de reservatórios. Tornou-se evidente o papel do fósforo como fator limitante para o crescimento de fitoplâncton e derivou-se pela primeira vez uma relação assintótica entre fósforo e clorofila A. Estabeleceu-se também a função dos peixes como elementos controladores do processo trófico existente no reservatório.

Ao longo dos três períodos ocorreram diversos **problemas de gerenciamento**. O elevado desenvolvimento trófico degradou as atividades de lazer e prejudicou a qualidade da água. Grandes concentrações de nitratos e outros sais que foram aduzidos pela agricultura e elevadas concentrações de fósforo, fruto do lançamento de esgotos sem tratamento, causaram explosões populacionais de cianofíceas. Desde a década de 70, a capital da República Tcheca, Praga, começou a sofrer falta de água, tendo-se, então, buscado novas bacias hidrográficas. Uma possibilidade cogitada foi o tratamento e distribuição das águas do reservatório de Slapy, logo, criaram-se restrições para a recreação nas margens do lago, proibindo-se inclusive barcos-residência e lanchas.

Na publicação do ILEC intitulada "Data Book of World Lake Environment (1991)" pode-se obter informações detalhadas sobre o reservatório de Slapy.

## 15.2 Barra Bonita – Reservatório Subtropical/Tropical em Cascata

O reservatório de Barra Bonita (Tabela 15.2) é um exemplo de aproveitamento em cascata construído em uma região subtropical/tropical. Tem um tempo de retenção médio e é utilizado basicamente para geração de energia elétrica.

Tabela 15.2 Características do reservatório de Barra Bonita.

| Local | Estado de São Paulo, Brasil |
|---|---|
| Rio | Tietê e Piracicaba |
| Coordenadas geográficas | 22° 29' S 048° 34' W |
| Altitude | 430 m |
| Área superficial do lago | – |
| Área de bacias hidrográficas (30% florestas, 50% agricultura intensiva, 20% pastos) | 324,84 km$^2$ |
| Volume | 3,6 . 10$^6$ m$^3$ |
| Profundidade máxima | 25 m |
| Profundidade média | 10 m |
| Comprimento | 48 km |
| Forma: vale do rio; largura média: | 2 km |
| Formado no ano | 1963 |
| Faixa de flutuação anual do nível de água | 5 m |
| Tempo de retenção teórico | 90 dias |
| Propósito básico | Geração de energia elétrica |
| Outros tipos de uso | Abastecimento de água, recreação, pesca |
| Classificação trófica | Eutrófico |

Em Barra Bonita, a temperatura do ar varia somente em 15°C entre o inverno e o verão. As chuvas concentram-se entre setembro e março, seguidas por um período seco de seis meses. A precipitação anual é de 1.200 mm a 1.500 mm e a velocidade máxima dos ventos é de 20 km/h a 25 km/h, durante o inverno (julho a agosto). As chuvas, vento e vazões são os principais fatores condicionantes do sistema.

O volume e os níveis no reservatório estão relacionados tanto aos aspectos climatológicos, tais como épocas de chuvas intensas e secas, como aos usos que são feitos das águas do sistema. Em um ano-padrão, as vazões oscilam entre 190 $m^3/s$ a 570 $m^3/s$, sendo a descarga média anual igual a 344 $m^3/s$. As oscilações nas vazões constituem um importante função de força do sistema, já que podem modificar rapidamente as condições ecológicas tanto dentro como a jusante do reservatório.

São dois os rios principais que fluem diretamente para o reservatório: Piracicaba e Tietê. Ocorrem grandes diferenças na qualidade da água quando os dois rios se misturam dentro do reservatório, fato que gera diversidade espacial e condições especiais. As diferenças na composição espectral são fruto das diferentes concentrações de matéria orgânica dissolvida e matéria particulada presentes nos rios e no reservatório. Outros agentes causadores dessa heterogeneidade espacial são pequenos rios que fluem para o reservatório, baías rasas e áreas com pequena circulação de água. Há ainda outros fatores que contribuem nesse sentido, tais como macrófitas e mata ciliar ao longo de pequenos cursos de água. O reservatório apresenta diversos compartimentos, como pode ser claramente visto por meio de imagens geradas por satélites. Esses compartimentos ficam caracterizados por diferentes processos no corpo da água, fruto das diversas concentrações de matéria orgânica dissolvida, biomassa ou outros sólidos em suspensão.

A **entrada de nutrientes** no reservatório de Barra Bonita dá-se de duas maneiras: por meio de fontes difusas, tais como as atividades agrícolas de plantio de cana-de-açúcar e criação de gado, e por meio de focos pontuais localizados ao longo dos rios principais e seus tributários (inclusive descargas de esgotos). O fluxo geológico associado ao uso da terra é responsável por 658 t/ano de fósforo e 12.175 t/ano de nitrogênio. O fluxo hidrológico de nitrogênio é de 25.389 t/ano no rio Tietê e 26.993 t/ano no rio Piracicaba. No rio Tietê, amônia e nitritos são a forma predominante de nitrogênio, enquanto no Piracicaba são somente os nitritos. A contribuição conjunta de fósforo dos dois rios é de 1.545 t/ano.

Um forte fator **impactante** do reservatório de Barra Bonita é representado pelos sólidos em suspensão, com pico no verão, capazes de causar grandes alterações na qualidade da água, especialmente no referente às concentrações de oxigênio dissolvido e penetração de luz. Ocorrem grandes mortandades de peixes associadas a esse fenômeno. A seguir relacionam-se algumas fontes impactantes do reservatório de Barra Bonita:

- Entradas de N e P provenientes de fontes difusas e pontuais (esgotos inclusive).
- Entrada de sólidos em suspensão originados por atividades agrícolas e pela percolação de águas de chuva.
- Navegação.
- Turismo e recreação.
- Desflorestamento das bacias hidrográficas.
- Introdução de espécies exóticas de peixes.

As conseqüências dessas ações são as seguintes:
- Eutrofização.
- Sedimentação.
- Crescimento excessivo de macrófitas.
- Explosões de cianofíceas (*Mycrocystis* sp. no verão e *Anabaena* sp. durante o inverno tropical).
- Extinção de espécies nativas de peixes.

O **plano de gerenciamento** do reservatório baseia-se no gerenciamento das bacias hidrográficas. Parte considerável das bacias hidrográficas do reservatório de Barra Bonita é utilizada em atividades agrícolas, tais como o plantio de cana-de-açúcar. Assim sendo, um dos objetivos principais do gerenciamento é o controle dos focos difusos de fósforo, nitrogênio, matéria orgânica e outros poluentes. Essa meta pode ser atingida pela adoção de práticas agrícolas adequadas, aliadas à proteção das margens do reservatório com plantas nativas. O plano de gerenciamento especifica que sejam utilizadas espécies nativas existentes em áreas protegidas localizadas nas proximidades do reservatório, que podem ser utilizadas como sementeiras nos trabalhos de reflorestamento. Outro componente importante do plano de gerenciamento trata da proteção das matas ciliares existentes ao longo dos diversos rios e das macrófitas presentes no trecho superior do reservatório, sistemas capazes de capturar nutrientes e promover desnitrificação. O plano também inclui o uso intensivo da região pelágica do lago por meio da introdução de peixes que habitam esse meio. Em muitos reservatórios, essa zona não é utilizada de forma eficiente pelas comunidades nativas de peixes, sendo, então, necessários atos de gerenciamento no sentido de suprir essa deficiência. O plano, em sua concepção, divide as bacias hidrográficas em áreas menores visando uma mais rápida implementação e aplicação das medidas propostas. Outro aspecto importante do gerenciamento é o controle das águas vertidas, objetivando remover explosões de *Mycrocystis* sp. no verão e *Anabaena* sp. no inverno.

O reservatório de Barra Bonita está sendo utilizado de forma intensiva por barcos de turismo e de transporte. O gerenciamento do sistema tem trabalhado no sentido de resolver problemas de poluição associados a essas atividades, estimulando-se inclusive parcerias entre os setores público e privado, este representado pelas companhias de navegação. Os barcos de transporte vêm, então, sendo utilizados para levantamentos contínuos de amostras de água. O sensoreamento por meio de imagens de satélite permite que sejam rapidamente detectadas mudanças no reflexo das águas, que poderiam indicar a presença de materiais em suspensão ou explosões de cianofíceas, possibilitando, então, que sejam prontamente adotadas medidas para combater o problema. Deve ser promovida de forma continuada a educação ambiental, quanto à qualidade da água, proteção das bacias hidrigráficas e do rio, pois isso fará com que o público, estudantes e professores se envolvam com as atividades de gerenciamento do sistema. Encontra-se em andamento um programa para monitoramento contínuo do sistema.

## 15.3 Reservatório de Římov – Reservatório Temperado para Abastecimento de Água Potável

O reservatório de Římov (Tabela 15.3) é um exemplo de reservatório localizado em zona temperada, destinado ao abastecimento de água potável e com tempo de retenção médio.

**Tabela 15.3** Características do reservatório de Římov.

| | |
|---|---|
| Local | República Tcheca |
| Rio | Malše |
| Coordenadas geográficas | 49° 08' N 014° 30' E |
| Altitude | 471 m |
| Área superficial do lago | 2,1 km² |
| Área de bacias hidrográficas (40% florestas, 50% agricultura intensiva) | 444 km² |
| Volume | 33,6 . 10⁶ m³ |
| Profundidade máxima | 47 m |
| Profundidade média | 17 m |
| Comprimento | 13 km |
| Forma: vale do rio; largura média: | 161 m |
| Formado no ano | 1978 |
| Faixa de flutuação anual do nível de água | 3 m |
| Tempo de retenção teórico | 96 dias |
| Propósito básico | Abastecimento de água |
| Outros tipos de uso | – |
| Classificação trófica | Mesotrófico |

A média de longo prazo do tempo de retenção desse reservatório classifica-o como reservatório de transição, com estratificação influenciada pelas correntes hídricas. Esses efeitos são muito mais amenos que aqueles do reservatório Slapy, que têm um tempo de retenção bem menor. Há uma acentuada variabilidade horizontal ao longo do corpo hídrico, e os picos de fitoplâncton começam na região onde as águas entram no reservatório. Posteriormente, a maior parte do fitoplâncton penetra pelo reservatório, chegando até a barragem, logo, não há ali uma relação entre produção de fitoplâncton e biomassa, já que a biomassa veio das cabeceiras do reservatório. O nutriente crítico para o desenvolvimento do fitoplâncton é o fósforo, que atinge valores médios entre 16 mg/l⁻¹ e 30 mg/l⁻¹ na superfície, durante o verão. O fitoplâncton apresenta um pico de cryptophyceae na primavera, com alguns pequenos picos de diatomáceas, seguindo-se um período de "águas claras", conseqüência de uma alimentação excessiva de fitoplâncton pelo zooplâncton. A composição do fitoplâncton durante o verão é representada basicamente por colônias de algas e diversas espécies de cianobactérias.

Considerando-se que o reservatório foi sistematicamente monitorado desde sua construção, seus dados proporcionam meios para tecer detalhadas considerações sobre o **processo de envelhecimento** do mesmo. Esses dados sustentam a opinião de que o processo de envelhecimento não é conseqüência apenas do aumento dos nutrientes e de matéria orgânica ao longo de seus primeiros anos de existência. Um papel importante no processo são as diferentes taxas de desenvolvimento dos grupos mais importantes de organismos e, conseqüentemente, as mudanças nas inter-relações bióticas. Demora alguns anos o desenvolvimento das populações de peixes, e durante esse intervalo de tempo não ocorre controle dos elementos tróficos inferiores pelos seus predadores (ausência de controle de cima para baixo).

Dá-se uma grande atenção ao controle **efetuado pelos peixes** sobre o fitoplâncton, especialmente quando da adoção de técnicas de biomanipulação. Uma condição básica para o emprego desse método é o total conhecimento das populações ícteas presentes no reservatório. De acordo com dados obtidos através do clássico método de captura-recaptura, a biomassa de peixes maiores que 10 cm variou entre 140 e 440 kg/ha, tendo chegado a 850 kg/ha durante a fase de envelhecimento. Intencionalmente, foi reduzida a reprodução da espécie mais comum, a perca (*Perca fluviatilis*), por meio da redução do nível das águas logo após a desova, de forma que seus ovos ficaram expostos nas áreas próximas as margens. Observaram-se diferenças na composição de fitoplâncton em anos com alta e baixa biomassa de peixes. Foram, então, conduzidos experimentos de campo específicos para determinar os efeitos dos peixes, visando a uma possível extensão da fase de "águas claras", que poderia ser obtida por meio de uma menor concentração da biomassa de fitoplâncton, fato que seria favorável a um reservatório destinado ao abastecimento de água potável. Descobriu-se um importante papel desempenhado pelos peixes jovens, tendo sido utilizado um ecossonda com duplo feixe de ondas para melhor medir seus tamanhos e sua biomassa. Essa nova técnica permitiu que se levantassem dados precisos sobre a densidade e a biomassa de todos tamanhos de peixes presentes no reservatório, e ela tornou-se ainda mais útil quando foi associada a técnicas clássicas que cadastravam, simultaneamente, as diversas espécies. Descobriu-se que o fósforo, como fator limitante, desempenhava um importante papel na fase de "águas claras", somando-se aos efeitos da alimentação de fitoplâncton pelo zooplâncton, que continuava sendo o fator dominante.

Foram feitos estudos detalhados sobre a **cadeia alimentar microbiana**. Os resultados indicaram que este componente, anteriormente desprezado, desempenha um papel importante na reciclagem da matéria presente no reservatório. Seus principais componentes são bactérias, nanoflagelados heterotróficos e ciliados, sendo que os dois últimos se alimentam de bactérias. Foram feitos, ao longo de muitos anos, estudos sobre diferentes estoques pesqueiros. O percentual de zooplâncton de maior tamanho, durante picos de verão, era significativamente reduzido em anos com baixa biomassa, enquanto o percentual de cladóceros grandes aumentou de baixos índices para cerca 20% no mesmo período.

Adotou-se uma nova **técnica automática** chamada de "camada limpa" com o intuito de reduzir as quantidades de coagulantes utilizados para o tratamento de água potável. Ela baseia-se na irregularidade da profundidade que apresenta melhor qualidade da água no reservatório e na correlação entre matéria orgânica e transparência das camadas. Medições automáticas da transparência mediante um instrumento mergulhado na água permitem a identificação da profundidade da camada mais limpa. Como o reservatório de Římov é equipado com comportas seletivas, é possível retirar água para tratamento da melhor camada.

A boa cooperação existente entre cientistas e agências responsáveis pelo gerenciamento torna possível que sejam aplicados na prática os resultados das pesquisas, porém ainda persiste uma controvérsia sobre a produção de energia elétrica pelo reservatório. A camada com qualidade ótima varia de acordo com os objetivos, sejam eles o de fornecer água potável ou gerar energia elétrica. Uma outra complicação são os chalés de veraneio situados ao longo do rio, a jusante do reservatório, uma vez que seus proprietários costumam reclamar da temperatura fria das águas liberadas pelo sistema.

As águas retiradas do reservatório para tratamento de **água potável** sofrem devido à existência de algas em excesso, matéria orgânica e concentrações cada vez maiores de nitratos. Sugeriu-se uma retirada de um volume maior de água para fazer frente à maior demanda. Dentro desse panorama formularam-se sugestões para melhorar a qualidade da água. Elas consistiram de: (i) construção de um pré-reservatório; (ii) promover o tratamento terciário dos esgotos de uma cidade localizada a montante do reservatório; (iii) mudança nas práticas agrícolas, visando reduzir a carga de nitrogênio; e (iv) utilizar técnicas de biomanipulação. Já foram iniciados os itens (ii) e (iii). Já foram também tentadas técnicas de biomanipulação, porém de forma bastante ineficaz e com resultados insatisfatórios. Foram introduzidas percas cultivadas ("perch-pike") no reservatório em grandes quantidades, porém suas condições anteriores à introdução não garantiram sua sobrevivência. O item (i) integra um escopo mais abrangente que visa aumentar a capacidade hídrica, e que não foi ainda implementado, pois as soluções para tanto não foram equacionadas.

## 15.4 Reservatório do Lobo (Broa) – Reservatório Tropical para o Abastecimento de Água, Recreação e Produção de Energia Elétrica

O reservatório do Broa é um exemplo de reservatório tropical, com tempo de retenção médio, porém altamente variável, utilizado para recreação, abastecimento local de água potável e energia hidroelétrica.

O reservatório do Lobo (normalmente chamado apenas de Broa) foi inicialmente construído com o propósito de gerar energia elétrica. Nos últimos 20 anos, o reservatório passou a ter usos recreacionais e de turismo, haja visto a excelente água do reservatório. No Estado de São Paulo, são raras águas oligotróficas adequadas ao lazer. O estudo científico do reservatório teve início em 1971, através de um projeto-piloto para pesquisa e treinamento de aspectos ecológicos em reservatórios. O estudo, que começou no reservatório, foi posteriormente estendido para toda sua área de bacias hidrográficas.[1]

O **clima** nas proximidades do reservatório é determinado por massas de ar equatoriais e tropicais, com influências ocasionais de frentes frias vindas do sul durante o inverno e outono.

---

1. N.E.: Em dezembro de 2000 estarão sendo comemorados os 30 anos de pesquisas desenvolvidas na Represa do Lobo na USP e UFSCar.

O clima pode ser caracterizado pelos seguintes dados: isotermas anuais entre 19°C e 21°C; isotermas no mês mais frio (julho) entre 15°C e 17°C; isotermas no mês mais quente de verão (janeiro) entre 21°C e 23°C. A evapotranspiração potencial é de 900 mm/ano a 1.000 mm/ano, e a umidade relativa do ar é inferior a 75%.

**Tabela 15.4** Características do reservatório do Lobo (Broa).

| | |
|---|---|
| Local | Município de Itirapina, nas proximidade de São Carlos, Estado de São Paulo, Brasil |
| Rio | Lobo e Itaqueri |
| Coordenadas geográficas | 22° 15' S 047° 49' W |
| Altitude | 770 m |
| Área superficial do lago | 6,8 km² |
| Área de bacias hidrográficas (40% florestas, 50% agricultura intensiva) | 227,7 km² |
| Volume | $22 \cdot 10^6$ m³ |
| Profundidade máxima | 12 m |
| Profundidade média | 3 m |
| Comprimento | 8 km |
| Forma: vale do rio; largura média: | 300 m |
| Formado no ano | 1936 |
| Faixa de flutuação anual do nível de água | 2 m |
| Tempo de retenção teórico | 20 dias |
| Propósito básico | Abastecimento local de água potável, recreação |
| Outros tipos de uso | Geração de energia |
| Classificação trófica | Oligo/mesotrófico |

As características **hidrológicas e limnológicas** são governadas pelos fatores climatológicos, principalmente pela precipitação durante o verão e pelos ventos durante o outono e inverno. Um vento constante, soprando ao longo do eixo principal do reservatório, produz turbulência suficiente para criar condições homotérmicas.

O reservatório de Lobo pode ser subdividido em duas regiões, cada qual com características hidrológicas e ecológicas aproximadamente constantes. A parte superior do reservatório abunda em macrófitas e possui uma região de várzeas. O trecho inferior é mais profundo, bem misturado e verticalmente homogêneo. A parte superior é importante na retenção de nitrogênio, fósforo e para desnitrificação, logo representa uma área de proteção para todo o sistema. No reservatório pode-se observar uma distribuição espacial das condições limnológicas, como demonstrado pelas relações entre C:N:P, produtividade primária do fitoplâncton, distribuição do zooplâncton, condutividade elétrica e oxigênio dissolvido. A parte superior do reservatório é também um berçário para diversas espécies de peixes.

O reservatório de Lobo possui um plano de gerenciamento, implementado em 1979/1980, que vem obtendo bastante sucesso na preservação das áreas de bacias hidrográficas e na manutenção de uma boa qualidade da água no reservatório. Esse plano engloba os seguintes procedimentos:

- Proteção das várzeas e matas ciliares ao longo dos tributários e de toda a rede hidrográfica em geral; proteção das cabeceiras dos principais rios.
- Preservação das macrófitas existentes na parte superior do reservatório para maximizar a desnitrificação, retenção de fósforo e remoção de materiais em suspensão.
- Manutenção de um tempo de retenção curto (máximo de 20 dias – tempo teórico de retenção).
- Manutenção de áreas para lazer e de um centro de educação para a comunidade local, no sentido de promover a preservação do reservatório e a boa qualidade da água.
- Manter um sistema permanente de coleta de lixo, visando reduzir os impactos provocados por resíduos sólidos.
- Desenvolver parcerias entre os setores público, companhias de turismo, consórcios e outras partes interessadas no sentido de repartir a responsabilidade pelo gerenciamento do sistema.

A preservação de uma boa qualidade da água por mais de 20 anos (a condutividade elétrica ficou sempre entre 10 $\mu S\ cm^{-1}$ e 20 $\mu S\ cm^{-1}$) vem incentivando investimentos na área de turismo e outras atividades econômicas. Esses investimentos foram estimados em torno de US$ 200 milhões ao longo desse período, incluindo a construção de edifícios, centros de compras, turismo e infra-estrutura de transportes. Pode-se, portanto, afirmar que o bom gerenciamento dos recursos hídricos assegurou grandes entradas de recursos econômicos na região. As pesquisas que alicerçaram o plano de gerenciamento e estimularam a preservação dos recursos hídricos representaram apenas 5% dos custos, sendo que boa parte desse total foi empregada na construção de um centro para a realização das mesmas, equipamentos e salários de pesquisadores.

Os **impactos** associados às atividades humanas são os seguintes:

- Desflorestamento das galerias de florestas.
- Descarga de esgotos residenciais.
- Entrada de nutrientes oriundos de atividades agrícolas.
- Impactos causados por mineração (portos de areia) e lazer.

Os portos de areia provocaram uma deterioração acelerada no trecho superior do reservatório, acarretando as seguintes conseqüências: (i) aumento da turbidez e redução dos níveis de oxigênio dissolvido; e (ii) destruição de macrófitas, interferindo na reprodução dos peixes e, conseqüentemente, nos estoque pesqueiros. Observaram-se também drásticas alterações no zooplâncton: a *Argyrodiaptomus furcatus*, típica de águas oligotróficas transparentes, foi substituída pela *Notodiaptomus iheringi*, típica de águas turvas. Essa mudança deveu-se à incapacidade da *Argyrodiaptomus furcatus* de filtrar partículas grandes e pela competição que lhe foi feita pela *Notodiaptomus iheringi* que, ao contrário, é capaz de lidar com essas partículas. Após o poder público multar pesadamente a mineradora, exigindo também a instalação de filtros especiais, o reservatório recuperou-se rapidamente em cerca de seis meses. A fauna de zooplâncton retornou a seu estado natural e a *Argyrodiaptomus furcatus* continua a dominar a fauna de copépodes. O episódio demonstra que, mediante o emprego de bons indicadores, é possível recuperar um sistema, e reinstalá-lo dentro de seus limites. Somando-se às atividades anteriormente descritas, o centro de **pesquisas ecológicas** do Broa vem sendo utilizado para diversas outras finalidades, tais como centro de treinamento de professores, educação científica, local para demonstração da ecologia de reservatórios e centro para educação do público em geral. Pode-se obter outros detalhes sobre esse centro e todas as atividades a ele relacionadas em Tundisi & Matsumura-Tundisi (1995).

# Capítulo 16

# Conclusões

A água é necessária para a vida e um bem raro em regiões em que sua necessidade excede sua disponibilidade. Quando isso ocorre, vem à mente paradigmas e idéias sobre seu gerenciamento e aumentam as preocupações sobre um adequado sistema para o fornecimento de água, conforme já visto nos capítulos anteriores. Os objetivos deste capítulo final são: (i) traçar as conclusões daquilo que foi apresentado de forma a permitir que possam ser otimizado os aspectos referentes à qualidade da água, especialmente para novos reservatórios; (ii) antecipar as necessidades futuras dos diferentes aspectos relacionados ao gerenciamento da qualidade da água; (iii) prever as conseqüências das esperadas "mudanças globais" sobre a qualidade da água dos reservatórios; e (iv) prever as futuras demandas de gerenciamento de reservatórios.

## 16.1 Diretrizes para Construção de Reservatórios

O conhecimento atual de como a limnologia pode ser aplicada a processos envolvendo qualidade da água permite que sejam especificadas algumas características de novos reservatórios e barragens, no sentido de otimizar sua qualidade da água. Em primeiro lugar, caso o reservatório seja destinado primordialmente para o abastecimento de água potável, ou esteja previsto esse tipo de uso, comportas seletivas para retirada de água representam uma opção eficaz para seleção da melhor camada de água. Nesse mesmo sentido, torna-se útil poder selecionar a profundidade dos mecanismos de descarga para jusante, visando manter boa qualidade da água tanto no rio a jusante como no reservatório em si. As estruturas de saída das águas turbinadas e os vertedouros devem ser projetados de forma a melhorar a oxigenação das águas, pois isso será importante para as áreas a jusante. No referente às características do reservatório, em regiões temperadas e subtropicais são vantajosos os profundos e estratificados, e tanto melhor quanto maior for a profundidade. Nos trópicos pode ser preferível um reservatório com mistura completa, no sentido de prevenir anoxia hipolimnética. Considerando-se apenas a qualidade da água, uma série de pequenos reservatórios localizados em maiores altitudes são preferíveis a um único com maior volume, localizado mais abaixo, mesmo desconsiderando-se que a possibilidade de combinar os diversos reservatórios de um sistema permite que sejam escolhidas águas daquele que estiver apresentando melhores condições. Um sistema de aproveitamento de recursos hídricos composto por diversos reservatórios somente é vantajoso se os aspectos relativos à qualidade da água forem dominantes, ou pelo menos, tiverem grande importância.

Durante a fase de planejamento, diversos aspectos relativos às bacias hidrográficas são importantes para garantir uma boa qualidade da água e para determinar a escolha do local da barragem. Devem ser despendidos mais esforços no sentido de precisar os usos atuais e futuros do solo, garantir mais investimentos para promover a recirculação de água em fábricas, construir estações de tratamento terciárias para reduzir as cargas de nutrientes e promover a adoção de melhores práticas agrícolas. As atividades agrícolas localizadas nas margens da represa podem acarretar mais efeitos negativos que outras similares localizadas em áreas mais remotas. É de importância primária a preservação de várzeas e florestas.

## 16.2 Necessidades Futuras e Desenvolvimento do Gerenciamento da Qualidade da Água dos Reservatórios

O maior problema a ser enfrentado para ulterior aperfeiçoamento do gerenciamento da qualidade da água não é técnico, porém social, ou melhor, psicológico e educacional. É chegada a hora de mudar as atitudes de engenheiros e gerentes, fazendo com que abandonem o velho ponto de vista segundo o qual a tecnologia pode superar qualquer problema. Atualmente, parece que o emprego da "tecnologia da força bruta" cria mais problemas que soluções. Não se pretende negar aqui o valor da tecnologia – ela é necessária, porém devemos mudar nosso enfoque quanto ao seu uso. O intelecto dos engenheiros deve ser dirigido para usar a tecnologia da maneira que a natureza o faz: de forma criativa, sensível, em sintonia, orientada para os sistemas, e não mediante o emprego de força bruta, sem considerar as consequências secundárias e os efeitos a longo prazo. No futuro, engenheiros e gerentes se valerão da aptidão e capacidade da natureza durante as fases de planejamento e construção, por meio daquilo que se denomina **engenharia ecológica**. Eles devem desenvolver procedimentos gerenciais baseados no conhecimento de métodos capazes de assegurar o funcionamento sustentado do ecossistema do reservatório, ou **ecotecnologia**. Para tanto, são necessárias diversas considerações, mente aberta e pleno emprego do intelecto humano.

É necessário promover uma maior troca de informações entre especialistas de diversas áreas, e principalmente, entre eles e o público. O público é quem paga pela água, devendo, portanto, ser informado dos seus problemas para que possa cooperar em sua solução. A troca de informações torna-se cada vez mais importante, principalmente entre os hemisférios norte e sul, e isto pode ser feito por meio de redes de computadores. É nesse sentido que o ILEC vem desempenhando um papel importante, organizando reuniões e cursos para treinar especialistas do hemisfério sul em qualidade da água.

Há uma tendência geral no sentido de intensificar o gerenciamento dos recursos hídricos, consequência natural do aumento populacional que pressiona cada vez mais o meio ambiente. Essas atividades incluem o **gerenciamento operacional**, baseado em monitoramento automático, avaliação dos dados e controle operacional da qualidade da água. Atualmente, a automação vem sendo desenvolvida principalmente para o controle quantitativo de diversos tipos e sistemas de reservatórios. Espera-se que sistemas de reservatórios e reservatórios com múltiplos usos localizados em áreas densamente povoadas sejam os primeiros candidatos à aplicação prática de sistemas automatizados para o controle dos aspectos qualitativos. No referente aos métodos de gerenciamento, esperam-se dois procedimentos no futuro: **métodos preventivos nas áreas de bacias hidrográficas**, ao contrário de ações corretivas, e **métodos ecológicos**, tais como biomanipulação e mistura epilimnética, exemplos que demonstram os méritos dessa diretriz.

Os limnologistas e especialistas em qualidade da água devem passar da fase de coleta de dados, extensos e estáticos, para uma **avaliação dos sistemas** e um maior conhecimento dos processos marginais, além de tecerem comparações entre reservatórios.

O **sensoreamento remoto** é uma metodologia que trouxe um impacto definitivo para o gerenciamento da qualidade da água de reservatórios, em especial daqueles de maior porte, porém ainda são necessários substanciais extensões nos métodos atuais. Essa abordagem foi inicialmente desenvolvida para oceanos, que apresentam uma maior uniformidade física, química e biológica, logo apresentam características óticas mais facilmente distinguíveis que aquelas dos reservatórios. Por exemplo, as propriedades óticas da matéria orgânica amarela (flavonóides) que domina os oceanos já é relativamente bem conhecida (Jerlov, 1976), porém não se justifica a aplicação desse conhecimento em água doce, bastante diferente no referente à composição da matéria orgânica e materiais particulados, especialmente em regiões tropicais ou secas. Assim sendo, deve-se fazer um grande número de calibragens em nível do solo e executar diversos estudos teóricos antes do emprego adequado desse método para água doce.

Espera-se que a **modelagem matemática** desempenhe um papel importante no gerenciamento da qualidade da água. Embora, atualmente, essa técnica ainda esteja em seus primeiros estágios de desenvolvimento, ela oferece um potencial maior do que aquele que vem sendo utilizado. É prevista a incorporação de sistemas especializados em conjunto com diversos modelos específicos em sistemas de apoio às tomadas de decisão. Os atuais modelos sobre qualidade da água de reservatórios são desajeitados devido à inclusão de diversos parâmetros locais, específicos para cada caso e difíceis de ser estimados. Além disso, esses modelos falham com freqüência em suas previsões sobre as conseqüências de significativas mudanças nas entradas ou em atos gerenciais. Isto ocorre porque ainda não foram incorporados aos modelos os métodos capazes de representar a adaptação dos diversos componentes biológicos, a capacidade que o ecossistema tem de mudar a composição de suas espécies e a correspondente interação com os meio ambientes físico, químico e com os processo biológicos.

Pode-se prever três direções que a ecotecnologia poderá tomar no referente ao gerenciamento da qualidade da água:

*a*) Metodológica.
*b*) Econômica e tecnológica.
*c*) Ecológica (limnológica).

*Sob a ótica metodológica*, há diversas impropriedades nos atuais métodos de determinação dos parâmetros de qualidade da água. Alguns são adequados para determinações automáticas, rápidas, *in situ*, permitindo que sejam obtidas informações de locais específicos. Outras variáveis exigem análises de laboratório, mais lentas e difíceis de ser obtidas. Atualmente, as campanhas de coleta de amostras não se encontram otimizadas, prevalecendo o ditado de "muitos dados e poucas informações", procedimento que garante aos gerentes extensos bancos de dados e poucas conclusões. A mudança desse sistema para um gerenciamento operacional automatizado fica difícil de ser executada, tanto por razões técnicas como matemáticas.

A *economia* mundial é incapaz de conviver com a tendência de cada vez menos recursos. É bem sabido que a estrutura de custos deve mudar de forma considerável, passando a refletir o preço dos recursos consumidos e as conseqüências ambientais, inclusive com necessidades das futuras gerações. Não obstante, o desenvolvimento de tal sistema econômico é vagaroso e a aceitação da necessidade dessas alterações pela sociedade é ainda mais lenta. A tecnologia é governada pelo atual sistema econômico, os custos ambientais não são computados e a crença numa disponibilidade infinita ainda prevalece dentro da engenharia. Encontra-se ainda em desenvolvimento a "Economia Ecológica" (recentemente surgiu o jornal *Ecological Economics*). A adequada avaliação econômica não representa, no entanto, uma solução para o problema, já que seu objetivo consiste em determinar os valores futuros; por exemplo, torna-se impossível determinar o valor dos minerais capazes de sustentar a futura (desconhecida) tecnologia. Paralelamente à "produção limpa" ou "ambientalmente correta", mencionada no Capítulo 2, deve-se desenvolver outras filosofias similares. Poderiam ser dados novos incentivos à economia de mercado, tais como "certificados de volumes de poluição" (Novotny, 1988). A sociedade pode também dar mais ênfase àquilo que pode ser chamado de "princípio participativo", ou seja, o envolvimento de todos os setores interessados nas discussões e decisões que afetam o meio ambiente. Esses segmentos podem incluir indústrias, agências ambientais e o público em geral.

O conhecimento *ecológico* referente aos ecossistemas aquáticos está ainda restrito ao conhecimento empírico local das inter-relações entre os efeitos ambientais e algumas variáveis físicas, químicas e biológicas, e a um conhecimento grosseiro dos processos envolvidos nesses ecossistemas. Para reservatórios, uma dificuldade adicional reside no fato de que muitos estudos limnológicos não fazem distinção entre lagos naturais e artificiais, negligenciando essa diferença. Normalmente, não são considerados os diferentes formatos, a profundidade das descargas, regularmente superficiais em lagos e profundas em reservatórios, o tempo de retenção etc. O conhecimento dos processos que governam as alterações na qualidade das águas dos corpos hídricos deriva em boa parte de experiências que foram feitas em componentes extraídos e distantes do ecossistema. Dentro do seu local de origem, esses componentes podem apresentar um comportamento diferente, devido à não consideração de algumas variáveis nas experiências e pelo comportamento diferenciado entre populações cultivadas e selvagens. Negligencia-se também a capacidade dos organismos de se adaptarem rapidamente às novas situações; as conseqüências desse fenômeno são desconhecidas. É necessário um conhecimento muito maior da capacidade de auto-regulação dos ecossistemas e a capacidade que os ecossistemas aquáticos têm de se autoestruturarem quando ocorrem mudanças. Além disso, o caráter multifacetado dos processos e os efeitos de sinergia das variáveis são difíceis de estudar e, atualmente, ainda não estão adequadamente conhecidas.

O conhecimento dos problemas referentes à qualidade da água de reservatórios e suas soluções não se encontra igualmente dividido no mundo. Os corpos hídricos e as condições das águas estão menos estudadas no Hemisfério Sul, entretanto, o conhecimento adquirido no norte nem sempre pode ser aplicado em outro hemisfério. Devem ser envidados maiores esforços em pesquisas e no gerenciamento de reservatórios situados abaixo do Equador.

## 16.3 Efeitos das Mudanças Globais sobre a Qualidade da Água dos Reservatórios

As alterações globais estão ligadas a diversos eventos, tais como o incremento populacional no mundo, a utilização excessiva de recursos, o desenvolvimento tecnológico e a globalização cada vez mais intensa. Uma dessas mudanças, de grande interesse para o gerenciamento de reservatórios, é a **mudança climática**.

Observa-se atualmente em diversas partes do planeta um incremento de anomalias climáticas, principalmente na temperatura e precipitação. Essas anomalias podem significar aumento ou redução desses parâmetros. Nos extremos dessas variações ocorrem danos a reservatórios, variando de sistemas secos a grandes inundações, causando também uma deterioração na qualidade da água. Também se espera, para um futuro próximo, um aumento de comportamentos climáticos anômalos graças ao efeito estufa e às mudanças no tipo de uso do solo (principalmente, desflorestamento). Está previsto o **aquecimento global** ou, mais precisamente, **alteração global**, fenômeno associado a mudanças geográficas na vegetação, seja ela natural ou agrícola.

Quais as conseqüências que essas alterações trarão para os reservatórios e seu gerenciamento? Em primeiro lugar, a maioria das previsões apontam que a temperatura média da Terra aumentará apenas de 1°C a 2°C, porém essa variação se distribuirá de forma irregular pelo globo, tanto em macro como em mesoescalas. O aquecimento provavelmente trará maiores conseqüências biológicas nas altas latitudes, e nas baixas latitudes, nos limites entre espécies de águas frias e frescas. A disponibilidade de água caiu atualmente para menos de 1.000 m$^3$ por pessoa/ano (um padrão comum) em diversos países como Kuwait, Israel, Jordânia, Ruanda, Somália, Algeria e Quênia, ou espera-se que caia para aquém desse valor nas próximas duas ou três décadas na Líbia, Egito, África do Sul, Irã e Etiópia. Na Inglaterra, um país com um território relativamente pequeno, são esperadas grandes diferenças regionais na temperatura e precipitação e, além disso, elas englobam tanto aumentos como quedas nos valores tradicionais. Estão previstas alterações nas condições climáticas de todo o globo (em relação àquelas atualmente observadas) que podem ser mais severas que a relativamente lenta mudança na temperatura média. A mudança de volume e distribuição de água afetará os sistemas de distribuição de água e todas as formas de uso, quer sejam elas subterrâneas quer superficiais. Alterações relativamente pequenas nas precipitações e temperaturas, aliadas a efeitos não lineares na evapotranspiração e na umidade do solo, podem acarretar drásticas mudanças no escoamento superficial das chuvas, principalmente em regiões áridas ou semi-áridas. Um clima mais quente pode reduzir parte da precipitação que se transforma em neve, diminuindo em conseqüência o degelo de primavera e aumentando as vazões durante o inverno.

O gerente responsável pela qualidade da água de um reservatório pode esperar três tipos de conseqüências, fruto das alterações globais (Figura 16.1): (i) efeitos diretos sobre a temperatura do ar e vazões; (ii) efeitos indiretos graças às mudanças na vegetação natural e agrícola; e (iii) aumento de demanda das águas reservadas, podendo incluir pressões para construção de novos reservatórios. As mudanças na composição espectral das radiações podem alterar os organismos e a matéria orgânica existente nas águas. As mudanças de temperatura e as variações nas vazões afetarão diretamente a temperatura das águas e sua estratificação, e essas variáveis exercem um papel importante sobre muitos dos processos relativos à qualidade da água. Podem ser significativas as alterações no tempo de retenção, com as conseqüências abordadas no Capítulo 4. O balanço hidrológico afeta diretamente as cargas de nutrientes e, portanto, o estado trófico dos reservatórios. Os efeitos indiretos das mudanças na vegetação não somente realçam ou reduzem as alterações hidrológicas como podem causar grandes variações nas cargas de nutrientes e de poluentes, inclusive, de matéria orgânica. O incremento na poluição clássica demanda uma maior necessidade de estações de tratamento para comunidades nas quais as águas de chuva se combinam com os esgotos. A conseqüência de níveis mais baixos em conjunto com o aumento da poluição acarreta não somente uma maior produtividade e trofia, mas também reduz a quantidade de oxigênio dissolvido. Isto posto, é previsto o aumento do custo para obtenção de água potável. A qualidade da água das vazões liberadas pelos reservatórios também ficará deteriorada. Serão, então, necessárias maiores considerações sobre os aspectos ligados à qualidade da água nas fases de planejamento e construção de novos reservatórios, bem como detalhadas avaliações dos efeitos ambientais globais sobre o sistema.

```
                    ┌─────────────────────┐
                    │  MUDANÇAS GLOBAIS   │
                    └─────────┬───────────┘
                              │
                              ▼
              ┌───────────────────────────────┐
              │  Efeito no clima,             │
              │  ventos, chuvas, nuvens,      │
              │  radiação solar, qualidade e  │
              │  quantidade temperatura       │
              └───────────────────────────────┘
                      │                │
                      ▼                ▼
           ┌────────────────────┐   ┌─────────────────────┐
           │ Efeitos nas bacias │   │ Quantidade da água  │
           │ hidrográficas      │   └─────────────────────┘
           │ vegetação, usos do │
           │ solo, umidade do   │   ┌─────────────────────┐
           │ solo, água         │──▶│  Qualidade da água  │
           │ subterrânea,       │   │  temperatura        │
           │ tampões            │   │  estratificação     │
           └────────────────────┘   │  química da água,   │
                      ▲             │  biologia           │
                      │             └─────────────────────┘
           ┌────────────────────┐
           │ Efeitos na         │
           │ socioeconomia      │
           │ adaptação,         │
           │ agricultura,       │
           │ sustentabilidade   │
           └────────────────────┘

           ┌─────────────────────────────────────────────┐
           │ Gerenciamento ecotecnológico dos recursos   │
           │ hídricos                                    │
           │ qualidade da água, quantidade de água,      │
           │ soluções alternativas, recomendações        │
           └─────────────────────────────────────────────┘
```

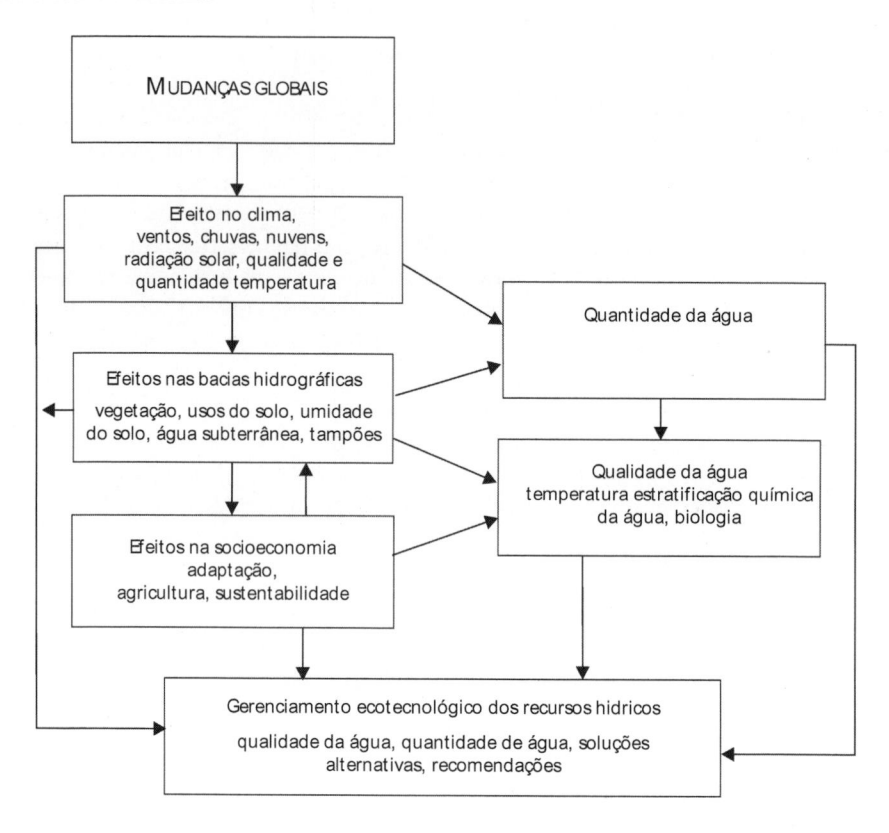

**Figura 16.1** Conseqüências das mudanças globais sobre a qualidade da água dos reservatórios.

A intensidade dos impactos que as mudanças globais exercerão sobre os reservatórios dependem das condições básicas do sistema e da capacidade de seus gerentes de fazerem frente às diversas mudanças, mudanças nas demandas, mudanças de tecnologias, mudanças econômicas, mudanças sociais e mudanças legislativas. Em países ricos, com sistemas integrados de gerenciamento, melhorias nos sistemas poderão capacitá-los a proteger os usuários por um baixo custo. Em outros países poderão ocorrer elevados custos econômicos, sociais e ambientais, principalmente em locais com insuficiência de água. As opções de gerenciamento incluem: utilização mais eficiente dos estoques e infra-estrutura existentes; adequação institucional para limitar a demanda futura e promover a economia dos recursos existentes; melhoria do monitoramento; previsões de cheias e secas; reabilitação das bacias hidrográficas, visando aumentar a retenção hídrica da região, principalmente nos trópicos; construção de reservatórios adicionais e desenvolvimento de várzeas, para reter e armazenar águas provenientes de degelo ou de chuvas.

Os reservatórios podem contribuir para as alterações globais por causa da produção de metano e outros gases que são liberados para a atmosfera. Nos reservatórios Amazônicos, a decomposição das florestas produz uma significativa quantidade de gás no hipolimnion. Várzeas associadas a reservatórios representam outra fonte de gases capazes de aumentar o efeito estufa.

A conservação da água é um objetivo de importância para o futuro. Devem cessar os vazamentos em sistemas de distribuição, uso excessivo pelas indústrias ou o consumo elevado pelas pessoas, pois há diversas técnicas para economizar água para cada um desses tipos de uso. Isso se torna evidente para sistemas de distribuição de água e para a indústria, conforme já visto nas Seções 10.1 e 2.3 que tratam de "produção limpa" e avaliação do ciclo de vida de um produto. Na Tabela 16.1 apresenta-se uma lista de recomendações para economia de água em atividades domésticas.

O futuro da qualidade das águas pede que o público participe ativamente do gerenciamento de sua qualidade, e que ele e representantes de outros setores da economia fiquem cientes da necessidade de economizar esse recurso.

**Tabela 16.1** Utilização consciente de água em residências (Moore & Thornton, 1988 – simplificada).

- Inspecionar a tubulação e prevenir vazamentos
- Instalação de sistemas capazes de controlar a quantidade de água nos chuveiros.
- Fechar o registro geral durante as férias ou quando a casa ficar vazia.
- Isolar as tubulações de água quente.
- Efetuar consertos imediatos.
- Diminuir a quantidade de água das descargas.
- Não utilizar pias como cestos de lixo.
- Esperar encher completamente a máquina de lavar roupas antes de acioná-la.
- Tomar uma "chuveirada" ao invés de um "banho".
- Desligar a água do chuveiro enquanto estiver se ensaboando.
- Para ter água quente, ligar esse registro primeiro, depois misture a água fria.
- Ao lavar pratos, utilizar uma esponja só para detergente, e outra só para água.
- Planejar as atividades de jardinagem, no sentido de economizar água.
- Quando da construção ou reforma: (i) instalar tubulações de diâmetro menor que as convencionais; (ii) posicionar o aquecedor o mais próximo possível do local de consumo de água quente.

## 16.4 Futuros Desenvolvimentos no Gerenciamento de Reservatórios

Está aumentando rapidamente o volume de informações sobre reservatórios. Diversos pesquisadores e centros de pesquisa distribuídos por todo o mundo têm contribuído nesse sentido. É, no entanto, necessário sintetizar e analisar os dados existentes para poder propor inovações nas pesquisas e no gerenciamento. A integração das análises contemplando a totalidade das bacias hidrográficas com as funções dos reservatórios, bem como suas respostas às diversas entradas, representa um dos mais importantes aspectos a serem desenvolvidos. O sensoreamento remoto utilizado em conjunto com informações geográficas representa uma ferramenta importante para o futuro gerenciamento de reservatórios ou sistemas de reservatórios. Conforme sugerido por Naiman *et al.* (1995), é imperativa a interação entre as ciências de águas doce às atividades de gerenciamento, para que se avance no sentido de obter um melhor aproveitamento dos reservatórios para usos múltiplos e para promover novas abordagens de gerenciamento e desenvolvimento regional.

No desenvolvimento regional já foram utilizados reservatórios isolados, ou diversos reservatórios em cascata, obtendo-se sucessos e fracassos. Um exemplo de fracasso em projetos de grande escala são os reservatórios amazônicos. Embora produzam energia elétrica, seu papel dentro do desenvolvimento regional é bastante reduzido, graças às dificuldades naturais da região. Ao contrário, a extensiva construção de grandes reservatórios no rio São Francisco (Nordeste do Brasil, com seis reservatórios em 100 km de rio) assegurou um grande desenvolvimento regional. Como exemplo, nesse local somente os sistemas de irrigação asseguram mais de 90 mil empregos. A utilização da infra-estrutura das usinas de geração de energia elétrica para promover o desenvolvimento regional é uma idéia recente que vem sendo apoiada por diversas agências de fomento (as obras de infra-estrutura da usina de Xingó foram transformadas em um centro integrado para desenvolvimento regional).

Um objetivo importante para o gerenciamento de reservatórios consiste em aumentar o número de gerentes qualificados, treinados em diversas disciplinas, de forma que eles possam atuar em diversas áreas.

A participação da sociedade é outro objetivo importante. Isso requer que sejam criadas oportunidades para o treinamento de professores da escola básica e para o público em geral. O gerente de um reservatório ou de um sistema torna-se mais criativo e atuante mediante o estabelecimento de parcerias entre os setores privado, público, universidades e agências estatais locais. Essas parcerias podem obter recursos e celebrar um consórcio capaz de coordenar os múltiplos usos do sistema (Tundisi & Straškraba, 1995).

Deve-se também estimular a integração do sistema operacional do reservatório (níveis das águas, vazões, regime hidrológico) com as diversas necessidades de água (irrigação, geração de energia elétrica, recreação, pesca e aqüicultura) e, finalmente, deve-se buscar uma linguagem comum entre engenheiros, limnologistas, biólogos, economistas e gerentes. A formação de profissionais que gerenciam reservatórios deve ser permanentemente estimulada.

O gerenciamento de represas só poderá ser efetivo se uma ampla parceria entre os operadores, engenheiros e ecólogos, com a participação do público, for articulada.

# Capítulo 17

# Estado Trófico dos Reservatórios em Cascata do médio e Baixo Tietê (SP) e Manejo para o Controle da Eutrofização

*Matsumura-Tundisi, T., Luzia, A.P. & Tundisi, J.G.*
*Instituto Internacional de Ecologia de São Carlos, Rua Bento Carlos, 750, 13560-660 São Carlos - SP*

O Rio Tietê tem sua nascente a leste do estado de São Paulo, na cidade de Saleisópolis e percorre o estado no sentido leste-oeste desembocando-se no Rio Paraná fronteira com o estado de Mato Grosso do Sul. Seu leito possui cerca de 1150 km de extensão tendo um desnível entre as cabeceiras e a desembocadura de cerca de 860 m, sendo a declividade média global em torno de 74 cm/km. Os grandes desníveis são usados para construção de barragens destinadas a produção de energia hidrelétrica (Ministério dos Transportes, 2003).

No seu percurso quando passa na cidade de São Paulo e seus arredores, o rio recebe uma grande carga de despejos domésticos e industriais deste trecho mais populoso do estado de São Paulo e até o km 250 próximo à cidade de Pirapora do Bom Jesus, o rio se encontra praticamente sem vida aquática. O primeiro reservatório a ser construído no Rio Tietê para fins de geração de energia elétrica foi o de Barra Bonita em 1963 a 350 km da cidade de São Paulo, seguido de Bariri, Ibitinga, Promissão e no Baixo Tietê, Nova Avanhandava e Três Irmãos. O reservatório de Barra Bonita, por ser o primeiro grande represamento de águas, reflete os processos de toda a área de captação, a qual conta com uma população de 23 milhões de habitantes em áreas urbanizadas, incluindo a região metropolitana de São Paulo, Campinas e Sorocaba e as regiões de cultivo extensivo de cana-de-açúcar.

A construção de reservatórios em série no rio contínuo altera as características originais do rio em termos físicos, químicos e biológicos, porém, essas alterações resultantes da passagem da fase lótica para lêntica podem trazer benefícios como aumento da produtividade biológica.

As condições limnológicas de um rio sofrem uma sensível melhora à medida que se distancia da fonte poluidora devido a sua alta capacidade depuradora. A construção de barragens no seu percurso permitindo o aumento do volume d'água em cada barramento pode contribuir na diminuição da carga de materiais através da diluição e da sedimentação. Os primeiros estudos sobre as represas em cascata no Rio Tietê datam de 1979 (Matsumura-Tundisi *et al.*, 1981, Tundisi *et al.*, 1989, 1990, Barbosa *et al.*, 1999). Nesses estudos foram verificados que as três primeiras represas em cascata (Barra Bonita, Bariri e Ibitinga) apresentavam um grau de eutrofização maior do que as três últimas e que os processos limnológicos desenvolvidos em cada reservatório dependia dos impactos causados pelos usos da bacia hidrográfica.

O presente trabalho tem por objetivo avaliar o estado trófico dos seis reservatórios em cascata construídos no Médio e Baixo Tietê, entender como cada reservatório funciona como exportador ou retentor de nutrientes e propor manejo para o controle da eutrofização.

## 17.1 Materiais e Métodos

### 17.1.1 Descrição da área e caracterização dos reservatórios

A Figura 17.1 mostra o mapa do estado de São Paulo, o percurso do rio Tietê e as represas construídas no rio.

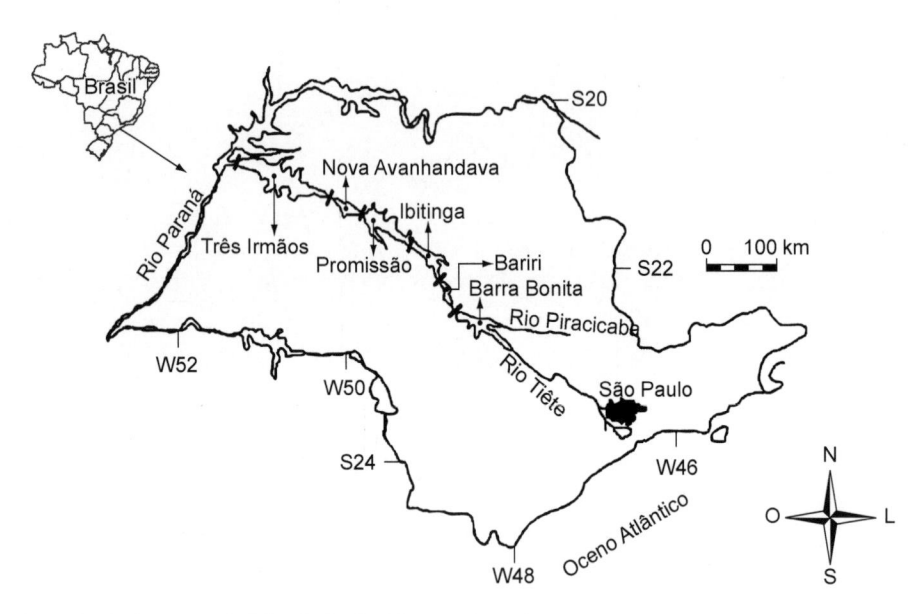

**Figura 17.1** Percurso do Rio Tietê e localização das seis represas em cascata.

A primeira delas, a represa de Barra Bonita construída em 1963 localiza-se na bacia do Médio Tietê. Possui uma área de 310 km² tendo como seu principal tributário o rio Piracicaba. Situa-se a uma altitude de 430 m tendo uma profundidade máxima de 30 m próxima à barragem e profundidade média de 10,6 m, volume de 3,1 x 10⁶ m³. O seu tempo de residência é de 37 a 137 dias, nas épocas de seca e de precipitação respectivamente. As represas de Bariri e de Ibitinga foram construídas em 1969, a primeira tendo uma área de 63 km², profundidade média de 8,6 m, volume de 546 x 10³ m³ e o tempo de residência de 7 a 24 dias. A represa de Ibitinga possui uma área de 114 km², profundidade média de 8,6 m, volume d'água de 981 x 10³ m³ e o tempo de residência de 12 a 43 dias. A represa de Promissão, construída em 1975, apresenta uma área superficial de 741 km² e um volume de 7,4 x 10⁶ m³, apresenta uma profundidade média de 14,0 m e o tempo de residência média é de 124 a 458 dias. A represa de Nova Avanhandava teve o seu fechamento em 1985 e apresenta as seguintes características: área superficial de 210 km², volume total de 2,7 x 10⁶ m³, profundidade média de 13,0 m e o tempo de residência de 32 a 119 dias. Situa-se a uma altitude de 380 m. A represa de Três

Irmãos teve seu fechamento em 1991, sendo a maior represa em termos de volume de água com 13,4 x $10^6$ $m^3$, ocupando uma área de 817 $km^2$, profundidade média de 17,2 m e tempo de residência de 166 a 615 dias.

A bacia do Médio Tietê onde se localizam as represas de Barra Bonita, Bariri, Ibitinga e Promissão é ocupada por grandes centros urbanos tais como as cidades de Piracicaba, Campinas, Bauru, Americana, Araraquara, Botucatu, Jaú, Limeira, Lins, Rio Claro e São Carlos, grandes centros industriais como usinas de álcool e açúcar, sucos cítricos, indústrias têxteis. A atividade agrícola é caracterizada principalmente por uma monocultura de cana-de-açúcar onde extensas áreas são cultivadas na produção de álcool como uma alternativa de produção de combustível. A bacia do Baixo Tietê onde se inserem as represas de Nova Avanhandava e Três Irmãos, é ocupada por centros urbanos pouco populosos, indústrias de pequeno porte e a atividade agrícola se restringe ao cultivo de soja e pecuária.

## 17.1.2 Estado trófico dos reservatórios e composição das comunidades planctônicas

Para avaliar o grau de trofia dos reservatórios em cascata do Rio Tietê foram realizados em 1999, estudos limnológicos determinando concentração de nutrientes dissolvidos, nitrogênio total, fósforo total, clorofila, além das variáveis básicas tais como perfis de temperatura, pH, condutividade, oxigênio dissolvido, em duas épocas do ano, uma durante o período de seca e outra no período de precipitação em uma estação fixa, próxima à barragem.

O índice do estado trófico foi determinado através do índice desenvolvido por Carlson (1977), utilizando o parâmetro concentração de fósforo total.

Análise das comunidades fitoplanctônicas e zooplanctônicas foram efetuadas para estabelecer a dominância dos grupos fitoplanctônicos e zooplanctônicos com o grau de trofia.

## 17.2 Resultados

As represas construídas em cascata no Rio Tietê recebem o principal impacto de cargas pontuais provindas de descargas domésticas e industriais de grandes centros urbanos. A represa de Barra Bonita, a primeira das represas em cascata, recebe além dos poluentes do Rio Tietê, também os do Rio Piracicaba, principal tributário com volume de água semelhante ao do Rio Tietê com grande carga de poluentes responsáveis pela eutrofização do reservatório. As três primeiras represas do Médio Tietê (Barra Bonita, Bariri e Ibitinga) mostram características eutróficas ou até hipereutrófica sem certas épocas do ano enquanto que a de Promissão mostra características meso-eutróficas.

A Tabela 17.1 mostra os dados limnológicos de temperatura, pH, condutividade e oxigênio dissolvido obtidos em 1999 nos períodos de precipitação e da seca. Os valores são as médias dos dados registrados na coluna d'água obtidos com o medidor multisensor Horiba U22. A temperatura nos seis reservatórios medida no período chuvoso (final de verão - março/1999) variou de 26,1 °C, registrada em Barra Bonita a 27,8 °C, em Nova Avanhandava e no período seco (inverno – julho/1999) variou de 18,7 °C, em Barra Bonita a 21,8 °C, em Três Irmãos. Essas diferenças de temperatura mínimas e máximas registradas nos reservatórios citados são

**Tabela 17.1** Valores médios (coluna d'água) das variáveis limnológicas medidas nos períodos de seca e de chuva (1999), em seis reservatórios do Rio Tietê.

| Represas | Barra Bonita | | Bariri | | Ibitinga | | Promissão | | Nova Avanhandava | | Três Irmãos | |
|---|---|---|---|---|---|---|---|---|---|---|---|---|
| Período climático | Chuvoso | Seco | Chuvoso | Seco | Chuvoso | Seco | Chuvoso | Seco | Chuvoso | Seco | Chuvoso | Seco |
| Temperatura (°C) | 26,1 | 18,7 | 26,6 | 19,8 | 27,7 | 19,8 | 27,7 | 20,2 | 27,8 | 20,9 | 26,2 | 21,8 |
| pH | 5,7 | 6,48 | 7,01 | 7,41 | 6,31 | 7,02 | 6,86 | 6,63 | 6,95 | 7,05 | 6,71 | 6,92 |
| Condutividade (µS/cm) | 116 | 183 | 113 | 160 | 99 | 140 | 114 | 97 | 117 | 101 | 99 | 106 |
| Oxigênio dissolvido (mg/L) | 3,9 | 5,85 | 6,7 | 7,74 | 6,25 | 7,54 | 6,24 | 7,91 | 7,29 | 8,26 | 7,33 | 7,87 |
| Nitrato (µg/L) | 726,21 | 2418,9 | 605,03 | 1176,95 | 526,23 | 1272,22 | 430,22 | 745,1 | 432,96 | 421,81 | 322,79 | 344,89 |
| Amônio (µg/L) | 10,04 | 0 | 4,57 | 28,93 | 11,81 | 5,38 | 7,5 | 1,05 | 6,43 | 25,06 | 2,25 | 8,72 |
| Fósforo inorgânico (µg/L) | 32,31 | 17,79 | 30,8 | 9,32 | 29,08 | 3,03 | 10,03 | 5,3 | 1,52 | 14,2 | 0,53 | 2,51 |
| Clorofila (µg/L) | | 6,91 | 2,9 | 22,22 | 4,61 | 2,05 | 4,05 | 1,74 | 4,72 | 10,67 | 2,67 | 1,23 |
| Nitrogênio total (µg/L) | 1121,42 | 4531,53 | 1018,73 | 1661,41 | 968,18 | 1910,59 | 848,45 | 1224,04 | 852,99 | 717,86 | 596,27 | 551,03 |
| Fósforo total (mg/L) | 78,27 | 42,76 | 61,09 | 29,84 | 49,02 | 17,38 | 28,6 | 24,72 | 14,33 | 25,37 | 5,7 | 14,2 |

atribuídas à climatologia local, onde a região do Baixo Tietê apresenta temperatura mais elevada que a do Médio Tietê. O pH dos reservatórios se apresenta ligeiramente ácido variando de 6,0 a 7,0, sendo que valores baixos são sempre registrados no período de maior precipitação. Da mesma forma, condutividades mais altas foram registradas no período de seca, 183 μS/cm em Barra Bonita e mais baixas na época da precipitação. Quanto ao oxigênio dissolvido, com exceção de Barra Bonita que apresentou um valor de 3,9 mg/L no período chuvoso e 5,85 mg/L no período de seca, os outros reservatórios apresentaram boas condições de oxigenação. Em relação aos nutrientes, os primeiros reservatórios em cascata Barra Bonita, Bariri e Ibitinga apresentaram altas concentrações de nitrato, principalmente no período de seca, cujos valores foram, respectivamente, 2418,9, 1176,9 e 1272,2 μg/L. O íon amônio ($NH_4^+$) apresentou valores baixos em todos os reservatórios sendo que o máximo valor, de 28,93 μg/L, foi observado na Represa de Ibitinga no período de precipitação.

Os valores médios de concentração de $NO_3$ durante a época da seca (julho) chegam a 2.418,9 μg/L com a redução gradativa para os reservatórios subseqüentes sendo que no ultimo reservatório Três Irmãos o valor médio foi de 344,8 μg/L, havendo uma redução de 87% em relação à Barra Bonita. No período chuvoso essa concentração de nitrato diminui para 726,2 μg/L no reservatório de Barra Bonita e com redução gradual nos reservatórios subseqüentes apresentando no último (Três Irmãos) o valor 322,8 μg/L, havendo uma redução de 30,7% em relação à Barra Bonita. Com relação ao fósforo ocorre o inverso, registrando maiores concentrações na época chuvosa do que na seca principalmente para os primeiros reservatórios com valores variando de 78,27 μg/L em Barra Bonita a 5,37 μg/L, na represa de Três Irmãos registrando uma redução de 93,14% da primeira à última represa.

Devido à alta carga de nitrogênio no Rio Tietê, a avaliação do estado trófico dos reservatórios foi feita utilizando apenas a concentração de fósforo segundo Carlson (1977). Os índices (IET) mostraram que as primeiras represas em cascata, Barra Bonita, Bariri e Ibitinga, se comportam como eutróficas, porém dependendo da época do ano podem apresentar características mesotróficas ou até mesmo hipereutróficas. As represas de Promissão, Nova Avanhandava e Três Irmãos apresentam características mesotróficas com tendência a eutrofia no caso da Promissão, porém a Represa de Três Irmãos apresenta característica oligotrófica. A Figura 17.2 mostra o estado trófico dos reservatórios em cascata medido durante o verão de 1999. Os três primeiros reservatórios (Barra Bonita, Bariri e Ibitinga) nessa época chuvosa, se comportaram como hipereutróficos e eutrófico devido à carga externa não pontual trazida pelas águas de precipitação. O entorno desses reservatórios é ocupado pelo cultivo de cana-de-açúcar no qual é utilizado como fertilizante o vinhoto produzido pela usina de produção de álcool. Quanto às represas seguintes, a represa de Promissão possui característica eutrófica, porém, a de Nova Avanhandava e Três Irmãos apresentaram características mesotróficas e oligotróficas, respectivamente. Esses reservatórios, além de estarem mais distantes da fonte poluidora do Rio Tietê não recebem afluentes com grande carga poluidora. E também a carga das fontes difusas são menores, pois o entorno desses reservatórios é ocupado por pastagens e outros tipos de cultura que utilizam menos fertilizantes. A Figura 17.3 mostra o estado trófico dos seis reservatórios na época do inverno. Nesse período de seca como não ocorre o aporte de fósforo externo, há uma melhora no estado trófico dos três primeiros reservatórios.

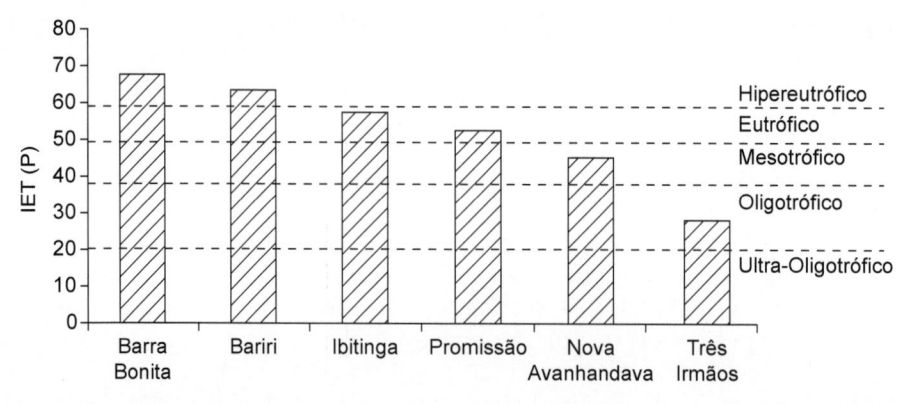

**Figura 17.2** Estado trófico do seis reservatórios em cascata do Médio e Baixo Tietê na época chuvosa (março/1999).

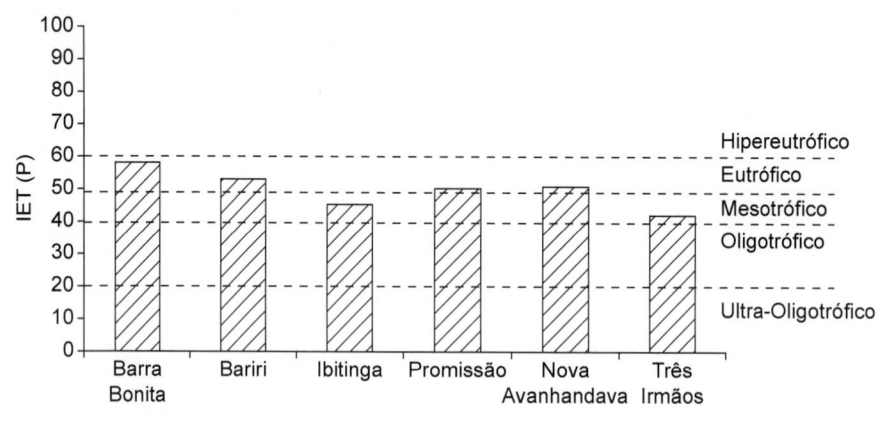

**Figura 17.3** Estado trófico do seis reservatórios em cascata do Médio e Baixo Tietê na época de seca (julho/1999).

A capacidade de exportação e de retenção de nutrientes é fundamental para avaliar a evolução do estado trófico dos sistemas. A Tabela 17.2 mostra o percentual de fósforo que é retido em cada reservatório.

A composição das comunidades fitoplanctônica e zooplanctônica encontra-se intimamente relacionada com o estado trófico dos sistemas. A Figura 17.4 mostra a distribuição dos grupos fitoplanctônicos nos cinco reservatórios do Rio Tietê em 1992 (a represa de Três Irmãos ainda não havia sido construída), sendo que nos três primeiros reservatórios com características eutróficas, o grupo da Cyanophyta domina os da Chlorophyta (Barra Bonita: 49%/11%; Bariri: 73%/2%; Ibitinga: 82%/6%) enquanto que na Represa de Promissão, com característica mesotrófica, os dois grupos se equilibram (24%/31%) e na represa Nova Ava-

**Tabela 17.2** Tempo de retenção (TR) dos seis reservatórios do Rio Tietê, na época da chuva (março) e na época da seca (julho) e o percentual de retenção do fósforo e nitrogênio de cada reservatório.

| Represas | TR | P (μg/L) | Ret. Do P(%) | N (μg/L) | Ret. Do N (%) |
|---|---|---|---|---|---|
| Época de chuva (março/99) | | | | | |
| Barra Bonita | 37 | 78,27 | 21,9 | 1121,4 | 9,1 |
| Bariri | 7 | 61,09 | 19,7 | 1018,7 | 4,9 |
| Ibitinga | 12 | 49,02 | 41,6 | 968,2 | 12,4 |
| Promissão | 124 | 28,6 | 49,7 | 848,4 | 0 |
| Nova Avanhanduva | 32 | 14,33 | 62,8 | 853,0 | 30,1 |
| Três Irmãos | 166 | 5,37 | | 596,3 | |
| Época de seca (julho/99) | | | | | |
| Barra Bonita | 137 | 42,76 | 30,2 | 4531,5 | 63,3 |
| Bariri | 24 | 29,84 | 41,7 | 1661,4 | 0 |
| Ibitinga | 43 | 17,38 | 0 | 1910,6 | 35,9 |
| Promissão | 458 | 24,72 | 0 | 1224,0 | 41,3 |
| Nova Avanhanduva | 119 | 25,37 | 44,0 | 717,8 | 23,2 |
| Três Irmãos | 615 | 14,2 | | 551,0 | |

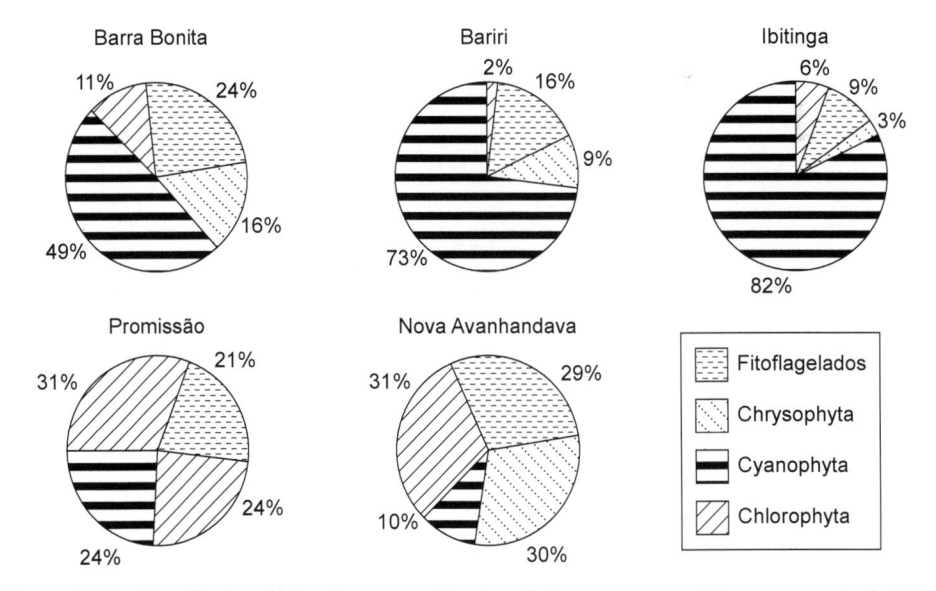

**Figura 17.4** Abundância relativa dos grupos fitoplanctônicos nos reservatórios em cascata do Médio e Baixo Tietê (dados de 1992 - verão).

nhandava com característica oligo-mesotrofica a Chlorophyta domina sobre as Cyanophyta (10%/31%). Observações recentes mostram que na represa de Três Irmãos não ocorrem a Cyanophyta (Barbosa *et al.* 1999).

Quanto à comunidade zooplanctônica, não foi observada uma relação direta entre o padrão da dominância de determinados grupos com o grau de trofia dos sistemas, devido à interferência do período climático (de precipitação ou de seca). No período de seca houve dominância dos Rotifera sobre os Copepoda nos reservatórios eutróficos (Barra Bonita: 65%/25%; Bariri: 60%/24% e Ibitinga: 82%/15%) e o inverso ou seja dominância dos Copepoda sobre os Rotifera nos reservatórios mesotróficos ou oligo-mesotróficos,(represa de Promissão: 12%/63%; Nova Avanhandava: 34%/42% e em Três Irmãos: 0%/81% , como mostra a Figura 17.5. Já na época da precipitação (Figura 17.6) a abundância significativa do grupo dos Copepoda sobre Rotifera foi observada somente nos reservatórios de Barra Bonita:52%/3%; Nova Avanhandava: 52%/34 e em Três Irmãos: 77%/18% independente do estado trófico dos reservatórios.

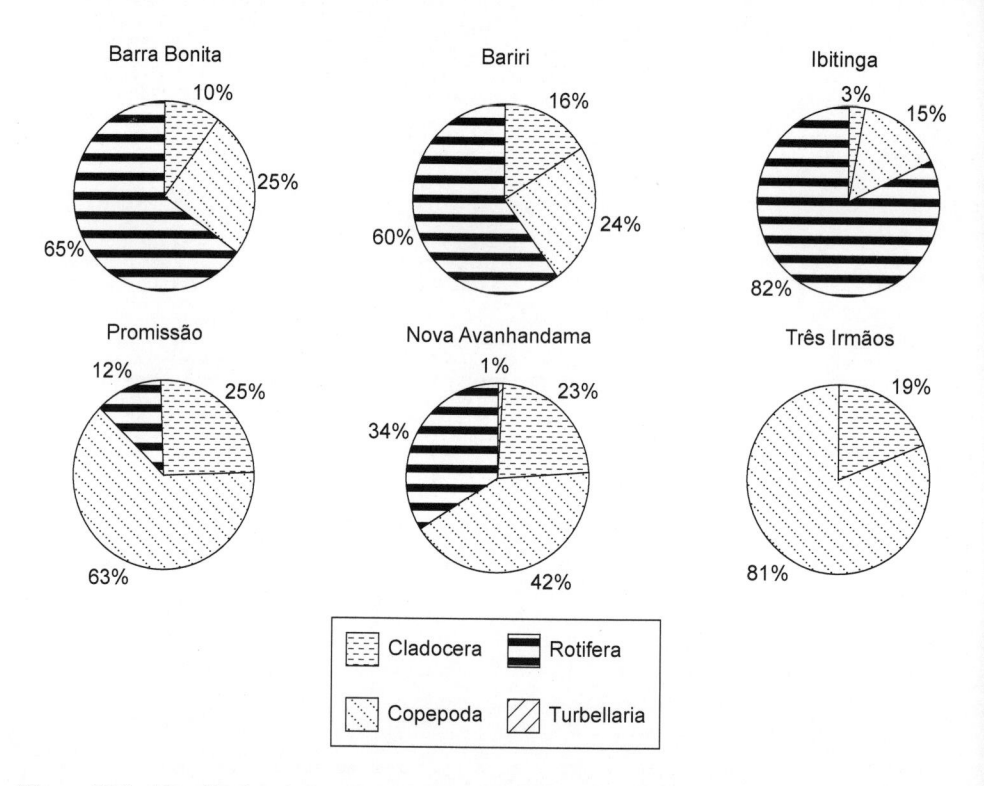

**Figura 17.5** Abundância relativa dos grupos zooplanctônicos das represas do Médio e Baixo Tietê, durante o período de seca (julho/99).

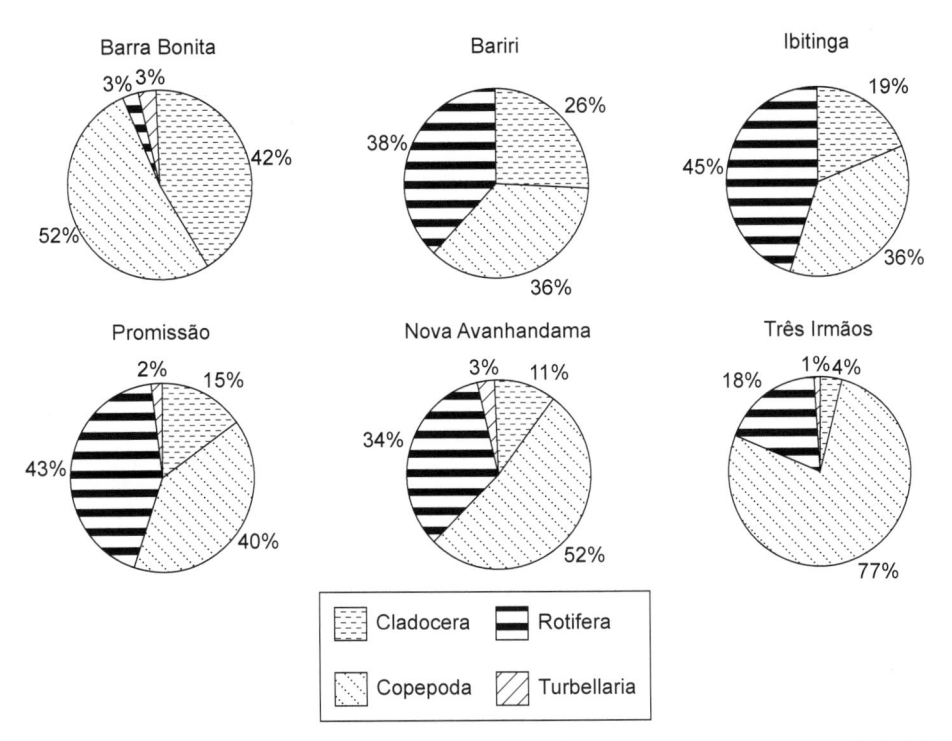

**Figura 17.6** Abundância relativa dos grupos zooplanctônicos, nas represas em cascata do Médio e Baixo Tietê, durante o período de precipitação (março/99).

## 17.3 Discussão

### 17.3.1 Dinâmica de Funcionamento dos Reservatórios em Cascata Construídos no Rio Contínuo, em Termos de Nutrientes

A construção de uma série de reservatórios em cascata ao longo de um rio certamente causa uma série de mudanças nas características originais como foi observado por Vannote et al. (1980). O Rio Tietê que percorre o estado de São Paulo no sentido leste – oeste recebe no seu trecho inicial, uma grande carga de poluentes provindos da metrópole de São Paulo. E o primeiro a receber essa carga de poluentes do Rio Tietê, é o reservatório de Barra Bonita que por sua vez recebe um outro tributário o Rio Piracicaba que traz consigo uma outra carga de poluentes vindo da bacia do rio Piracicaba. Portanto, o reservatório de Barra Bonita, é um grande acumulador de carga de nutrientes encontrando-se em estado bastante eutrófico. Os primeiros estudos feitos nesses reservatórios em 1979 e nos anos subseqüentes (Matsumura-Tundisi et al., 1981, Tundisi, 1981, Tundisi & Matsumura-Tundisi, 1989) já mostravam a grande carga de matéria orgânica que a Represa de Barra Bonita estava recebendo, havendo um prognóstico de um aumento acelerado do processo de eutrofização. Os reservatórios que se seguem ao de Barra Bonita, como de Bariri, Ibitinga e outros recebem cada vez menos cargas de nutrientes melhorando o estado trófico dos reservatórios. Barbosa *et al.* (1999) encontraram claramente uma redução gradual da concentração de nitrogênio total do Rio Tietê para as represas de Barra Bonita e desta para Bariri, Ibitinga, Promissão, Nova Avanhandava e Três Irmãos. No presente trabalho foi verificada também uma redução gradual, tanto das concentrações de nitrato como de fosfato total, a primeira mais evidenciada na época da seca e a segunda na época da precipitação.

Uma das características fundamentais dos reservatórios é a sua capacidade de exportar ou reter material em suspensão e nutrientes e isto depende do tempo de residência de cada reservatório. Straskraba (1999) classifica os reservatórios em três classes de acordo com o tempo de retenção (RT) em: Classe A, cujo RT é < 2 semanas; Classe B, onde RT entre duas semanas e um ano e Classe C, onde RT é maior do que um ano e mostra que o tempo de retenção é um fator de maior importância para os reservatórios do que para os lagos naturais. Além disto deve-se relacionar entre tempo de retenção com as cargas totais da bacia hidrográfica de cada reservatório. Straskraba (1999) mostra a situação de alguns reservatórios do Brasil em termos de carga externa. As represas de Americana, Pampulha, Guarapiranga, Xingo e Paranoá se encontram na curva onde a carga externa é > 15 g/m$^2$/ ano; Barra Bonita fica na curva de 5-15 g/m$^2$/ano e Jurumirim na curva onde a carga externa é < 5 g/m$^2$/ano. Nos reservatórios do Rio Tietê, a maioria (Bariri, Ibitinga e Nova Avanhandava) tem a carga externa aumentada situando-se próxima à curva > 15 g/m$^2$/ano devido à diminuição do tempo de residência (Figura 17.8). As represas de Barra Bonita e Promissão se situam na área com uma carga externa de 5-15 g/m$^2$/ano no período de precipitação, porém, no período seco a represa de Barra Bonita se encontra na área com carga externa < 5g/m$^2$/ano em virtude do aumento do tempo de residência. Ocorrem diferenças na retenção do fósforo durante o período chuvoso e seco. No período seco (maio/junho/julho/agosto) há o aumento do tempo de residência da água da maioria dos reservatórios, porém nessa época freqüentemente ocorrem ventos fortes (>15 m/s), provocando turbulência e fazendo com que o fósforo se precipite no sedimento. Portanto, a retenção do fósforo está relacionada com o tempo de residência da água do reservatório e à carga externa durante o período de seca ou de chuva. No período seco a carga externa é muito baixa, especialmente a carga não pontual e no período chuvoso a retenção do fósforo está relacionada com a retenção do material em suspensão que tem importante carga de fósforo particulado. Evidentemente há uma variabilidade anual nesta retenção de fósforo que depende das cargas da bacia, da precipitação e da variação do tempo de retenção do reservatório.

De acordo com Chalar & Tundisi (1999), a dinâmica ecológica de reservatórios tropicais está freqüentemente associada à precipitação, vento e radiação solar. Essas forças externas determinam a intensidade dos diferentes processos, especialmente relacionados com os gradientes verticais nos reservatórios, às cargas externas e à re-suspensão do material do sedimento, elementos e substâncias tóxicas. Portanto, sobreposto ao problema das retenções de P nos períodos seco e chuvoso, está o problema da circulação vertical e, portanto, a distribuição do fósforo dissolvido e particulado na água e no sedimento.

Tundisi *et al.* (1999), comparando a limnologia de cinco reservatórios do Médio Tietê (Barra Bonita, Bariri, Ibitinga, Promissão e Nova Avanhandava), concluiu que as principais

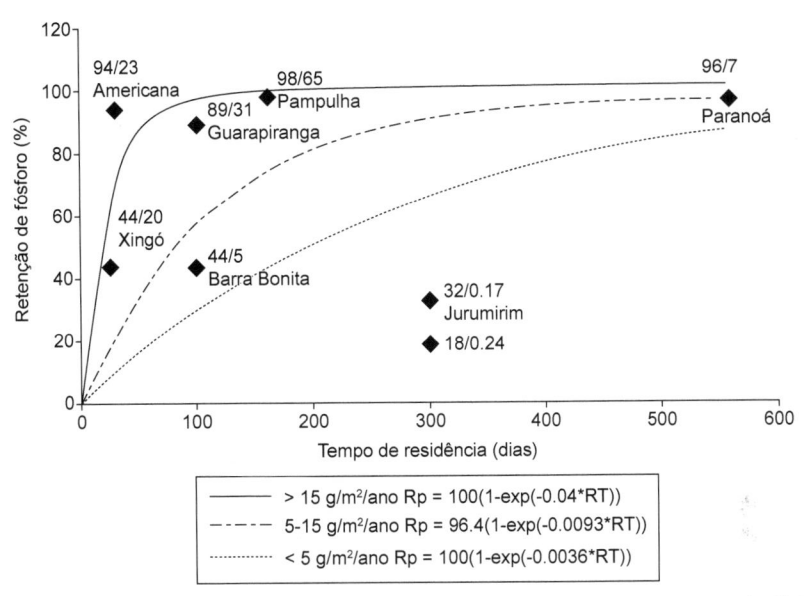

**Figura 17.7** Posição ocupada por algumas represas do Brasil em relação à retenção de fósforo (%) e tempo de residência da água (dias), mostrada por Straskraba, 1999.

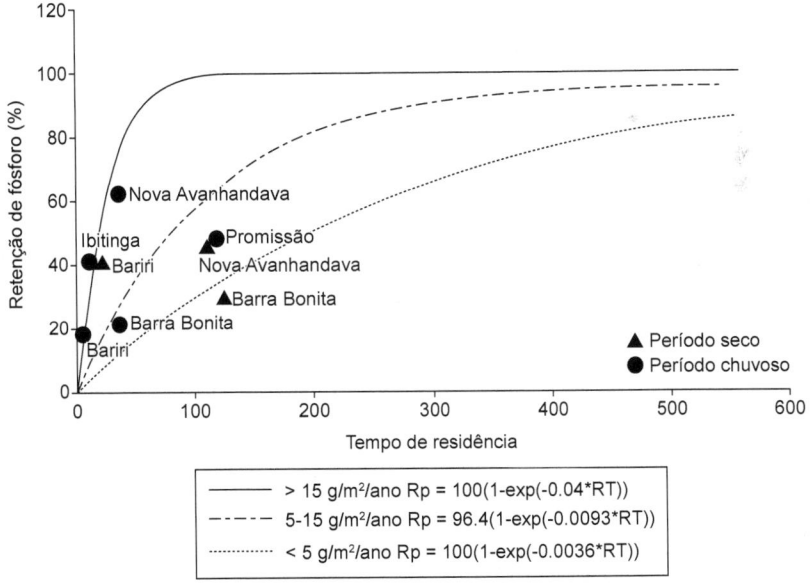

**Figura 17.8** Posição ocupada pelos reservatórios em cascata do Médio e Baixo Tietê em relação às curvas decarga externa obtida através da retenção de fósforo (%) e tempo de residência da água (dias), nos períodos de seca e de chuva.

funções de força que causam alterações na dinâmica dos nutrientes são os fatores climatológicos tais como precipitação e vento, taxa de fluxo e tempo de retenção. Segundo esses autores, uma vez que esses reservatórios são acoplados em um sistema de operação bem projetado é importante comparar o seu funcionamento tanto como uma série de unidades ou como um reator multicompartimental. É importante considerar também o sistema operacional das barragens, a localização das turbinas que controlam as vazões vertidas e turbinadas e que descarregam águas de diferentes densidades. As características morfométricas dos reservatórios, o volume de água retida e a contribuição da qualidade de água dos tributários, também exercem influência na retenção ou na exportação de materiais. Ou seja, mesmo em uma cascata, um reservatório pode ter algumas características próprias que dependem da sua relação com a bacia hidrográfica (tipos de solo e usos do solo), número de tributários que alimentam o reservatório e intensidade das atividades humanas na bacia hidrográfica. Por exemplo, determinou-se recentemente que o reservatório de Barra Bonita tem 114 pequenos e grandes tributários os quais descarregam material em suspensão orgânico ou inorgânico, nutrientes, neste reservatório. Nem todos os reservatórios em cascata do Médio Tietê têm tal número de tributários o que estabelece imediatamente diferenças quanto a heterogeneidade espacial do sistema.

A maioria dos reservatórios do Estado de São Paulo é construída em uma região plana, ocupando assim uma grande extensão de área de inundação sendo, portanto, rasos (< 30 m). Assim, qualquer ação do vento é capaz de quebrar uma estratificação térmica que eventualmente pode se formar durante o verão e provocar a mistura das massas de água. Portanto, é difícil estabelecer um padrão de distribuição das variáveis limnológicas tanto no sentido vertical como no sentido horizontal. Estudos recentes realizados com os dados de Barra Bonita por Tundisi *et al.* (2002) mostraram que os valores do número de Wedderburn indicam sistemas de circulação permanente com estratificação fraca.

Muitos dos dados limnológicos obtidos no presente estudo, tais como temperatura, pH, condutividade e oxigênio dissolvido em duas épocas, período de verão chuvoso e inverno seco não mostraram um padrão distinto de distribuição vertical com termoclina ou oxiclina no verão, em todos os reservatórios, como foi observado por Barbosa *et al.* (1990). Isto mostra como o comportamento funcional desses reservatórios varia numa escala de tempo muito curto devido a uma série de fatores como climatológicos, vento, precipitação, sistemas operacionais da barragem influenciam no funcionamento dos processo ecológicos.

## 17.3.2 Composição do fito e zooplâncton em relação ao grau de trofia dos reservatórios

Os organismos aquáticos são vulneráveis às mudanças ambientais que resultam de atividades humanas com a introdução no meio de poluentes orgânicos ou inorgânicos. As espécies ou se adaptam às novas condições ou acabam se extinguindo pela falta de capacidade adaptativa às perturbações (Matsumura-Tundisi, 1999). Especialmente, os organismos planctônicos tanto fito como zooplâncton respondem de imediato a essas perturbações e muitas vezes algumas espécies ou associações de espécies podem ser utilizadas como indicadores do estado trófico ou de ambientes que sofrem perturbações por atividades humanas.

A comunidade fitoplanctônica pode mostrar constantes mudanças causadas pela variação do nutriente limitante por meio da eutrofização (Woo-Myung & Bomchul,1997). A ocorrência de florescimento de algas do grupo das Cyanophyceae (algas azuis) constitui indicativo de um ambiente eutrófico com alta concentração de nutrientes principalmente de fósforo. Rawson (1956) e Wetzel (1975) apresentam uma lista de espécies de fitoplâncton caracterizando sistemas oligotróficos, mesotróficos e eutróficos, porém, no caso do fitoplâncton não há necessidade de chegar a nível de espécies, bastando avaliar os grandes grupos fitoplanctônicos.

Os dados do presente trabalho cujo estudo de abundância dos grupos fitoplanctônicos foi realizado em 1990, mostram que os reservatórios com maior abundância de Cyanophyta foram Ibitinga (82%), Bariri (76%) e Barra Bonita (49%). Esses mesmos resultados foram obtidos por Barbosa *et al.* (1999), quase dez anos após.

O desenvolvimento de certas espécies de Cyanophyta tóxicas (*Microcystis* spp, *Cylindrospermopsis*) nas últimas décadas, vem sendo objeto de preocupação constante dos órgãos ambientais, institutos de pesquisa e companhias de saneamento, pois em alguns países já foram detectados danos à saúde humana e outros animais (Jardim *et al.*, 2000).

Quanto à comunidade do zooplâncton segundo Matsumura-Tundisi *et al.* (1990) não há um organismo específico, quer seja de Rotifera, Cladocera ou Copepoda que possa ser considerado como indicador das condições tróficas. Entretanto, algumas espécies de Rotifera como Asplanchnasie boldi, uma espécie carnívora de grande tamanho aparece em ambientes extremamente eutrofizados como em lagoas de estabilização, porém a sua ocorrência em reservatórios não é freqüente e portanto muitas vezes esses organismos não são capturados nas amostragens realizadas mesmo em ambientes eutrofizados. Na Represa de Barra Bonita essa espécie foi encontrada em várias ocasiões em grande abundância (observação pessoal) porém, no presente estudo a espécie foi registrada em pequena quantidade na Represa de Barra Bonita e em quantidades maiores nas Represas de Promissão e Nova Avanhandava.

A análise da composição do zooplâncton em termos da abundância de organismos predadores é um outro fator que pode diferenciar os sistemas de diferentes estados de trofia. De acordo com Welch (1980), a composição do 2002) zooplâncton pode mudar com o enriquecimento, mas as mudanças podem ser mais evidentes através da relação predador-presa do que por nutriente ou pelas condições do fitoplâncton.

Considerando o grupo dos Copepoda, que possui dois subgrupos distintos pelo seu hábito alimentar, sendo os Calanoida filtradores (herbivoria) e os Cyclopoida (predador), Tundisi *et al.* (1988) em análise de cinco represas do Médio Tietê, verificaram que a razão Calanoida/Cyclopoida em represas eutróficas como as de Barra Bonita, Bariri e Ibitinga era <0,5, enquanto que nas represas mesotróficas e oligo-mesotróficas essa razão era > 0,5. Entretanto nem sempre essa razão é válida pois depende muito das espécies de Calanoida ou de Cyclopoida presentes. O zooplâncton da Represa de Barra Bonita em 1986 foi dominado pelo Copepoda Calanoida Notodiaptomus iheringi ocorrendo numa quantidade muito maior do que os Cyclopoida (Matsumura-Tundisi & Tundisi, 2003). Esta espécie anteriormente ausente, invadiu o reservatório adaptando-se muito bem às condições eutróficas (Rietzler *et al.*, 2002) estando presente atualmente em grande abundância nas primeiras represas em cascata do Médio Tietê superando os Cyclopoida. Entretanto, a espécie Argyrodiaptomus azevedoi

(Copepoda Calanoida) presente nas represas de Nova Avanhandava e Três Irmãos indica que os ambientes são oligo-mesotróficos.

A ocorrência de associação de certas espécies de Rotifera consideradas de ambientes eutróficos tais como Asplanchnasie boldi, Brachionus calyciflorus e Kellicotti abostoniensis em grande abundância nas represas de Barra Bonita, Bariri e Ibitinga, pode ser indicativo da eutrofização dessas represas.

A razão N:P aplicada nos reservatórios com abundância de ocorrência de Cyanophyta (%) em relação aos outros grupos fitoplanctônicos para avaliar o grau de trofia corroborou com o índice do estado trófico determinado através da concentração de fósforo (Figura 17.9).

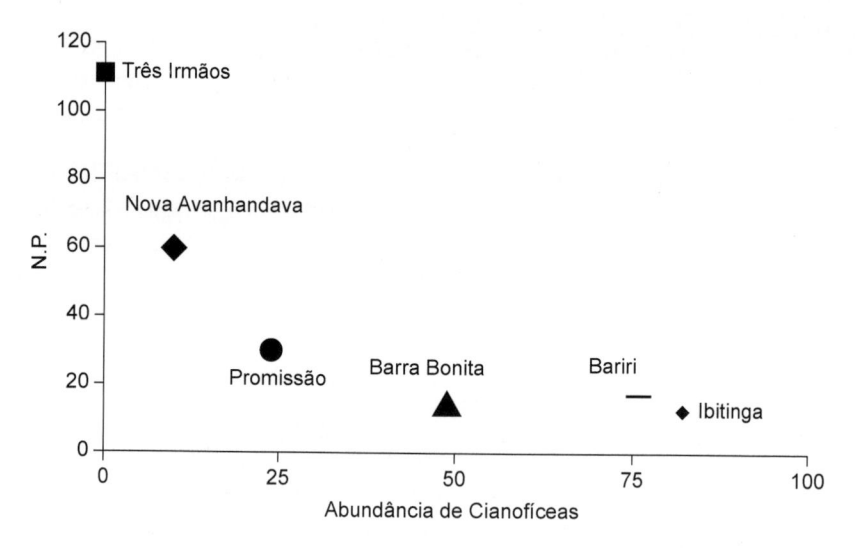

**Figura 17.9** Estado trófico das seis represas do Rio Tietê avaliado através da razão N:P e abundância de cianofíceas (%)(baseado na curva N:P/% Cianoficea –IETC, 2002).

Nos reservatórios em cascata cada um dos reservatórios representa um determinado estágio de sucessão ecológica devido não só aos efeitos dos mecanismos de retenção de nutrientes, especialmente fósforo, mas às peculiaridades de cada bacia hidrográfica com seus afluentes e as fontes pontuais e não pontuais de N e P. Os diferentes estágios de sucessão representados por cada um dos reservatórios representam diferentes categorias e diferentes processos de estabilidade/vulnerabilidade. Relações biogeofísicas internas ocorrem nos reservatórios como conseqüência dos períodos de seca e chuva e a entrada de nutrientes por fontes não pontuais (período chuvoso) e por fontes pontuais (período de seca). Os reservatórios em cascata do Rio Tietê, mostram as características clássicas dos sistemas em cascatas apontadas por Straskraba *et al.* (1993): menores concentrações de material em suspensão ao longo da cascata, menores concentrações de P total e N inorgânico e comunidades fitoplanctônicas e zooplanctônicas representativas de condições mais oligotróficas à jusante.

Quando se compara a capacidade de retenção de fósforo no sistema, verifica-se que ela está relacionada com o tempo de retenção hidráulico e com as variações entre os períodos de seca e chuvoso, além das diferenças existentes na carga externa (Figura 9). A capacidade de retenção do fósforo aumenta durante o período chuvoso, provavelmente devido ao aumento da carga não pontual e pontual de P nos reservatórios.

O padrão de estratificação nesses reservatórios rasos se caracteriza pela existência de múltiplas termoclinas ocasionais e pouco persistentes, o que ocasiona processos contínuos de re-oxigenação da coluna d'água e precipitação de P no sedimento.

A dinâmica dos nutrientes e especialmente do P e N de que resultam diferentes estados tróficos nesses sistemas está relacionada com as entradas não pontuais e pontuais de N e P e os processos internos nos ciclos de nutrientes que dependem dos sistemas de circulação alterando os ciclos biogeoquímicos. Os processos que governam o ciclo do nitrogênio e do fósforo diferem nestes sistemas rasos (Scheffer, 1998). O nitrogênio acumula-se em menor concentração no sedimento, tem um uma fase gasosa e portanto processos de recirculação vertical promovem a re-oxigenação acelerando a nitrificação e reduzindo a desnitrificação (Abe et al. 2003.). Os dados existentes corroboram estas diferenças nos ciclos e, portanto sugerem diferentes estratégias para a gestão da eutrofização nos reservatórios. Também, as diferenças no índice do estado trófico que ocorrem em relação ao fósforo podem estar relacionadas para os mesmos reservatórios em diferentes estados transientes de acúmulo de P na biomassa fitoplanctônica e no zooplâncton (através do "grazing") e também pela precipitação de P no sedimento, razão pela qual a concentração de P, no sedimento pode ser um indicador importante do estado trófico do sistema.

A gestão destes reservatórios do Médio e Baixo Tietê, dadas as suas características limnológicas, ecológicas (relações com a bacia hidrográfica) e operacionais (usos múltiplos e regras de operação) deve levar em conta três processos fundamentais para controlar a eutrofização: 1) Redução da carga externa com diminuição das cargas pontuais, tratamento de esgotos e das cargas não pontuais através de práticas agrícolas adequadas; 2) Proteção das áreas alagadas naturais para aumentar a retenção de N e P e acelerar a desnitrificação; 3) Proteção das margens dos reservatórios através de re-vegetação para diminuição da carga de material em suspensão.

Os sistemas naturais de circulação são eficientes para controlar a carga interna, especialmente de P no sedimento (re-oxigenação e precipitação de fósforo). A remoção de extensos bancos de macrófitas pode ser um fator adicional de controle do ciclo do fósforo e do nitrogênio. Nutrientes liberados por macrófitas em decomposição podem potencialmente representar uma translocação do sedimento para a coluna de água (Scheffer, 1998). O controle do crescimento de macrófitas nos compartimentos dos reservatórios pode representar um efeito adicional de redução de P e N para o corpo central dessas represas.

## Agradecimentos

Os autores agradecem à FAPESP e ao CNPq pelo apoio financeiro aos projetos de pesquisa e a todas as pessoas do Instituto Internacional de Ecologia que contribuíram para o desenvolvimento deste trabalho.

# Referências

BARBOSA F.A.R., PADISAK J., ESPÍNDOLA E.L.G., BORICS G. & ROCHA O. 1999. The cascading reservoir continuum concept (CRCC) and its application to the river Tietê-basin, São Paulo State, Brazil. In: Tundisi J.G., Straskraba M. (Eds). *Theoretical reservoir ecology andits applications*. Rio de Janeiro, Brazilian Academy of Sciences and Backhuys Publishers. p. 425-437.

CARLSON R.E. 1977. A tropic state index for lakes. *Limnology and Oceanography*, 22(2): 361-369.

JARDIM F.A., MACHADO J.N.A., SCHEMBRI M.C.A.C., AZEVEDO S.M.F.O. & SPERLING E.V. 2000. A experiência da COPASA no monitoramento, detecção e adoção de medidas mitigadoras para as cianobactérias tóxicas em Estação de Tratamento de Água–Minas Gerais-Brasil. In *27 Congresso Interamericano de Engenharia Sanitária e Ambiental*. 11p.

MATSUMURA-TUNDISI, T., HINO K. & CLARO S.M. 1981. Limnological studies at 23 reservoirs in southern part of Brazil. *Verh. Internt. Verein. Limnol.* 21: 1040-1047.

MATSUMURA-TUNDISI, T., LEITÃO S.N., AGUENA L.S. & MIYAHARA J. 1990. Eutrofização da Represa de Barra Bonita: estrutura e organização da comunidade de Rotífera. *Rev. Brasil. Biol.*, 50(4): 923-935.

MATSUMURA-TUNDISI, T. 1999. Diversidade de zooplâncton em Represas do Brasil. In: Henry R. (Ed.). Ecologia de reservatórios. FUNDIBIO FAPESP, Botucatu, cap. 2, p.39-54.

MATSUMURA-TUNDISI T. & TUNDISI J.G. 2003. Calanoida (Copepoda) Species composition changes in the reservoirs of São Paulo State (Brazil) in the last twenty years. *Hydrobiologia*, 504(1-3): 215-222.

Ministério dos Transportes. 2003. Resumo informativo sobre eclusas (on line). Disponível em: http://www.transportes.gov.br.

RAWSON D.S. 1956. Algal indicators of trophic lake types. *Limnol. Oceanog.* 1: 18-25.

RIETZLER A.C., MATSUMURA-TUNDISI T. & TUNDISI J.G. 2002. Life cycle, feeding and adaptive strategy implications on the co-occurrence of Argyrodiaptomus furcatus and Notodiaptomus iheringi in Lobo-Broa Reservoir (SP, Brazil). *Braz. J. Biol.*, 62(1): 93-105.

TUNDISI J.G. 1981. Typology of reservoirs in Southern Brazil. *Verh. Internt. Verein. Limnol.* 21: 1031-1039.

TUNDISI J.G. 2002. *Planejamento e gerenciamento de lagos e reservatórios*: uma abordagem integrada ao problema da eutrofização. Série de publicações técnicas [11P]. UNEP-PNUMA – IETC. Rima, São Carlos. 385p.

TUNDISI J.G., MATSUMURA-TUNDISI T., HENRY R., ROCHA O. & HINO K. 1988. Comparação do estado trófico de 23 reservatórios do estado de São Paulo: eutrofização e manejo. In Tundisi J.G. (Ed.). *Limnologia e Manejo de represas*. Academia de Ciências de São Paulo, São Paulo. [Monografia]. p.165-204.

TUNDISI J.G. & MATSUMURA-TUNDISI T. 1989. Limnology and eutrophication of Barra Bonita Reservoir, São Paulo State, Southern Brazil. In *Proceedings of the Int. Conference on Reservoirs Èeské budejovice, Czechoslovakia*.

TUNDISI J.G. & MATSUMURA-TUNDISI T. 1990. Limnology and eutrophication of Barra Bonita Reservoir, São Paulo, Southern Brazil. *Arch. Hydrobiol. Beih. Egeb. Limn.*, 33: 661-676.

TUNDISI J.G., MATSUMURA-TUNDISI T., CALIJURI M.C. & NOVO E.M.L. 1991. Comparative limnology of five reservoirs in the Middle Tietê River, São Paulo State. *Verh. Internt. Verein. Limnol.*, 24: 1489-1496.

TUNDISI J.G., ARANTES J.D. & MATSUMURA-TUNDISI T. 2002. The Wedderburn and Richardson numbers applied to shallow reservoirs in Brazil. *Verh. Internat. Verein Limnol.*, 28: 663-666.

VANOTTE R.L., MINSHALL G.M., CUMMINSSEDELL K.W. & CUSHING C.E. 1980. The River Continuum Concept . *Can. J. Fish. Aquat. Sci.*, 37: 130-137.

WELCH E.B. 1980. Ecological Effects of waste Water. Press Syndicate of University of Cambridge, New York. 327p.

WETZEL R.G. 1975. Limnology. W. B. Saunders. Philadelphia. In Woo-Myurg H. & Bonchul K. 1997. (Ed.). The change in N/P ratio with eutrophication and cyanobacterial blooms in Lake Soyang, Korea. Verh. Internt. Verein. Limnol., 26: 491-495.

Capítulo 18

# Emissões de Gases de Efeito Estufa em Reservatórios de Hidrelétricas

*Donato Seiji Abe, Corina Sidagis Galli & José Galizia Tundisi*
Instituto Internacional de Ecologia, Rua Bento Carlos, 750, 13560-660 São Carlos - SP
E-mails: jgt.iie@iie.com.br e dsa.iie@iie.com.br

Após a publicação de alguns trabalhos na década passada sugerindo que os reservatórios de hidrelétricas seriam potenciais emissores de gases de efeito estufa (Rudd *et al.*, 1993; Kelly *et al.*, 1994), comparáveis, por unidade de energia produzida, às emissões de termoelétricas, esse tema se tornou argumento contra a construção de novos reservatórios. Posteriormente, muitos estudos sobre emissões de gases de efeito estufa vêm sendo realizados em reservatórios em todo o mundo visando esclarecer esse paradigma. Atualmente é possível distinguir entre reservatórios "bons" e "ruins" em termos de emissão de gases de efeito estufa (Svensson, 2005), determinados por diversos fatores, tais como: idade do reservatório, aporte de material orgânico alóctone, tipo de vegetação submersa, teor de matéria orgânica no solo inundado, profundidade média, tempo de residência, altura da tomada de água para as turbinas, entre outros. Em reservatórios hidrelétricos localizados no Brasil, sobretudo em regiões de cerrado, têm-se verificado emissões de gases de efeito estufa por unidade de energia produzida muito inferiores às emissões por termoelétricas (Santos *et al.*, 2006), alguns dos quais atuando como sumidouros de carbono (Cimbleris *et al.*, 2007). Já em reservatórios localizados em áreas de floresta, como é o caso de Petit-Saut na Guiana Francesa, e de Balbina no Estado do Amazonas, as emissões são bastante significativas (Richard *et al.*, 2005; Kemenes, 2006; Kemenes *et al.*, 2007), resultantes da decomposição da densa floresta morta alagada e ao elevado tempo de residência.

Portanto, as emissões de gases de efeito estufa em reservatórios são determinadas por diversos fatores ambientais e operacionais, alguns dos quais serão discutidos neste capítulo.

## 18.1 Processos de Geração de Gases de Efeito Estufa em Reservatórios

Os sedimentos constituem um importante repositório de materiais transportados para o reservatório (alóctone) e de materiais produzidos no próprio sistema (autóctone). A decomposição da matéria orgânica lábil nestes ambientes submersos fornece a fonte de energia necessária para o crescimento de microorganismos, tanto pela fermentação como pela respiração. Dentro desses habitats, ou na interface entre a camada óxica e anóxica, há uma seqüência de processos microbiológicos que resultam na produção, consumo e acúmulo de um amplo espectro de gases, desde aqueles completamente reduzidos ($H_2$, $H_2S$, $CH_4$, $N_2$, etc.), como parcialmente reduzidos (CO, NO, $N_2O$, COS, etc.), e completamente oxidados como o $CO_2$ (Adams, 2002). Dentre esses gases, o $CO_2$, o $CH_4$ e $N_2O$ têm recebido maior ênfase para o entendimento dos processos biogeoquímicos nos últimos anos visto que são considerados como principais gases de efeito estufa de origem biogênica.

A conversão do carbono para $CH_4$, ao invés de $CO_2$, torna-se determinante em termos de aquecimento global, visto que o seu potencial de aquecimento na atmosfera é 23 vezes superior ao aquecimento causado pelo $CO_2$ em um horizonte de 100 anos (IPCC, 2001). A conversão do carbono orgânico a $CH_4$ é muito variada dependendo do ambiente, podendo ser tão alta quanto a perda de carbono para os sedimentos, como ocorre nos lagos artificiais eutróficos do Canadá (Rudd & Hamilton, 1978), ou apenas um décimo do carbono sedimentado como nos reservatórios da Holanda, onde a maior parte (60%) é decomposta por processos aeróbios (Adams & Van Eck, 1988). Muitos desses processos microbiológicos ocorrem rapidamente na interface água-sedimento. Enquanto que uma grande parte do $CH_4$ produzido nos sedimentos é consumida por bactérias metanotróficas que vivem na interface óxica-anóxica, parte do $CH_4$ pode ser transportado por difusão, convecção ou em forma de bolhas através da coluna de água e para a atmosfera (Abe *et al.*, 2005a).

O $CO_2$, por outro lado, é produzido principalmente pela respiração ao longo da coluna de água, mas pode também ser um produto de processos anaeróbios do sedimento. Em contraste ao $CH_4$, o $CO_2$ é altamente solúvel na água e, conseqüentemente, pode se acumular em altas concentrações nas camadas mais profundas. Muitos lagos são supersaturados de $CO_2$ e, portanto, eliminam este gás à atmosfera, particularmente no inverno quando a produção primária é reduzida (Cole *et al.*, 1994).

Estudos recentes realizados em reservatórios no Brasil demonstram que os fluxos difusivos tanto de $CH_4$ como de $CO_2$ são extremamente elevados em reservatórios localizados em regiões tropicais quando comparados com fluxos difusivos de reservatórios de regiões temperadas (Adams, 2004; Abe *et al.*, 2005a; Abe *et al.*, 2005b). Esses resultados podem estar relacionados às temperaturas mais elevadas normalmente observadas em regiões tropicais que aceleram as atividades metabólicas dos processos relacionados à emissão desses gases.

A produção de $N_2O$ é conduzida principalmente pelo processo de desnitrificação, realizado por bactérias aeróbias que, para oxidação de matéria orgânica, utilizam uma via respiratória alternativa ao uso do oxigênio, quando este se torna limitante. Durante o processo, ocorre a redução de $NO_3^-$ e $NO_2^-$ em formas gasosas de nitrogênio (NO, $N_2O$ e $N_2$) e que podem escapar para a atmosfera. A desnitrificação em sistemas aquáticos promove, portanto, a remoção do excesso tanto de nitrogênio como de carbono orgânico introduzido, atuando como um controlador da eutrofização. Porém, ao atingir a atmosfera, uma molécula de $N_2O$ possui um potencial de aquecimento 296 vezes superior à uma molécula de $CO_2$ em um horizonte de 100 anos (IPCC, 2001), ou seja, mesmo que em pequena quantidade, o $N_2O$ emitido para a atmosfera exerce um forte impacto em termos de aquecimento global. Dentre os diversos sistemas existentes, as áreas alagadas apresentam as condições mais favoráveis para o estabelecimento da desnitrificação. Estes locais têm como característica riqueza em nutrientes nitrogenados e em matéria orgânica, uma alta densidade de bactérias, bem como uma nítida interface entre ambiente óxico e anóxico no sedimento, que possibilita um íntimo acoplamento entre os processos de nitrificação e desnitrificação, tornando este último muito elevado quando comparado a outros ambientes aquáticos. Durante o processo de nitrificação, no qual a amônia é oxidada a nitrito e sucessivamente a nitrato por bactérias quimiossintéticas, o $N_2O$ também é produzido, porém, em menor escala quando comparada à desnitrificação. Nos reservatórios de Mascarenhas de Moraes e de Estreito, por exemplo, localizados no rio Grande, Minas Gerais, Sidagis-Galli *et al.* (2008) verificaram que as maiores concentrações de $N_2O$ foram observadas em locais cujos sedimentos eram predominantemente arenosos, pobres em matéria orgânica e em condições oxidantes. Tais condições, desfavoráveis ao processo de desnitrificação, possivelmente foram favoráveis às bactérias nitrificantes.

## 18.2 Métodos de Amostragem de Gases

### 18.2.1 Amostragem de Gases Acumulados nos Sedimentos e Cálculo dos Fluxos Difusivos Teóricos através da Interface Sedimento-água

A coleta de gases em sedimentos representa um problema técnico especial, uma vez que eles podem estar presentes tanto na forma dissolvida na água intersticial como na forma gasosa, em forma de bolhas, e estão sujeitos a uma rápida variação entre essas duas fases durante o manuseio. Por exemplo, variações na pressão e temperatura no intervalo entre a coleta e o manuseio dos sedimentos podem resultar na formação espontânea de bolhas que, por sua vez, podem migrar e causar turbulências, alterando toda a estrutura laminar da amostra, invalidando a análise de gases. Adams (1994) sugere algumas precauções que devem ser seguidas em qualquer programa de coleta de sedimentos, tais como: 1) o uso de tubos transparentes ou translúcidos que possibilitem a visualização das bolhas existentes nos sedimentos e eventuais degaseificações; 2) minimização dos distúrbios dos testemunhos para evitar perda de bolhas; 3) os testemunhos devem ser sub-amostrados imediatamente após a coleta; caso a sub-amostragem não seja possível de imediato, os testemunhos devem ser refrigerados para 1 a 2 °C, tanto para redução da atividade bacteriana como para minimizar a formação de bolhas; 4) uma vez que o oxigênio se difunde através de plásticos, amostras coletadas em seringas feitas com esse material devem ser estocadas em atmosfera inerte; e 5) amostras coletadas com amostrador de diálise *in situ* devem ser processadas o mais rápido possível (dentro de um intervalo de 5 minutos), para minimizar a troca gasosa através da membrana. O uso de amostradores de diálise *in situ* para análise de gases é atualmente desaconselhado em função da rápida alteração na composição gasosa que ocorre após a remoção do equipamento do sedimento (Adams, 2004).

Em trabalhos de rotina, o uso de testemunhos para posterior fatiamento tem sido mais frequentemente adotado para análise de gases nos sedimentos nos últimos anos (Fendinger & Adams, 1986; Fendinger & Adams, 1987; Adams & Van Eck, 1988; Adams, 1994; Abe *et al.*, 2005a), em função da rapidez da técnica. Esta tem-se mostrado mais vantajosa do que outras formas de amostragem, como o uso de mergulho autônomo (Adams & Baudo, 2001) e uso de sub-amostragem com *box cores* (Adams, 1994), nos quais a perda de gases durante o manuseio se torna mais freqüente. Além disso, o mergulho autônomo se torna arriscado em locais mais profundos e com ocorrência de troncos submersos. Testemunhos coletados com amostradores, como o apresentado na Figura 1, têm sido utilizados por diversos pesquisadores no Brasil e na Europa para quantificação de gases nos sedimentos, e têm-se mostrado muito eficientes, desde que manuseados com cuidado (Casper *et al.*, 2003; Abe *et al.*, 2005a).

**Figura 18.1** Coletor de testemunho por gravidade (UWITEC, Áustria), utilizado para quantificação de gases no sedimento.

Após a coleta, o testemunho é imediatamente refrigerado cobrindo-o com gelo e, em laboratório, ele é cuidadosamente conectado a um sistema de fatiamento horizontal denominado *squeezer*, ou espremedor, acionado por um pistão e um sistema de transferência de seções de sedimento para seringas especiais herméticas e dotadas de septos, pistões e O-rings, que mantêm os gases aprisionados para posterior análise cromatográfica. O sistema denominado *Adams-Niederreiter Gas Sampler* (UWITEC, Mondsee, Áustria), apresentado na Figura 2, foi testado e comparado com outros sistemas semelhantes e se mostrou muito eficiente e prático para coleta e análise de gases nos sedimentos (Abe *et al.*, 2005a; Abe *et al.*, 2005b). Com esse sistema, torna-se possível quantificar gases em seções de sedimento de 0,5 cm em 0,5 cm. Na Figura 3 estão apresentados alguns perfis de $CH_4$ e $CO_2$ obtidos com a utilização desse sistema. O uso dos testemunhos na posição horizontal evita a migração de bolhas durante o manuseio. Para medidas de $CH_4$, $CO_2$ e $N_2O$, o sistema pode ser utilizado em ambiente aberto, ou seja, sem a necessidade do uso de câmaras com ambiente de gases inertes, como por exemplo, o hélio. Porém, o uso de gases inertes se torna necessário para quantificação de outros gases presentes em elevadas concentrações na atmosfera, como $N_2$ e $O_2$.

A partir das concentrações de gases na seção mais superficial (0-0,5 cm) do sedimento e da água imediatamente acima da interface sedimento-água, torna-se possível o cálculo do fluxo difusivo teórico através dessa interface, utilizando-se a primeira lei de Fick da difusão, segundo Adams (1999):

$$J = -\phi D_s (dc/dz) \quad [g\ m^{-2}\ d^{-1}]$$

onde: $J$ = fluxo difusivo; $\phi$ = porosidade; $D_s$ = coeficiente de difusão para cada gás ($m^2/s$); $dc/dz$ = variação da concentração de cada gás com a profundidade ($g\ m^{-3}\ m^{-1}$).

**Figura 18.2** Sistema de coleta de gases do sedimento do tipo *squeezer* (*Adams-Niederreiter Gas Sampler*; UWITEC, Áustria).

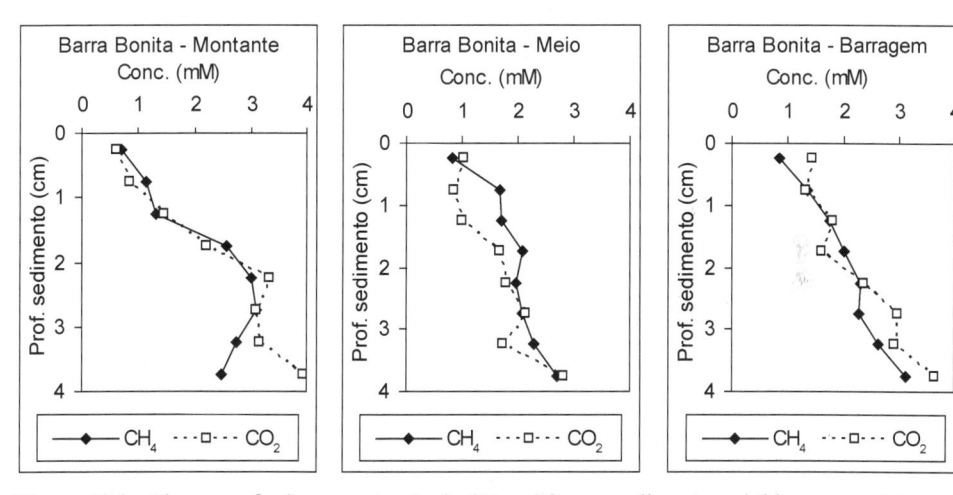

**Figura 18.3** Alguns perfis de concentração de $CH_4$ e $CO_2$ nos sedimentos, obtidos com o sistema de coleta de gases Adams-Niederreiter no reservatório de Barra Bonita, localizado no médio rio Tietê, Estado de São Paulo (Abe *et al.*, 2008a).

$D_s$ é calculado a partir do coeficiente molecular de difusão na água pura ($D_O$) na temperatura *in situ* (medida na água da interface com o sedimento) para cada um dos gases, utilizando-se a fórmula empírica $D_s = D_O \phi^2$ (Lerman 1979).

Uma correção para $D_O$ é aplicada para a tortuosidade dos sedimentos, utilizando-se a equação $D_s = D_O / \Theta^2$, onde $\Theta$ = tortuosidade do sedimento (Berner, 1980). $\Theta$ é estimado

utilizando-se a relação empírica desenvolvida por Sweerts *et al.* (1991), baseada na equação:
$\Theta^2 = -0.73\phi + 2.17$

Estimativas de fluxos difusivos através da interface sedimento-água baseadas nas equações acima vêm sendo empregadas há algumas décadas em diversos sistemas aquáticos, incluindo lagos naturais e reservatórios de regiões temperadas e tropicais (Adams *et al.*, 1982; Kuivila *et al.*, 1988; Adams *et al.*, 2000; Abe *et al.*, 1999; Casper *et al.*, 2003; Abe *et al.*, 2005a; Abe *et al.* 2005b).

## 18.2.2 Fluxos Difusivos através da Interface Água-ar

### 18.2.2.1 Câmaras Convencionais de Médio Tamanho

Os equipamentos para medidas de fluxos difusivos através da interface água-atmosfera mais utilizados são câmaras de difusão com dimensões variáveis, que são mantidas na superfície ou na sub-superfície por flutuadores. O grupo de pesquisadores canadenses da Hydro-Quebec (Tremblay *et al.*, 2005) utiliza, entre outros equipamentos, um sistema que consiste em uma câmara de polietileno com área superficial de 0,2 m² e 15 cm de altura, a qual é mantida a 2 cm abaixo da superfície da água. O ar contido no interior da câmara é amostrado a partir de uma saída localizada na parte superior e retornado na outra extremidade, possibilitando um fluxo contínuo no seu interior. Um diagrama esquemático o sistema está apresentado na Figura 4. A análise do ar contido na câmara é realizada com um equipamento denominado FTIR (Fourier Transform Infrared) ou NDIR (Non-Dispersive Infrared), o qual quantifica, entre outros gases, $CH_4$, $CO_2$ e $N_2O$ simultaneamente a cada 20 segundos em um período de 5 a 10 minutos. Os fluxos difusivos são calculados a partir das curvas de acúmulo dos gases ao longo do tempo. Tal sistema tem possibilitado medidas de fluxos difusivos com alta freqüência de amostragem e em um curto período de tempo, que resultam em uma grande acurácia dos resultados, com redução significativa dos intervalos de confiança dos fluxos médios quantificados.

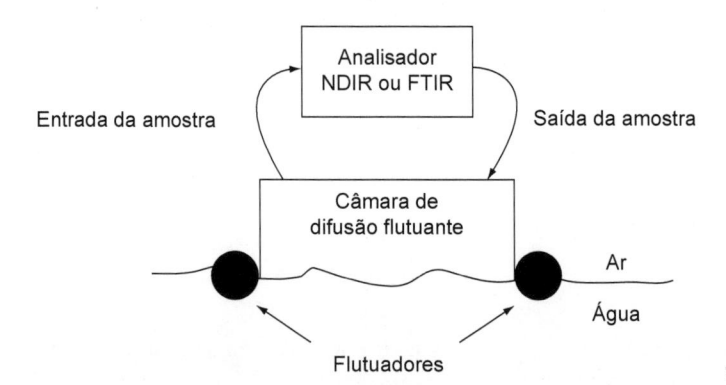

**Figura 18.4** Diagrama esquemático de uma câmara de difusão flutuante utilizada para medidas de gases de efeito estufa com o auxílio de um analisador FTIR ou NDIR. Fonte: Tremblay *et al.* (2005).

## 18.2.2.2 Câmaras de Difusão Miniaturizadas

Os pesquisadores da COPPE/UFRJ – USP/SC utilizam, há algum tempo, um sistema de câmaras de difusão miniaturizadas, com volume aproximado de 100 mL. As câmaras, em número de três, são mergulhadas e mantidas abertas na parte inferior e preenchidas totalmente com a água do reservatório 25 cm abaixo da superfície, ficando suspensas por bóias (Figura 5). Posteriormente, as câmaras são preenchidas com 50 mL do ar local injetado com uma bomba manual e mantidas em equilíbrio por um período de 3, 6 e 12 minutos. Após esses intervalos de equilíbrio, as câmaras são fechadas os gases contidos no interior são quantificados por cromatográfica gasosa, juntamente com uma amostra do mesmo ar injetado no início da incubação.

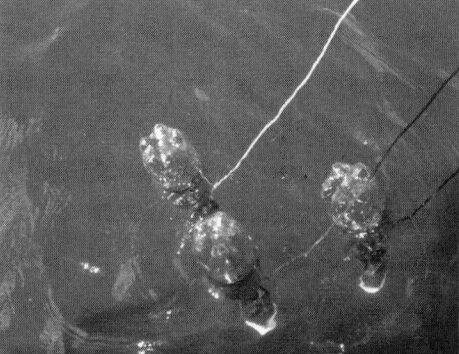

**Figura 18.5** Câmaras de difusão miniaturizadas utilizadas para medidas de difusão de gases através da interface água-ar.

A partir das características químicas dos gases dissolvidos na água, e sua liberação difusiva para o ar em contato com a água, é possível estabelecer uma função que descreve a concentração nesse ar em função do tempo (Rosa *et al.*, 2002).

## 18.2.2.3 Medidas de Fluxos Contínuos em Câmaras de Difusão

Uma outra abordagem para medida de fluxos difusivos de gases através da interface água-ar tem sido utilizada por pesquisadores do Instituto Nacional de Pesquisas Espaciais (Lima *et al.* 2005). Câmaras de difusão semelhantes àquelas utilizados pelos pesquisadores da Hydro-Quebec são mantidas na superfície dos reservatórios e as concentrações de $CH_4$, $CO_2$ e $N_2O$ são quantificadas continuamente em tempo real por um longo período (8 dias), com o auxílio de um detector fotoacústico. Tais medidas contínuas possibilitam a identificação da interferência de fatores ambientais, tais como entrada de frentes frias e ações do vento na dinâmica dos fluxos de gases nos reservatórios, bem como a identificação de bolhas liberadas do sedimento para a superfície do reservatório resultante da alteração da pressão hidrostática. Este sistema possibilita, portanto, a identificação de eventos muitas vezes impossíveis de serem observadas ou explicadas apenas com o uso de câmaras estáticas. Uma das desvantagens dessa abordagem é com relação à limitação da área amostral do reservatório, sendo, na maioria dos casos, só possível aplicar em locais não muito distantes das margens, o que tornam as medidas não representativas para o reservatório em si.

### 18.2.2.4 Funis Coletores de Bolhas

Além do processo difusivo através da coluna de água, os gases podem ser emitidos para a atmosfera na forma de bolhas, principalmente em locais com baixas profundidades e com altas taxas de produção desses gases. A captação dessas bolhas pode ser feita por funis invertidos mantidos submersos durante um intervalo de 24 horas, e as bolhas são aprisionadas em reservatórios inicialmente cheios de água e estes são fechados debaixo da água. Após a quantificação do volume captado, a composição do gás é analisada por cromatografia gasosa. Tais equipamentos têm sido utilizados pelos pesquisadores da COPPE/UFRJ há mais de uma década em diversos reservatórios, e recentemente pelos pesquisadores do Instituto Internacional de Ecologia. Um diagrama esquemático está apresentado na Figura 6.

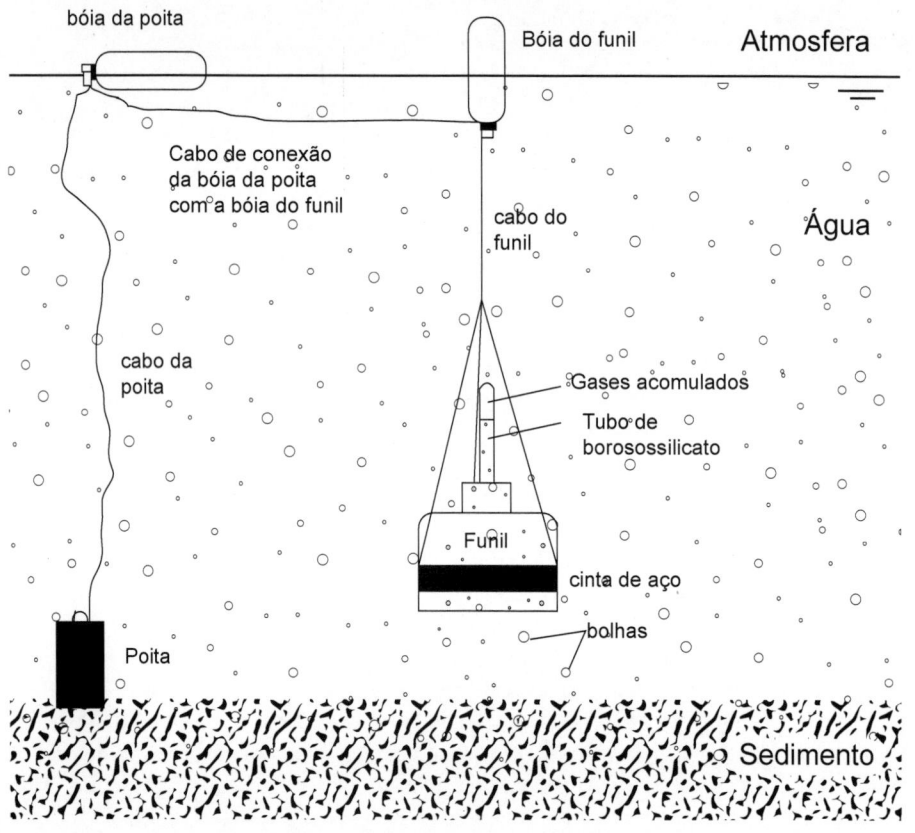

**Figura 18.6** Diagrama esquemático do sistema de funis e bóias mantidas em cada ponto para captura de bolhas.

## 18.3 Impactos Causados Durante a Fase de Enchimento em Reservatórios

Os impactos causados durante a fase de enchimento em reservatórios têm sido muito discutidos (Heide, 1982; Tundisi, 1986; Tundisi & Straskraba, 1999; Richard *et al.*, 2005; Abe *et al.*, 2005d). Durante essa fase, ocorrem rápidos e intensos processos de transformação, causados pela transição abrupta do ambiente lótico para lêntico. A matéria orgânica lábil da floresta de terra firme, ao ser inundada para a formação do reservatório, sofre um rápido processo de decomposição, provocando um grande pulso inicial de emissão de $CH_4$ (Rosa & Schaeffer, 1996; Galy-Lacaux *et al.*, 1997). Porém, esses impactos podem diferir de reservatório para reservatório, dependendo de fatores como latitude, da quantidade e do tipo vegetação inundada, da profundidade média e morfometria do reservatório, do tempo de residência, da atividade humana na bacia hidrográfica, entre outros.

O tipo de vegetação inundada é um fator importante nas transformações que ocorrem no reservatório durante a fase de enchimento. Os diferentes biomas em bom estado de conservação possuem diferentes quantidades de biomassa e, portanto, diferentes taxas de decomposição. Uma floresta tropical, por exemplo, contém, em média, três vezes mais carbono do que uma mata de cerrado e quatro vezes mais do que uma caatinga, podendo resultar em maiores taxas de emissão de gases de efeito estufa.

As condições hidrológicas do reservatório são, também, determinantes à qualidade da água durante a fase de enchimento. Em monitoramentos realizados nos reservatórios de Brokopondo, no Suriname (Heide, 1982), e no reservatório de Balbina (Moreno, 1996), localizados na floresta úmida tropical, e com tempos médios de residência correspondentes a 1,5 e 1 ano, respectivamente, foram verificadas depleção de oxigênio dissolvido e mortandade de peixes durante a fase de enchimento. Tais impactos não foram tão severos nos reservatórios de Tucuruí e Lajeado, ambos localizados no rio Tocantins, e cujos tempos de residência médios são 40 e 24 dias, respectivamente, ou seja, consideravelmente inferiores quando comparados aos reservatórios de Brokopondo e Balbina. A alta vazão e o reduzido tempo de residência resultaram em uma melhor qualidade da água nesses reservatórios durante a fase de enchimento em função da rápida renovação das águas. Em um estudo comparativo de emissão de gases por bolhas em reservatórios amazônicos realizado em 1993 por Matvienko e Tundisi (1997), alguns anos após o enchimento, os autores verificaram taxas de emissão de $CH_4$ e de $CO_2$ consideravelmente superiores nos reservatórios de Balbina (60,6 4 kg $CH_4$ km$^{-2}$ dia$^{-1}$ e 0,18 kg $CO_2$ km$^{-2}$ dia$^{-1}$, respectivamente) e de Samuel (84,4 kg $CH_4$ km$^{-2}$ dia$^{-1}$ e 0,65 kg $CO_2$ km$^{-2}$ dia$^{-1}$, respectivamente), quando comparadas às emissões no reservatório de Tucuruí (15,0 kg $CH_4$ km$^{-2}$ dia$^{-1}$ e 0,04 kg $CO_2$ km$^{-2}$ dia$^{-1}$, respectivamente). No reservatório de Petit Saut, Richard *et al.* (2005) observaram correlação negativa entre a concentração de $CH_4$ na coluna de água e a variação do regime hidrológico do reservatório durante a fase de estabilização, ou seja, as máximas concentrações de $CH_4$ foram observadas no período seco, e as mínimas no período chuvoso.

Com o decorrer dos anos após o enchimento, os reservatórios tendem a se estabilizar e, com isso, as principais fontes de matéria orgânica para a produção de gases de efeito estufa nos estágios iniciais da formação dos reservatórios tornam-se menos importantes (Lima &

Novo, 1999), resultando em menores emissões. Rosa *et al.* (2002), que realizaram um estudo comparativo em sete reservatórios localizados em várias latitudes do território brasileiro e com diferentes idades, observaram que as emissões entre as diferentes áreas de vegetação, como floresta amazônica, caatinga ou cerrado, não diferem muito entre si após o período de estabilização. Os autores concluíram que as emissões, nesses casos, não estão apenas relacionadas ao tipo de biomassa terrestre preexistente, mas principalmente à matéria orgânica proveniente da bacia de drenagem (alóctone) e da matéria orgânica produzida internamente no reservatório (autóctone).

## 18.4 Impacto da Eutrofização na Emissão de Gases de Efeito Estufa em Reservatórios

A eutrofização das águas interiores é considerada um dos maiores problemas ambientais em nível mundial. Com o aumento da eutrofização, há um conjunto de ocorrências que aceleram a degradação da qualidade da água, tais como: aumento do material em suspensão particulado; aumento das substâncias dissolvidas, especialmente de matéria orgânica; diminuição da concentração de oxigênio na água e conseqüente potencial para anoxia no fundo, promovendo a liberação de fósforo do sedimento, mortandade de peixes, entre outros fatores; presença de substâncias tóxicas na água derivadas de cianobactérias. Em regiões metropolitanas o aumento populacional e a elevada taxa de urbanização fazem com que haja um aumento crescente da necessidade de água e, concomitantemente, uma rápida deterioração da sua qualidade. Além dos problemas evidentes resultantes da eutrofização, o aumento das cargas de matéria orgânica e de nutrientes nos corpos de água promove, também, um aumento na emissão de gases de efeito estufa para a atmosfera. Com entrada de esgotos domésticos sem tratamento em um reservatório, por exemplo, ocorre um aumento na concentração de carbono, nitrogênio e fósforo no sistema que, por sua vez, induz o aumento da biomassa autóctone na coluna de água. Com o afundamento da biomassa na forma de organismos mortos ou partículas fecais, ocorre um aumento no acúmulo de matéria orgânica nos sedimentos. A precipitação exerce forte influência no aporte de material orgânico no sistema, porém de origem alóctone, e que, em grande parte, também será depositado nos sedimentos. Com o acúmulo de matéria orgânica nos sedimentos, haverá um aumento na ciclagem de carbono, nitrogênio e fósforo mediada por microorganismos e que, em última instância, resulta na produção, no acúmulo e, conseqüentemente, na emissão de gases naquele compartimento. Um diagrama esquemático do processo está apresentado na Figura 7.

Estudos realizados no Brasil demonstram que reservatórios mais eutrofizados apresentam maiores fluxos difusivos de gases de efeito estufa em comparação com os reservatórios menos eutrofizados. Em um levantamento realizado no reservatório de Furnas, por exemplo, como parte do Projeto de Balanço de Carbono nos Reservatórios de FURNAS Centrais Elétricas S.A., verificaram-se concentrações de matéria orgânica, nitrogênio total Kjeldahl e de fósforo total superiores no braço Sapucaí em comparação com os valores observados no braço Grande (Figura 8). O braço Sapucaí do reservatório de Furnas é sabidamente mais impactado em relação ao braço Grande em função da maior ocupação humana naquela bacia, destacando-se as

```
                    ┌─────────────────────────────┐
                    │  Aporte de esgoto doméstico │
                    │       sem tratamento        │
                    └──────────────┬──────────────┘
                                   ▼
┌──────────────┐        ┌─────────────────────────────┐
│ Precipitação │───────▶│ Aumento do aporte de C, N, P│
└──────┬───────┘        └──────────────┬──────────────┘
       │                               │
       ▼                               ▼
┌──────────────────────┐   ┌────────────────────────────┐
│ Aumento do aporte de │   │ Aumento da biomassa na     │
│ material orgânico    │   │ coluna de água (autóctone) │
│ particulado externo  │   └──────────────┬─────────────┘
│ (alóctone)           │                  │
└──────┬───────────────┘                  ▼
       │              Afundamento das partículas orgânicas
       │              (organismos mortos, partículas fecais)
       ▼
┌────────────────────────────────────────────────────┐
│ Maior acúmulo de matéria orgânica nos sedimentos   │
└─────────────────────┬──────────────────────────────┘
                      │  Decomposição por microorganismos:
                      │  aumento da ciclagem de C, N, S e P;
                      ▼  anoxia
┌────────────────────────────────────────────────────┐
│ Aumento da produção e acúmulo de gases nos         │
│ sedimentos e no hipolímnio anóxico                 │
│ (N₂O, CO₂, CH₄, H₂S, entre outros)                │
└────────────────────────────────────────────────────┘
```

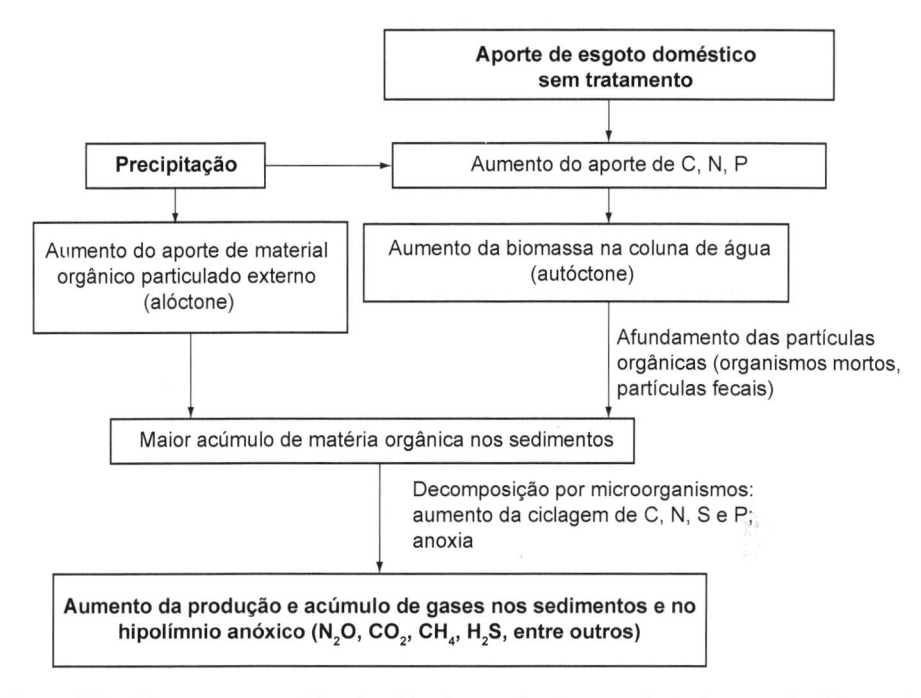

**Figura 18.7** Diagrama esquemático do efeito da eutrofização na emissão de gases de efeito estufa em reservatórios. Fonte: Abe *et al.* (2008a).

cidades de Alfenas, Três Corações e Varginha, cujos esgotos domésticos são lançados naquele braço. Como conseqüência foram observados fluxos difusivos superiores de $CH_4$ e $CO_2$ em comparação com os valores observados no braço Grande.

A influência do estado trófico de um reservatório se tornou muito evidente em um estudo realizado nos reservatórios do médio rio Tietê, no Estado de São Paulo. O rio Tietê, ao passar pela Região Metropolitana de São Paulo, recebe uma carga muito significativa de esgotos domésticos sem tratamento. Em um levantamento realizado pelo Projeto Brasil das Águas com o uso de avião anfíbio para coleta de amostras superficiais de água ao longo do rio Tietê em 2003 (Abe *et al.*, 2006), verificou-se que esse impacto se estende a centenas de quilômetros à jusante, como pode ser observado na Figura 9. Após o reservatório de Promissão, localizado 500 km à jusante, o rio volta ao seu estado normal, ou seja, volta a apresentar baixas concentrações de nitrogênio e fósforo na água.

Considerando essas características do rio Tietê, foi realizado um estudo para a quantificação da emissão de gases de efeito estufa nos reservatórios de Barra Bonita, classificado como hipereutrófico-eutrófico, Ibitinga, classificado como eutrófico, e Promissão, classificado como mesotrófico-oligotrófico, tanto no período seco (outubro de 2005) como no período chuvoso (março de 2006), cujo objetivo principal foi de verificar se o estado trófico dos reservatórios está relacionado à emissão de gases de efeito estufa na interface água-atmosfera (Abe *et al.*, 2008a;

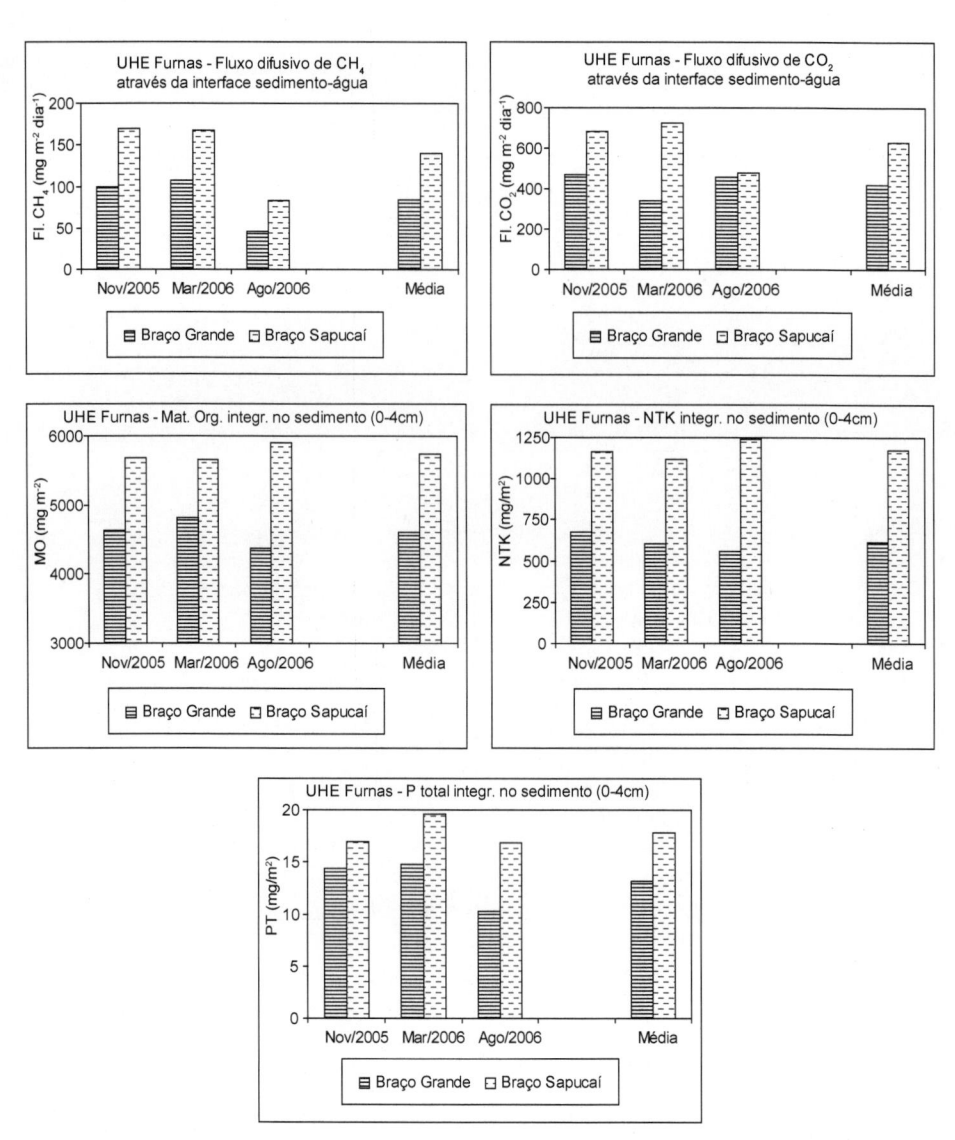

**Figura 18.8** Concentrações de $CH_4$ e $CO_2$, matéria orgânica, nitrogênio total Kjeldahl e fósforo total no reservatório de Furnas.

Abe *et al.*, 2008b). Verificou-se que os fluxos máximos de $CH_4$ e $N_2O$ foram observados no reservatório de Barra Bonita, ou seja, o mais eutrofizado dos reservatórios estudados, sendo que os menores fluxos foram observados no reservatório de Promissão (Figura 10). Já o $CO_2$ apresentou fluxo positivo apenas no reservatório de Barra Bonita, sendo que nos demais reservatórios esse gás apresentou fluxo inverso, ou seja, os reservatórios de Ibitinga e Promissão

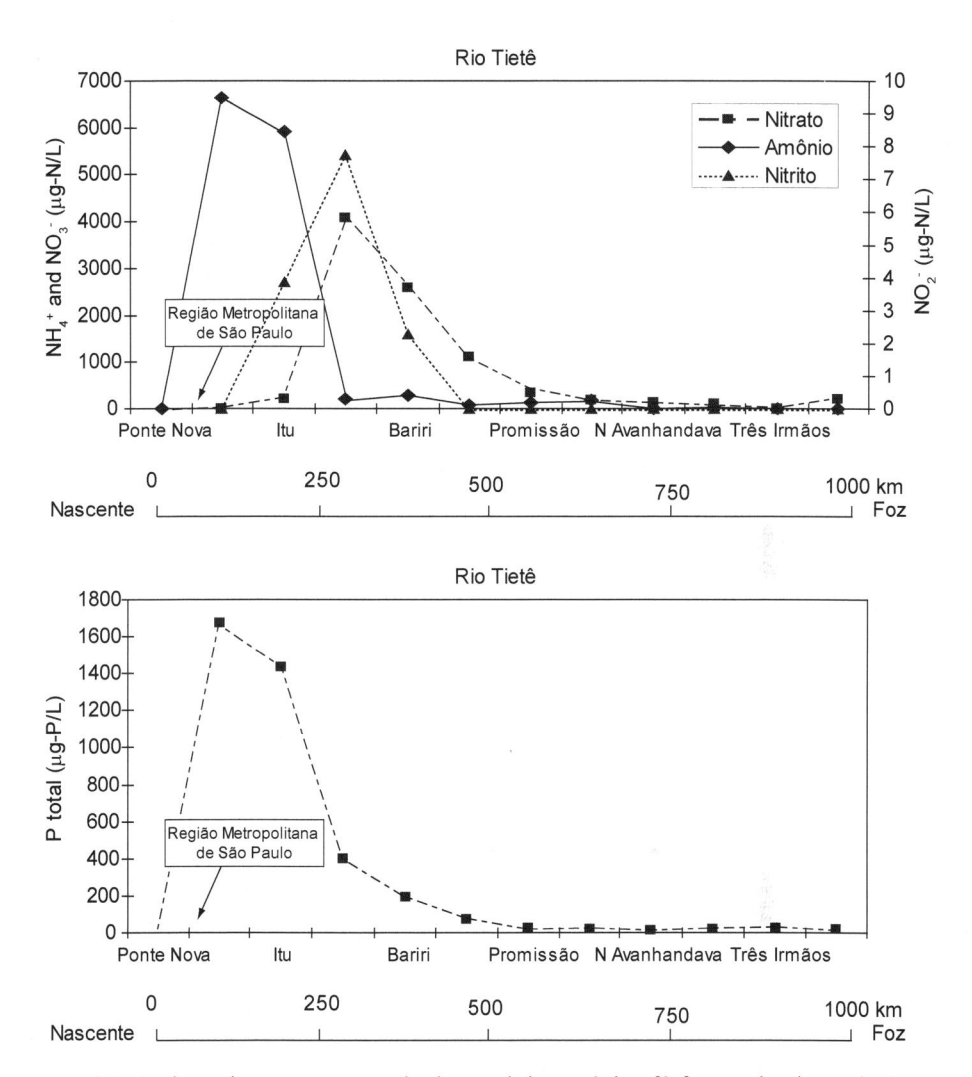

**Figura 18.9** Variação das concentrações de nitrato, nitrito, amônio e fósforo total ao longo do rio Tietê, em amostras coletadas pelo Projeto "Brasil das Águas" em 2003 (Abe *et al.*, 2006).

atuam como sumidouros de $CO_2$, relacionados à alta taxa de produtividade primária nesses reservatórios, sendo que no reservatório de Barra Bonita as taxas de produção de $CO_2$ resultantes da atividade heterotrófica foram superiores à atividade autotrófica. Os fluxos difusivos de $CH_4$ e $N_2O$ apresentaram alta correlação com o fósforo total e o nitrogênio total (Figura 11), o que demonstra que as taxas de emissão desses gases estão diretamente relacionadas ao grau de eutrofização do sistema.

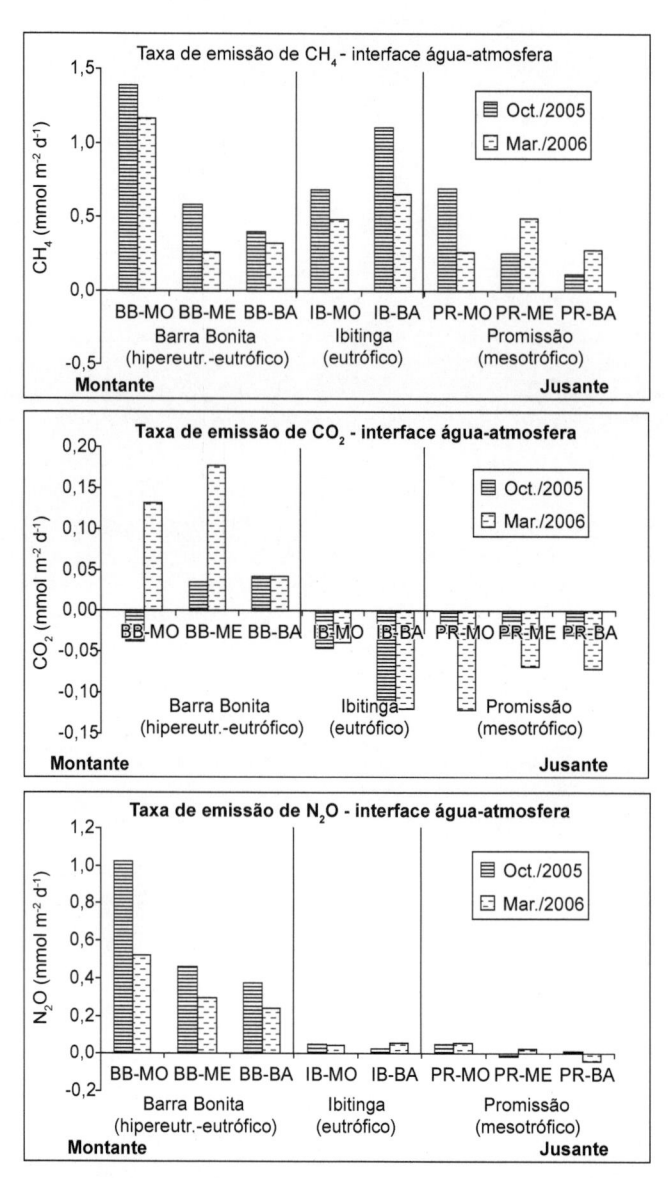

**Figura 18.10** Taxas de emissão de $CH_4$, $CO_2$ e $N_2O$ nos reservatórios do médio rio Tietê. Fonte: Abe et al. (2008a).

A partir dos valores médios dos fluxos difusivos nos dois períodos estudados, foi feita uma estimativa dos fluxos anuais de $CH_4$, $CO_2$ e $N_2O$ nos três reservatórios, cujo gráfico está apresentado na Figura 12. Assim, verificou-se que o $CH_4$ foi o principal gás emitido nos três reservatórios estudados, seguido do $N_2O$.

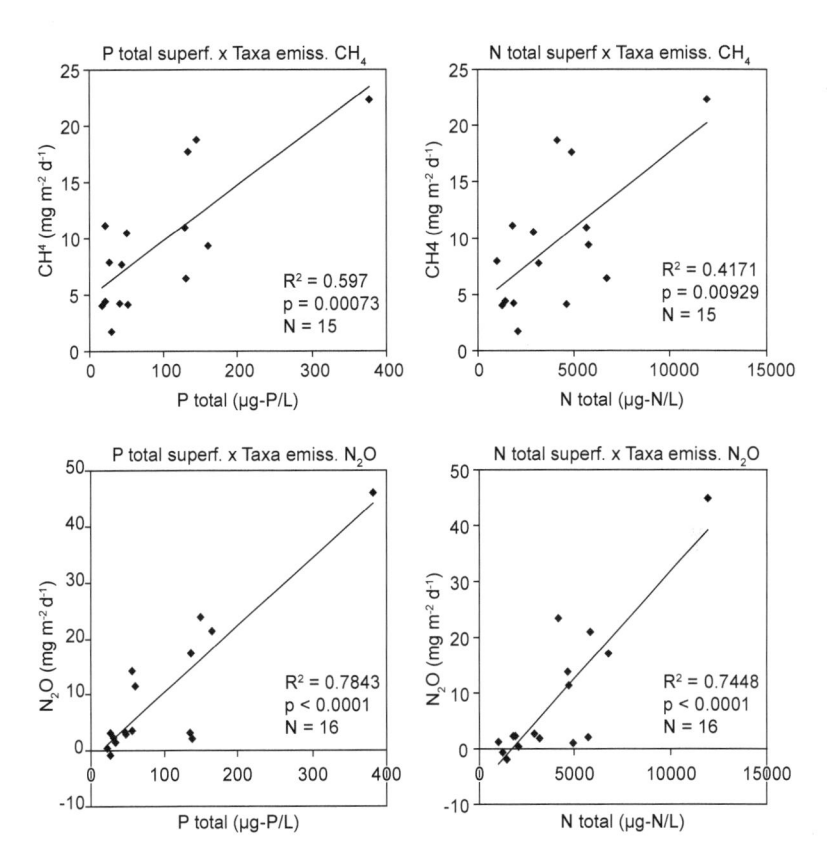

**Figura 18.11** Correlação entre o nitrogênio total, o fósforo total e as taxas de emissão de $CH_4$ e $N_2O$ através da interface água-ar nos reservatórios do médio rio Tietê. Fonte: Abe et al. (2008a).

## 18.5 Considerações sobre a Influência da Bacia Hidrográfica no Aporte de Material nos Reservatórios

As elevadas emissões de gases de efeito estufa observadas no reservatório de Barra Bonita no médio rio Tietê, e no braço Sapucaí, no reservatório de Furnas, não podem ser atribuídas apenas ao efeito do barramento desses rios, visto que grande parte do material causador dessas emissões é proveniente das atividades antrópicas fora do reservatório, nesses casos, do aporte de efluentes domésticos sem tratamento de grandes áreas urbanas nos principais rios formadores. Certamente as emissões seriam menores caso não houvessem os barramentos, pois o rio teria uma condição lótica e menos favorável para o acúmulo de material orgânico no leito e, consequentemente, para a produção de gases. Portanto, os barramentos contribuem, de alguma forma, à maior emissão de gases de efeito estufa nesses rios. Porém, deve-se con-

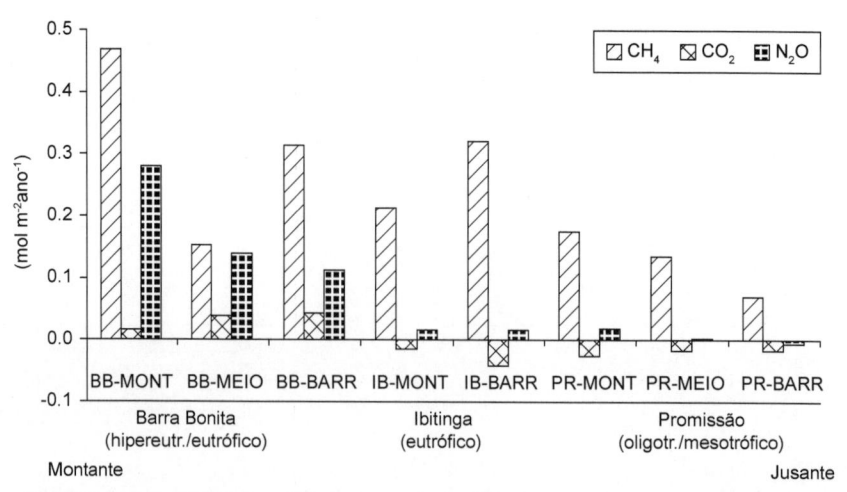

**Figura 18.12** Estimativa dos fluxos difusivos anuais de $CH_4$, $CO_2$ e $N_2O$ nos reservatórios do médio rio Tietê. Fonte: Abe et al. (2008a).

siderar fundamentalmente que a origem dessas elevadas emissões é a falta de gerenciamento dos recursos hídricos à montante dessas bacias e não a presença dos reservatórios em si. Caso houvesse tratamento satisfatório de esgotos domésticos e industriais na Região Metropolitana de São Paulo, por exemplo, as emissões de gases de efeito estufa no reservatório de Barra Bonita seriam semelhantes ou até inferiores às emissões observadas no reservatório de Promissão (Figura 11).

Esses resultados demonstram que o gerenciamento dos recursos hídricos visando a redução da eutrofização se torna imperativo não apenas para evitar os problemas mais evidentes, tais como mortandade de peixes e florescimento de cianobactérias potencialmente tóxicas, mas também para evitar o aumento da emissão de gases de efeito estufa para a atmosfera e, consequentemente, contribuindo ainda mais para o aquecimento global (Tundisi et al., 2006).

## 18.6 Tempo de Residência dos Reservatórios

Além do estado trófico, o tempo de residência é um fator fundamental na emissão de gases em reservatórios. Em três campanhas realizadas em diversos pontos no reservatório de Funil, localizado no rio Paraíba do Sul, ao longo de um ano, também como parte do Projeto de Balanço de Carbono nos Reservatórios de FURNAS Centrais Elétricas S.A., não se verificou a ocorrência de anoxia no hipolímnio (Abe et al., em preparação), em função do baixo tempo de residência do reservatório, que varia de 10 a 50 dias, e cuja tomada de água localiza-se próxima do fundo, de modo que todo o volume de água é constantemente renovado (Soares, 1999). Apesar de ser classificado como eutrófico (Azevedo et al., 2005), a ausência de anoxia no hipolímnio do reservatório de Funil resultou em menores fluxos difusivos, quando comparados aos fluxos difusivos de outros reservatórios também eutrofizados, como os do médio rio Tietê.

## 18.7 Comparação entre Fluxos Difusivos de $CH_4$ e $CO_2$ em Ambientes Temperados e Tropicais

Em um levantamento realizado por Adams (2004) em 7 reservatórios e 9 lagos temperados, e por Abe *et al.* (2005c) em reservatórios 7 reservatórios tropicais do Brasil, os autores verificaram que os fluxos difusivos de $CH_4$ e $CO_2$ através da interface sedimento-água são, em geral, superiores em reservatórios tropicais (Figura 13). Essa diferença é evidente principalmente em reservatórios oligotróficos e mesotróficos, nos quais os fluxos são consideravelmente inferiores em ambientes temperados. Considerando-se que a deposição de carbono em sistemas tropicais e temperados é provavelmente similar, a razão dessa discrepância nos fluxos difusivos é ainda incerta, o que demonstra que mais estudos que relacionam o estado trófico às emissões de gases de efeito estufa nessas duas zonas climáticas tornam-se necessários. Tais resultados podem estar relacionados à maior temperatura média em ambientes tropicais, que possibilitam maior atividade metabólica dos microorganismos envolvidos nos processos de produção de gases nos sedimentos.

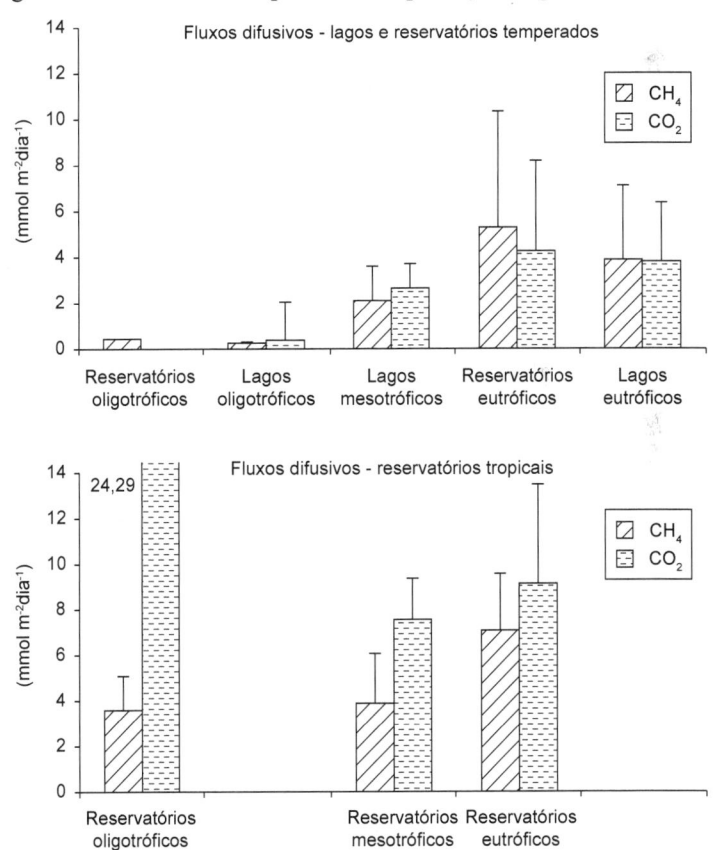

**Figura 18.13** Comparação entre os fluxos difusivos de $CH_4$ e $CO_2$ através da interface sedimento-água em reservatórios temperados e tropicais. Fonte: Adams, 2004; Abe *et al.* (2006).

## 18.8 Incertezas nas Medidas de Gases de Efeito Estufa em Reservatórios

As estimativas das emissões de gases de efeito estufa em reservatórios estão sujeitas a inúmeras incertezas, que incluem:
- problemas metodológicos de análise;
- grande variabilidade espacial existente nos reservatórios;
- variabilidade temporal, tanto em escala sazonal como em escala de maior freqüência (horária e diária)

Como em qualquer tipo de medida em limnologia, a quantificação de gases de efeito estufa em reservatórios está sujeita aos inúmeros erros metodológicos, inerentes a fatores como: tipo de equipamento e de protocolo adotados; o grau de experiência do operador; entre outros. No caso da quantificação de gases o problema se torna ainda maior, visto que estes sofrem alterações de forma mais expressiva, por exemplo, às alterações da temperatura e da pressão hidrostática quando comparadas às variações sofridas pelos solutos na água. Além disso, alguns gases, em especial o $CO_2$, sofrem rápidas alterações resultantes das atividades biológicas. Tais alterações devem ser minimizadas reduzindo-se o tempo entre a coleta e a medida, bem como evitando o aquecimento das amostras, o que resultaria na perda de gases. A utilização de uma mesma equipe experiente e bem treinada para coleta, processamento e análise das amostras também reduz a possibilidade de erros. Uma outra forma de minimizar tais erros é a utilização de métodos padronizados, da mesma forma como é feita em análises da qualidade da água (APHA, 1998). Porém, no caso de quantificação de gases de efeito estufa, não há, ainda, manuais padronizados, apesar de haver esforços para tanto.

Em alguns casos, como por exemplo, na quantificação de gases em amostras de sedimento, as diferenças das concentrações que são observadas entre as réplicas podem ser resultantes da variabilidade espacial, por mais próximas que essas tenham sido coletadas. Os sedimentos, da mesma forma como o solo, possuem grande variabilidade espacial, muitas vezes perceptível a olho nu, mesmo que as réplicas tenham sido coletadas a poucos metros de distância. No caso da quantificação de gases na interface água-ar, a variabilidade é teoricamente menor em relação aos sedimentos, em função da maior homogeneidade da água. Mesmo assim, altas variabilidades podem ser observadas em um curto espaço de tempo, por exemplo, entre as medidas das réplicas, em função de processos como episódios esporádicos de borbulhamento, correntes convectivas de água mais rica em gases do hipolímnio para o epilímnio, entre outros.

No caso das amostras de sedimento, a maior variabilidade ocorre entre os diferentes sítios do reservatório amostrados, muito maior em comparação com a variabilidade temporal. Tal variabilidade é obviamente resultante da grande diferença na composição dos sedimentos existente, por exemplo, entre a montante do reservatório e a porção mediana, entre os braços do reservatório e o corpo central, além das diferenças na profundidade. Em geral, a concentração de gases nos sedimentos está relacionada ao tipo de sedimento existente no reservatório. Nas porções mais à montante, onde o reservatório apresenta características predominantemente lóticas, os sedimentos possuem maior granulometria e menor quantidade de matéria orgânica, em comparação com os sedimentos observados nas porções médias e baixas do reservatório, com características predominantemente lênticas e, consequentemente, com menor granulometria e ricos em matéria orgânica. Da mesma forma, a região litorânea apresenta, em geral, sedimentos mais pobres em matéria orgânica em com maior granulometria em comparação com os sedimentos observados na calha central do reservatório. Nesses locais em que os sedimentos são pobres em matéria orgânica, a concentração de gases e seus fluxos difusivos são, em geral, menores em comparação com os valores observados nos locais com sedimentos mais ricos em matéria orgânica.

Para exemplificar as variabilidades discutidas acima, estão apresentados alguns resultados das concentrações de $CH_4$ e de $CO_2$ obtidas nos sedimentos do reservatório da UHE Furnas, em três campanhas realizadas em um intervalo de um ano, considerando-se o início do período chuvoso (novembro de 2005), o final do período chuvoso (março de 2006) e o período de seca (agosto de 2006), como parte do Projeto "O Balanço de Carbono nos Reservatórios de Furnas Centrais Elétricas S. A.". Foram amostrados nesse reservatório 10 pontos ao longo do corpo central, desde a montante até a jusante, incluindo os principais braços. Comparando-se a variabilidade espacial entre as amostras (coeficiente de variação entre os diferentes pontos amostrados referente a cada período), a variabilidade amostral (coeficiente de variação entre as réplicas referente a cada período), e a variabilidade temporal (coeficiente de variação entre as médias de cada período amostrado), verificou-se que para o $CH_4$, o reservatório de Furnas apresenta maior variabilidade espacial (coeficiente de variação de 45,6% a 117,8%) em comparação com a variabilidade temporal (43,6%) e em comparação com a variabilidade amostral (21,5% a 32,7%). Variabilidade semelhante foi observada para o $CO_2$ (Tabela 1), o que demonstra que a variabilidade espacial é muito superior em comparação com a variabilidade temporal e a variabilidade amostral.

Tabela 18.1 Comparação entre a variabilidade espacial (coeficiente de variação entre os diferentes pontos de coleta), amostral (coeficiente de variação entre as réplicas) e temporal (coeficiente de variação entre as médias dos três períodos amostrados) das concentrações de $CH_4$ e $CO_2$ das amostras de sedimento no reservatório da UHE Furnas.

| GEE | Coef. de variação | Nov-05 | Mar-06 | Apr-06 | Média |
|---|---|---|---|---|---|
| $CH_4$ | Espacial (%) | 45,6 | 117,8 | 104,3 | 89,2 |
| | Amostral (%) | 21,5 | 32,7 | 24,1 | 26,1 |
| | Temporal (%) | 43,6 | 43,6 | 43,6 | - |
| $CO_2$ | Espacial (%) | 43,2 | 138,1 | 137,7 | 106,4 |
| | Amostral (%) | 18,6 | 14,8 | 13,5 | 15,6 |
| | Temporal (%) | 36,7 | 36,7 | 36,7 | - |

Número de observações em cada período: 10; número de réplicas por amostra: 2.

Essa grande variabilidade espacial na concentração de gases existente ao longo dos reservatórios pressupõe que, para a realização das estimativas de emissão de gases de efeito estufa para o reservatório como um todo, torna-se necessária a amostragem em um maior número possível de pontos, caso contrário as medidas não serão representativas para o reservatório. Porém, para a escolha do número de pontos a serem amostrados, logicamente deve-se levar em conta, além da representatividade, também a demanda de tempo para execução do trabalho e o custo deste, nem sempre viáveis. No caso do Projeto "O Balanço de Carbono no Reservatório de Furnas Centrais Elétricas S.A.", foram escolhidos, em média, 10 pontos por reservatório, um número bastante razoável e que tem trazido bons resultados no caso da quantificação de gases nos sedimentos.

Considerando a variabilidade amostral, as médias observadas foram um pouco elevadas, acima de 15%. Tal variabilidade poderia ser reduzida aumentando-se o número de réplicas visto que, no caso do estudo em questão, foram utilizadas apenas duas. Porém, como foi discutida anteriormente, tal variabilidade pode ser resultante não apenas da variabilidade da metodologia, mas também da variabilidade espacial nos sedimentos, mesmo que tenham sido coletados a uma distância bastante reduzida. Uma limitação existente no caso da coleta e do processamento de amostras de sedimento está na demanda de tempo necessária, dada a grande dificuldade operacional. O uso de muitas réplicas poderia resultar em um tempo muito longo para o armazenamento e o processamento das amostras de sedimento, reduzindo, assim, a acurácia das medidas.

Já a variabilidade temporal observada tanto para o $CH_4$ como para o $CO_2$ demonstra a importância da sazonalidade na concentração de gases de efeito estufa nos reservatórios. Essas diferenças podem estar relacionadas ao efeito do regime pluviométrico nos reservatórios que, por sua vez, promovem alterações no nível da água, no tempo de residência, na operação das barragens, no aporte de material alóctone, entre outros, resultando, em última instância, na maior ou menor emissão de gases de efeito estufa. Portanto, para o estudo de um determinado reservatório, torna-se fundamental durante o planejamento a inclusão de, pelo menos, três campanhas de campo ao longo de um ano, considerando-se os períodos de vazão máxima, mínima e intermediária.

Uma boa parte das abordagens acima citadas foi aplicada no Projeto "O Balanço de Carbono nos Reservatórios de Furnas Centrais Elétricas S.A.", que está sendo executada por 5 instituições: Furnas Centrais Elétricas S.A., INPE, COPPE/UFRJ, Universidade Federal de Juiz de Fora e Associação Instituto Internacional de Ecologia e Gerenciamento Ambiental. Foram estudados 8 reservatórios durante um período de 4 anos. Tal projeto pode ser considerado único no Brasil, pelo número de equipes participantes responsáveis pelas medidas de gases de efeito estufa na interface água-ar, na água, na interface sedimento água, bem como os aspectos microbiológicos envolvidos, e também pelo número de reservatórios estudados e pelo número de pontos considerados em cada reservatório, 10 em média. O projeto, que está na fase de conclusão, trará grandes avanços sobre emissões de gases de efeito estufa em reservatórios tropicais, após a integração dos dados obtidos pelas equipes participantes.

## 18.9 Considerações finais e conclusões

Os reservatórios tropicais e subtropicais no Brasil liberam quantidades apreciáveis de $CH_4$ e outros gases de efeito estufa para a atmosfera. Emissões de $CH_4$, $N_2O$, $H_2S$ e $CO_2$ são devidos ao acúmulo de matéria orgânica no hipolímnio destes reservatórios, como resultado da decomposição da vegetação ou de contribuições de material alóctone a partir da bacia hidrográfica.

Eutrofização de reservatórios tem um papel muito importante do ponto de vista quantitativo na emissão de gases de efeito estufa a partir do sedimento e da interface água/atmosfera. Alta correlação de P total e N total com as taxas de emissão de gases de efeito estufa através da interface ar/água evidência o papel da eutrofização no processo.

Em reservatórios tropicais os fluxos difusivos de gases $CH_4$ e $CO_2$ são mais elevados do que em reservatórios de regiões temperadas. Provavelmente o efeito das temperaturas mais elevadas da água nos reservatórios tropicais sé refletido nos processos biogeoquímicos que desencadeiam as emissões de gases através da atividade de bactérias envolvidas no ciclo desses gases no sedimento e na interface sedimento/água.

O acúmulo de matéria orgânica em reservatórios, situados em região com alto potencial de descarga de N e P deve ser controlado, e a construção de reservatórios, especialmente na Amazônia, deve levar em conta este processo, inclusive no desenho e planejamento de novos reservatórios.

## Agradecimentos

Os resultados apresentados foram gerados por projetos de pesquisa executados no IIEGA e financiados pelas seguintes instituições: FURNAS Centrais Elétricas S.A. (Projeto de P & D "O Balanço de Carbono nos Reservatórios de Furnas Centrais Elétricas S.A."); FAPESP (Processos 04/13782-8 e 05/51198-9); e CNPq (Processo no. 477603/2004-1).

## Referências

Abe D.S., Kato K., Terai H., Adams, D.D. & Tundisi, J.G. 1999. Contribution of free-living and attached bacteria to denitrification in the hypolimnion of a mesotrophic japanese lake. *Microbes and Environ.*, 15: 93-101.

ABE D.S., ADAMS D.D., SIDAGIS-GALLI C., SIKAR E. & TUNDISI J.G. 2005a. Sediment greenhouse gases (CH4 and CO2) in the Lobo-Broa Reservoir, São Paulo State, Brazil: Concentrations and diffuse emission fluxes for carbon budget considerations. *Lakes & Reservoirs Research and Management*, 10: 201-209.

ABE D.S., ADAMS D.D., SIDAGIS-GALLI C., CIMBLERIS A.C.P. & TUNDISI J.G. 2005b. Carbon gas cycling in the sediments of Serra da Mesa and Manso reservoirs, central Brazil. *Verhandlungen - Internationale Vereinigung für Theoretische und Angewandte Limnologie*, 29: 567-572.

ABE D.S., ADAMS D.D., SIDAGIS-GALLI C., CIMBLERIS A.C.P. & BRUM, P.R. 2005c. Trophic classifications between temperate and tropical aquatic ecosystems: Is such terminology unrealistic for sedimentary carbon cycling. In *11th World Lakes Conference, Nairobi, Kenya*. 105 p. [Livro de Resumos].

ABE D.S., TUNDISI J.G., MATSUMURA-TUNDISI T., TUNDISI J.E.M. & SIDAGIS-GALLI C. 2005d. Inpacts during the filling phase in reservoirs: Case studies in Brazil. In: Santos M.A. & Rosa L.P. (Eds.). *Global Warming and Hydroelectric Reservoirs*. COPPE/UFRJ; Eletrobrás, Rio de Janeiro, p. 109-116.

ABE D.S., TUNDISI J.G., MATSUMURA TUNDISI T., TUNDISI J.E.M., SIDAGIS-GALLI C., TEIXEIRA-SILVA V., AFONSO G.F., VON HAEHLING P.H., MOSS G. & MOSS M. 2006. Monitoramento da qualidade ecológica das águas interiores superficiais e do potencial trófico em escala continental no Brasil com o uso de hidroavião. In: Tundisi J.G., Tundisi T.M. & Sidagis Galli C.

(Eds.). *Eutrofização na América do Sul: Causas, Conseqüências e Tecnologias para Gerenciamento e Controle.* Instituto Internacional de Ecologia, São Carlos, p. 225-239.

ABE D.S., SIDAGIS GALLI C., MATSUMURA TUNDISI T., TUNDISI J.E.M. & TUNDISI J.G. 2008a. Influência da sazonalidade na emissão de gases de efeito estufa em reservatórios. In: Tundisi J.G. (Ed.). IAP Water Programme Regional Workshop for the Americas - Bridging Water Research and Management: Enhancing Water Management Capacity in the Hemisphere (no prelo).

ABE D.S., SIDAGIS GALLI C., MATSUMURA TUNDISI T., TUNDISI J.E.M., GRIMBERG D.E., MEDEIROS G.R., TEIXEIRA-SILVA V. & TUNDISI J.G. 2008b. The effect of eutrophication on greenhouse gas emissions in three reservoirs of the Middle Tietê River, Southeastern Brazil. *Verh. Internat. Verein. Limnol.*, 30 (no prelo).

ADAMS D.D. 1994. Sampling sediment pore water. In Mudroch A. & MacKnight S.D. (Eds.). *CRC Handbook of Techniques for Aquatic Sediments Sampling.* CRC Press, Boca Raton, FL, p 171-202.

ADAMS D.D. 1999. Methane, carbon dioxide and nitrogen gases in the surficial sediments of two Chilean reservoirs – diffusive fluxes at the sediment water interface. In Rosa L.P. & Santos M.A. (Eds.). Dams and Climate Change. *Proceedings of an International Workshop on "Hydro Dams, Lakes and Greenhouse Gas Emissions".* COPPE Report, Rio de Janeiro, Brazil.

ADAMS D.D. 2002. Cycling carbon and nitrogen gases in sediments of aquatic ecosystems. In 4 International Conference on Reservoir Limnology and Water Quality. Ceske Budejovice, p. 16-17. [Extrended abstracts].

ADAMS D.D. 2004. Diffuse flux of greenhouse gases: methane and carbon dioxide at the sediment-water interface of some lakes and reservoirs of the world. In: Tremblay A., Varfalvy L., Roehm C. & Garneau M. (Eds.). *Greenhouse Gas Emissions: Fluxes and Processes – Hydroelectric Reservoirs and Natural Environments.* Springer-Verlag.

ADAMS D.D., MATISOFF G. & SNODGRASS W.J. 1982. Flux of reduced chemical constituents (Fe2+, $Mn^{2+}$, $NH_4$ and $CH_4$) and sediment oxygen demand in Lake Erie. *Hydrobiologia*, 92: 405-414.

ADAMS D.D., VAN ECK G.Th.M. 1988. Biogeochemical cycling of organic carbon in the sediments of the Grote Rug reservoir. *Arch. Hydrobiol. Beih. Ergebn. Limnol.*, 31: 319-330.

ADAMS D.D., VILA I., PIZARRO J. & SALAZAR C. 2000. Gases in the sediments of two eutrophic Cilean reservoirs: potential sediment oxygen demand and sediment-water flux of $CH_4$ and $CO_2$ before and after an El Niño event. *Verh. Internat. Verein. Limnol.*, 27: 1376-1381.

ADAMS D.D. & BAUDO R. 2001. Gases ($CH_4$, $CO_2$ and N2) and pore water chemistry in the surface sediments of Lake Orta, Italy: Acidification effects on C and N gas cycling. *J.Limnology*, 60: 79-90.

APHA 1998. *Standard methods for the examination of water and wastewater.* 20 ed. American Public Health Association, Washington. 874 p.

AZEVEDO S.M.F.O., BRANDÃO, C.C.S., AZEVEDO, L.O., MARINHO, M.M., MAGALHÃES, V.F., HUSZAR, V.L.M., OLIVEIRA, C.P., GOMES, A.M.A. 2005. *Efeitos de fatores físicos e químicos no crescimento de cianobactérias e proposição de técnicas de tratamento de água para remoção de cianobactérias e cianotoxinas.* Relatório apresentado à Fundação Nacional de Saúde, Brasília.

BERNER R.A. 1980. Early Diagenesis: A Theoretical Approach. Princeton Univ. Press, Princeton, N.J. 241 p.

CASPER P., FURTADO A. & ADAMS D.D. 2003. Biogeochemistry and diffuse fluxes of greenhouse gases (methane and carbon dioxide) and dinitrogen from the sediments in oligotrophic Lake Stechlin. In Koschel R. & Adams D.D. (Eds.). Lake Stechlin – An Approach to Understand an Oligotrophic

Lowland Lake. Arch. Hydrobiol., Spec. Issues, 58: 53-71.

CIMBLERIS A.C.P., BRUM P.R., SOARES C.B.P., ROLAND F., ROSA L.P., SANTOS M.A., SIKAR B., TUNDISI J.G., ABE D.S., SIDAGIS GALLI C., STECH J.L. & NOVO E. 2007. Carbon budget in seven Brazilian hydropower reservoirs. In 30 International Congress of Limnology, 2007. [Livro de Resumos].

COLE J.J., CARACO N.F., KLING G.W. & KRATZ T.K. 1994. Carbon dioxide supersaturation in the surface waters of lakes. *Science*, 265: 1568-1570.

FENDINGER N.J. & ADAMS D.D. 1986. A headspace equilibration technique for measuring dissolved gases in sediment pore water. *Intern. J. Environ. Anal. Chem.*, 23: 253-265.

FENDINGER N.J. & ADAMS D.D. 1987. Nitrogen gas supersaturation in the Recent sediments of Lake Erie and two polluted harbors. *Water Research*, 21: 1371-1374.

GALY LACAUX C., DELMAS R., JAMBERT C., DUMESTRE J.F., LABROUE L., RICHARD S. & GOSSE P. 1997. Emission and oxygen consumption in hydroelectric dams: a case study in French Guiana. *Global Biogeochemistry Cycles*, 11: 471-483.

HEIDE J.V.D. 1982. *Lake Brokopondo – Filling phase limnology of a man-made lake in the humid tropics*. University of Amsterdam, Amsterdam, 428 p.

IPCC 2001. *The Third Assessment Report of the Intergovernmental Panel on Climate Change*. Disponível em:<http://www.ipcc.ch>.

KELLY C.A., RUDD J.W.M., ST. LOUIS V.L. & MOORE T. 1994. Turning attention to reservoir surfaces, a neglected area in greenhouse studies. *EOS Trans*, AGU, 75: 332-333.

KEMENES A. 2006. *Estimativa das emissões de gases de efeito estufa ($CO_2$ e $CH_4$) pela hidrelétrica de Balbina, Amazônia Central, Brasil*. Doutorado, Instituto Nacional de Pesquisas da Amazônia – INPA, Manaus, 95p. [Tese].

KEMENES A., FOSBERG B.R. & MELACK J.M. 2007. Methane release below a topical hydroelectric dam. *Geophisical Research Letters*, 34: 1-5.

KUIVILA K.M., MURRAY J.W., DEVOL A.H., LIDSTROM M.E. & REIMERS C.E. 1988. Methane cycling in the sediments of Lake Washington. *Limnol. Oceanogr.*, 33: 571-581.

LERMAN A. 1979. *Geochemical Processes*. Water and Sediment Environments. John Wiley and Sons, New York, NY, 481p.

LIMA I.B.T., NOVO E. 1999. Carbon flow in Tucurui Reservoir. In: Rosa L.P. & M. A. Santos (Eds.). Dams and Climate Change. *Proceedings of International Workshop on Hydro Dams, Lakes and Greenhouse Gas Emissions*. COPPE/UFRJ, Rio de Janeiro, p. 78-84.

LIMA I.B.T., STECH J.L., MAZZI E.A., RAMOS F.M., NOVO E., LORENZZETTI J.A., ROSA R.R., BARBOSA C.C., OMETTO J.P. & ASSIREU A.T. 2005. Linking telemetric climatic limnologic data and online CH4 and CO2 flux dynamics. In: Santos M.A. & Rosa L.P. (Eds.). *Global Warming and Hydroelectric Reservoirs*. COPPE/UFRJ; Eletrobrás, Rio de Janeiro, p.67-69.

MATVIENKO B. & TUNDISI J.G. 1997. Biogenic gases and decay of organic matter. In: Rosa L.P. & Santos M.A. (Eds.). *Hydropower Plants and Greenhouse Gas Emissions*. COPPE/UFRJ, Rio de Janeiro, p. 34-40.

MORENO I.H. 1996. *Estrutura da comunidade planctônica do reservatório da UHE Balbina (floresta tropical úmida – Amazonas) e sua relação com as condições limnológicas apresentadas na fase de enchimento e pós-enchimento (1987-1990)*. Doutorado, Universidade Federal de São Carlos, São Carlos, 197p. [Tese].

ROSA L.P. & SCHAEFFER R. 1996. Greenhouse gases emission from hydroelectric reservoirs. In: Rosa L.P. & Schaeffer R. (Eds.). Carbon Dioxide and Methane EmissionsÇ a Developing Country Perspective. COPPE; UFRJ, Rio de Janeiro, p. 71-77.

ROSA L.P., MATVIENKO B., SANTOS M.A. & SIKAR E. 2002. *Carbon dioxide and methane emissions from Brazilian hydroelectric reservoirs.* Project BRA/95/G31, UNDP/ELETOBRÁS, MCT. Reference Report, 119p.

RICHARD S., GUERIN F., ABRIL G., DELMAS R., GALY-LACAUX C., REYNOUARD C. & BURBAN B. 2005. Impact of biomass decomposing during first years after dam construction: exemple of Petit Saut (French Guiana). In Santos M.A. & Rosa L.P. (Eds.). *Global Warming and Hydroelectric Reservoirs.* COPPE/UFRJ; Eletrobrás, Rio de Janeiro, p. 39-54.

RUDD J.W.M. & HAMILTON R.D. 1978. Methane cycling in a eutrophic shield lake and its effects on whole lake metabolism. *Limnol. Oceanogr.*, 23: 337-348.

RUDD J.W.M., HARRIS R., KELLY C.A. & HECKY R.E. 1993. Are hydroelectric reservoirs significant sources of greenhouse gases? *Ambio*, 22: 246-248.

SANTOS M.A., ROSA L.P., SIKAR B., SIKAR E. & SANTOS E.O. 2006. Gross greenhouse gas fluxes from hydro-power reservoir compared to thermo-power plants. *Energy Policy*, 34: 481-488.

SIDAGIS-GALLI C., ABE D.S., TUNDISI J.G., ADAMS D.D., MATSUMURA TUNDISI T., TUNDISI J.E., BRUM P.R. & CIMBLERIS A.C.P. 2008. Greenhouse gas concentrations and diffusive flux at the sediment-water interface from two reservoirs. V*erhandlungen - Internationale Vereinigung für Theoretische und Angewandte Limnologie*, 30 (no prelo).

SOARES C.B.P. 1999. Simulação da qualidade da água da UHE Funil com o modelo CE-QUAL-W2: Comparação entre duas formas de representação espacial. *In 15 Seminário Nacional de Produção e Transmissão de Energia Elétrica, Foz do Iguaçu, Paraná*, 1-6 p.

SVENSSON B. 2005. Greenhouse gas emissions from hydroelectric reservoirs: A global perspective. In Santos M.A. & Rosa L.P. (Eds.). *Global Warming and Hydroelectric Reservoirs.* COPPE/UFRJ; Eletrobrás, Rio de Janeiro, p. 25-37.

SWEERTS J.P.R., KELLY C.A., RUDD J.W.M., HESSLEIN R. & CAPPENBURG T.E. 1991. Similarity of whole-sediment molecular diffusion coefficients in sediments of low and high porosity. *Limnol. Oceanogr.*, 36: 335-342.

TREMBLAY A., VARFALVY L. & LAMBERT M. 2005. Greenhouse gas emissions from hydroelectric reservoirs in Canada. In: Santos M.A. & Rosa L.P. (Eds.). *Global Warming and Hydroelectric Reservoirs.* COPPE/UFRJ; Eletrobrás, Rio de Janeiro, p.175-183.

TUNDISI J.G. 1986. Ambiente, represas e barragens. *Ciência Hoje*, 5: 48-54.

TUNDISI J.G. & STRASKRABA M. 1999. *Theoretical Reservoir Ecology and its Applications.* Brazilian Academy of Sciences, International Institute of Ecology, Backhuys Publishers (Leiden), 585p.

TUNDISI J.G., ABE D.S., STARLING F., ROCHA O. & MATSUMURA-TUNDISI T. 2006. Limnologia de Águas Interiores: Impactos, Conservação e Recuperação de Ecossistemas Aquáticos. In Rebouças A., Braga B., Tundisi J.G. (Eds.). *Águas Doces no Brasil*: Capital Ecológico, Uso e Gestão. 3 ed. Escrituras Editora e Distribuidora de Livros Ltda, São Paulo, v. 1, p. 203-240.

# Glossário e Símbolos

**A** – área de um reservatório.

**Acidificação** – diminuição do pH e da alcalinidade na água, devido, principalmente, a emissões de óxidos de enxofre e de nitrogênio e amônia no ar como resultado da indústria e trânsito.

**Acuracidade do método** – o nível no qual o método mostra valores corretos. Instrumentos eletrônicos podem ter alta sensibilidade mas pouca acuracidade se não forem devidamente calibrados.

**Adaptação** – habilidade dos organismos de mudar seu comportamento, estrutura e função com a finalidade de se adaptar ao meio ambiente.

**Adsorção** – adesão física de substâncias às superfícies.

**Advecção** – transporte de água e seu conteúdo por uma corrente causada por inclusão de rios, saída e força do vento na interface ar-água.

**Alóctone** – carregado para o corpo de água a partir da bacia hidrográfica.

**Anoxia** – insuficiência de oxigênio.

**Avaliação de risco** – avaliação e identificação dos riscos ambientais.

**Auto-organização** – tendência dos sistemas naturais de se auto-organizarem.

**Bentos** – organismos que vivem no fundo.

**Biocenose** – conjunto de organismos do ecossistema.

**Biolevantamento** – processo de coletar, processar e analisar comunidades aquáticas com a finalidade de determinar a estrutura e função.

**Biomanipulação** – técnica de gerenciamento baseada na manipulação de populações de peixes e seus efeitos nas populações de fitoplâncton devido à eliminação de um predador de zooplâncton.

**Cadeia alimentar** – cadeia de organismos organizada segundo relações tróficas. Normalmente, produtores primários, consumidores primários, consumidores secundários e predadores.

**Calcitrófica** – condições tróficas em regiões calcáreas.

**Carga** – quantidade de material que chega a um corpo d'água por unidade de tempo e vazão.

**Carlson, índice de estado trófico** – um índice numérico para estimar o estado trófico de um reservatório.

**Cascatas de reservatórios** – sistemas de reservatórios situados no mesmo rio.

**Cianobactérias** – algas verdes e azuis (*bluegreens*).

**Ciliados** – organismos microscópicos pertencentes ao grupo protozoa.

**Cladóceros** – crustáceos filtradores planctônicos.

**Clorofila A** – pigmento fotossintético em algas e outras plantas essenciais para o processo da fotossíntese. Clorofila A é uma das medidas da biomassa de fitoplâncton.

**Coerência** – característica do ecossistema em que seus componentes se articulam.

**Condutividade** – medida do conteúdo total de íons na água.

**Consumidores** – todos os organismos animais nos ecossistemas que se alimentam de matéria orgânica já formada.

**Convecção** – transporte vertical induzido por instabilidade de densidades. Quando água do reservatório se resfria, as correntes de densidade se encaminham para o fundo, gerando movimentos convectitivos.

**Decompositores** – organismos que mineralizam a matéria orgânica.

**Desnitrificação** – redução de nitrato por bactérias via nitrito e amônia.

**Descarga (*runoff*)** – medida do fluxo da água expressa como volume por unidade de tempo, em um determinado período.

**Desenvolvimento sustentável** – desenvolvimento em que os recursos são utilizados, mas continuarão disponíveis para as próximas gerações. Equilíbrio no desenvolvimento.

**Desestratificação** – método de mistura vertical (artificial ou natural) da coluna d'água. Pode ter efeitos positivos ou negativos na qualidade da água.

**Detritos** – matéria orgânica particulada morta.

**Diatomáceas** – grupo de algas com frústulas silicosas.

**Difusão** – mecanismos que reduzem as diferenças na concentração de camadas adjacentes. Difusão molecular é um mecanismo no qual certas propriedades de um fluido são transferidas em um gradiente de concentração pela movimentação ao acaso de moléculas sem a ocorrência de nenhum transporte de fluidos. Difusão turbulenta é uma função dos movimentos microscópicos de um fluido.

**Dissipação** – processo de degradação de matéria orgânica a partir de formas mais ou menos organizadas. Degradação de gradientes físicos, respiração de organismos, degradação bacteriana e outras são processos dissipativos típicos.

**Distrófico** – corpo d'água com grande carga de matéria orgânica de origem natural (principalmente de vegetação em decomposição). Água escura típica de lagos distróficos.

**Ecorregião** – área relativamente homogênea definida por condições ecológicas comuns (clima, paisagem, potencial do solo, vegetação natural, hidrologia e outras).

**Ecossistema** – unidade da natureza bem identificada e constituída por componentes bióticos e abióticos.

**Ecossonda** – instrumento de sonar capaz de detectar matéria orgânica particulada em suspensão (plâncton, peixes).

**Ecotecnologia** – uso de métodos e tecnologias para o gerenciamento dos ecossistemas, com base na estrutura e função dos ecossistemas naturais como melhor tecnologia para recuperação e minimização dos custos de impactos.

**Ecótones** – região de fronteira entre dois ecossistemas, por exemplo, sistemas terrestres e aquáticos.

**Epilímnio** – camada superior de um lago.

**Eutrófico** – corpo d'água caracterizado por altas concentrações de nutrientes e alta produtividade.

**Eutrofização** – processo de se tornar eutrófico.

**Floresta ripária** – floresta ao longo dos rios.

**Hipereutrófico** – águas extremamente eutróficas.

**Hipolímnio** – camada mais profunda dos lagos, abaixo da termoclina.

**Holístico** – abordagem que leva em conta as características globais do sistema.

**Homotermia** – isotermia.

**Índice morfoedáfico** – razão entre sólidos dissolvidos e profundidade média do lago.

**Isoterma** – um plano conectando linhas de mesma temperatura.

**Macrófitas** – plantas macroscópicas que podem ser emergentes, submersas ou flutuantes.

**Medidas corretivas** – medidas para correção ou remediação da degradação da qualidade da água.

**Mesotróficas** – águas com concentração intermediária de nutrientes e produtividade.

**Metalímnio** – zona intermediária entre a zona de mistura e o hipolímnio. Esta zona de transição pode ter muitos metros e processos especiais.

**Monitoramento** – coleta de informações e de dados em pontos localizados e intervalos regulares.

**Nitrificação** – oxidação microbiana de amônia via nitrito a nitrato.

**Nível trófico** – grau de trofia de uma massa d'água consistindo em uma concentração de nutrientes e biomassa de organismos.

**Oligotrófico** – águas pobres em nutrientes e com baixa produtividade.

**Ortofosfato** – fósforo reativo inorgânico.

**Otimização** – procedimento matemático para encontrar máximos e mínimos de uma função. A otimização pode selecionar alternativas.

**Oxigenação** – aumento de oxigênio na água por meios naturais ou artificiais.

**Pelágica** – zona de água aberta de um corpo d'água.

**Perifíton** – grupo de organismos que vivem em superfícies vivas ou mortas na zona litoral ou em outras regiões iluminadas de lagos e represas.

**Plâncton** – organismos que habitam a região de água aberta de um lago.

**Predadores** – animais que se alimentam de outros animais.

**Produtores primários** – componentes fototróficos do sistema produzindo matéria orgânica a partir de materiais inorgânicos. Nesta classe estão incluídos fitoplâncton, perifíton e vegetação inferior.

**Rede alimentar** – ligação funcional dos organismos segundo relações tróficas, mais complicadas do que cadeias alimentares.

**Restauração** – medidas para recuperar lagos ou reservatórios (recuperar funções e estrutura).

**Rio-*continuum*** – hipótese sobre a transição contínua de rios e suas características limnológicas das cabeceiras até a foz.

**Salinização** – aumento na salinidade das águas.

**Sedimentação** – processo de sedimentação de organismos e de matéria não viva.

**Siltação** – aumento de matéria em suspensão dos reservatórios.

**Tempo de retenção (teórico)** – razão entre volume e fluxo no reservatório.

**Termoclina** – camada horizontal com qualidade de temperatura bem característica. A barreira física que separa epilímnio de hipolímnio.

**Tratamento terciário** – em conjunto com tratamento mecânico e tratamento biológico, é o terceiro estágio de tratamento constituído para a remoção de nutrientes, especialmente o fósforo.

**Turbidez** – diminuição da transparência da água em razão de matéria orgânica.

**Turbulência** – movimento das massas de água que produz misturas vertical e lateral.

**Ultraplâncton** – organismos planctônicos menores que 5 μm.

**$Z_{eu}$** – profundidade da zona eufótica.

**$Z_{max}$** – profundidade máxima de um lago ou represa.

**$Z_{mix}$** – profundidade de mistura de um lago ou represa.

**Zona de rio** – zona de um reservatório próxima à entrada do rio.

**Zona litoral** – região do lago ou reservatório usualmente ocupada por plantas superiores.

# Referências

## Livros para leitura complementar

ANONYMOUS. 1979. *How to Identify and Control Water Weeds and Algae.* Applied Biochemists Inc., Mequon, Wisconsin.

ALLANSON, B.R., R.C. HART, J.H. O'KEEFFE & R.D. ROBARTS. 1990. *Inland Waters of Southern Africa. An Ecological Perspective.* Kluwer Academic Press, Dordrecht.

BISWAS A.K., M. JELLALI & G. STOUT. (Eds.). 1993. *Water for Sustainable Development in the Twenty-first Century.* Oxford University Press, Delhi.

CALLOW P. & G.E. PETTS. 1992. *The Rivers Handbook.* Blackwell Sci. Publ., Oxford.

CALMANO W. & U. FÖRSTNER. 1996. *Sediments and Toxic Substances (Environmental Effects and Ecotoxicity).* Springer Verlag, Berlin.

CHAPMAN D. (Ed). 1992. *Water Quality Assessment.* Chapman & Hall, London.

COOKE G.D., E.B. WELCH, S.A. PETERSON & P.R. NEWROTH. 1986. *Lake and Reservoir Restoration.* Butterworths, Boston.

COOKE G.D., E.B. WELCH, S.A. PETERSON & P. R. NEWROTH. 1993. *Restoration and Management of Lakes and Reservoirs.* Lewis Publisher, Boca Raton, Fl.

DEBERNARDI R. & G. GIUSSANI (Eds.). 1995. *Biomanipulation in Lakes and Reservoirs Management.* Guidelines of Lake Management. Vol. 7. International Lake Environment Committee, Kusatsu.

EDMONDSON W.T. 1991. *The Uses of Ecology. Lake Washington and Beyond.* Univ. of Washington Press, Washington.

EISELTOVÁ M. (Ed.). 1994. *Restorations of Lake Ecosystems – a Holistic Approach.* International Waterfowl and Wetlands Research Bureau, Slimbridge, Gloucester, UK.

EISELTOVÁ M. & J. BIGGS. (Eds.). *Restoration of Stream Ecosystems – an Integrated Catchment Approach.* International Waterfowl and Wetlands Research Bureau, Slimbridge, Gloucester.

FISK D.W. 1989. *Wetlands: Concerns and Successes.* American Water Resources Association, Bethesda, Maryland.

GANGSTAD E.O. 1986. *Freshwater Vegetation Management.* Thomas Publications, Fresno, California.

GULATI R.D., E.H.R.R. LAMMERS, M.-L. MEIJER & E. VAN DONK. 1990. *Biomanipulation. Tool for Water Management.* Kluwer Acad. Publishers, Dordrecht.

HAMMER D.A. 1989. *Constructed Wetlands for Wastewater Treatment.* Lewis Publications, Chelsea, Michigan.

ILEC. 1991. *Data Book of World Lake Environments. A Survey of the State of World Lakes.* International Lake Environment Committee, United Nations Environment Programme, Otsu.

JØRGENSEN S.E. 1983. *Application of Ecological Modelling in Environmental Management.* Elsevier, Amsterdam.

JØRGENSEN S.E. 1986. *Fundamentals of Ecological Modelling in Evironmental Management.* Elsevier. Amsterdam.

JØRGENSEN S.E. 1980. *Lake Management.* Pergamon Press, Oxford.

JØRGENSEN S.E. & M.J. GROMIEC. 1989. *Mathematical Submodels in Water Quality Systems*. Devolopments in Environmental Modelling Vol. 14. Elsevier, Amsterdam.

JØRGENSEN S.E. & H. LÖFFLER. 1990. *Lake Shore Management*. Guidelines of Lake Management, Vol. 3. International Lake Environment Committee, Kuomachi.

JØRGENSEN S.E. & R.A. VOLLENWEIDER. (Eds.). 1988. *Principles of Lake Management*. Guidelines of Lake Management Vol. 1. International Lake Environment Committee, Kusatsu, Japan.

KLAPPER H. 1992. *Eutrophierung und Geswässerschutz*. Gustav Fischer, Jena.

MATSUI S. 1991. *Toxic Substances Management in Lakes and Reservoirs*. Guidelines of Lake management Vol. 4. International Lake Environment Committee, Kusatsu.

MEYBECK M., D. CHAPMAN & R. HELMER. 1989. *Global Frashwater Quality. A First Assessment*. World Health Organizations and UNEP, Blackwell, Oxford.

MISRA K.B. (Eds.). 1996. *Clean Production (Environmental and Economic Perspectives)*. Springer--Verlag, Berlin.

MITSCH W.J. & S.E. JØRGENSEN. (Eds.). 1989. *Ecological Engineering*. John Wiley & Sons, New York.

MOORE L. & K. THORNTON. (Eds.). 1988. *The Lake and Reservoir Restoration Guidance Manual*. First Edition. US EPA 440/5-88-002, Washington, D.C.

MOSHIRI G.A. (Ed.). 1993. *Constructed Wetlands for Water Quality Improvement*. Lewis Publishers, Boca Raton, Florida.

MUNAWAR M. & G. DAVE. (Eds.). 1997. *Development and Progress in Sediment Quality Assessment*. SPB Academic Publishing, Amsterdam.

NOVOTNY V. & G. CHESTERS. 1981. *Handbook of Nonpoint Pollution. Sources and Management*. Van Nostrand Reinhold, New York.

NOVOTNY V. & L. OLEM. 1994. *Water Quality-Prevention, Identification, and Management of Diffuse Pollution*. Van Nostrand Reinhold, New York.

NOVOTNY V. & L. SOMLYÓDY. (Eds.). 1995. *Remediation and Management of Degraded River Basins*. Springer Verlag, Berlin.

ORLOB G.T. 1983. *Mathematical Modeling of Water Quality: Streams, Lakes, and Reservoirs*. Wiley, Chichester.

RYDING S.O. & W. RAST. (Eds.). 1989. *The Control of Eutrophication of Lakes and Reservoirs*. The Parthenon Publishing Company, Park Ridge, N.J.

STAHRE P. & B. UBONAS. 1990. *Stormwater Detention for Drainage, Water Quality, and CSO Management*. Prentice Hall, Englewood Cliffs, New Jersey.

STEINBERG CH., H. BERNHARDT & H. KLAPPER. 1995. *Handbuch Angewandte Limnologie*. Ecomed Verlagsgesellschaft, Landberg.

STRAŠKRABA M. & A. GNAUCK. 1985. *Freshwater Ecosystems. Modelling and Simulation*. Elsevier, Amsterdam.

STRAŠKRABA M., J.G. TUNDISI & A. DUNCAN. 1993. *Comparative Reservoir Limnology and Water Quality Management*. Kluwer Academic Publishers, Dordrecht.

THANH N.C. & A. BISWAS. 1990. *Environmentaly-sound Water Management*. Oxford University Press, Oxford.

THOMANN R.V. & J.A. MUELLER. 1987. *Principles of Surface Water Quality Modeling and Control*. Harper Collins Publishers, New York.

THORNTON K.W., B.L. KIMMEL & F.F. PAYNE. 1990. *Reservoir Limnology: Ecological Perspectives*. Wiley, New York.

TORNO H.C., J. MARSALEK & M. DESBORDES. (Eds.). 1986. *Urban Runoff Pollution.* Springer Verlag, Heidelberg.

VANT W.N. (Ed.). 1987. *Lake Managers Handbook.* National Water and Soil Authority, Wellington.

WALESH S. 1989. *Urban Surface Water Management.* Wiley Interscience, New York.

WETZEL R.G. & G.E. LIKENS. 1991. *Limnological Analyses.* 2nd Edition. Springer, New York.

WHO. 1984. *Guidelines for Drinking-Water Quality.* Volume 1, Recommendations. World Health Organization, Geneva.

WMO. 1988. *Manual on Water Quality Monitoring.* WMO Operational Hydrology Report No 27, WMO Publication No 680. World Meteorological Organization, Geneva.

## Referências citadas no texto (em adição às anteriores)

AGOSTINHO A.A.H.F. & J.M. PETRERE, Jr. 1994. Itaipu Reservoir (Brazil): In: COWX I.G. (Ed.). *Impacts of the impoundment on the fish fauna and fisheries,* Fishing News Books: 171-184.

ALASSARELA E., M. VIRTANEN & J. KOPONEN. 1993. The Bothnian Bay Project – past, present and future. *Aqua Fennica,* 23: 117-124.

ALVAREZ E.L.B. & J. PACHACO. 1986. Aspectos ecologicos del embalse de Guri. *Interciencia,* II: 325-333.

AMBROSE R.B., Jr., P.E.T.A. WOOL, J.P. CONNOLLY & R.W. SCHANZ. 1988. *WASP4, A Hydrodynamic and Water Quality Model – Model Theory, User's Manual, and Programmer's Guide.* Environmental Research Laboratory, Office of Research and Development, U.S. Environmental Protection Agency, Athens, Georgia 30613.

ANDREU J., J. CAPILLA & E. SANCHIS. 1991. AQUATOOL, a computer assisted support system for water resources research management including conjutive use. In: LOUCKS D.P. & J.R. DACOSTA (Eds.). *Decision Support Systems: Water Resources Planning,* Nato ASI Series, Vol. G26. Springer-Verlag, Berlin.

ANONYMOUS. 1986. CE-QUAL-Rl: A numerical one-dimensional model of reservoir water quality. User's Manual/Instruction. *US Army Corps of Engineers, Environmental Laboratory, Waterways Experiment Station, Report E-82-1.*

ANONYMOUS. 1988. Constructed Wetlands and Aquatic Plant Systems for Municipal Wastewater Treatment. *U.S. Environmental Protection Agency, EPA 625/1-88/022, US EPA, Washington, D.C.*

ANONYMOUS. 1993. The Rio Declaration on Environment and Development. The Global Partnership for Environment and Development. *A Guide to Agenda 21.* United Nations, New York.

ANONYMOUS. 1989. TIBEAN – The revolutionary technology of lake restoration. *Petersen Schiffstechnik GMBH,* Hamburg.

APHA. 1989. *Standard Methods for the Examination of Water and Wastewater.* American Public Health Organisation, Washington, D.C. 1268 pp.

ARCIFA M.S., T.G. NORTHCOTE & O. FROELICH. 1986. Fish – zooplankton interactions and their effects on water quality of a tropical Brazilian reservoir. *Hydrobiologia,* 139: 49-58.

ASEADA T., D.G.N. PRIYANTHA, S. SAITOH & K. GOTOH. 1996. A new technique for controlling algal blooms in the withdrawal zone of reservoirs using vertical curtains. *Ecol. Engineering,* 7: 95-104.

BARILLIER A., J. GARNIER & M. COSTE. 1993. Experimental Reservoir Water Release: Impact on the Water Quality on a River 60km Downstream (Upper Seine River, France). *Wat. Res.,* 27: 635-643.

BAYLEY P.B. 1988. Accounting for effort when comparing tropical fisheries in lakes, river floodplains, and lagoons. *Limnol. Oceanogr.,* 39: 963-972.

BEDFORD K.W., R.M. SYKES & C. LIBICKI. 1983, Dynamic advective water quality model for rivers. *J. Environm. Engng Div., ASCE* 109: 535-554.

BENNDORF J. 1973. Prognose des Stoffhaushaltes von Staugewässern mit Hilfe kontinuierlicher und semikontinuier- licher biologischer Modelle. *Int. Revue ges. Hydrobiol.,* 58: 1-18.

BENNDORF J., H. KNESCHKE, K. KOSSATZ & E. PENZ. 1984. Manipulation of the pelagic food web by stocking with predaceous fish. *Int. Revue ges. Hydrobiol.,* 69: 407-428.

BENNDORF J. & F. RECKNAGEL. 1982. Problems of application of the ecological model SALMO to lakes and reservoirs having various trophic status. *Ecol. Modelling,* 17: 129-145.

BENNDORF J., M. ZESCH & E.M. WIESNER. 1975. Prognose der Phytoplanktonentwicklung in geplanten Talsperren durch Kombination von wachstumskinerischen Modellvorstellungen und Analogiebetrachtungen zu bestehenden Talsperren. *Int. Revue ges. Hydrobiol.* 60: 737-758.

BERNHARDT H. 1967. Aeration of Wahnbach Reservoir without changing the temperature profile. *J. Amer. Water Works Assoc.,* 59: 943-964.

BERNHARDT H. 1990. Control of reservoir water quality. In: HAHN H.H. & R. KLUTE (Eds.). *Chemical Water and Wastewater Treatment.* Springer, Berlin.

BERNHARDT H. & H. SCHELL. 1993. Effects of energy input during orthokinetic aggregation on the filterability of generated flocs. *Wat. Sci Tech.,* 27: 35-65.

BERNHARDT H. & H. SCHELL. 1979. The technical concept of phosphorus-elimination at the Wahnbach estuary using floc-filtration (The Wahnbach System). *Z.f. Wasser-und Abwasser- Forschung,* 12: 78-88.

BIGGS B.J.F., M.J. DUNCAN, I.G. JOWETT, J.M. QUINN, C.W. HICKEY, R.J. DAVIES-COLLEY & M.E. CLOSE. 1990. Ecological characterization, classification, and modeling of New Zealand rivers: an introduction and synthesis. *New Zealand J. M. Freshw. Res.,* 24: 277-304.

BJORK S. 1994. Sediment removal. In: EISELTOVÁ M. (Ed.). *Restoration of Lake Ecosystems – a holist approach.* International Waterfowl and Wetlands Research Bureau, Slimbridge, Gloucester, UK.

BOURON T. 1991. COMMAS: A Communication and Environment Model for Multi-Agent Systems. In: MOSEKILDE E. (Ed.). *Modelling and Simulation 1991,* European Simulation Multiconference, June 17-19, 1991. The Society for Computer Simulations International, Copenhagen, Denmark: 220-225.

CANALE R.P. & D.-I.SEO. 1996. Performance, reliability and uncertainty of total phosphorus models for lakes-II. Stochastic analyses. *Wat. Res.,* 30: 95-102.

CASSIDY R.A. 1989. Water temperature, dissolved oxygen, and turbidity control in reservoir releases. In: GORE J.A. & G.E. PETTS (Eds.). *Alternatives in Regulated River Management.* CRC Press, Boca Raton, Florida: 27-62.

CHANG N.-B., C.G. WEN, Y.L. CHEN & Y.C. YOUNG. 1996. A Grey Fuzzy Multiobjective Programming Approach for the Optimal Planning of a Reservoir Watershed. Part A: Theoretical Development. *Wat. Res.,* 30: 2329-2334.

CHAPMAN R.A., P.T. MANDERS, R.J. SCHOLES & J.M. BOSCH. 1995. Who should get the water? Decision support for water resource management. *Wat. Sci. Tech.,* 32(5-6): 37-43.

CHAPRA S.C. & R.P. CANALE. 1991. Long-term phenological model of phosphorus and oxygen for stratified lakes. *Water Res.,* 25: 707-715.

COOKE G.D., E.B. WELCH, A.B. MARTIN, D.G. FULMER, J.B. HYDE & G.D. SCHRIEVE. 1993a. Effectiveness of Al, Ca, and Fe salts for control of internal phosphorus loading in shallow and deep lakes. *Hydrobiologia,* 253: 323-335.

COOKE G.D. & R.H. KENNEDY. 1988. Water quality management for reservoirs and tailwaters. Report 2. In-reservoir water quality management techniques. *Technical Report E-88-X, U.S. Army Engineer*

Waterways Experiment Station, Vicksburg, Mississippi.
COOLEY P. & S.L. HARRIS. 1954. The prevention of stratification in reservoirs. *J. Instn. Wat. Engrs.*, 8: 517-537.
CORWIN D.L. & B.L. WAGGONER. 1991. TETrans: A user-friendly, functional model of salute transport. In: BARNWELL T.O., P.J. OSSENBRUGGEN & M.B. BECK (Eds.). *Watermatex '91*. Pergamon Press, Oxford: 57-66.
DAVIS J.R., P.M. NANNINGA, J. BIGGINS & P. LAUT. 1991. Prototype decision support system for analyzing impact of catchment policies. *J. Water Resourc. Plng. Mgmt.*, ASCE, 117: 399-414.
DEPINTO J.V. & P.W. RODGERS. 1994. Development of GEO-WAMS: A Modeling Support System for Integrating GIS with Watershed Analysis Models. *Lake and Reservoir Management*, 9(2): 68.
DILLON P.J. & F.H. RIGLER. 1975. A simple method for predicting the capacity of a lake for development based on lake trophic status. *J. Fish. Res. Bd. Canada*, 32: 1519-1531.
DOLMAN W.B. 1990. Classification of Texas reservoirs in relation to limnology and fish community associations. *Trans Amer. Fish. Soc.*, 119: 511-520.
DVORÁKOVÁ M. & H.-P. KOZERSKI. 1980. Three-layer model of an aquatic ecosystem. *ISEM Journal*, 2: 63-70.
ECOLOGICAL MODELLING CENTRE (EMC). 1992. MIKE12, a short description. *Report from the Ecological Modelling Centre*. Ecological Modeling Centre, Horsholm, Denmark.
ECOSYSTEM CONSULTING SERVICE. 1995. Layer air systems. Selective outflow systems. *Ecosystem Consulting Service, Inc., Coventry, Connecticutt.*
ELLIS J.H. 1987. Stochastic water quality optimization using imbedded chance constraints. *Water Resour. Res.*, 23: 2227-2238.
FAST A.Q. & R.G. HULQUIST. 1982. Supersaturation of nitrogen gas caused by artifical aeration in reservoirs. *Technical Report, E-82-9: U.S. Army Engineer Waterways Experiment Station, Vicksburg, Mississippi.*
FAY F.M. 1994. Oxygenation and agitation of lakes using rpoven marine technology. *Lake and Reservoir Management*, 9(1): 102-105.
FEDRA K. 1990. Interactive environmental software: Integration, simulation and visualization. In: PILLMANN W., A. JAESCHKE (Eds.). Proceedings: *Informatik für den Umweltschutz*, 5.Symposium, 19-21 September 1990, Wien Osterreich: 735-744.
FEDRA K., E. WEIGKRICHT & L. WINKELBAUER. 1990. Models, GIS and Expert Systems for Environmental Impact Analysis. In: PILLMANN W. (Ed.). *Computer Applications for Environmental Impact Analysis*. International Society for Environmental Protection (ISEP), Envirotech Vienna: pp. 13-22.
FERNANDO C.H. 1991. Impact of fish introductions in tropical Asia and America. *Can. J. Fish. Aquat. Sci.*, 48 (Suppl. 1): 24-32.
FERNANDO C.H. & J. HOLCÍK. 1991. Fish in reservoirs. *Int. Revue ges. Hydrobiol.*, 76: 149-167.
FILHO M.C.A., J.A.O. DE JESUS, J.M. BRANSKI & J.A.M. HERNANDEZ. 1990. Mathematical modelling for reservoir water quality management throught hydraulic structures: a case study. *Ecol. Modelling*, 52: 73-85.
FONSECA O.J.M. 1990. Acidification of streams by acid mine drainage in the state of Rio Grande do Sul. *Acta Limnologica Brasileira*, Vol. III, Tomo 2: 979-992 (In Portuguese).
FONTANE D.G., J.W. LABADIE & B. LOFTIS. 1981. Optimal control of reservoir discharge quality through selective withdrawal. *Water Resour. Res.*, 17: 1594-1604.

FORD D.E. 1987. Mixing processes in DeGray Lake, Arkansas. In: KENNEDY R.H. & J. NIX (Eds.). *Proceeding of the DeGray Lake Symposium*. Technical Report E-87-4, U.S. Army Enginner Waterways Experiment Station, Vicksburg, Miss: 186-205.

FOSTER I.O.L., S.M. CHARLSWORTH & S.B. PROFFITT. 1996. Sediment-associated heavy metal distribution in urban fluvial and limnic systems, a case study of the River Sowe, U.K. *Arch Hydrobiol., Beih Ergebn. Limnol.,* 47: 537-545.

GAILLARD J. 1984. Multilevel withdrawal and water quality. *J. Environm. Engng Div., ASCE,* 110: 123.

GÄCHTER R., D. IMBODEN, H. BÜHRER & P. STADELMANN. 19983. Mögliche Massnahmen zur Restaurierung des Sempachersees. *Schweiz. Z. Hydrol.* 45: 246-266.

GNAUCK A.G., R, STRAUBEL & A. WITTMUS. 1989. Mehrkriterialer Steuerungsentwurf zur Wassergutebewirtschaftung von Fluss-gebieten. *Messen Steuern, Regeln Berlin,* 32: 294-299.

GOPHEN M. 1995. Long-term (1970-1990) whole lake biomanipulation. In: DE BERNARDI R. & G. GIUSSANI (Eds.). *Biomanipulation in Lakes and Reservoirs Management*: 171-184.

GROBLER D.C., J.N. ROSSOUW, P. VAN EEDEN & M. OLIVEIRA. 1987. Decision support system for selecting eutrophication control strategies. In: BECK M.B. (Ed.). *Systems Analysis in Water Quality Management*. Proceeding of a Symposium held in London, U.K., 30 June – 2 July 1987. Pergamon Press, Great Britain: pp. 219-230.

GULLIVER J.S. & H.G. STEFAN. 1982. Lake phytoplankton model with destratification. *J. Environm. Engng Div., ASCE,* 108: 864-882.

HAESTAD METHODS. 1993. HEC-B, SEDIMOT-II and STORM. Haestad, Methods, Software Reference Handbook, Haestad, Waterbury, Connectient.

HAINDL K. 1973. Suitable solution of bottom outlets of dams and oxidation outlets for the improvement of water quality in rivers. *Proceedings IAHR, Istanbul.*

HAMILTON D.P. & S.G. SCHLADOW. 1996. Modeling the sources of oxygen in an Australian reservoir. *Verh. Internat. Ver. Limnol.*, 25: (in press).

HANSON M.J. & H.G. STEFAN. 1984. Side effects of 58 years of copper sulphate treatment of the Fairmont Lakes, Minnesota. *Water Res. Bull.*, 20: 889-900.

HARTMAN P. & J. KUDRLICKA. 1980. (Prevention of gill necrosis of fish by controlling photosythetic assimilation of pond phytoplankton – In Czech). *Bull. VÚRH Vodnany,* 1980 (3): 11-15.

HENDERSON-SELLERS B., J.R. DAVIS, I.T. WEBSTER & J.M. EDWARDS. 1993. Modern Tools for Environmental Management: Water Quality. In: JAKEMAN A.J., M.B. BECK & M.J. MCALLER (Eds.). *Modelling Change in Environmental Systems*. Jonh Wiley & Sons Ltd., Chichester, England: 519-542.

HENDERSON H.F., R.A. RYDER & A.W. KUDHONGANIA. 1973. Assessing fishery potential of lakes and reservoirs. *J. Fish. Res. Bd. Canada,* 30: 2000-2009.

HENDERSON H.F. & R.L. WELCOME. 1974. The relationship of yield to morphoedaphic index and numbers of fishermen in African inland fisheries. *CIFA Occas Pap. 1, FAO, ROME*: 1-19.

HILLBORN R. 1987. Living with uncertainty in resource management. *North American Journal of Fisheries Management,* 7: 1-5.

HILBRICHT-ILKOWSKA A. 1989. Assessment of watershed impact and lake ecological state for protection and management purposes. In: SALÁNKAI J. & HERODEK (Eds.). *Conservation and Management of Lakes*. Akadémiai Kiadó, Budapest: 61-70.

HOCKING G.C. & J.C. PATTERSON. 1988. Two dimensional modelling of reservoir outflows. *Verh. Internat. Verein. Limnol.,* 23: 2226-2231.

HOCKING G.C. & J.C. PATTERSON. 1991. A quasi two-dimensional reservoir simulation model. *J.*

*Environm. Engrg. Div.*, ASCE, 117: 595-613.

HOEHN E. 1994. The effect of the pre-reservoir on trophic state and the development of phytoplankton in an oligo-mesotrophic drinking-water reservoir (Kleine Kinzig) in the Black Forest (Germany). *Arch. Hydrobiol. Beih. Ergebn. Limnol.*, 40: 263-274.

HOROWITZ A.J. 1996. Spatial and temporal variations in suspended sediment and associated trace elements – requirement for sampling, data interpretation, and the determination of annual mass transport. *Arch. Hydrobiol. Beih. Ergebn. Limnol.*, 47: 515-536.

HORSTMAN H.K., R.S. COPP. & F.X. BROWNE. 1983. Use of predictive phosphorus model to evaluate hypolimnetic discharge scenarios of Lake Wallenpupack. *Lake and Reservoir Management, EPA, Washington, D.C.*: 165-170.

HOWARTH R.W., G. BILLEN, D. SWANEY, A. TOWNSEND, N. JAWORSKI, K. LAJTHA, J.A. DOWNING, R. ELMGREN, N. CARACO, T. JORDAN, F. BERENDSE, J. FRENEY, V. KUDEYAROV, P. MURDOCH & Z. YHAO-LIANG. 1996. Regional nitrogen budgets and riverine N & P fluxes for the North Atlantic Ocean: Natural and human influences. *Biogeochemistry*, 20: 1-65.

HRBÁCEK J., O. ALBERTOVÁ, B. DESORTOVÁ, V. GOTTWALDOVÁ & J. POPOVSKÝ. 1986. Relation of the zooplankton biomass and share of large Cladocerans to the concentration of total phosphorus, chlorophyll-a and transparency in Hubenov and Vrechlice Reservoirs. *Limnologica (Berlin)*, 17: 301-308.

HRBÁCEK J., M. DVORÁKOVÁ, V. KORÍNEK & L. PROCHÁZKOVÁ. 1961. Demonstration of the effect of the fish stock on the species composition of zooplankton and the intensity of the whole plankton association. *Verh. Intern. Verein. Limnol.*, 14: 192-195.

HUGHES R.M., T.R. WHITTIER, S.A. THIELE, J.E. POLLARD, D.V. PECK, S.G. PAULSEN, D. McMULLEN, J. LAZORCHAK, D.P. LARSEN, W.L. KINNEY, P.R. KAUFMANN, S. HEDTKE, S.S. DIXIT, G.B. COLLINS & J.B. BAKER. 1992. Lake and stream indicators for U.S. EPA's Environmental Monitoring and Assessment Program. In: McKENZIE D. (Ed.). *Ecological Indicators*. Elsevier, Barking, England: 305-336.

ICOLD. 1984. *World Register of Dams*. International Commission on Large Dams, Paris.

IMBERGER J. 1982. Reservoir dynamics modelling. In: O'LOUGHLIN E.M. & P. CULLEN (Eds.). *Prediction in Water Quality. Proceedings of a Symposium on the Prediction in Water Quality, Canberra 1982*. Australian Academy of Science, Canberra: 223-248.

IMBERGER J. & J.C. PATTERSON. 1981. A dynamic reservoir simulation model – DYRESM5. In: FISCHER H.B. (Ed.). *Transport Models for Inland and Coastal Waters*. Academic Press, New York: 310-361.

IMBERGER J. & J.C. PATTERSON. 1990. Physical limnology. *Advances in Applied Mechanics*, 27: 303-475.

JACKSON P.B.N. 1960. Ecological effect of flooding of the Kariba Dam upon middle Zanbezi fishes. *Proceedings of the 1st Federal Science Congress Salisbury, May, 18-22, (1960) Zimbabwe*.

JACKSON P.B.N. & F.H. ROGERS. 1976. Cabora Bassa fish populations before and during the first filling phase. *Zoologica Africana*, 11: 373-388.

JENKINS R.M. 1968. The influence of some environmental factor on standing crop and harvest of fishes in US reservoirs. In: Lane, C. *E/Ed Reservoir Fishery Resources Symposium*, American Fisheries Society. Washington, D.C.: 298-321.

JENKINS R.M. & O.J. MORAIS. 1971. Reservoir sport fishing effort and harvest in relation to environmental variables. In: HALL G.E. (Ed.). *Reservoir Fisheries and Limnology*, Special Publ., Amer. Fish. Soc. 8: 371-384.

JERLOV N.G. 1976. *Optical Oceanography*. Elsevier, Amsterdam.

JIRÁSEK A. & J. HETEŠA. 1980. (To the biotechnology of carp fy cultivation – In Czech). *Československé rybnikárství,* 1980 (4): 3-4.

JOLÁNKAI G. 1983. Modelling of non-point source pollution. In: JØRGENSEN S.E. (Ed.). *Applications of Ecological Modelling in Environmental Management.* Elsevier, Amsterdam: 283-385.

JØRGENSEN S.E. 1992. *Lake Model for IBM PC.* International Lake Environment Committee, Kusatsu, Japan.

JØRGENSEN S.E., H. MEJER & M. FRIIS. 1978. Examination of a Lake Model. *Ecol. Modelling,* 4: 253-278.

JØRGENSEN S.E., B.C. PATTEN & M. STRAŠKRABA. 1992. Ecosystem Emerging: Towards an Ecology of Complex Systems in a Complex Future. *Ecol. Modelling,* 62: 1-27.

KALCEVA R., J. OUTRATÁ, Z. SCHINDLER & M. STRAŠKRABA. 1982. An optimization model for the economic control of reservoir eutrophication. *Ecol. Modelling,* 17: 121-128.

KATZER C.R. & P.L. BREZONIK. 1981. A Carlson type trophic state index for nitrogen in Florida Lakes. *Water Res. Bull.,* 17: 713-715.

KAWARA O., H. NAGO & S. TAKASUGI. 1995. A study on the eutrophication of the Asahi River Dam Reservoir. *Harmonizing Human Life with Lakes. 6th International Conference on the Conservation and Management of Lakes – Kasumigaura '95.* International Lake Environment Committee: 713-716.

KELLY C.A., J.W.M. RUDD, R.H. HESSLIN, D.W. SCHINDLER, P.J. DILLON, C.T. DRISCOLL, S.A. GHERINI & R.H. HESKEY. 1987. Prediction of Biological Acid Neutralization in Acid Sensitive Lakes. *Biogeochemistry,* 3: 129-140.

KENNEDY R.H., J.W. BARKO, W.F. JAMES, W.D. TAYLOR & G.L. GODSHALK. 1987. Aluminium sulphate treatment of a eutrophic reservoir: Rationale, application methods, and preliminary results. *Lake and Reservoir Management,* 3: 85-90.

KENNEDY R.H., J.N. CARROLL, J.J. HAINS, W.E. JABOUR & S.L. ASHBY. 1995. Water Quality Management at a Large Hydropower Reservoir: Design, Operation and Effectiveness and Oxygenation System. *Harmonizing Human Life with Lakes. 6th International Conference on the Conservation and Management of Lakes – Kasumigaura 95.* International Lake Environment Committee: 517-520.

KENNEDY R.H. & G.D. COOKE. 1982. Control of lake phosphorus with aluminium sulphate: dose determination and application techniques. *Wat. Res. Bull.,* 18: 389-395.

KIMMEL B.L. & A.W. GROEGER. 1984. Factors controlling primary production in lakes and reservoirs: A perspective. Lake and Reservoir Management. *Proceedings of the Third Annual Conference, October 18-20, Knoxville, Tennessee. U.S. EPA, Washington, D.C.:* 277-281.

KIRA T. 1993. Major environmental problems in world lakes. *Mem. Ist. Ital. Idrobiol.,* 52: 1-7.

KORTMANN R.W., M.E. CONNERS, G.W. KNOECKLEIN & C.H. BONNELL. 1988. Utility of layer aeration for reservoir and lake management. *Lake and Reservoir Management,* 4: 35-50.

KORTMANN R.W., G.W. KNOECKLEIN & P.H. RICH. 1994. Aeration of Stratified Lakes: Theory and Practice. *Lake and Reservoir Management,* 8(2): 99-120.

KOSCHEL R. 1987. Pelagic calcite precipitation and trophic state of hardwater lakes. *Arch. Hydrobiol., Beth. Ergebn. Limnol.,* 33: 713-722.

KUBECKA J. 1993. Succession of fish communities in reservoirs of Central and Eastern Europe. In: STRAŠKRABA M., J.G. TUNDISI & A. DUNCAN (Eds.). *Comparative Reservoir Limnology and Water Quality Management.* Kluwer Academic Publishers, Dordrecht: 153-168.

L'VOVICH M.I., G.F. WHITE, A.V. BELYAEV, J. KINDLER, N.I. KORONKEVIC, T.R. LEE & G.V. VOROPAEV. 1990. Use and transformation of terrestrial water systems. In: Turner B.L., II (Ed.). *The Earth As Transformed by Human Action.* Cambridge University Press, Cambridge: 235-252.

LACROIX G.L. 1989. Ecological and physiological responses of Atlantic Salmon in acidic organic rivers of Nova Scotia, Canada. *Water, Air, and Soil Pollution*, 46: 375-386.

LAM D.C.L., C.I. MAYFIELD, D.A. SWAYNE & HOPKINS. 1994. A Prototype Information System for Watershed Management and Planning. *J. of Biol. Systems*, 2: 499-517.

LAM A.K-Y., E.E. PREPAS, D. SPINK & S.E. HRUDEY. 1995. Chemical control of hepatotoxic phytoplankton blooms: Implications for human health. *Wat. Res.*, 29: 1845-1854.

LELEK A. 1973. Sequence of changes in fish populations of the new tropical man made lake Kaingi, Nigeria, West Africa. *Arch. f. Hydrobiol.*; 71: 381-420.

LELEK A. & EL ZARKAS. 1973. Ecological comparison of the pre impoundment fish-faunas of the river Niger and Kainji Lake, Nigeria. In: ACKERMAN W.C., G.F. WHITE & E.B. WORTHINGTON (Eds.). *Man Mades Lakes. Their Problems and Environmental Effects*. Geophys. Monogr. 17: 655-660.

LEVENTER H. & B. TELTSCH. 1990. The contribution of silver carp (*Hypophthalmichthys molitrix*) to the biological control of Netofa reservoirs. *Hydrobiologia*, 191: 47-55.

LIND O.T., T.T. TERRELL & B. KIMMEL. 1993. Problems in reservoir trophic state classification and implications for reservoir management. In: STRAŠKRABA M., J.G. TUNDISI & A. DUNCAN (Eds.). *Comparative Reservoir Limnology and Water Quality Management*. Kluwer Academic Publishers, Dordrecht: 57-67.

LORENZEN M.W. & R. MITCHELL. 1975. An evaluation of artificial destratification for control of algal blooms. *J. Amer. Water Works Assoc.*, 67: 373-376.

LOS F.J. 1991. *Mathematical simulation of algae blooms by the Model BLOOM II*. Version 2. Documentation Report. Delft Hydraulics, The Netherlands.

LUNG W.S. & R.P. CANALE. 1977. Projection of phosphorus levels in White Lake. *J. Environm. Engng Div., ASCE*, 103: 663-667.

MAGMEDOV V.G., M.A. ZACHARENKO, L.I. YAKOVLEVA & M.E. INCE. 1996. The use of constructed wetlands for the treatment of runoff and drainage waters: the UK and Ukraine experience. *Water Sci. Tech.*, 33: 315-323.

MALIN V. 1984. A general lake water quality index. *Aqua Fennica*, 14(2): 139-145.

MARGALEF R. 1975. Typology of reservoirs. *Verh. Internat. Verein. Limnol.*, 19: 1841-1848.

MARSHALL B.E. 1984. Towards predicting reservoir ecology and fish yield from pre impoundment physicochemical, data. *CIFA Tech. Pap. (12) FAO*, Rome.

MATSUMURA T. & S. YOSHIUKI. 1981. An optimization problem related to the regulation of influent nutrient in aquatic ecosystems. *Int. J. Syst. Sci.*, 12: 565-585.

MATVIENKO B. & TUNDISI J.G. 1996. Biogenic gases and decay of organic matter. *Int. Workshop on Greenhouse Gas Emissions from Hydroelectric Reservoirs, Eletrobrás, R.J.*: 1-6.

McCAULEY E., J.A. DOWNING & S. WATSON. 1989. Sigmoid relationships between nutrients and clorophyll among lakes. *Can. J. Fish. Aquat. Sci.*, 46: 1171-1175.

McCUTCHEON S.C. 1989. *Water Quality Modeling Vol. 1 Transport and Surface Exchange in Rivers*. CRC Press, Boca Raton, Florida.

McMAHON T.A. & B.L. FINLAYSON. 1995. Reservoir system management and environmental flows. *Lakes & Reservoirs. Research and Management*, 1: 65-76.

MERMEL T.W. 1991. The world's major dams and hydro plants. *International Water Power and Dam Construction Handbook 1991*: 52-62.

MOBLEY M. Forebay Oxygen Diffuser System to Improve Reservoir Releases at TUA's Douglas Dam. (manuscript)

MOBLEY M.H. & E.D. HARSHBARGER. 1987. Epilimnetic pumps to improve reservoir releases. *Miscellaneous Paper E-87-3, Proceedings CE Workshop on Reservoir Releases*. U.S. Army Engineer Waterways Experiment Station, Vicksburg, Mississippi: 133-135.

MOLOT L.A., P.J. DILLON, B.J. CLARK & B.P. NEARY. 1992. Predicting end-of-summer oxygen profiles in stratified lakes. *Can. J. Fish. Aquat. Sci.*, 49: 2363-2372.

MOSS B. 1995. Manipulation of Aquatic Plants. In: De BERNARDI R. & G. GIUSSANI (Eds.). *Biomanipulation in Lakes and Reservoirs Management*. Guidelines of Lake Management, 7: 97-112.

NAIMAN R.J., J.J. MAGNUSON & D.M. McKNIGHT. 1995. *The Freshwater Imperative*. Island Press, Washington D.C.

NEETHLING J.B. 1996. Review of generic software for environmental applications. In: ZANETTI P. (Ed.). *ENVIROSOFT 86. Proceedings of the International Conference on Development and Application of Computer Techniques to Environmental Studies, Los Angeles, U.S.A., November 1986*. Computational Mechanics Publications, Southampton: pp. 3-17.

NOVOTNY V. 1988. Diffuse (nonpoint) pollution – a political, institutional, and fiscal problem. *J. Wat. Pollut. Control. Fed.*, 60: 1404-1413.

OLSZEWSKI P. 1967. Die Ableitung des hypolimnischen Wassers aus einem See. *Mitt. Blat Fed. Europ. Gewässerschutz*, 14: 87-89.

OWENS E.M., S.W. EFFLER & F. TRAMA. 1986. Variability in thermal stratification in a reservoir. *Water Res. Bull.*, 22: 219-227.

PAIVA M.P., M. PETRERE Jr., A.J. PETENATE & F.H. NEPOMUCENO. 1994. Relationship between the number of predatory fish species and the fish yield in large north eastern Brazilian reservoirs. In: COWX I.G. (Ed.). *Impacts of the impoundment on the fish fauna and fisheries*, Fishing News Books: 120-129.

PARÍZEK J. 1984. Vyuzití efektu cisté vrstvy (Utilization of the "clean layer" effect – In Czech). In: STRAŠKRABA M., Z. BRANDL & P. PORCALOVÁ (Eds.). *Hydrobiologie a kvalita vody údolních nadrzí*. CSVTS, Ceské Budejovice: pp. 72-83.

PASTOROK R.A., T.C. GINN & M.W. LORENZEN. 1980. Review of aeration (circulation for lake management). *Restoration of Lakes and Inland Waters. Internat. Symposium on Inland Waters and Lake Restoration, Portland, Maine*: 124-133.

PASTOROK R.A., T.C. GINN & M.W. LORENZEN. 1981. Evaluation of aeration/circulation as a lake restoration technique. *U.S. Environmental Protection Agency. EPA-600/3-81-014. Washington, D.C.*

PETERSON S.A. 1982. Lake restoration by sediment removal. *Water Res. Bull.*, 18: 423-435.

PETERSON S.A. 1981. Sediment Removal as a Lake Restoration Technique. *Environmental Protection Agency. EPA-600/3-81-013, Corvallis*.

PETRERE M. 1986. Fisheries and fish farming assessment at Itaparica (Northeast). *Consultant's Report to the World Bank. Washington D.C.*

PETRERE M. 1994. Synthesis on Fisheries in large tropical reservoirs in South America. Consultant's document prepared under FAO/UN request from the Inland Water Resoureces and Aquaculture Service – Fishery Resources and Environmental Division. Presented at the "*Sinposio Regional sobre Manejo de la Pesca en Embalses em America Latina*", La Habana, Cuba, October 1994.

PETRERE M. Jr. & A.A. AGOSTINHO. 1993. The fisheries in the brazilian portion of the Parana River. Document presented at the ONU/FAO/COPESCAL meeting "*Consulta de Expertos sobre los recursos Pesqueros de La Cuenca del Planta*". *Montevideo, Uruguay*: 5-7.

PRAIRIE Y.T., C.M. DUARTE & J. KALFF. 1989. Unifying nutrient-clorophyll relationships in lakes. *Can. J. Fish. Aquat. Sci.*, 46: 1176-1182.

PÜTZ K. 1995. The importance of pre-reservoirs for the water-quality management of reservoirs. *J. Water SRT – Aqua,* 44: 50-55.

PÜTZ K., J. BENDORF, M. FRIMEL, W. HENKE, H. KRINITZ & H.S. SCHIRPKE. 1975. Phosphatelimination in Vorsperren. *Fachbereichs-standard TGL 27885/02.*

QUAAK M., J. van der DOES, P. DOERS & J. van der VLUGT. 1993. A new technique to reduce internal phosphorus loading by in-lake phsophate fixation in shallow lakes. *Hydrobiologia,* 253: 337-344.

QUINTERO J.E. & J.E. GARTON. 1973. A low energy lake destratifies. *Trans. Amer. Soc. of Agricultural Engineers,* 16: 973-978.

RECKNAGEL F., M. HOSOMI, T. FUKUSHIMA & D.-S. KONG. 1995. Short- and long-term control of external and internal phosphorus loads in lakes-A scenario analysis. *Wat. Res.,* 29: 1767-1779.

REYNOLDS C.S., S.W. WISEMAN & M.J.O. CLARKE. 1984. Growth- and loss-rate responses of phytoplankton to intermittent artificial mixing and their potential application to the control of planktonic algal biomass. *J. Appl. Ecol.,* 21: 11-39.

RIDLEY J.E., P. COOLEY & J.A. STEEL. 1966. Control of thermal stratification in Thames Valley reservoirs. *Proc. Soc. Wat. Treat. Exam.,* 15: 225-244.

RIDLEY J.E. & J.A. STEEL. 1975. Ecological aspects of river impoundments. In: WHITTON B. (Ed.). *River Ecology.* Blackwell Sci. Pub., Oxford: 565-587.

RILEY M.J. & H.G. STEFAN. 1988. Development of the Minnesota Lake Water Quality Management Model "MINLAKE". *Lake and Reservoir Management,* 4: 73-84.

RIPL W. 1976. Biochemical oxidation of polluted lake sediment with nitrate – a new lake restoration method. *AMBIO,* 5: 132-135.

RIPL W. & S. RIDGILL. 1995. Sustainability of river catchments, In: EISELTOVÁ M. & J. BIGGS (Eds.). *Restoration of Stream Ecosystems.* International Waterfowl and Wetlands Research Bureau, Publication 37, Slimbridge, Gloucester, UK: 5-17.

ROBBINS T.W. & D. MATHUR. 1976. The muddy run pumped storage project: A case history. *Trans. Amer. Fish. Soc.,* 1: 165-172.

ROCHE K.F., E.V. SAMPAIO, D. TEIXEIRA, T. MATSUMURA-TUNDISI, J.G. TUNDISI, H.J. DUMONT. 1993. Impact of *Holoshestes heterodon* Eigenmann (Pisces:Characidae) on the plankton community of a subtropical reservoir: the importance of predation by *Chaoborus* larvae. *Hydrobiologia,* 254: 7-20.

ROSA L.P. 1997. Relatório técnico científico da COPPE sobre as medições de gases do efeito estufa na Hidroelétrica de Curua-Una, Amazonas.

RYDER R.A. 1965. A method for estimating the potential fish production of north-temperate lakes. *Trans. Amer. Fish. Soc.,* 94: 214-218.

SAIJO Y. & J.G. TUNDISI. 1985. *Limnological studies in Central Brazil. Rio Doce Valley Lakes and Pantanal Wetland.* 1st Report, Water Research Institute, Nagoya University.

SALAS H.J., & P. MARTINO. 1991. A simplified phosphorus trophic state model for warm-water tropical lakes. *Water Res.,* 25: 341-350.

SALE M.J., E.D. BRILL Jr. & E.E. HERRICKS. 1982. An approach to optimizing reservoir operation for downstream aquatic resources. *Water Resour. Res.,* 18: 705-712.

SALENCON M.-J. & J.-M. THÉBAULT. 1994. Démarche de modélisation d'un écosystéme lacustre: application au Lac de Pareloup. *Hydroécol. Appl.,* 6: 315-327.

SASR. 1992. Project No 6: Research and Technological Development for the Supply and Use of Freshwater Resources: Report on Monitoring and Modeling. I. *Krüger Consult AS and Danish Hydraulic Institute. Commision of the European Communities, Brussels.*

SCHINDLER Z., & M. STRAŠKRABA. 1982. Optimální rízení eutrofizace údolních nádrzí. *Vodohospodársky casopis SAV*, 30: 536-548.

SCHLADOW S.G. 1993. Lake destratification by bubbler plume systems: A design methodology. *J. Hydraulics Engng Div., ASCE*, 119: 350-368.

SCHLESINGER D.A. & H.A. REGIER. 1982. Climatic and morphoedaphic indices of fish yield from natural lakes. *Trans. Amer. Fish. Soc.*, 111: 141-150.

SEO D.-I. & R.P. CANALE. 1996. Performance, reliability and uncertainty of total phosphorus models for lakes-I. Deterministic Analyses. *Wat. Res.*, 30: 83-94.

SHAPIRO J. 1995. Lake restoration by biomanipulation – a personal view. *Environ. Rev.*, 3: 83-93.

SHAPIRO J., V. LAMARRA & M. LYNCH. 1975. Biomanipulation, an ecosystem approach to lake restoration. In: Brezonik P.L. & J.L. Fox (Eds.). *Proc. Symp. Water Quality Management Through Biological Control.* Univ. Florida Press, Gainesville, Florida: 85-96.

SOMLYÓDY L. & O. VARIS. 1992. Water quality modelling of rivers and lakes. *International Institute for Applied Systems Analysis, WP-92-041, Laxenburg.*

SOMLYÓDY L. 1994. Water Quality management: can we improve integration to face future problems? *International Institute for Applied Systems Analysis, WP-94-34, Laxenburg.*

SPEECE R.E. et al. 1982. Hypolimnetic oxygenation studies in Clark Hill Lake. *J. Hydraulics Engng Div., ASCE*, 108: 225-244.

SPEECE R.E. 1994. Lateral thinking solves stratification problems. *Water Quality International*, 3: 12-15.

SPRULES W.G. 1984. Towards an optimal classification of zooplankton for lake ecosystem studies. *Verh. Intern. Verein. Limnol.*, 22: 320-325.

STARLING F.L.R.M. 1993. Control of eutrophication by silver carp (*Hypophthalmichthys molitrix*) in the tropical Paranoa Reservoir (Brazalia, Brazil): a mesocosm experiment. *Hydrobiologia*, 257: 143-152.

STAUFFER R.E. 1987. Effects of oxygen transport on the areal hypolimnetic oxygen deficit. *Water Resour. Res.*, 23: 1887-1892.

STEEL J.A. 1978. Reservoir algal productivity. In: JAMES A. (Ed.). *Mathematical Models in Water Pollution Control.* Wiley, New York: 107-135.

STEFAN H.G., M.D. BENDER, J. SHAPIRO & D.I. WRIGHT. 1987. Hydrodynamic, design of a metalimentic lake aerator. *J. Environm. Engng Div.*, 113: 1249-1264.

STEFAN H.G. & X. FANG. 1994. Model simulations of dissolved oxygen characteristics in Minnesota lakes: Past and future. *Environmental Management*, 18: 73-92.

STEFAN H.G & M.J.HANSON. 1980. Predicting dredging depths to minimize internal nutrient recycling in shallow lakes. Restoration of lakes and inland waters. *International symposium on inland waters and lake restoration, September 8-12, 1980, Portland, Maine*, U.S. Envir. Prot. Agency, Washington, D.C.: 79-85.

STEIN R.A., D.R. DEVRIES & J.M. DETTMERS. 1995. Food-web regulation by a planktivore: exploring the generality of the trophic cascade hypothesis. *Can. J. Fish. Aquat. Sci.*, 52: 2518-2526.

STEINBERG C. & G.M. ZIMMERMAN. 1988. Intermittent destratification a therapy measure against Cyanobacteria in lakes. *Environmental Technology Letters*, 9: 337-350.

STENSON J.A.E., T. BOHLIN, L. HENRIKSON, B.I. NILSSON, H.G. NYMAN, H.G. OSCARSON & P. LARRSON. 1978. Effect of fish removal from a small lake. *Verh. Intern. Verein. Limnol.*, 20: 794-801.

STOW C.A., S.R. CARPENTER, Ch.P. MADENJIAN, L.A. EBY & L.J. JACKSON. 1995. Fisheries management to reduce contamination consumption. *BioScience*, 45: 752-758.

STRAŠKRABA M. 1976. Empirical and analytical models of eutrophication. *Proc. Eutrosym '76 Karl--Marx-Stadt*, 3: 352-371.

STRAŠKRABA M. 1980. The effect of physical variables on freshwater production: analyses based on models. In: LECREN E.D. & R.H. LOWE-MCCONNEL (Eds.). *The Functioning of Freshwater Ecosystems*. Cambridge Univ. Press, Cambridge: 13-84.

STRAŠKRABA M. 1985. Managing of eutrophication by means of ecotechnology and mathematical modelling. *International Congress Lakes Pollution and Recovery, Rome, 15th-18th April, 1985:* 17-28.

STRAŠKRABA M. 1986. Ecotechnological measures against eutrophication. *Limnologica* (Berlin), 17: 239-249.

STRAŠKRABA M. 1993. Ecotechnology as a new means for environmental management. *Ecol. Engineering*, 2: 311-331.

STRAŠKRABA M. 1994. Ecotechnological models for reservoir water quality management. *Ecol. Modelling*, 74: 1-38.

STRAŠKRABA M. 1995. Models of algal blooms. *Harmonizing Human Life with Lakes, 6th International Conference on the Conservation and Management of Lakes - Kasamigaura '95*. International Lake Environment Committee: 838-842.

STRAŠKRABA M., I. DOSTÁLKOVÁ, J. HEJZLAR & V. VYHNÁLEK. 1995. The effect of reservoirs on phosphorus concentration. *Int. Revue ges. Hydrobiol.*, 80: 403-413.

STRAŠKRABOVÁ V. 1976. Self-purification of impoundments. *Water Res.*, 9: 1171-1177.

STRAŠKRABOVÁ V., B. DESORTOVÁ, K. ŠIMEK, V. VYHNÁLEK & B. BOJANOVSKI. 1983. Ovlivnení biochemické spotreby kyslíku v povrchových vodách prítomností ras. (The influence of algae on biochemical oxygen demand in surface waters) (In Czech). *Vodní hospodárství, B*, 33: 165-168.

STREBEL D.E., B.W. MEESON & A.K. NELSON. 1994. Scientific information system: A conceptual framework. In: MICHENER W.K., J.W. BRUNT & S.G. STAFFORD (Eds.). *Environmental Information Management and Analysis: Ecosystem to Global Scales*: 59-85.

STRYCKER L. 1988. Decaying dam holds tide of trouble. *The Register-guard,* 121(331) Eugene, Oregon: 1-8.

STUMM W. & P. BACCINI. 1978. Man-Made Chemical Perturbation of Lakes. In: LERMAN A. (Ed.). *Lakes, Chemistry, Geology, Physics.* Springer-Verlag, New York: 91-126.

SYMONS J.M., W.H. IRWIN, R.M. CLARK & G.G. ROEBECK. 1967. Management and measurement of DO in impoundments. *J. Sanit. Engng Div., ASCE,* 93: 181-209.

SZILÁGYI F., L. SOMLYÓDY & L. KONECS. 1990. Operation of the Kis-Balaton reseroir: evaluation of nutrient removal rates. *Hydrobiologia,* 191: 297-306.

THORNTON J.A. & W. RAST. 1993. A test of hypotheses relating to the comparative limnology and assessment of eutrophication in semi-arid man-made lakes. In: STRAŠKRABA M., J.G. TUNDISI & A. DUNCAN (Eds.). *Comparative Reservoir Limnology and Water Quality Management.* Kluwer Academic Publishers, Dordrecht, The Netherlands: 1-24.

THORNTON K.W., R.H. KENNEDY, A.D. MAHOUN & G.F. SAUL. 1982. Reservoir water quality sampling design. *Water Resour. Bull.,* 18: 261-265.

TUNDISI J.G. 1984. Estratificação hidráulica em reservatórios e suas conseqüências ecológicas. *Cienc. Cult.*, 36: 1498-1504.

TUNDISI J.G. & T. MATSUMURA TUNDISI. 1995. The Lobo Broa Ecosystem Research. In: TUNDISI J.G., C. BICUDO, T. MATSUMURA TUNDISI (Eds.). *Limnology in Brazil.* Brazilian Academy of Sciences. Brazilian Limnological Society.

TUNDISI J.G., Y. SAIJO & T. SUNAGA. 1997. Ecological effects of human activities in the Middle Rio Doce Lakes. In: TUNDISI J.G. & Y. SAIJO (Eds.). *Limnological Studies on the Rio Doce Valley Lakes, Brazil.* Brazilian Academy of Sciences. USP, ESSC, CRHEA: 477-482.

TUNDISI J.G. & M. STRAŠKRABA. 1995. Strategies for building partnerships in the context of river basin management: The role of ecotechnology and ecological engineering. *Lakes & Reservoirs: Research and Management,* 1: 31-38.

TWINCH A.J. & D.C. GROBLER. 1986. Pre-impoundment as a eutrophication management option: a simulation study at Hartbeesport Dam. *Water S.A.,* 12: 19-26.

TYSON J.M. 1995. Quo vadis - sustainability. *Wat Sci. Tech.,* 32(5-6): 1-5.

UHLMANN D., J. BENNDORF & A. GNAUCK. 1977. Entwicklung von Modellen zur Vorhersage der Phytoplanktonentwicklung und Wasserbeschaffenheit in eutrophierten Staugewässern. *Wissenschaftliche Zeitschrift der Technischen Universität Dresden,* 26: 271-278.

UHLMANN D., J. BENNDORF & W. ALBERT. 1971. Prognose des Stoffhaushaltes von Staugewässern mit Hilfe kontinuierlicher oder semikontinuiuerlicher Modelle. I. Gundlagen. *Int. Rev. ges. Hydrobiol.,* 56: 513-539.

ULRICH M., D.M. IMBODEN & R. SCHWARZENBACH. 1995. MASAS - a user friendly simulation tool for modeling the fate of anthropogenic substances in lakes. *Envinonmental Software,* 10: 177-198.

VAN DER MOLEN D.T., F.J. LOS, L. VAN BALLEGOOIJEN & M.P. VAN DER VAT. 1994. Mathematical modeling as a tool for management in eutrophication control of shallow lakes. *Hydrobiologia,* 275/276: 479-492.

VIRTANEN M., J. KOPONEN, K. DAHLBO & J. SARKKULA. 1986. Three-dimensional water-quality--transport model compared with field observations. *Ecol. Modelling,* 31: 185-199.

VOLLENWEIDER R.A. 1987. Scientific concepts and methodologies pertinent to lake research and lake restoration. *Swiss J. Hydrol.,* 49(2): 129-147.

WALKER W.W.Jr. 1985. Empirical Methods for Predicting Eutrophication in Impoundments. Report 3, Phase II: Model Refinements. *Technical Report E-81-9. U.S. Army Engineer Waterways Experiment Station, Vicksburg, Mississippi.*

WALLSTEN M. 1978. Situation of twenty-five Swedish lakes now and 40 years ago. *Verh. Internat. Verein. Limnol.,* 20: 814-817.

WARD R.C., LOFTIS J.C. & G.B. McBRIDE. 1986. The "data-rich but information-poor" syndrome in water quality monitoring. *Environmental Management,* 10: 291-298.

WARD J.V. & J.A. STANFORD. 1983. The serial discontinuity concept of lotic ecosystems. In: FONTAINE T.D. & S.M. BARTELL (Ed.). *Dynamics of Lotic Ecosystems.* Ann Arbor Science, Ann Arbor, Michigan: 29-42.

WARD J.V., B.R. DAVIES, C.M. BREEN, J.A. CAMBRAY, F.M. CHUTTER, J.A. DAY, F.C. DE MOOR, J. HEEG, J.H. O'KEEFFE & K.F. WALKER. 1984. Stream regulation. In: HART R.C. & B.R. ALLANSON. (Eds.). *Limnological Criteria for Management of Water Quality in the Southern Hemisphere.* South African National Scientific Programmes Report No 93: 32-63.

WELCH E.B. & C.R. PATMONT. 1980. Lake restoration by dillution; Moses Lake, Washington. *Water Res.,* 14: 1317-1325.

WELCOMME R.L. 1988. *Intentional introductions of inland aquatic species.* FAO Fish. Tech. Pap. 294.

WOOL T.A., J.L. MARTIN & R.W. SCHOTTMAN. 1994. the Linked Watershed/Waterbody Model (LWWM): A Watershed Management Modeling System. *Lake and Reservoir Management,* 9(2): 124.

YOUNG R.A., C.A. ONSTAD, D.D. BOSCH & W.P. ANDERSON. 1989. AGNPS: a nonpoint-source pollution model for evaluating agricultural watersheds. *J. Soil Water Conservation,* 44: 168-172.

ZÁKOVÁ Z. 1996. Constructed wetlands in the Czech Republic - survey of the research and practical use. *Water Sci. Tech.*, 33: 303-308.

ZARET T.M. & R.T. PAINE. 1973. Species introductions in a tropical lake. *Science*, 182: 449-455.

ZHADIN W.I. 1958. Probleme der Bildung des biologischen Regims und der Typologie in Künstlichen Seen (Stauseen). *Verh Internat. Verein. Limnol.*, 13: 446-454.

# Novas Referências Bibliográficas

As seguintes referências bibliográficas mais recentes têm interesse na temática qualidade da água de reservatórios e seu gerenciamento.

AGOSTINHO A.A., GOMES L.C. & PELICICI F.M. 2007. *Ecologia e Manejo de Recursos pesqueiros em reservatórios do Brasil*. EDUEM, Maringá. 501 p.

BICUDO C.E.M. & MENEZES M. 2006. *Gêneros de algas de águas continentais do Brasil. Chave para identificação e descrições*. 2ª edição. RIMA, São Carlos. 489 p.

BARBOSA F. (Org.) 2008. *Ângulos da água*: desafios da integração. Editora UFMG, Belo Horizonte. 366p.

JØRGENSEN S.E., LÖFFLER H., RAST W. & STRAŠKRABA M. 2005. *Lake and reservoir management*. Elsevier Publishers, Amsterdam. 502 pp.

MATSUMURA-TUNDISI T. & TUNDISI J.G. 2003. Calanoida (Copepoda) Species composition changes in the reservoirs of São Paulo State (Brazil) in the last twenty years. *Hydrobiologia*, 504: 215-222.

MATSUMURA-TUNDISI T. & TUNDISI J.G. 2005. Plankton richness in a eutrophic reservoir. (Barra Bonita, reservoir, SP. Brazil). *Hydrobiologia*, 542: 367-378.

MITSCH W. & JØRGENSEN S.E. 2004. *Ecological engineering and ecosystem restauration*. John Wiley & Sons, Inc., 411 p.

MITSCH W. & GOSSELINK J. 2007. *Wetlands*. John Wiley & Sons, Inc., 582 p.

NOGUEIRA M.G., HENRY R. & JORCIN A. 2005. *Ecologia de reservatórios. Impactos potenciais, ações em manejo e sistemas em cascata*. Rima, São Carlos, 459 p.

POMPEO M.L.M. & MOSCHINI-CARLOS V. 2003. *Macrofitas aquáticas e perifiton: Aspectos ecológicos e metodológicos*. Rima, São Carlos, 124 p.

ROCHA O., ESPINDOLA E.L.G., FENERICH-VERANI N., VERANI J.R. & RIETZLER, A. 2005. *Espécies invasoras em águas doces*: Estudos de caso e propostas de manejo. Editora UFSCar, São Carlos, 417 p.

THOMAZ S.M. & BINI L.M. 2003. *Ecologia e Manejo de Macrofitas aquáticas*. EDUEM, Maringá, 341 p.

TUNDISI J.G. & MATSUMURA-TUNDISI T. 2003. Integration of research and management in optimizing multiple uses of reservoirs: The experience of South America and brazilian case studies. *Hydrobiologia*, 500: 231-242.

TUNDISI J.G., MATSUMURA-TUNDISI T. & SIDAGIS-GALLI C. 2006. *Eutrofização na América do Sul. Causas, conseqüências e tecnologias para o gerenciamento e controle*. IIE; IIEGA; ABC; IAP; IANAS, 532 p.

TUNDISI J.G. & MATSUMURA-TUNDISI T. 2008. Limnologia. *Oficina de Textos*. 632 p.

TUNDISI J.G. 2007. Exploração do potencial hidrelétrico da Amazônia. *Estudos Avançados*, 21(59): 109-117.

TUNDISI J.G. et al. 2004. The response of Carlos Botelho (Lobo, Broa) reservoir to the passage of cold fronts as reflected by physical, chemical, and biological variables. *Braz. J. Biol.*, 64(1): 177-186.

# Índice Analítico

## A

Absorção-liberação, 54
Acidificação (gerenciamento da), 145
Acidificação, 85-87, 93-94, 134, 142
Adaptabilidade, 101
Adaptação, 97
*Adenovírus*, 62
Aeração, 155, 156, 158, 180
Aeração/oxigenação na descarga, 179
*Agasicles*, 170
*AGENDA 21*, 18
Agricultura, 29, 93
Agrotóxicos, 96
Água
    bombas de água, 180
    capacidade de retenção da água, 88
    circulação, 46
    densidade, 70
    disponibilidade, 14, 227
    flutuações do nível, 108, 115, 206
    manipulações do nível, 170
    poupança, 150
    qualidade (avaliação), 117
    qualidade (critério), 66
    qualidade (definição), 4
    qualidade (gerenciamento), 128
    qualidade (mudanças de), 63
    quantidade, 3, 114
    quantidade (modelagem), 195
    reserva, 33
    transferência e retirada, 30, 37, 39, 192
Akosombo (reservatório), 8
Alcalinidade, 55, 109
Alcalinização, 140
*Alestes*, 76
Algas (crescimento explosivo), 103, 165
Algas, 296, 60-62, 71-72, 95, 109-111, 114, 145, 155, 156, 164
Algicidas, 16, 153, 168, 171
Alumínio, 59, 93, 162
Amíticos (lagos), 68
Amônia, 72, 81, 108, 110, 132, 134
Amonificação, 56

*Anabaena*, 136, 215, 217
Anaeróbicas (condições), 112
Anoxia, 68, 110, 112
Antimônio, 96
*Aphanizomenon*, 136, 212
Apstein (tipo de rede de plâncton), 123, 124
Aquáticos (pássaros), 188
Aqüicultura, 79
Aral (mar de Aral), 39, 102
*Argyrodiaptomus*, 221
Arsênico, 96
Asahi (reservatório), 9, 54
*Ascaris*, 95.
Assimilação (capacidade de) de poluentes, 105
Assoreamento (gerenciamento), 145
assoreamento, 142, 175
Assuã (reservatório), 93, 173
Atatürk (reservatório), 8
Atmosférica (poluição), 30
Avaliação
    da composição do fitoplâncton, 135
    da composição mineral, 134
    da matéria orgânica, 134
    de acordo com variáveis individuais, 129
    de metais pesados, 135
    do fósforo, 132
    do nitrogênio, 132
    do oxigênio, 130
    do pH, 134
    da salinidade, 134

## B

Bacias hidrográficas, 19, 44
    gerenciamento, 141, 149
    sistema de, 102
    vazões afluentes, 41
Bacillariophyceae, 136
Bactéria, 55, 112, 124
Bactéria (contaminação por), 95
Bacterioplâncton, 59
Baías, 108
Balaton (lago), 148
Balbina (reservatório de), 178

Barra Bonita (reservatório de), 67, 214-216
Benndorf, modelo gráfico de eliminação de P, 201
Bentos (predadores de), 82
Bentos, 94, 112, 177, 212
Billings (reservatório), 185
Biodiversidade, 94, 102, 142, 151
Bioindicadores, 138
Biomanipulação, 98, 153, 162, 183, 219
Bioperturbação, 59
Bioplatô, 149
Bismuto, 96
*Brachydanio*, 137
Bratsk (reservatórios), 8
Broa (Lobo) reservatório, 9, 189
Brundtland (comissão), 18
Bukhtarma (reservatório), 8

# C

Caborra Bassa (reservatório), 76
Cádmio, 96
Cálcio, 72
Calibração, 126
*Campylobacter*, 62
Canal de construção de, canalização de rios, 29
Caniapiscau Bar. Ka3 (reservatório), 8
Canning (reservatório), 9
Carbono (dióxido de), 70, 132
Cascata (reservatório), 211
Censo (metodologia), 82
*Ceratium*, 136
*Chaoborus*, 62
Chironomidae, 82
*Chlamydomonas*, 136
*Chloromonas*, 136
Chlorophyceae, 136
*Chromulina*, 136
*Chrysoccocus*, 136
*Cicla*, 105
ciclo microbiano, 63
Ciliados, 62
Citofluorômetros, 125
Cladóceros, 62
Clarke-Bumpus amostrador de zooplâncton, 124
Classificação (de represas), 129

com base em tempo de retenção, 67
de represas, 64
geográfica, 67
por extratificação, 48
Classificação articulada, 73
Clima (mudanças climáticas), 226
Cloretos, 109
Clorofila A, 70, 90, 109, 127, 134, 206
Clorofórmio, 132
*Clupeonella*, 76
$CO_2$, 89, 175
Coagulação, 140
Cobre (envenenamento por), 103, 168, 171
Coliformes, 62, 112, 134, 135
Colonização, 102, 105
Colorado (rio), 152
Competição, 102
Composição química, 109
Condutividade, 108, 121, 220
Condutividade, 54, 109, 220
Conectividade, 101
Conferência Mundial (Rio 92), 18
Conseqüências da desestratificação, 155
Construção (características da), 33
Consumidores, 60
Controle da vegetação
 com herbicidas, 170
Controle dos efluentes industriais, 149
Copépodes, 62
Co-precipitação, 200
Cor, 109
*Corica*, 76
Corredores, 19
Corretivo (gerenciamento), 18
Corrosão, 184
Cortinas, 153, 167
*Cosmialosa*, 76
*Cromo*, 96
Cryptophyceae, 136, 218
*Cryptomonadina*, 213
*Cryptomonas*, 136
Curua Una (reservatório), 37, 185
Cianobactéria, 55, 72, 90, 127, 156, 213, 218

# D

Dados
 análise, 118

coleta, 117
reserva e usos, 127
transmissão, 126
Daniel Johnson (reservatório), 8
*Daphnia*, 137
DDT, 17
De Gray (reservatório), 9
Deacidificação, 140
Decomposição, 132
Decompositores, 59
Densidade (correntes de), 46, 135
Dependência da taxa de fluxo, 127
Descarga de resíduos, 28
Desestratificação, 18, 180
Desmatamento, 44
Desnitrificação, 161
Detecção, 118
Detergente, 185
Determinísticos (modelos), 198
Detrito (cadeia alimentar), 62
Detritos, 175
Diatomáceas, 110, 213
Diferenças entre lagos e represas, 44
Dimíticos (lagos ou represas), 70
*Dinobryon*, 136
Dinophyceae, 136
Dissolvido (oxigênio), 56, 109
Distribuição, 120
Distrofia, 134
Dragagem, 160

# E

*Echovirus*, 62
Ecologia econômica, 225
Ecorregiões, 129
Ecosondagem, 82
Ecossistema
    carta para os grandes Lagos – bacia do St. Lawrence, 24
    pesquisa de, 221
Ecotecnologias
    abordagem, 170
    métodos, 142
    princípios de gerenciamento, 102
Ecótones, 151
Efeito dos peixes, 218
Eficiência (das pré-represas), 200

EIA, 119
Eibenstock (reservatório), 146
Eildon (reservatório), 178
El Cajon (reservatório), 9, 185
Emissão (critério de), 19
Engenharia ecológica, 224
*Entamoeba*, 96
Epilimnético (bombas), 179
Epilimnético (mistura), 104, 153, 170, 224
Epilímnio, 46
Erie (lago), 82
Erosão, 44, 108, 144, 169, 187
*Escherichia*, 62
*Eucalyptus*, 44
Eufótico, 45
Eutrófico, 90, 214
Eutrofização, 30, 55, 87, 109, 141, 185

# F

Fairmont (lago), 9
Fertilizantes, 95, 143
Filtração, 140
Filtradores, 28
Filtragem (sistema de), 28
Fluoreto, 108
Fortran, 208
*Fragilaria*, 136
Fúlvico (ácido), 56
Funções forçadas, 202

# G

*Gastroenteritis* (liberação), 94
*Gastroenteritis*, 62
Gatun (reservatório), 105
Geográfica
    diferenças na temperatura de superfície, 48
GIS (sistemas geográficos de informação), 197, 201
Geração de modelos, 196
Gersau (lago), 133
*Giardia*, 95
*Gudusia*, 76
Guri (reservatório), 8

# H

$H_2S$, 89, 175, 185

*Halicore*, 169
Hemoglobina, 110
Hepatite, 62
Herbicidas, 56, 170
Herbívoros, 169
Heterótrofos, 62
Hidráulica (estratificação), 48
Hidráulico (regulações), 165
Hidroeletricidade, 192
Hidrologia, 220
Hidrometeorologia, 109
Higiene (restrições), 185
Hipereutrófico, 70
Hipolimnético,
  aeração, 155
  anoxia, 86, 94
  demanda de oxigênio, 202
  fósforo, 167
  sifonamento, 153, 167
  temperatura, 167
  vazão, 165
Hipolímnio, 48
Hipsográfica (curva), 107
Histerese (efeitos), 115
Homeostase, 98
Hume (reservatório), 9
*Hypophthalmichthys*, 170

# I

IIASA, 205
ILEC, 77, 205, 224
Iluminômetros, 183
Imissão (critério de), 19
Impactos de águas doces, 26
Impactos, 28
Importância de reservatórios, 1
Inadequada exploração da biomassa, 30
Inativação do fósforo, 162
Indiana river (reservatório), 9
Indicadores de poluição fecal, 62
Indicadores, 112, 126
Índice morfoedáfico (MEI), 78
Influência dos peixes na qualidade da água, 81
Infra-estrutura, 24
Instrumentos, 123
Integrado
  amostragem, 124

gerenciamento, 25, 191
  gerenciamento da bacia hidrográfica, 23
  gerenciamento e informação, 23
Intercalibração, 123
Interconexão em subsistemas, 103
Introdução de espécies exóticas, 28
Irkutsk (reservatório), 8
Irrigação, 29, 95
Itaipu (reservatório), 9, 78
Itaqueri (rio), 220
Itumbiara (reservatório), 9

# K

Kainji (reservatório), 20
Kamýk (reservatório), 211
Kaptui (reservatório), 9
Kariba (reservatório), 20, 83
Kelvin-Helmholtz (instabilidades), 46
Kis-Balaton (reservatório), 148
Kleine Kinzig (reservatório), 9
Klíčava (reservatório), 9
Krasnoyarsk (reservatório), 8
Kuibyshev (reservatório), 8

# L

La Grande, 8
Lacustre (zona), 52
Lago Balaton, 148
Lago Gatun, 9
Lago Michigan, 191
Lago Washington, 147
Lago Yunoko, 9
Lambert-Beer lei, 47
LANDSAT, 127
*Lates*, 77
*Leptodora*, 62
Limitação, 72
Limitante (fatores), 98
Limnologia de represas, 4
*Limnothrix tanganicae*, 21
*Limnotrissa*, 77
Litoral (zona litoral do lago), 60
Lobo (reservatório), 220
Lobo (rio), 220
Longa duração (efeitos), 103
Longitudinal (zonação), 53
Lotus, 127

*Lephorinus*, 77
Lugol (solução), 124
Luz, 175
   regime (de), 33
Lyngby (lago), 203

# M

Macrófitas, 82, 127, 220
   controle, 153
Magnésio, 107
*Mallomonas*, 136
Malše (rio), 217
Manganês, 55, 112, 155, 167
Manual (coleta), 123
Matemática (modelagem), 225
*Melosira*, 136
Mercúrio, 96
Mesofílica (bactéria), 112, 134-135
Mesotrófico, 90, 217
Metalimnético, 132, 153
Metalímnio, 47
Metano, 70, 94, 185
Methemoglobina, 92
Michigan (lago), 191
Microbiológicas (variáveis), 109
*Microcystis*, 136, 185, 212
Microelementos, 110
Microorganismos, 63
Microscopia (contagem e medição), 112
Mineral (composição), 54
Mineral (óleo), 135
Mistura, 43, 59, 73, 160
   intensidade, 35
   processo, 46
   profundidade, 157
   tipos, 68, 155
   zona, 45, 48
Modelo, 200, 202-205, 206, 208
Molibdênio, 96
Monitoramento, 14, 19, 117, 149, 207
Moses (lago), 9, 165
Multiparâmetros (modelo), 197

# N

N:P razão, 72, 111
*Naegleria*, 96
Naser (reservatório), 21

Naturais (estruturas), 104
Navegação, 33
Negativa (retroalimentação), 100
*Neochetina,* 170
Nefelometria, 129
Nidificação, 56-57, 111
Nilo (delta), 173
Nilo (rio), 94
Nitrato (contaminação), 86, 92
Nitrito, 111, 175
Nitrogênio, 17, 92, 109-111, 132
   ciclo, 55
   fixação, 56, 58
   retenção, 202
   supersaturação, 175
Nitrosaminas, 111
*Norwalk*, 62
*Notodiaptomus*, 221
Nutrientes (adição), 137
Nyos (lago), 96

# O

Odor, 107
Oligomítico, 68
Omnívoro, 165
*Oncorhynchus*, 137
Orgânica (matéria), 56, 62, 72, 176
Orgânicos (compostos), 111
Organoclorados, 183
Organolépticas (qualidades), 113
Orientação (esquema de), 121
Orlík (reservatório), 211, 213
*Oscillatoria*, 136
Ótima (profundidade), 157
Otimização (modelos de), 197
Owen Falls, 8
Oxigenação, 153, 180
Oxigênio, 17, 56, 107, 112, 191
   concentração, 131
   equação de saturação, 130
   estratificação, 58
   perfis verticais, 128, 132

# P

Paradox, 127
Parakruma Samudra (reservatório), 9, 76
Paranoá (reservatório), 9

Parasitas (protozoários), 96
Parcerias, 14, 23, 151, 230
Pareloup (reservatório), 204
*Parovírus*, 62
Participação (princípio), 226
Patógenos (bactéria), 62, 89
Patógenos, 107
Paulo Afonso (reservatório), 9
PCB, 82, 144
*Pediastrum*, 136
*Pellonula*, 76
*Perca*, 218
Perfis, 37
*Peridinium*, 136
Perifíton, 137
Pesticidas, 17, 135, 169
Petróleo, 135
pH, 107, 109, 112
Piaractus, 78
Piracicaba (rio), 214
*Plagioscion*, 77
Plâncton, 176
Planejamento, 14
*Planktosphaeria*, 136
*Plasmodia*, 96
Plástico (tubo), 124
Po (rio), 148
Polimítico, 68
Poluição (tipos), 85
Pontuais (fontes), 141
População (deslocamento de), 30
Porto Primavera (reservatório), 180
Porttipahta (reservatório), 9
Positiva (retroalimentação), 101, 144
Precipitação, 192
Precipitação química, 167, 171
Precisão, 119, 126
Predadores, 59, 82, 218
Pré-reservatórios, 146, 151
Prevenção, 103
Produção primária, 70, 110, 212
Produtores, 59
Protozoários, 62
Psicrofílicas (bactérias), 62, 134, 135
Puget Sound (estuário), 146
Pulsos, 98, 102
Purificação primária de efluentes, 148

Purificação, 189

# R

RAISON, 205
Raritan (rio), 191
Reciclagem de nutrientes, 185
Recreação, 33, 213, 219
   na bacia hidrográfica, 186
   na praia, 187
   no lago, 186
   turismo, 30
Recuperação de áreas alagadas naturais, 151
Redfield (razão), 71
Regional (gerenciamento), 13
Reservatório
   bactéria, 62
   caráter trófico, 66
   categorias de tamanho, 36
   classes de circulação, 68
   classificação, 66-73
   construção, 28, 223
   construção (conseqüências), 21
   definição, 1
   dinâmica do ecossistema, 104
   disponibilidade para suprimento de água, 131
   distribuição, 5
   envelhecimento, 62
   esquema de bombeamento, 37
   estatização, 66
   evolução, 63
   multissistemas, 37, 38, 189
   no desenvolvimento econômico de regiões, 21
   pesca, 75
   profundidade, 35
   rede alimentar, 59
   saída, 41
   sistemas, 37, 188
   tamanho, 35, 120
   transição entre rios e lagos, 3
   tributários, 44
   usos, 31-33
Reservatórios amazônicos, 70, 93,
Respiração, 130, 157
Ressuspensão de sedimentos, 175
Retenção (tempo de), 32, 44, 48, 73, 115, 185

Ribeirinha (zona), 52
Rímov (reservatório), 9, 217-219
Rio
  abaixo do reservatório, 173
  estrutura do canal, 175
Ripário (florestas), 143, 151
Riplox, 161
*Rotavírus*, 62
Rotíferos, 62
Round (reservatório), 9, 191
Russos (reservatórios), 66
Ruttner (amostrador), 123

## S

Salinidade, 47, 55, 109
Salinização, 29, 95, 142
  gerenciamento, 146
*Salmo*, 94
*Salmonella*, 62
Salvelinus, 94
São Francisco (rio – reservatórios de), 230
Sapróbico (índice), 112
*Sarotherodon*, 76
Satélite (imagens de), 126
Sazonalidade, 120
Schindler amostrador de zooplâncton, 123
*Schistosoma*, 95
*Scirpion*, 102
Secchi (disco de), 47, 122, 129
Sedimentação, 54, 93, 112
Sedimento
  aeração e oxidação, 161
  bentos, 123
  injeção, 153
  remoção, 160
*Selenastrum capricornutum*, 72, 137
Sensibilidade, 118
  à entrada de nutrientes, 104
  de peixes à qualidade da água, 81
Shagawa (lago), 204
*Shigella*, 62
*Sierathrissa*, 76
Silica, 110
Sistema (abordagem), 117
Sistemática (esquema), 121
Slapy (reservatório), 9, 66, 211-213
Sobradinho (reservatório), 9, 78

Sódio, 107
Speece (cone de), 153, 158
Srinaquarind (reservatório), 9, 95
Štechovice (reservatório), 37, 67
Stokes (lei de), 54
Streptococci, 134
Subsistema (interações), 42, 100
Subsistema socioeconômico, 42
Sucessão, 98, 101
Suécia (lagos da), 91, 160
Suíça (lagos da), 167
Sulfatos, 90, 107, 109, 134
Sulfetos (poluição do ar com), 145
Sulfetos, 109
Sul-Norte, 226
Superfície (saída de), 36
Surfactantes, 135
Suspensão
  material, 127
  material inorgânico, 127
  sólidos em, 107
Sustentabilidade, 104
Sustentado (desenvolvimento), 17
Sustentável (gerenciamento), 16
*Synura*, 136

## T

Temperatura, 47-48, 109
  estratificação, 43, 48
  medida, 207
  perfil, 48
Tempo de retenção teórico, 35
Tendências temporais, 127
Tennessee Valley Authority, 188
Térmica, 175
Termistor, 123
Termoclina, 47, 156
Tietê (rio), 185, 215
*Tilapia*, 76, 105
Tipos de bacias hidrográficas, 148
Tório, 95
Tóxicos, 96, 144
  algas substâncias químicas, 87
  orgânicos, 135
  testes, 137
  toxinas, 96, 185
Transição, 52

Transparência, 127, 183, 218
Tratamento terciário, 149
Treinamento, 150
Trófico
  cadeia, 59, 100
  classificação, 68
  crescimento, 63
  grau, 173
  índice de estado, 134
Trummen (lago), 160
Tucunaré, 105
Tucuruí (reservatório), 8
Turbidez, 33, 47, 70, 93, 109, 129, 146
Turismo e recreação, 25

## U

Ukhtarma (reservatório), 9
Ulboratana (reservatório), 76
Upper Wainganga (reservatório), 8
Upper Yarra (reservatório), 179
Urânio, 96
Ust-Ilim (reservatório), 8

## V

VanDorn (amostrador), 123
Variáveis da hidrologia dos reservatórios, 33
Vegetação, 70, 148
*Víbrio*, 62
Viroses, 62
Vírus (contaminação por), 95
Vltava (cascata de represas), 189
Vltava (rio), 211
Volta (reservatório), 21, 95
*Volvox*, 124

## W

W. A. C. Bennett (reservatório), 8
Wahnbach (planta), 141
Wahnbach (reservatório), 9
WHO, 107, 183
Willow Creek (reservatório), 185

## X

Xavantes (reservatório), 9
Xingó (reservatório hidroelétrica), 230
Xuanwu (reservatório), 186

## Y

Yaciretá (reservatório), 9
*Yersinia*, 62
Yunoko (reservatório), 203

## Z

Zeya (reservatório), 8
Zinco, 96
Zooplâncton, 59, 82, 109, 137, 156, 176, 220
  estrutura de tamanho, 137
  predadores do, 62, 82